Software-Test für Embedded Systems

Stephan Grünfelder war Programmierer und Tester für die unbemannte Raumfahrt und Medizintechnik, später Projektleiter für Steuergeräte-Entwicklung im Automobilbereich und arbeitet nun als selbständiger Trainer für Software-Testing und als Senior Software Tester für Broadcast-Ausrüstung. Er hat bzw. hatte Lehraufträge an der Hochschule Reykjavik, der Fachhochschule Technikum Wien und der Technischen Universität Wien.

Stephan Grünfelder

Software-Test für Embedded Systems

Ein Praxishandbuch für Entwickler, Tester und technische Projektleiter

Mit Beiträgen von
Michael González Harbour, Reinhard Wilhelm, Johannes Bergsmann und Oliver Alt

dpunkt.verlag

Stephan Grünfelder
Stephan.gruenfelder@gmx.net

Lektorat: René Schönfeldt
Copy Editing: Christoph Ecken, Heidelberg
Herstellung: Frank Heidt
Umschlaggestaltung: Helmut Kraus, www.exclam.de
Druck und Bindung: M.P. Media-Print Informationstechnologie GmbH, 33100 Paderborn
Titelbild: Details der Frontansicht von MediorNet Compact der Riedel Communications GmbH & Co KG, einer Multimedia-Stagebox mit mehreren Prozessoren, FPGAs, Betriebssystem und Anbindung an PC-Software, also mit allem, was einen umfassenden Test aufwändig macht

Bibliografische Information der Deutschen Nationalbibliothek
Die Deutsche Nationalbibliothek verzeichnet diese Publikation in der Deutschen Nationalbibliografie; detaillierte bibliografische Daten sind im Internet über http://dnb.d-nb.de abrufbar.

ISBN 978-3-86490-048-8

1. Auflage 2013

Ringstraße 19B
69115 Heidelberg

5 4 3 2 1 0

Vorwort

Wie viele Artikel und Bücher habe ich schon gelesen, in denen im ersten Satz steht, dass Computersysteme immer komplexer werden oder Entwicklungszyklen immer kürzer und man deshalb von nun an Dinge besser/schneller machen muss als früher? Ich kann es nicht sagen. Diese Ausrede und Einleitung ist aber schon seit mehreren Jahrzehnten gültig, denn Techniken werden unentwegt weiterentwickelt, Technologien wandeln sich durch neue Einflüsse und die Zeit steht niemals still. Schon gar nicht rund um die Themen der Software-Entwicklung. Dieses Buch wurde nicht geschrieben, weil gerade jetzt alles komplexer wird und ich, als Autor, der Welt sagen will, wie man damit umgeht, sondern weil es im deutschsprachigen Raum noch kein brauchbares Buch zum Thema Test von Software eingebetteter Systeme gibt und ich oft genug gesehen habe, wie schwer sich manche Leute damit tun.

Praxisbezug des Buchs

Das Buch vermittelt praxisnahes Wissen zum Test von Software eingebetteter Systeme, so wie es jetzt und heute gemacht wird oder gemäß dem industriellen Stand der Technik gemacht werden sollte. Auch wenn der Stand der Wissenschaft und Forschung für das Schreiben des Buchs wichtig war, so nehmen forschungsnahe Themen nur wenig Platz ein, wenn deren industrielle Umsetzung Probleme bereitet. Das Buch präsentiert viele Beispiele, persönliche Erfahrungsberichte und enthält praxisnahe Fragen *und Lösungen* zum Selbsttest. Die Terminologie des Buchs ist kompatibel zu der des ISTQB-Certified-Tester-Schemas. Das Buch ist dabei an vielen Stellen komplementär zum Curriculum des ISTQB, speziell dann, wenn es um Echtzeit, Concurrency und maschinennahe Themen geht, und es ist – unvermeidbar – zum Teil redundant dazu.

Software für eingebettete Systeme unterscheidet sich von anderer Software dadurch, dass die Software Teil des Produkts ist, das der Kunde kauft und nicht das Produkt selbst. Meist wird das Produkt, in das ein Prozessor mit zugehöriger Software eingebettet ist, wertlos, wenn die Software nicht zuverlässig funktioniert. Im schlimmsten Fall muss es vom Markt genommen werden. Kein Wunder also, dass man sich in dieser Sparte der Software-Entwicklung besonders viele Gedanken zur Korrektheit von Software macht.

Aber durch Testen alleine erhält man kein fehlerfreies Produkt. Wie ein alter Freund von mir zu sagen pflegte: »Man kann Software nicht am Ende der Produktentwicklung ›gesund testen‹, wenn es in so manchen Entwicklungsschritten zuvor krankt.« Das vorliegende Buch beschäftigt sich daher auch mit Praktiken links und rechts vom Test, die die Entwicklung begleiten und dazu beitragen, mit höherer Wahrscheinlichkeit »gesunde« Software zu erhalten.

Wie man dieses Buch liest

Das Spektrum eingebetteter Systeme reicht von batteriebetriebenen 16-Bit-Controllern ohne Betriebssystem und mit geringen Anforderungen an die Systemintegrität bis hin zu Multiprozessor-Systemen mit Echtzeitbetriebssystem, Mensch-Maschine-Schnittstelle und Sicherheitsrelevanz, und entsprechend viele Zielgruppen hat dieses Buch. Daher gibt es vermutlich Kapitel im Buch, die für Ihre speziellen Aufgaben irrelevant sein könnten. Sie dürfen diese Kapitel gerne überspringen, denn ich habe mir größte Mühe gegeben, jedes Kapitel weitgehend unabhängig von den anderen zu machen, und das Letzte, was dieses Buch tun sollte, ist, Sie zu langweilen. So können Systemtester zum Beispiel getrost die Kapitel über Reviews und statische Analyse auslassen. Die Unabhängigkeit der Kapitel macht es aber nötig, dass Inhalte teilweise wiederholt werden müssen.

Fans moderner Programmiersprachen sollten sich nicht daran stoßen, dass fast alle Beispielprogramme im Buch in der Programmiersprache C geschrieben sind. C ist weder komfortabel noch modern, doch hat C noch immer seinen festen Platz in der Entwicklung von Produkten mit höchsten Qualitätsanforderungen, und die meisten Entwickler verstehen die Basissyntax dieser Sprache ohne Probleme. Sie sollten sich auch nicht daran stoßen, dass in diesem Buch »Review« weiblich ist. Tut mir leid, »die Review« heißt es im Duden.

Ich wünsche Ihnen viel Freude beim Lesen und viel Erfolg bei der Umsetzung der in diesem Buch präsentierten Ideen.

Herzlichst
Stephan Grünfelder, April 2013

Danksagung

Ich persönlich fand es immer ärgerlich ein Buch zu lesen, in dem ein Autor über Themen schrieb, bei denen er – wie ich später herausfand – nicht wirklich sattelfest war oder die er nur aus einem einzigen Projekt kannte. Nun habe ich selbst ein Buch verfasst und noch dazu eines mit dem Anspruch, praxisnah zu sein. Ich kann nicht für alle in diesem Buch beschriebenen Methoden ein Experte mit jahrelanger Erfahrung sein. Um meinen eigenen Ansprüchen an ein Fachbuch gerecht zu werden, war es daher unumgänglich, Partner zur Unterstützung hinzuzuziehen. Diesen Unterstützern gilt mein besonderer Dank. Ich nenne zunächst Personen, die ganze Kapitel (mit)gestaltet haben:

Reinhard Wilhelm, wissenschaftlicher Direktor des Leibniz-Zentrums für Informatik und Professor an der Universität des Saarlandes, hat das Kapitel über Worst Case Execution Timing Analysis verfasst.

Michael González Harbour, Professor des Computer- und Echtzeitteams der Fakultät für Computer und Elektronik der Universität Kantabrien, Spanien, hat das Kapitel über Schedulability-Analyse geschrieben.

Oliver Alt, Autor des Buchs »Modell-basierter Systemtest von Car Multimedia Systemen mit SysML« steuerte den größten Teil von Kapitel 15 bei.

Johannes Bergsmann, gerichtlich vereidigter Sachverständiger und Ziviltechniker für Informatik sowie Geschäftsführer des Unternehmens Software Quality Lab, hat mich durch eine Review des Kapitels 16 unterstützt und den Großteil von Kapitel 17 geschrieben.

Die Inhalte aus Kapitel 18 zum Thema Haftung stammen aus einer Publikation, die ich im Jahr 2009 gemeinsam mit dem Heidelberger Fachrechtsanwalt Tobias Sedlmeier und zuvor genanntem Johannes Bergsmann veröffentlicht habe. Für die unabhängige Durchsicht des auf Basis dieser Publikation neu geschriebenen Kapitels danke ich dem Münchner Rechtsanwalt Christian R. Kast recht herzlich.

Eine ganze Reihe von Personen hat mich durch eine Review des Manuskripts unterstützt. Ich freue mich, dass die folgenden von mir ausgewählten Spezialisten meiner Bitte, Teile des Buchs zu prüfen, Folge geleistet haben:

Helmut Pichler, Präsident des Austrian Testing Boards, hat die Buchpassagen mit Bezug zu ISTQB reviewt und mit einem Ausblick auf eine neue Norm ergänzt.

Markus Unterauer, Trainer und Berater für Requirements Engineering, hat das Kapitel »Anforderungen und Test« kritisch gelesen.

Gernot Salzer, Professor am Institut für Computersprachen der Technischen Universität Wien, hat meine Ausführungen zu formalen Methoden korrigiert und ergänzt. Ich gebe unumwunden zu, dass formale Methoden nicht zu meiner Kernkompetenz gehören. Dementsprechend viel Rotstift fand sich in meinem Manuskript und dementsprechend kurz ist der betreffende Abschnitt in meinem Buch.

Robert Mittermayr, Promovend auf dem Gebiet der Deadlock-Analyse, unterstützte mich durch eine Review der Kapitel zu Deadlocks und Race Conditions.

Renate Gutjahr, Product Managerin der PLATO AG in Lübeck, sah Kapitel 14 durch und lieferte wertvolle Ergänzungen für die Abschnitte mit Bezug zur FMEA.

Ich unterhalte alle drei bis vier Monate eine inzwischen schon recht große Embedded-Software-Gemeinde mit einem Newsletter, Details dazu stehen im Nachwort. Aus dem Kreis der Abonnenten meldeten sich viele Testleser für einzelne Kapitel dieses Buchs; Einsteiger wie ausgewiesene Experten. Für Hinweise und Kommentare aus diesem Leserkreis danke ich Oliver Bee, Frank Büchner, Christian Fuchs, Ralf Geiger, Alfred Guszmann, Wolfgang Höllmüller, Martin Horauer, Stefan Larndorfer, Sebastian Koopmann, Reinhard Meyer, Anke Mündler, Harald Nistelberger, Rudolf Ramler, Thilo Richard, Gerald Schröder, Christian Siemers, Arnd Strube, Andreas Weigl-Pollack und Bodo Wenzel.

Meiner Frau und meinen Kindern danke ich für ihre Geduld. Viele Monate lang war ich fast jede freie Minute mit dem Schreiben des Buchs beschäftigt.

Inhaltsverzeichnis

Anhang

1 Einleitung

Fast jeder fortgeschrittene Programmierer hat ein oder mehrere Bücher über Programmiersprachen und Softwareentwicklung gelesen. Bücher über das Testen von Software stehen aber weit weniger oft in den Regalen. Das liegt vermutlich unter anderem am hartnäckigen Gerücht, dass Testen von Software langweilig sei. Um diesem Gerücht entschieden entgegenzutreten, ist dieses Kapitel geschrieben worden. Es soll ein Appetitanreger auf die im Buch behandelte Testthemen sein, beschreibt die Eingliederung des Tests in den Software-Entwicklungsprozess und analysiert zunächst einmal den Feind: den Softwarefehler. Doch zuvor noch ein paar Worte zur Motivation des Softwaretests, zur Eingliederung dieses Buchs in andere Literatur und ein paar Definitionen.

1.1 Motivation

Fehler in der Software eingebetteter Systeme können teure Rückholaktionen zur Folge haben. Selten ist es den Anbietern von eingebetteten Systemen möglich, einfach einen Bugfix per E-Mail zu verschicken und wieder dem Tagesgeschäft nachzugehen. Daher sollte man in Branchen mit hoher Anforderung an die Software-Integrität erstens besonders bedacht sein, Softwarefehler zu vermeiden und, zweitens, bedacht sein, gemachte Fehler zu erkennen. Punkt eins zielt auf die Prozesslandschaft, die Qualifikation der Mitarbeiter und die Unternehmensstruktur ab. Er betrachtet also, wie sehr das Talent oder – viel wichtiger – das fehlende Talent eines Mitarbeiters die Qualität des Produkts beeinflussen kann. Punkt zwei heißt, die Software und begleitende Dokumente sorgfältig zu verifizieren. Solche Dokumente können zum Beispiel die Anforderungsdefinition, Analysen der zu erwartenden CPU-Last oder das Design festhalten.

1.2 Abgrenzung des Buchs zu ISTQB-Lehrplänen

Leider wurde lange Zeit nicht nur im deutschsprachigen Raum das Thema Verifikation von Software, wozu auch Testen gehört, wenig an Hochschulen gelehrt. Eine Konsequenz daraus ist, dass Vertreter der Industrie das International Software Testing Qualifications Board (ISTQB) ins Leben gerufen haben, das eine »Certified Tester«-Ausbildung definiert. Der Inhalt des vorliegenden Buchs deckt sich *nicht* mit den Lehrplänen des ISTQB. In diesem Buch werden Themen genauer als durch das ISTQB behandelt, wenn sie für Embedded-Software besonders wichtig sind, und es werden Methoden präsentiert, die für eingebettete Software wichtig sein können, sich aber zurzeit nicht in den ISTQB-Lehrplänen befinden. Ebenso werden Themen der ISTQB-Lehrpläne hier nicht behandelt, wenn sie nicht technischer Natur sind oder nur Multisysteme oder reine Business-Anwendungen betreffen.

Das Buch ist für Personen *ohne* Vorwissen aus dem Bereich Software-Testing geschrieben. Absolventen der ISTQB-Certified-Tester-Lehrgänge werden im vorliegenden Buch daher viel Bekanntes wiederfinden und aus oben beschriebenen Gründen trotzdem ebenso viel Neues erfahren.

1.3 Zur Gliederung dieses Buchs

Die technischen Grundlagenkapitel dieses Buchs orientieren sich am zeitlichen Verlauf eines Projekts. Das heißt, auch wenn das wichtigste Thema dieses Buchs der Test ist, handeln die ersten der folgenden Kapitel noch nicht vom Test, denn am Anfang eines Projekts gibt es zunächst noch keine Software, die man testen könnte. Wohl aber gibt es schon Dokumente (bei phasenorientierten Projekten) oder Vorgänge (bei agilen Vorgehensweisen), für die ein Tester einen Beitrag zur Softwarequalität leisten kann.

Kapitel 2 beschreibt, wie dieser Beitrag bei der Review von Anforderungstexten aussehen kann. Kapitel 3 beschreibt kurz die möglichen Verifikationsschritte beim Design. In den Kapiteln 4 und 5 wird beschrieben, wie Code-Reviews durchgeführt werden können und wie Werkzeuge funktionieren, die teilweise oder gänzlich automatisch Review-Aufgaben übernehmen können.

Dann erst geht es mit dem Testen los. In Kapitel 6 werden Unit-Tests, in Kapitel 7 Integrationstests und in Kapitel 8 Systemtests beschrieben. Bei Tests von Middleware können diese Teststufen alle stark verschwimmen, wie Kapitel 9 zeigt. Im Anschluss daran beschäftigt sich Kapitel 10 mit einer Art von Fehler, die nur durch Zufall in den zuvor beschriebenen Tests gefunden werden kann: Race Conditions. Das Kapitel zeigt, wie sich Data Races zuverlässig auffinden lassen, gefolgt von einem verwandten Thema: Kapitel 11 zeigt, wie sich Deadlocks automatisch auffinden lassen.

Das darauf folgende Kapitel »Echtzeit-Verifikation« beschreibt Verfahren zur Bestimmung der maximalen Ausführungszeit von Code. Das Ergebnis kann ein wichtiger Beitrag für die Schedulability-Analyse sein, die in Kapitel 13 behandelt wird.

Spätestens nach diesem Kapitel hält sich die Reihung der weiteren Kapitel nicht mehr an den zeitlichen Verlauf eines Projekts. Die nun folgenden Kapitel sind auch weit weniger umfangreich. In Kapitel 14 wird die Hardware/Software-Analyse vorgestellt, die auf Produkt/System-Ebene stattfindet. Mit einem kurzen Kapitel 15 über modellbasierten Test verlässt das Buch das technische Terrain.

In Kapitel 16 werden Hinweise für das Testmanagement gegeben und Kapitel 17 beschreibt die Aufgaben und möglichen Vorgehensweisen des Qualitätsbeauftragten. Auch diese beiden Kapitel sind bewusst kurz gehalten und geben eher nützliche Tipps, als dass man lange Abhandlungen darin findet, denn zu diesen Themen gibt es jede Menge Spezialliteratur. Das Kapitel 18 widmet sich dem Thema Haftung: In welchem Maß ist ein Programmierer oder ein Tester für Fehler haftbar? Dort erfahren Sie es.

Die meisten Kapitel schließen mit einem Fragenkatalog und Übungsaufgaben zur Kontrolle des Lernziels. Am Ende des Buchs finden Sie Lösungen dazu und Quellenverzeichnisse für referenzierte Literatur.

1.4 Die wichtigsten Begriffe kurz erklärt

1.4.1 Definition von Fachbegriffen

Der ISTQB-Glossary of Terms definiert eine ganze Reihe von Fachwörtern rund ums Testen. Wenn man in einem Unternehmen Dinge rund um das Thema Softwarequalität benennen möchte, ist man gut beraten, sich an diesem Glossar zu orientieren, siehe [URL: ISTQB] für die englische Fassung und [URL: ISTBQ/D] für die deutschsprachige, denn die Verwendung der international genormten Begriffe vermeidet Missverständnisse.

Es ergibt nicht viel Sinn, dieses Glossar hier zu kopieren. Stattdessen enthält die folgende Aufstellung die wichtigsten Begriffe, die im vorliegenden Buch Verwendung finden, unmittelbar gefolgt von der Definition aus dem Glossar und einer kurzen Ergänzung:

> *Agile Software-Entwicklung* ist eine auf iterativer und inkrementeller Entwicklung basierende Gruppe von Softwareentwicklungsmethoden, wobei sich Anforderungen und Lösungen durch die Zusammenarbeit von selbstorganisierenden funktionsübergreifenden Teams entwickeln.

Der mit großem Abstand bedeutendste Vertreter agiler Entwicklungsmodelle ist Scrum, gefolgt von Extreme Programming. Speziell in Projekten mit begrenzter Größe und nur vage definierten Anforderungen haben diese Entwicklungsmodelle ihre Berechtigung. Diese »agilen Methoden« kommen in Reinform ohne Projektleiter aus. Die Teams sind selbstorganisierend.

Audit: Ein unabhängiges Prüfen von Softwareprodukten und -prozessen, um die Konformität mit Standards, Richtlinien, Spezifikationen, und/oder Prozeduren basierend auf objektiven Kriterien zu bestimmen, einschließlich der Dokumente, welche (1) die Gestaltung oder den Inhalt der zu erstellenden Produkte festlegen, (2) den Prozess der Erstellung der Produkte beschreiben (3) und spezifizieren, wie die Übereinstimmung mit den Standards und Richtlinien nachgewiesen bzw. gemessen werden kann.

Ein Audit führt also ein externer Fachmann durch, der sich nicht nur das Produkt ansieht, sondern auch und vor allem den Entstehungsprozess des Produkts. Ein Auditor prüft, ob ein Unternehmen ein Prozessumfeld schafft, das die Wahrscheinlichkeit von guter (bzw. angepasster) Softwarequalität maximiert.

Validierung ist die Bestätigung durch Bereitstellung eines objektiven Nachweises, dass die Anforderungen für einen spezifischen beabsichtigten Gebrauch oder eine spezifische beabsichtigte Anwendung erfüllt worden sind.

Wer diese Definition aus der deutschen Version des ISTQB-Softwaretesting-Glossars beim ersten Durchlesen versteht, gewinnt einen Preis. Weiter auf Deutsch übersetzt könnte man sagen: Validierung bestätigt, dass das Produkt, so wie es vorliegt, seinen beabsichtigten Verwendungszweck erfüllen kann. Validierung stellt also sicher, dass »das richtige Ding erzeugt wird«. Etwas weniger streng definiert IEEE 829-2008 diesen Begriff und versteht Validierung einfach als Nachweis der Erfüllung der Anforderungen.

Verifikation ist die Bestätigung durch Bereitstellung eines objektiven Nachweises, dass festgelegte Anforderungen erfüllt worden sind.

Der IEEE Glossary of Software Engineering Terminology [IEEE 610.12] beschränkt den Begriff nicht auf Anforderungen, sondern bezieht ihn auf Entwicklungsphasen: »Verifikation ist die Prüfung eines Systems oder einer Komponente mit dem Ziel zu bestimmen, ob die Produkte einer Entwicklungsphase die Vorgaben erfüllen, die zum Start der Phase auferlegt wurden.« Verifikation subsumiert gemäß IEEE also alle Techniken, die sicherstellen, dass man »das Ding richtig erzeugt«. Zu diesen Techniken gehören der Test des Produkts, Reviews, die Sicherstellung eines Zusammenhangs von Design, Anforderungen und Tests (Traceability) sowie Audits [PSS-05-0].

Im allgemeinen Sprachgebrauch kann man ein Ding nicht testen, das es noch nicht gibt. Das ISTQB-Glossar hat eine Definition des Begriffs Testen, der dem allgemeinen Sprachgebrauch widerspricht:

Test: Der Prozess, der aus allen Aktivitäten des Lebenszyklus besteht (sowohl statisch als auch dynamisch), die sich mit der Planung, Vorbereitung und Bewertung eines Softwareprodukts und dazugehöriger Arbeitsergebnisse befassen. Ziel des Prozesses ist sicherzustellen, dass diese allen festgelegten Anforderungen genügen, dass sie ihren Zweck erfüllen, und etwaige Fehlerzustände zu finden.

Bei dieser Definition subsumiert der Begriff Test Aktivitäten, die in der älteren Definition von IEEE der Verifikation zugeordnet werden und enthält auch Planungsschritte für das Softwareprodukt. So weit gefasst ist dann fast alle Projektarbeit, außer der Produktentwicklung selbst, ein Test.

In diesem Buch wird, so wie bei der Definition von IEEE, dann vom *Test* gesprochen, wenn das Produkt Software, zumindest in Teilen, Gegenstand des Tests ist. Alle Schritte zur »Bewertung eines Softwareprodukts und dazugehöriger Arbeitsergebnisse« davor werden aber nicht »Test« genannt, damit dem allgemeinen Sprachgebrauch und den IEEE-Standards nicht widersprochen wird.

Ansonsten entspricht die Verwendung von Fachwörtern in diesem Buch den Definitionen des ISTQB-Glossars. Und Hand aufs Herz: Ob man die Review dem Test (wie ISTQB) oder der Verifikation (wie IEEE) zuordnet, ist wohl weniger wichtig, als dass man sie ordentlich macht.

1.4.2 Zu Definitionen und TesternInnen

Mit der Niederschrift der Definition der verwendeten Fachbegriffe *zu Beginn* eines Dokuments sehen Sie eine Praxis, die auch im Umfeld der Software-Entwicklung gut aufgehoben ist und in einschlägigen Standards so empfohlen wird, z.B. [IEEE 829]. Welche Zeitverschwendung, wenn Sie als Leser einen Begriff anders verstehen als der Autor, aber erst im Laufe des Lesens dahinter kommen und deshalb zum besseren Verständnis die ersten Passagen des Buchs nochmals lesen müssen!

Apropos Missverständnis: Wenn in diesem Buch vom Beruf des Testers oder von anderen Rollen in der Software-Entwicklung gesprochen wird, so wird immer die männliche Form verwendet. Dies soll nur der Leserlichkeit dienen, aber in keiner Weise die Frauen diskriminieren. Ein Trost für alle Leserinnen: Wahre Top-Experten nennt man Koryphäen, auch wenn es Männer sind. Und zum Wort »Koryphäe« gibt es keine männliche Form.

1.5 Ein Überblick über das Umfeld des Software-Testing

In diesem Teil der Einleitung wird das Umfeld des Softwaretests erörtert und ein Überblick über Möglichkeiten und Grenzen des Testens gegeben. Für das Verstehen der späteren Kapitel ist das Lesen *nicht* notwendig, weil große Teile von Abschnitt 1.5 redundant zum Inhalt der vertiefenden Kapitel sind. Lesern, die sich schon mit dem Thema Test auseinandergesetzt haben und die wissen, wie sie eine Brücke vom V-Modell zu agilen Methoden schlagen können, wird daher empfohlen, bei Kapitel 2 weiterzulesen.

Ohne Zweifel helfen die folgenden Seiten aber Neueinsteigern, die später vorgestellten Methoden im Software-Entwicklungsprozess besser einzuordnen. Und – wie gesagt – diese Seiten sind ein Appetitanreger auf das, was später noch im Buch behandelt wird.

Der Protagonist schlechthin im Umfeld des Softwaretests ist der Softwarefehler. Als Einstieg in das Thema Testen werden wir daher zunächst seine möglichen Ursachen untersuchen.

1.5.1 Ursachen von Softwarefehlern

Warum hat Software überhaupt Fehler? Die einfachste Antwort auf diese Frage ist, dass Software von Menschen geschrieben wird, und Menschen machen nun einmal Fehler. Wenn die Antwort auf eine komplexe Frage sehr einfach ist, dann übersieht sie meistens viele Facetten des zugrunde liegenden Problems. So auch in diesem Fall. Viele Softwarefehler, die sehr viel Geld kosteten, waren alles andere als einfache Programmierfehler. Die folgende Aufzählung skizziert einige typische, aber sehr unterschiedliche Ursachen für Fehler in Software.

- *Fehlerhafte Kommunikation oder keine Kommunikation bei der Anforderungsspezifikation.* In einem Projekt würde das bedeuten, dass nie ganz genau klar war, was die Software tun soll und was nicht. Oder, noch tückischer: Auftraggeber und Entwickler verstehen die Niederschrift der Anforderung unterschiedlich und sind sich der Möglichkeit einer anderen Interpretation gar nicht bewusst.
- *Psychologische oder kulturelle Gründe* können Auslöser für Kommunikationsprobleme sein: Manchen Personen fällt es schwer zuzugeben, wenn sie die Aufgabenstellung nicht verstehen. In manchen Kulturkreisen ist es üblich, aus Höflichkeit so zu tun, als verstünde man alles. Nicht selten hört man von euphorischen Verkäufern, die dem Kunden Produkteigenschaften zusichern, deren Realisierung nicht oder nur teilweise möglich ist. Mit Recht reklamiert der Kunde dann die entstehende Abweichung als Fehler.
- *Sich ändernde Anforderungen.* In welcher Softwareversion ist welche Version welcher Anforderung realisiert? Welche Tests müssen aufgrund einer Änderung modifiziert, welche Tests neu durchlaufen werden?
- *Softwarekomplexität.* Applikationen benutzen Module von Zulieferern oder anderen Projekten, bedienen sich komplizierter Algorithmen, unterstützen eine Vielzahl von Plattformen und so weiter. In großen Projekten können wenige Entwickler behaupten, die von ihnen erzeugte Software in allen Details zu verstehen.

- *Zeitdruck.* Entwicklungszeitpläne beruhen alle auf Aufwandsschätzungen. Wenn man hier arg daneben lag und der Abgabetermin näher rückt, dann ist Eile angesagt. Zeitdruck ist ein perfekter Nährboden für Fehler.
- *Schlecht dokumentierter Code.* Der Programmierer, dessen Code im neuen Projekt wiederverwendet werden muss, war kein Freund der Dokumentation. Das Programm war für ihn schwer zu schreiben. Aus seiner Sicht ist es daher zumutbar, wenn auch die Dokumentation schwer zu lesen ist.
- *Programmierfehler.* Programmierer sind auch nur Menschen und machen Fehler im Softwaredesign oder bei der Umsetzung des Designs.

Ein Softwarefehler hat also viele verschiedene Ursachen. Tests sind nur geeignet, klassische Programmier- und Designfehler zu finden und sind bei allen, bis auf die letztgenannte Fehlerursache ein vergleichsweise wirkungsloses Instrument. Wenn zum Beispiel ein Kommunikationsproblem vorliegt und daher gegen eine falsche Anforderungsspezifikation getestet wird, dann nützt der gewissenhafteste Test nichts. Bis auf den Programmierfehler kann man aber allen anderen genannten Fehlerursachen durch Methoden des Managements begegnen.

Mit dem Wissen, dass Testen nur eine von vielen Maßnahmen im Kampf gegen Softwarefehler ist, nehmen wir nun den Programmierfehler, den Software-»Bug«, genauer ins Visier und erörtern, warum es so schwierig ist, alle Bugs zu finden. Die Bezeichnung Bug stammt übrigens laut Gerüchteküche von einer Motte, die auf einer Speicherplatine des Computers eines Zerstörers der US-Navy landete. Der resultierende Kurzschluss grillte nicht nur das unglückliche Insekt, sondern führte auch zu einer Fehlfunktion des Computers. Seitdem werden Softwarefehler nach dem Insekt benannt.

1.5.2 Warum Programmfehler nicht entdeckt werden

Vielen Softwareentwicklern ist Folgendes nicht unbekannt: Der Kunde meldet einen Programmierfehler, obwohl unzählige Stunden mit gewissenhafter Code-Review verbracht wurden, obwohl tagelang getestet wurde. Wie konnte dieser Fehler unbemerkt das Haus verlassen?

Unter der Annahme, dass sich der Kunde nicht irrt, kann einer der folgenden Punkte diese Frage beantworten:

- *Der Kunde führte Programmteile aus, die noch nie getestet wurden.* Entweder absichtlich (bei Zeitdruck oder Kostendruck) oder durch Unachtsamkeit wurden Programmteile nicht oder unzureichend getestet.
- *Die Reihenfolge, in der der Kunde Programmanweisungen ausführte, ist anders als die Reihenfolge, in der die Anweisungen getestet wurden.* Die Reihenfolge kann aber über Funktion und Fehler entscheiden.
- *Der Kunde verwendete eine Kombination von Eingangsgrößen, die nie getestet wurden.* Software wird in den seltensten Fällen mit allen möglichen Ein-

gangsgrößen getestet. Der Tester muss daher eine geringe Zahl von Kombinationen selektieren und daraus schließen, dass die anderen Kombinationen auch funktionieren. Wenn dieser Schluss falsch ist, rutscht der Fehler durch.

- *Die operative Umgebung der Software ist beim Kunden eine andere.* Der Kunde verwendet eine andere Betriebssystemversion oder eine andere Hardware. Vielleicht stand dem Testteam die Anwendungsumgebung überhaupt nicht zur Verfügung und man musste diese simulieren oder von Annahmen ausgehen.

Software wird fast nie zu 100% getestet. Das gilt auch für sicherheitskritische Anwendungen. [Hayhurst 01] beschreibt zum Beispiel, dass Flugkontrollsoftware bis zu 36 verschiedene Eingangsgrößen verarbeitet. Wollten wir alle möglichen Eingangskombinationen durchtesten und damit beweisen, dass keine ungewollten Wechselbeziehungen zwischen den Eingängen bestehen, so müssten wir 21 Jahre lang testen, selbst wenn wir pro Sekunde 100 Testfälle erstellen und durchführen könnten. In Kapitel 6 werden Techniken vorgestellt, die durch Analyse des Quellcodes den Testaufwand dramatisch reduzieren und trotzdem die Testschärfe nur gering beschneiden.

1.5.3 Angebrachter Testaufwand

Die Aufgabe des Testers ist es nun, mit den vorhandenen Ressourcen so zu testen, dass er mit größter Wahrscheinlichkeit alle Fehler findet, die in der Software stecken. Kapitel 8 wird dazu viele Techniken vorstellen. Die Aufgabe des Managements ist, dem Tester Ressourcen so zu genehmigen, dass der maximale Projektgewinn resultiert. Abbildung 1–1 zeigt dazu die anzustellende, wirtschaftliche Überlegung. Wird zu wenig gestestet und drohen dem Unternehmen daher Schadenersatzzahlungen oder Imageverlust, dann ist der Testaufwand zu erhöhen. Wird andererseits zu viel getestet, dann ist das Softwareprodukt zwar vielleicht von guter Qualität, aber nicht mehr wirtschaftlich zu erzeugen.

Die Entscheidung, wie viel Aufwand in den Test zu stecken ist, ist eine rein wirtschaftliche und stützt sich im Idealfall auf sogenannte Prozessmetriken. Derartige Metriken erfassen beispielsweise wie viel Zeit (und damit Geld) es kostet, einen Fehler zu finden, und wie viel es kostet, einen Fehler nicht zu finden. Prozessmetriken sind ein wichtiges Werkzeug der Wirtschaftlichkeitsanalyse und des Software-Qualitätsmanagements, siehe Kapitel 17.

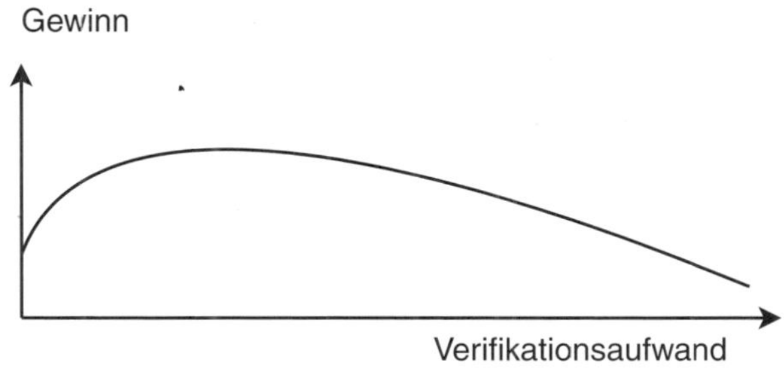

Abb. 1–1 *Der Testaufwand sollte sich am Betriebsgewinn orientieren.*

1.5.4 Der Tester und der Testprozess

Bei der Erstellung von Testfällen muss der Tester die Software, ihre Funktionalität, die Eingangsgrößen, die möglichen Kombinationen der Eingangsgrößen und die Testumgebung berücksichtigen. Dieser Prozess ist kein Kinderspiel, benötigt Zeit, Erfahrung und Planung. In der Zeitskala dieser Planung muss auch Zeit vorgesehen werden, die Testfälle zu revidieren, gefundene Bugs zu entfernen und die Software von Neuem zu testen. Im Zeitplan nur den Wonnefall vorzusehen – alles funktioniert klaglos, das Testfalldesign ist fehlerfrei – ist ein Fehler, der Anfängern vorbehalten bleiben soll.

Vom Tester wird destruktive Kreativität verlangt, wenn seine Tests auch trickreiche Bugs finden sollen. Je mehr Freude der Tester am Finden von Fehlern hat, desto mehr wird er sich anstrengen, auch tatsächlich welche zu finden. Wenig Freude bereitet es, seine eigenen Fehler zu finden, und so ist eine der Grundregeln des Testens, dass Programmautor und -tester verschiedene Personen sein müssen. Glenford Myers, der erste nennenswerte Autor von Literatur über Softwaretests, schreibt dazu folgenden Absatz [Myers 78]:

> »*Testen ist ein destruktiver Prozess. Man versucht die Software zu brechen, ihre Schwachpunkte zu finden, Fehler aufzudecken. Es ist sehr schwierig für einen Programmierer, nachdem er während des Designs und des Programmierens konstruktiv war, plötzlich seine Perspektive zu ändern und eine destruktive Haltung gegenüber dem Programm einzunehmen. Aus diesem Grund können die meisten Programmierer ihre eigene Software nicht effektiv testen, weil sie es nicht schaffen, diese destruktive Haltung einzunehmen.*«

Um den Testprozess genauer zu beschreiben, unterteilt ihn James Whittaker in einem sehr gelungenen Überblicksartikel in vier Phasen [Whittaker 00]:

- Modellieren der Software-Umgebung
- Erstellen von Testfällen
- Ausführen und Evaluieren der Tests
- Messen des Testfortschritts

Diese Phasen und die damit verbundenen Probleme und Lösungsansätze wollen wir uns nun genauer ansehen.

1.5.5 Modellieren der Software-Umgebung

Eine der Aufgaben des Testers ist es, die Interaktion der Software mit ihrer Umgebung zu prüfen und dabei diese Umgebung zu simulieren. Das kann eine enorme Aufgabe sein, wenn man die Vielfalt von Schnittstellen bedenkt:

- Die *klassische Mensch/Maschine-Schnittstelle*: Tastatur, Bildschirm, Maus. Der Tester muss sich überlegen, wie er alle erwarteten und unerwarteten Mausklicks, Tastatureingaben und Bildschirminhalte in den Tests organisiert. Dabei können ihn Capture/Replay-Tools unterstützen, die diese Eingaben simulieren und die resultierende Bildschirmdarstellung mit einer gespeicherten Soll-Darstellung vergleichen. Der Einsatz solcher Tools ist mit einer nicht zu unterschätzenden Lernkurve verbunden. Billige Tools haben obendrein das Problem, dass man bei einem Wechsel der GUI-Version oder des Betriebssystems oft auch gleich viele Tool-Aufzeichnungen wiederholen muss.
- Das Testen der *Schnittstellen zur Hardware* kann eine Herausforderung für sich sein. Beim Test von eingebetteten Systemen muss oft erst ein Testgerät entwickelt bzw. gekauft werden, damit die zu testende Software in ihrer Zielhardware auch getestet werden kann (*Hardware in the Loop*). Für die auf diesen Schnittstellen basierenden Kommunikationsprotokolle muss der Tester erwartete und unerwartete, gültige und ungültige Daten oder Kommandos versenden. Kapitel 8 zeigt Testtechniken dazu und Kapitel 14 stellt eine ergänzende Analysetechnik vor.
- Die *Schnittstelle zum Betriebssystem* sollte ebenfalls Gegenstand von Tests sein. Wenn die zu testende Software einige Dienste des Betriebssystems in Anspruch nimmt, dann muss auch geprüft werden, was passiert, wenn das Betriebssystem diese Dienste verweigert: Was ist, wenn das Speichermedium voll ist oder der Zugriff darauf misslingt? Um das ohne Kenntnis des Codes zu testen, könnte man beispielsweise Werkzeuge des Security-Testings verwenden, die die zu testende Software in einer Betriebssystem-Simulation laufen lassen [Whittaker 03]. In dieser Simulationsumgebung kann man dann z.B. per Knopfdruck eine volle Festplatte simulieren. Manche sprechen in diesem Zusammenhang auch von *Sandbox Testing*.

- Auch *Dateisystem-Schnittstellen* findet man bei einigen eingebetteten Systemen. Der Tester muss Dateien mit erlaubtem und unerlaubtem Inhalt und Format bereitstellen.

Es ist unschwer zu erkennen, dass die Modellierung der Systemschnittstellen ein sehr aufwändiges Projekt werden kann. Stellen wir uns zum Beispiel Software für ein Motorsteuergerät in einem Kraftfahrzeug vor: Manche Prozesse im Motor und Interaktionen mit anderen Steuergeräten (wie ABS, ESP, ...) sind so komplex, dass sie nur unter großem Aufwand modelliert werden können. Es ist in der Testplanung abzuwägen, wie exakt das Modell der Umgebung sein soll. So muss etwa bei einem Steuergeräte-Test für Fahrzeuge geplant werden, was in einer Umgebungssimulation geprüft wird (siehe Abb. 1–2) und was etwa an einem Motorprüfstand oder in einem Testfahrzeug getestet wird (siehe Abb. 1–3).

Das Modell der Umgebung, bzw. die Testausrüstung für Tests am Zielsystem, muss auch außergewöhnliche Situationen vorsehen. Etwa den Neustart der Hardware während der Kommunikation mit einem externen Gerät, die Parallelnutzung eines Betriebssystemservices durch andere Applikationen, einen Fehler im Speichermedium und so weiter.

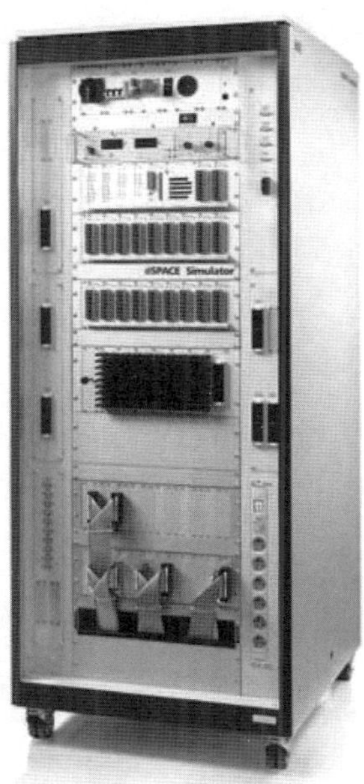

Abb. 1–2 *Beispiel einer Testumgebung. Diese Ausrüstung wird verwendet, um Software für Steuergeräte automatisiert zu testen. Produziert die Testumgebung, wie hier, auch alle Stimuli für Sensoren und prüft sie die Funktion von Aktoren, so spricht man vom Hardware-In-The-Loop-Test. Foto © dSPACE GmbH.*

Abb. 1–3 Eine Testschnittstelle ermöglicht während der Fahrt, Interna der Steuergeräte-Software per Laptop zu überwachen. Die Testfälle sind in diesem Testfahrzeug per Definition real. Ihr Design ist aber im Vergleich zur Simulation eingeschränkter, z.B. weil Unfallszenarien nicht einfach zu durchlaufen sind.

1.5.6 Erstellen von Testfällen

Software kann mitunter eine unendlich große Anzahl von verschiedenen Eingangsdaten verarbeiten. Denken wir nur an ein Textverarbeitungsprogramm oder an eine Signalverarbeitungs-Software, wo die Reihenfolge der Eingabe von Daten relevant ist. Die schwierige Aufgabe des Testers ist es nun, einige wenige Testszenarien zu entwerfen, die ein Programm prüfen sollen, das eigentlich unendlich viele Szenarien verarbeiten kann.

Bei der Durchführung der Tests wird man nach der Testabdeckung (*Test Coverage*) fragen: Welche Teile des Codes sind noch ungetestet? Um diese Frage zu beantworten, bedient man sich in den meisten Fällen eines Werkzeugs. Kapitel 6 wird die Funktionsweise solcher Werkzeuge erklären.

Abbildung 1–4 zeigt, wie so ein Werkzeug verschiedene Arten von Testabdeckungen nach Messung anzeigt und so den Testfortschritt visualisiert.

Mit dem Ziel, die gewünschte Testabdeckung am Quellcode zu erreichen wird der Tester daher Szenarien auswählen, die

- typisch auch in der Feldanwendung auftreten,
- möglichst »bösartig« sind und damit eher Fehler provozieren als »Schönwettertests«,
- Grenzfälle ausprobieren.

Für die Testabdeckung gibt es eine Reihe von Kriterien unterschiedlicher Schärfe. Im einfachsten Fall könnte man sich etwa zufriedengeben, wenn jedes Statement der Programmiersprache C einmal ausgeführt wurde. In sicherheitskritischen Anwendungen könnte man fordern, dass jedes Assembler-Statement mindestens einmal ausgeführt wird und dass zusätzlich bewiesen werden muss, dass jeder Einfluss auf eine Programmverzweigung auch unabhängig von anderen Einflüssen wirken kann. Abschnitt 6.6 wird einige Testabdeckungs-Metriken für Modultests vorstellen.

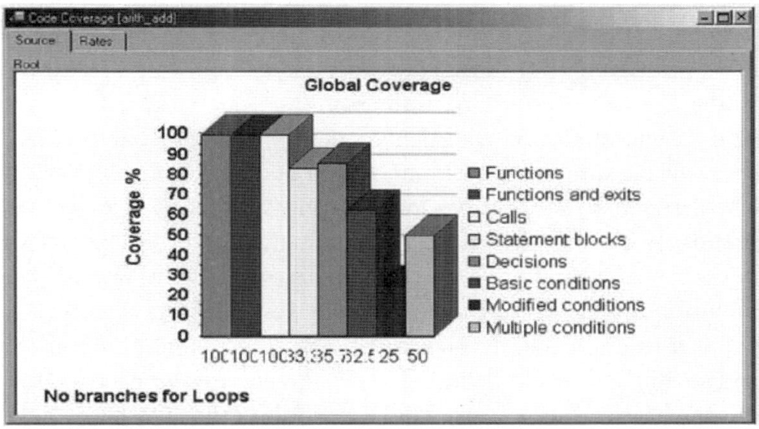

Abb. 1–4 *Anzeige der erreichten Testabdeckung in einem Werkzeug für Unit-Tests*

Die Testabdeckung aber nur am Quellcode zu messen, wäre keine gute Idee. Der Code zeigt nicht, was vergessen wurde zu implementieren, und er zeigt auch nicht, ob die Anforderungen richtig umgesetzt wurden. Dazu ist zumindest ein Blick in die Anforderungsspezifikation nötig. Je formaler diese verfasst ist, desto besser für den Zweck des Testens.

1.5.7 Ausführen und Evaluieren der Tests

Nachdem geeignete Testfälle ausgewählt/entworfen worden sind, kann zur Ausführung derselben geschritten werden. Die kann manuell erfolgen, halb automatisch sein oder voll automatisch ablaufen. Die Wahl des Automatisierungsgrads ist vor allem von zwei Faktoren abhängig: der Haftung bei Softwarefehlern und der Wiederholungsrate der Tests. Bei Anwendungen mit Sicherheitsrelevanz wird die Wahl eher auf automatische Tests fallen. Die Testskripts erlauben im Idealfall eine exakte Wiederholbarkeit der Tests.

Bei manuell durchgeführten Tests ist exakte Wiederholbarkeit schlecht möglich. Ganz speziell bei Echtzeitsystemen. Dafür ist man mit manuellem Testen schneller am Ziel: Bis automatische Tests fehlerfrei laufen, ist im Schnitt der zehnfache Aufwand wie für einen manuellen Test notwendig. Also rentiert sich Testautomation vor allem dann, wenn Tests oft wiederholt werden. Solche Wiederholungen können zum Beispiel notwendig sein, wenn man zu bestehender Software neue Funktionalität hinzufügt oder einen Fehler behebt. Bringt die Fehlerbehebung an anderer Stelle einen neuen Fehler? Um sicherzugehen, kann man dann alle existierenden Tests automatisch nochmals durchführen. Diese Testwiederholungen, »nur um sicherzugehen«, werden *Regressionstests* genannt. Automation ist besonders für Regressionstests geeignet.

Mit der Ausführung der Tests alleine ist es aber noch nicht getan. Es muss auch noch beurteilt werden, ob sie einen Fehler gefunden haben oder nicht. Das ist nicht immer einfach und gelegentlich eine Hürde für die volle Automation von Tests. Jedenfalls müssen die Kriterien für den Testerfolg genau spezifiziert sein. Ohne diese Festlegung würde der Softwaretest allenfalls ein Herumprobieren sein, aber den Namen »Test« nicht verdienen.

Trotz des Determinismus' und der Wiederholbarkeit ersparen vollautomatische Tests nicht die sorgfältige Dokumentation und Abstimmung des Testdesigns mit sich ändernden Versionen der Anforderungsspezifikation. Sonst würde die Testkollektion, wie es in Kritiken der Testautomation heißt, ein gewisses Eigenleben entwickeln: »Niemand getraut sich einen Test zu löschen, weil die Bedeutung nicht genau bekannt ist; kein Mitarbeiter weiß, was die Tests eigentlich tun, aber sie zu bestehen ist essenziell; mit neuen Anforderungen kommen aber neue Tests hinzu, und so wird die Testkollektion ein zunehmend mysteriöseres Orakel, ähnlich einer sprechenden Eiche aus einem Disney-Film« [Bach 96].

Bleibt trotz allem noch die Frage des Vertrauens in die automatischen oder manuellen Tests. Wenn das Testsystem immer »alles okay« meldet, sollten wir uns dann nicht irgendwann mal Sorgen machen? Um diese Sorgen in Grenzen zu halten, ist es empfehlenswert, bei der Entwicklung von Testskripts zum Debugging absichtlich Fehler im Testobjekt einzubauen. Werden diese nicht in den automatischen Tests entdeckt, dann gibt es Alarmstufe Rot.

1.5.8 Messen des Testfortschritts

Wie jedes andere Projekt sollte auch ein Testprojekt genau geplant werden. Teil dieses Plans ist die Festlegung des Projektziels, zum Beispiel wie viele unentdeckte Fehler welcher Kategorie die zu testende Software nach dem Test noch haben darf. Die Art und der Umfang der Tests werden sich nach dieser Größe richten, siehe Diskussion zu Abbildung 1–1.

Bei der Erstellung eines Zeitplans für den Softwaretest können Code-Metriken helfen. Code-Metriken sind Maßzahlen, die aus dem Quellcode automatisch erhoben werden, siehe Abschnitt 4.5. Zum Beispiel die Anzahl der linear unabhängigen Pfade, die in Abschnitt 6.7 behandelt werden. Ist aus Aufzeichnungen bekannt, wie lange man im Schnitt pro Pfad testet, dann ist die Aufwandsschätzung schnell gemacht, wenn man sich vornimmt, alle linear unabhängigen Pfade zu testen.

Für die Aufwandsschätzung beim Test gegen die Anforderungsspezifikation, dem Systemtest, können die gleichen Verfahren herangezogen werden, die zur Schätzung der Programmerstellung dienen. Auch hier kann man eine Testabdeckung definieren. Etwa: Alle Software-Anforderungen einer gewissen Mindestpriorität sollen getestet werden.

Um den Zeitplan regelmäßig zu aktualisieren, kann man Messungen einer zuvor ausgewählten Testabdeckung verwenden. Die Erfassung des bisher in den Test gesteckten Aufwands und der bisher erreichten Testabdeckung erlaubt eine einfache Extrapolation und damit die Vorhersage des Erreichens von 100% der gewünschten Testabdeckung. Dabei ist allerdings eine Warnung angebracht: Der Aufwand pro Prozent Abdeckung steigt typischerweise gegen Ende des Projekts stark an.

1.5.9 Testdesign und Testdokumentation im Software-Entwicklungsprozess

Der Software-Entwicklungsprozess beginnt meist mit der Analyse des Problems und dem Schreiben der Anforderungsspezifikation. Die Spezifikation bildet die Grundlage für funktionale Software-Systemtests, die die Einhaltung der Spezifikation testen und somit Designfehler und Programmierfehler aufdecken.

Mit dem Design der Systemtests kann begonnen werden, sobald die Anforderungen feststehen, also oft schon lange, bevor die Software überhaupt existiert. Ein früher Beginn des Testdesigns, parallel zum Softwaredesign, zahlt sich aus mehreren Gründen aus:

- Die Testphase verkürzt sich, denn wenn die zu testende Software fertig für den Test ist, muss man nicht erst beginnen, sich gute Tests auszudenken.
- Untestbare Anforderungen werden identifiziert. Es gibt kaum eine kritischere Review von Anforderungen, als wenn man sich Tests dafür ausdenkt.
- Gegebenenfalls wird die Notwendigkeit von spezieller Testhardware erkannt und diese kann rechtzeitig geschaffen oder beschafft werden. Solche Testhardware kann ein Testzugang am zu testenden Gerät sein, etwa ein Messpunkt auf einer Platine oder ein Messmittel, etwa ein Oszilloskop.

Mit dem Testen selbst kann man aber natürlich erst beginnen, wenn die Software fertig ist. Wenn die Anforderungen dem Entwickler-Team gewisse Freiheiten lassen, dann kann es sein, dass es beim Testdesign nicht möglich ist, den einen oder anderen Test ins letzte Detail auszuformulieren. Das ändert nichts an der Tatsache, dass es sinnvoll ist, mit dem Testdesign möglichst früh zu beginnen. Es bleiben aber durch offene Fragen Lücken im Testdesign. Der Testplan, in dem das Systemtestdesign meist dokumentiert ist, muss also ein »lebendes Dokument«

sein. Es erfährt regelmäßige Aktualisierungen und muss daher unter Versionskontrolle stehen. Nicht nur das Füllen der genannten Lücken sind Gründe für Aktualisierungen. Natürlich kommt es vor, dass ein im frühen Projektstadium ausgedachter Testfall später nicht so umzusetzen ist, wie gedacht. Wird die Dokumentation nicht angepasst, so laufen reale Tests und Dokumentation auseinander und man entwertet das Test-Set. Im schlimmsten Fall manövriert man die Tests in einen unwartbaren Zustand und landet bei der in Abschnitt 1.5.7 erwähnten sprechenden Eiche aus einem Disney-Film.

In vielen Projekten ist aber der häufigste Grund für Updates von Tests eine Revision der Anforderungsspezifikation. Um bei einer solchen Revision der Anforderungen zu wissen, welche der schon bestehenden Systemtests überarbeitet werden müssen, wird eine *Traceability*-Tabelle erzeugt und stets auf dem aktuellsten Stand gehalten. Diese Tabelle verfolgt, welche Anforderung in welchem Testfall getestet wird. Ein Beispiel ist in der Abbildung 1–5 zu sehen. Diese Tabellen können entweder manuell erstellt und gewartet werden oder sind ein Produkt von Requirements Engineering/Management Tools.

Requirement No	Requirement Short Text	Tested in
R/SRD/INIT/10	Self Test	ST-IOPS-FT01
R/SRD/INIT/20	Self Test Fail Silence	ST-IOPS-FT01
R/SRD/PP/05	Ready Message	ST-IOPS-FT01
R/SRD/PP/20	PP-bus Performance	ST-IOPS-FT02
R/SRD/PP/30	Reply Message Format	ST-IOPS-FT02
R/SRD/PP/40	SetPosDebTime Cmd	ST-IOPS-FT03
R/SRD/PP/50	SetNegDebTime Cmd	ST-IOPS-FT03
R/SRD/PP/60	SetRepIntv Cmd	ST-IOPS-FT02
R/SRD/PP/70	Start Command	ST-IOPS-FT02
R/SRD/PP/80	Report Message Format	ST-IOPS-FT02
R/SRD/SI/10	Position Sampling Rate	ST-IOPS-FT03
R/SRD/SI/30	Debouncing	ST-IOPS-FT04, ST-IOPS-FT03
R/SRD/RA/10	Missing Parameters	ST-IOPS-FT05
R/SRD/RA/20	PP-bus Error	ST-IOPS-FT05
R/SRD/RA/30	Watchdog Kicking	ST-IOPS-FT05
R/SRD/SB/10	Maximum CPU Load	ST-IOPS-FT06
R/SRD/SB/20	CPU Idle Time	ST-IOPS-FT07
R/SRD/SB/30	Memory Footprint	ST-IOPS-FT08
R/SRD/SD/10	Software Coding Standard	verified in code reviews

Abb. 1–5 *Die Traceability-Tabelle für Systemtests eines fiktiven Projekts*

1.5.10 Verschiedene Teststufen und deren Zusammenspiel

Normalerweise werden im Softwaredesignprozess die Aufgaben der Software auf verschiedene Module (bzw. Klassen) aufgeteilt. Es ist daher naheliegend, nach dem Programmieren zuerst jedes dieser Module einzeln zu testen, bevor sie zu einem Ganzen zusammengefügt werden. Diese in Kapitel 6 behandelten Tests werden Modultests genannt. Mit dem Design der Modultests kann begonnen werden, sobald das Softwaredesign genau die Aufgaben jedes Softwaremoduls spezifiziert. Der Modultest testet das Softwaremodul gegen diese Modulspezifikation. Beim Modultest leistet man sich den Luxus genau zu prüfen, welche Teile des Quellcodes tatsächlich durchlaufen wurden. Je nach Anspruch an die Schärfe dieser *White-Box-Tests* existieren verschiedene Maße für das Messen der Testabdeckung, wie Abschnitt 6.6 zeigen wird.

Ob beim Zusammenfügen der Module Fehler auftreten, prüft ein *Integrationstest.* So wie dem Thema Modultest widmet sich ein eigenes Kapitel dieses Buchs dieser in der Literatur wenig beschriebenen Teststufe. Integrationstests können geplant werden, sobald feststeht, welche Daten- und Kontrollflüsse zwischen den Modulen stattfinden. Integrationstests prüfen genau dieses Zusammenspiel und decken also Schnittstellenprobleme auf. Sie sind also ein Test der Software gegen das Design der Software-Architektur.

Nach bestandenem Integrationstest beginnt man mit der Durchführung der *Systemtests.* Systemtests prüfen die Einhaltung der Anforderungsspezifikation und Testen die Software möglichst in der Zielumgebung. Auch bei gewissenhaftesten Unit-Tests und Integrationstests werden hier typischerweise Fehler gefunden: Design-Fehler. Die vorhergehenden Testschritte testen immer gegen das Design der Software. Ist das Design aber fehlerhaft oder lückenhaft und wird dadurch die Spezifikation nicht erfüllt, so ist auch die Software fehlerhaft und diese Fehler werden am ehesten im Systemtest in der Zielumgebung gefunden.

Ist die Zielumgebung nicht verfügbar und das Risiko vertretbar, so kann man sich mit der Simulation der Zielumgebung zufriedengeben. Bei sicherheitsrelevanter Software und Software mit hohen Ansprüchen an die Integrität ist ein Test in der Zielumgebung jedoch unverzichtbar. Abschnitt 8.12 auf Seite 176 gibt ein eindrucksvolles Beispiel aus der Praxis zu diesem Thema.

Systemtests werden, wie erwähnt, am besten schon lange vor den Integrationstests entworfen. Da zum Zeitpunkt des Entwurfs der Code noch nicht existiert, sind die Tests idealerweise unabhängig vom Design. Man spricht von *Black-Box-Tests.* Techniken dazu werden in Kapitel 8 vorgestellt.

Mit hohen Ansprüchen an die Integrität der Software sollte auch die weitgehende Automation der Tests einhergehen. Bei Updates kann somit schnell der gesamte Funktionsumfang der Software getestet werden und die Wiederholbarkeit der Tests ist im Idealfall zu 100% gesichert. Bei eingebetteten Systemen kann so ein automatischer Test in der Zielumgebung großen Aufwand bedeuten. Ein Beispiel ist in Abbildung 1–6 zu sehen. Die zu testende Software steuert eine

Anzeige am Aktor Armaturenbrett. Dem Aktor muss im Testsystem ein entsprechender Sensor gegenüberstehen, der die Anzeige erfasst.

Abb. 1–6 *Automatische Systemtests können aufwändig werden. Ist der von der Software bediente Aktor die Tacho-Nadel, so sollte der Sensor des Testaufbaus die Position der Tacho-Nadel erfassen können. Foto © dSPACE GmbH.*

Die Durchführung der Testschritte erfolgt also in einem Bilderbuchprojekt in umgekehrter Reihenfolge wie die Planung und das Design der Tests. Dieses traditionelle Software-Entwicklungsmodell *(Software Life Cycle Model)* wird oft mit einem »V« visualisiert. Abbildung 1–7 zeigt solch ein Modell: das inzwischen abgelöste Entwicklungsmodell PSS-05 der europäischen Raumfahrtorganisation [PSS-05-0]. Der zeitliche Verlauf in diesem »V« ist von links oben nach unten und dann nach rechts oben. Und das Modell definiert für jeden Prozessschritt bestimmte Artefakte als zu erwartendes Ergebnis. Am linken Ast im »V« des PSS-05 sind dies nur Dokumente. Und zwar URD für das User Requirements Document, SRD für das Software Requirements Document, ADD für das Architectural Design Document und DDD für das Detailed Design Document.

Ob alle beschriebenen Testschritte in einem Projekt auch tatsächlich zum Einsatz kommen und alle Dokumente wirklich geschrieben werden, ist eine Frage der Wirtschaftlichkeit.

1.5.11 Andere Verifikationsmethoden als Ergänzung zum Test

Abbildung 1–7 zeigt am linken Ast des Modells Pfeile in Aufwärtsrichtung, also »gegen die Zeit«. Diese mit SVVP/SR, SVVP/AD und SVVP/DD beschrifteten Pfeile stehen für kleine Iterationen. Solche kurzen Zyklen sind Ergebnisse von Reviews.

Welche Reviews durchgeführt werden ist im Idealfall beim Projektstart definiert und in einem Software Verification and Validation Plan (SVVP) dokumentiert.

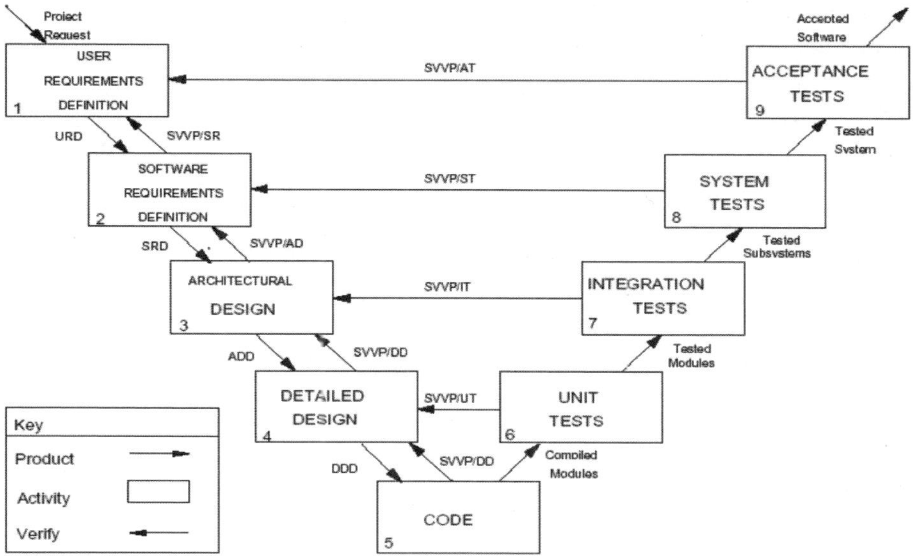

Abb. 1–7 *Das Software-Entwicklungsmodell nach PSS-05. Die horizontalen Pfeile zeigen, welche Testschritte welche Teile der Entwicklungsschritte abtesten. Sobald der Entwicklungsschritt an der Pfeilspitze fertig ist, kann mit dem Design der entsprechenden Tests begonnen werden.*

Alle vorgestellten Artefakte – User Requirements Document, Software Requirements Document, Architectural Design Document und das Detailed Design Document – werden im Idealfall einer Review unterzogen. Kommt der Reviewer zur Auffassung, dass z. B. ein Anforderungsdokument Widersprüche enthält oder ein Design verbesserungswürdig ist, so wird der Widerspruch aufgelöst und das Design verbessert, ehe man die nächste Prozessphase betritt. Typischerweise finden solche Reviews innerhalb eines Teams statt. Dokumente, die Vertragsbestandteil sind oder die Kundenkommunikation unterstützen, wie Anforderungsdokumente, werden oft auch durch den Geschäftspartner inspiziert.

In Projekten mit höchster Integritätsanforderung ist der Abschluss einer Phase oft mit einer Technical Review verbunden. Ein Review Board, bestehend aus Kunden, Lieferanten und ggf. einer externen Firma, die ausschließlich zum Zweck der Review bestellt wurde, entscheidet, ob ein Zahlungsmeilenstein erreicht ist und es dem Lieferanten gestattet wird, in die nächste Projektphase einzutreten.

Auch der Quellcode wird einer Review unterzogen – am besten, bevor man Unit-Tests macht. Code-Reviews können zum Teil automatisiert werden. Man spricht von der Automatischen Statischen Analyse, Kapitel 4 beschäftigt sich damit.

Alle angesprochenen Reviews dienen dazu, die Fehlerkosten niedrig zu halten. Je früher im Entwicklungsprozess sich ein Fehler einschleicht, desto größer seine Tragweite. Denken wir zum Beispiel an eine ungeschickte Software-Architektur. Wenn der Code bereits implementiert ist und erst im Integrationstest erkannt wird, wie unpassend das Design ist, dann müssen die Architekturdokumentation geändert, der Code angepasst und die Unit-Tests aktualisiert werden. Wäre der Fehler gleich bei einer Review des Architectural-Design-Dokuments aufgefallen (in kleinen Projekten kann das auch eine Bleistiftskizze sein), so wäre der Änderungsaufwand auf die Aktualisierung des Dokuments beschränkt gewesen.

Reviews und Tests reichen nicht aus, um Echtzeitsysteme mit höchsten Ansprüchen ausreichend abzusichern. Als weitere Verifikationsmethode kommt die Analyse hinzu. Im Speziellen ist dies die Analyse der Rechtzeitigkeit der Systemantwort, der sich die Kapitel 12 und 13 widmen. Bei Systemen mit Sicherheitsrelevanz kommt noch die Analyse des Systemverhaltens bei Teilausfällen hinzu, die in Kapitel 14 beschrieben wird, und man wird im Projektverlauf auch regelmäßig den Speicherverbrauch des Systems ermitteln, damit es nicht unerwartet zu bösen Überraschungen kommt.

1.5.12 Agile Prozessmodelle

Im realen Leben wird der in Abbildung 1–7 gezeigte Entwicklungszyklus mehrfach durchlaufen. Neue Iterationen können notwendig werden, wenn zum Beispiel neue Anforderungen hinzukommen. Zumindest teilweise sind Iterationen bei Re-Designs und bei Bugfixes notwendig. Entsprechend erfahren die begleitenden Projektdokumente mehrere Updates. Ohne solche Updates werden die Dokumente zunehmend wertloser!

Agile Methoden (Scrum, Extreme Programming ...) machen diese Not zur Tugend und versuchen durch eine absichtlich hohe Anzahl von Iterationen und Lieferung von Teilen des Produkts, Dokumentation zu sparen und den Kunden verstärkt in den Entwicklungsprozess einzubinden. Anstelle von Dokumentation tritt verstärkte Kommunikation und hohe Bereitschaft zu enger Zusammenarbeit [Beck 01].

Bei vielen eingebetteten Systemen sind Teillieferungen von Software nur eingeschränkt oder gar nicht möglich. Eine frühe Kundeneinbindung ist ebenfalls nicht immer sinnvoll. Agile Projektmodelle werden daher oft adaptiert. Die Rolle des die Teillieferung abnehmenden Kunden wird zum Beispiel von einer anderen Abteilung übernommen, die die neu entwickelte Software und Hardware integriert.

1.5.13 Der Softwaretest in agilen Vorgehensmodellen

Eine Spielart bei agilen Methoden ist die *Test-First*-Strategie (oder *Test Driven Development, TDD*). Das heißt, der Programmierer beginnt einen Unit-Test für den eigenen Code zu schreiben, bevor er mit dem Codieren beginnt. Zug um Zug werden in kleinen Iterationen zuerst der Test und dann das Testobjekt implementiert bzw. erweitert. Sobald der Test keine Fehler mehr meldet, beginnt eine neue Iteration.

Bei maschinennaher Programmierung kann diese Strategie sehr ineffizient werden, wenn man beim Programmieren erst die neue Hardware »kennen lernt« und das detaillierte Design sich daher hochdynamisch ändern kann. Ebenso ist es bei der Entwicklung von eingebetteten Systemen oft der Fall, dass Hardware erst während der Software-Entwicklung entsteht. Das erschwert natürlich Test Driven Development mit Tests in der Zielumgebung und zwingt ggf. zur Nutzung von Simulatoren, aber es zwingt auch – als positiver Effekt – zu einem Design, bei dem Hardware-Abhängigkeiten sauber gekapselt sind. Es gibt ohne Zweifel Embedded-Projekte, die von TDD profitieren: Die kurzen Iterationen vom fertiggestellten Code zum unerwartet fehlgeschlagenen Testfall ersparen langwierige Debug-Sitzungen, wie man sie oft vorfindet, wenn ein Test erst lange nach dem Programmieren stattfindet; nur der gerade hinzugefügte Code kann für das Fehlschlagen des Tests verantwortlich sein [Grenning 11]. Von dieser Eigenschaft profitiert man aber auch, wenn man den Unit-Test (siehe Kapitel 6) *unmittelbar* nach der Implementierung eines Moduls macht und dabei strikt black box gegen die Spezifikation (das Design) des Moduls testet. Der Test muss dazu nicht vor oder während der Implementierung des Codes entstehen.

Beim Erstellen eines Unit-Tests für fertig implementierte Komponenten unterstützen aber leistungsfähige Unit-Test-Werkzeuge extrem und können die Arbeit deutlich beschleunigen. Abschnitt 6.5.2 wird die Funktionsweise dieser Werkzeuge vorstellen.

TDD ist keine Testmethode, sondern eine Entwicklungsmethode, die sicherstellt, dass der Code testbar und getestet ist. Das ist aber noch kein Garant für Qualität, wenn man an unvollständige, unstrukturierte und qualitativ schlechte Tests denkt. Allerdings zwingt TDD den Tester, sich intensiv mit der Spezifikation der zu testenden Komponente auseinanderzusetzen, anstatt sich fälschlicherweise nur am Code zu orientieren, wie der Erfahrungsbericht am Ende von Abschnitt 6.13.1 zeigen wird.

Ein Absatz des agilen Manifests schlägt folgende Wertschätzung vor: »Working software over comprehensive documentation«. Das bedeutet aber keinesfalls den Verzicht auf die Dokumentation von Anforderungen, die die Basis für Systemtests darstellen. Wenn der Dokumentation der Anforderungen keine Wertschätzung zukommt, dann kann das schon sehr zermürbend werden für einen Tester: Das, was gestern noch für Team-Mitglied 1 ein Bug war, kann heute für Mitglied 2 ein Feature sein. Daher ist für einen Tester eine gewissenhafte Dokumentation der Anforderungen Bedingung für saubere Arbeit. Ohne diese Dokumentation wird von Testteam-Ineffizienzen von 25 bis 30% berichtet [Black 10]. Wie auch immer der gute Mann zu diesen Zahlen kommt.

Auch Test Driven Development macht die Dokumentation von Anforderungen nicht überflüssig. [Heusser 07] zitiert folgende frei übersetzte, verlockende Aussage zum Thema Anforderungsspezifikation und Test in agilen Projekten:

> *»Wir implementieren Projekte iterativ. Da ist ja ein großes Software-Projekt nur eine Aneinanderreihung von kleinen. Wenn wir keine klar testbaren Akzeptanzkriterien für das Arbeitspaket unserer nächsten zwei Wochen haben, dann haben wir ein großes Problem. Wenn wir es können, warum repräsentieren wir diese Kriterien nicht gleich direkt in Form von Testfällen, anstatt später aus den Anforderungen Testfälle abzuleiten?«*

Die Verlockung ist wahrlich groß: Sich Anforderungsdokumentation zu ersparen und trotzdem Testfälle parat zu haben! Es gibt viele Gründe, dies *nicht* so zu tun. Abschnitt 2.4 wird die meisten davon nennen. Ein Beispiel ist die Wichtigkeit der Dokumentation von Hintergrundwissen rund um die Anforderungen. Also das Verstehen, wieso der Kunde etwas so wünscht und nicht anders. Ein Tester, der sich durch Lesen der Anforderungsdokumentation in die Kundensicht versetzen kann, macht die besten Akzeptanz-Testfälle. Ein Tester, der die folgenden Testfälle anstelle einer Anforderung von einem Kollegen zu übernehmen hat, versteht sicherlich nicht ohne nachzufragen, was der Kunde eigentlich benötigt:

Input	**Erwarteter Output**
32	0
100	38
212	100

Und was ist, wenn niemand da ist, den man fragen könnte? Dokumentation ist eine Art Sicherheitsgurt gegen Mitarbeiterfluktuation und Erinnerungslücken. Das gilt für den Test genauso wie für die Entwicklung. Wenn – im idealen agilen Projekt – immer jemand da ist, der Bescheid weiß, Zeit hat und kooperationswillig ist, dann darf man auch beim Test die Dokumentation einsparen. Solche Projekte gibt es aber nur im Märchen. Je komplexer und größer ein Projekt ist und je eher man Personen im Team hat, die nicht immer verfügbar sein werden, desto wichtiger wird die Dokumentation von Anforderungen *und* den daraus abgeleiteten Testfällen. Wenn man für das Produkt haftet, dann gilt ein nicht sauber dokumentierter Test als nicht gemacht, wie Kapitel 18 zeigen wird.

1.5.14 Wer testet die Tester?

Manche Leute stellen sich die Frage, ob man auch *unabhängige* Tests von projektspezifischer *Testsoftware* macht. Also unabhängige Tests der Tests. Diese Frage kann man generell mit »Nein« beantworten. Die zu testende Software ist der Prüfstein für den Test. Geht der Test nicht durch, so gibt es zwei Möglichkeiten (wenn wir davon ausgehen, dass die Prüfmittel fehlerfrei sind): Entweder der Test ist fehlerhaft oder die zu testende Software ist es.

Das heißt aber nicht, dass man sich nicht anderer Verifikationsmethoden bedient, bei denen ein weiteres Augenpaar mitwirkt. Bei hohen Integritätsanforderungen an die Software ist es durchaus üblich, Folgendes durchzuführen:

- Review der Unit-Tests, wenn diese vom Entwickler selbst gemacht wurden.
- Review der Integrationstests, wenn diese von einem einzigen Entwickler entworfen/durchgeführt wurden.
- Review des Systemtestdesigns gegen die Anforderungsspezifikation
- Review der Systemtestskripts gegen das Systemtestdesign (bei automatischen Tests)

In Abschnitt 1.5.7 wurde schon eine andere Methode erwähnt, um die Testqualität zu verifizieren: das absichtliche Einbauen von Fehlern in das Testobjekt und das anschließende Prüfen, ob der Test diese auch findet. Wenn man den Quellcode ändert, um Fehler einzubauen, spricht man von *Fault Seeding*. Wird das zu testende System im Betrieb manipuliert, um fehlerhaft zu sein, spricht man von *Fault Injection*. Die systematische Anwendung dieser Methoden ist in nur wenigen Projekten finanziell zu rechtfertigen und hat sich daher nicht wirklich durchgesetzt. Trotzdem ist es eine gute Idee, wenn man als Entwickler von Testskripts gelegentlich prüft, ob das entwickelte Testskript auch mit Fehlern des Testobjekts wie erwartet umgeht.

2 Anforderungen und Test

Dieses Kapitel widmet sich qualitätssichernden Maßnahmen in der Phase der Anforderungsdefinition. Wenn Sie in Ihrem Berufsalltag Anforderungen nicht dokumentieren, dann finden Sie hier Gründe, damit anzufangen. Wenn in Ihrer Firma Anforderungen dokumentiert, aber trotzdem oft missverstanden werden, finden Sie in diesem Kapitel Wege, dem beizukommen. Sollte die Handhabe von Anforderungen für Ihr persönliches Projekt irrelevant sein oder sollten Sie sich nur für technische Themen interessieren, können Sie dieses Kapitel getrost überspringen.

2.1 Die Bedeutung textueller Anforderungen

Die Definition der Anforderungen an ein Produkt steht im Entwicklungsprozess ganz am Anfang. Kommunikationsfehler zwischen Auftraggeber und Entwicklerteam beeinflussen den gesamten Entwicklungsprozess vom Design bis hin zum lieferantenseitigen Test, weil jede Entwicklung auf Anforderungen aufbaut. Beim *Requirements Engineering*, der Erfassung und Analyse von Anforderungen, versucht man daher frühzeitig, Fehler zu erkennen, bzw. diese von vornherein zu vermeiden.

Gutes bzw. schlechtes Requirements Engineering hat eine große Hebelwirkung für den Projekterfolg: Ein unter falschen Voraussetzungen erzeugtes Software-Produkt kann am Ende des Entwicklungsprozesses nicht durch Tests anforderungskonform gemacht werden. Anforderungen sind gleichermaßen die Grundlage des Software-Designs wie des Software-Systemtests, ein Missverständnis betrifft beide Seiten des V-Modells. Ein Fehler beim Requirements Engineering kann daher unverhältnismäßig viel Geld kosten, wenn man nach Feldversuchen das Produkt *und* die Tests korrigieren muss (und das Design, die interne Dokumentation, die Handbücher ...).

Eine Umfrage unter 40 Firmen im Jahr 2007 im deutschsprachigen Raum [SWQL 07] zeigte, dass zwei Drittel der Firmen die Anforderungen in natürlicher Sprache dokumentieren. Also nicht mit formalen Werkzeugen, strukturierten Tabellen oder Diagrammen. Eine Umfrage im Jahr 2008 zeigte ein ähnliches

Ergebnis. Größere Umfrage-Ergebnisse neueren Datums im deutschsprachigen Raum gibt es leider nicht. Es ist aber davon auszugehen, dass zwar Diagramm-basierte Verfahren im Vormarsch sind, doch dass sich das Bild nicht wesentlich verändert hat.

Die textuelle Dokumentation von Anforderungen erfordert ein gewisses Geschick im Umgang mit der deutschen bzw. englischen Sprache. Nun sind aber nicht gerade alle Ingenieure begnadete Literaten und manche sprechen/schreiben ein fürchterliches Englisch. Das ist aber kein großes Problem, wenn sich die Autoren der Anforderungen an einige Grundregeln halten. Diese Regeln zum verständlicheren Niederschreiben der Anforderungen wird dieses Kapitel unter die Lupe nehmen, sobald die Motivation zum Niederschreiben selbst erläutert wurde und ein paar wichtige Hinweise zur Review von Anforderungen gegeben worden sind.

2.2 Requirements Engineering im Projekt

Bei manchen Projekten beginnen die Schwierigkeiten der Anforderungsdokumentation schon mit der Frage nach dem Sinn des Niederschreibens. Hier ein Auszug aus einer Sammlung von Ausreden, die gerne mit vielen weiteren Ausreden aus [Brown 98] ergänzt werden kann:

- »Warum sollte ich etwas niederschreiben, was mir ohnehin sonnenklar ist?«
- »Die Zeit, auch noch eine Spezifikation zu schreiben, haben wir nicht.«
- »Wir dokumentieren Anforderungen nicht, weil wir agiles Projektmanagement praktizieren.«
- »Je mehr ich dokumentiere, desto austauschbarer mache ich mich. Ich dokumentiere nichts. Das sichert meinen Arbeitsplatz.«

Die vierte Ausrede wurde vom CEO eines sehr erfolgreichen Unternehmens aus dem Bereich High Performance Computing so quittiert: »Hätten wir einen Mitarbeiter, der so denkt, dann würde ich ihn sofort entlassen, weil der für mich ein zu großes Projektrisiko wäre.«

Jede projektbegleitende Dokumentation dient unter anderem dazu, anderen die Einarbeitung in das Projekt zu erleichtern. Das sollte aber für den Autor der Dokumentation keine Bedrohung darstellen. Vielmehr eine Garantie dafür, dass er den beantragten Urlaub trotz großen Projektdrucks auch wirklich antreten kann, weil es ein Kollege vergleichbar leicht hat, sich rasch in gut dokumentierte Themen einzuarbeiten. Die Schriftlichkeit erleichtert so nebenbei auch die Prüfung, verhindert Vergessen, erlaubt verteilte Entwicklung und verschafft Rechtssicherheit im Streitfall.

Bevor wir uns ansehen, wie man sich seinen Urlaub durch klar dokumentierte Anforderungen sichern kann, halten wir im folgenden Abschnitt fest, welche Arten von Anforderungen wir im Projekt antreffen und wo wir diese dokumentieren können.

2.3 Arten und Quellen von Anforderungen

Eine Anforderung ist eine Beschreibung dessen, *was* der Kunde wünscht (oder glaubt zu wünschen) und der Entwickler entwickeln soll. *Wie* entwickelt wird, ist dabei meist irrelevant. Nur in wenigen Fällen gibt es Anforderungen, bei denen das »Wie« wirklich beschrieben werden muss. Etwa wenn gefordert wird, einen bereits erprobten Algorithmus in einer bestimmten Form wiederzuverwenden und es daher keinen Sinn macht, einen neuen zu entwerfen.

Anforderungen können viele Formen haben, wie in Abschnitt 2.1 erwähnt. Dieses Buch beschäftigt sich ausschließlich mit der häufigsten Anforderungsform: dem Text. Andere Formen, etwa formale Spezifikationen (also Anforderungen, die ein Computer interpretieren kann) werden in diesem Buch nur ganz kurz in Abschnitt 8.13 behandelt.

Nicht alle Anforderungen an Software kommen vom Kunden. Denken wir zum Beispiel an Anforderungen an die Wartbarkeit oder Anforderungen, die durch Verwendung bestimmter Hardware impliziert sind. Wie diese beiden Anforderungen, müssen nicht alle Anforderungen eine gewünschte Funktion definieren. Man unterscheidet daher *funktionale Anforderungen* von *nicht-funktionalen Anforderungen*. Orthogonal zu dieser Unterscheidung definiert dieses Buch drei Anforderungsarten, die in einer »Ableitungsbeziehung« zueinander stehen und die sich im Ursprung und Gültigkeitsbereich voneinander unterscheiden:

- Eine *Kundenanforderung* ist eine vom Kunden übermittelte Forderung. Sie kann am Telefon erzählt worden sein oder die Form einer E-Mail haben. Sie kann ein zweizeiliges handgeschriebenes Fax sein, oder, als eine von hundert anderen, in einem unterschriebenen Dokument stehen, mit eindeutiger Nummer, Änderungshistorie und Erstellungsdatum. In Organisationen, die für den freien Markt produzieren, wird die Rolle des Kunden durch den Produktmanager übernommen.
- Eine *Systemanforderung* ist eine Niederschrift des Lieferanten (Entwicklerteams). Darin schreibt der Entwickler auf, *was* er umzusetzen gedenkt (*nicht wie* er das tut). Eine Systemanforderung ist also ein Formulieren der Kundenanforderungen mit eigenen Worten. Man schreibt nieder, wie man den Kunden verstanden hat, und zwar so detailliert, dass man auf Basis der Systemanforderungen das Design des Produkts starten kann. Oft sind Kundenanforderungen nicht exakt genug, um ohne Rückfragen auszukommen. Die Antworten von solchen Fragen fließen in die Dokumentation der Systemanforderungen ein.
- Bei eingebetteten Systemen besteht das Produkt aus mehr als nur Software. Beim Produktdesign wird entschieden, manche Systemanforderungen in Hardware zu implementieren, andere durch Software, wieder andere durch das Zusammenspiel von Hardware und Software. Das heißt, durch das Produktdesign entstehen *Software-Anforderungen*, wenn die Software an der

Implementierung beteiligt ist oder bestimmte Systemanforderungen sind zugleich Software-Anforderungen, wenn sie alleine in Software realisiert werden.

Software-Anforderungen, zusammengefasst in Dokumentenform, nennt man *Software-Anforderungsspezifikation* oder Software-Spezifikation (Englisch unter anderem Software Requirements Document, Technical Software Requirements Specification). Bei Scrum heißt die Gesamtheit der Software-Anforderungen *Product-Backlog*. Eine wichtige Eigenschaft des Product-Backlogs ist die Priorisierung von Anforderungen. Das Team kann dadurch sofort erkennen, worauf der Kunde in der nächsten Projekt-Iteration besonderen Wert legt. Wie schon in Abschnitt 1.5.13 erwähnt, ist es ein Irrtum anzunehmen, dass man bei Scrum darauf verzichtet, Anforderungen zu formulieren. Viele Anforderungen können in agilen Projekten aber sehr wohl erst im Laufe des Projekts exakt ausformuliert und dokumentiert werden.

Systemanforderungen werden oft in einer *Systemspezifikation* oder einem *Pflichtenheft* zusammengefasst (auf Englisch unter anderem als System Requirements Document, System Requirements Specification oder Technical System Requirements Specification bezeichnet).

Die Summe der Kundenanforderungen für ein Projekt nennt man oft das *Lastenheft* (Customer Requirements Document). Kundenanforderungen werden im ISTQB-Glossar auch *Benutzeranforderungen* genannt.

2.4 Warum Anforderungen dokumentiert werden sollen

Eine Systemspezifikation ist aus mehreren Gründen keine 1:1-Kopie des Lastenhefts: Komplexe Kundenanforderungen können in mehrere Systemanforderungen aufgebrochen sein. Redundante Kundenanforderungen werden durch den Auftragnehmer zu einer Systemanforderung zusammengefasst. Wenn eine Kundenanforderung Interpretationsspielraum offen lässt, dann wird die Systemanforderung diese Lücke schließen und so formuliert, dass das Systemdesign direkt auf die Systemspezifikation aufsetzen kann.

Es gibt einige Gründe, sich die Arbeit des Schreibens einer Systemspezifikation anzutun:

- Die Kundenanforderungen liegen nicht immer in einem gut gewarteten Lastenheft vor. Die zwanzig E-Mails, drei Gespächsprotokolle, zwei mündliche Auskünfte und die Forderungen des Gesetzgebers in einem einzigen Dokument zusammenzufassen, zahlt sich aus.
- Die Kundenanforderungen sind nicht immer präzise genug, um als unmissverständliche Grundlage für das Systemdesign zu dienen (Beispiel aus der Praxis: »Das Steuergerät muss bei der Ermittlung der notwendigen Drehzahl der Kühlerlüfter die Fahrzeuggeschwindigkeit berücksichtigen«).

- Widersprüche zwischen einzelnen Kundenanforderungen müssen erkannt und aufgelöst werden. Das fällt um einiges leichter, wenn man sie selbst nochmals schreibt. Durch die Niederschrift mit eigenen Worten ist man dazu gezwungen, sich genau mit den Anforderungen auseinanderzusetzen.
- Weitergabe des Know-hows im eigenen Team: Wenn ein Ingenieur verstanden hat, was der Auftraggeber will, heißt das noch lange nicht, dass es alle verstanden haben. Erfahrenere Leute können durch Dokumentation ihrer Einsicht weniger erfahrenen Ingenieuren helfen, Systemwissen zu erwerben.
- Wenn ich die Systemspezifikation einer Änderungs- und Versionskontrolle unterziehe, dann kann ich verfolgen, zu welchem Zeitpunkt der Auftraggeber was von mir wollte und weiß daher, was der Inhalt welcher (Zwischen-)Lieferung sein muss und wann ich welche Tests anpassen muss.
- Jede lieferantenseitig geschriebene Anforderung kann dazu verwendet werden, vom Auftraggeber eine Rückmeldung zu erhalten. Das heißt, der Auftraggeber liest die Anforderungen im Rahmen einer Review und bestätigt mir meine Interpretation oder deckt Missverständnisse auf.

Der letzte Punkt ist eine wichtige Maßnahme gegen Produktfehler, die aufgrund von Kommunikationsproblemen entstehen. Speziell bei der Zusammenarbeit zwischen Firmen ist die Review der Systemanforderungen durch den Auftraggeber einer der wichtigsten Gründe überhaupt, eine Systemspezifikation zu schreiben. So wie der Empfänger einer Nachricht per Telefon bei schlechter Verbindung das Verstandene mit anderen Worten wiederholt und sich eine Bestätigung seiner Version einholt, so wird auch mit der Spezifikation verfahren. In der Sprachwissenschaft nennt man das »Paraphrasieren«.

Nun ist Paraphrasieren kein Allheilmittel gegen Missverständnisse, speziell dann, wenn sich die Kommunikationspartner einer Sprache bedienen, die schwer verständlich oder mehrdeutig ist. Daher lohnt es sich, einen genauen Blick darauf zu werfen, wie wir Anforderungen formulieren. Diesen Blick wollen wir in einem der nächsten Absätze schärfen.

2.5 Die Review von Anforderungen

[PSS-05-0] schlägt für Raumfahrtprojekte zwei Reviews von Anforderungen vor. Zuerst die Review des Lastenhefts: Der Auftragnehmer gibt dem Auftraggeber Rückmeldung über die Verständlichkeit der Kundenanforderungen. Fragen werden geklärt und das Lastenheft so umformuliert, dass es Vertragsbestandteil werden kann (bei Zusammenarbeit zwischen Firmen) oder Teil eines Entwicklungsauftrags werden kann (wenn der Auftraggeber das Produktmanagement der eigenen Firma ist).

Die zweite in [PSS-05-0] vorgeschlagene Review ist eine Review der Systemspezifikation. Auch bei dieser Review sitzen Auftraggeber und -nehmer zusammen. Diesmal ist der Autor des Review-Gegenstands aber der Auftragnehmer. In manchen großen Projekten ist die Approbation der Systemspezifikation ein Zahlungsmeilenstein. Nur wenn der Auftraggeber durch Durchsicht der Systemspezifikation Vertrauen in die auftragnehmerseitige Analyse der Kundenanforderungen erhalten hat, wird grünes Licht für den Start weiterer Projektphasen gegeben.

Bevor man als Auftragnehmer die Systemspezifikation (und/oder gegebenenfalls die Software-Anforderungsspezifikation) dem Auftraggeber zur Review gibt, ist man gut beraten, diese im eigenen Haus einer Review zu unterziehen. Zwei Kategorien von Reviewern sind für diese Review besonders qualifiziert:

- Der technische Profi (bzw. Fachreferent). Er kann am ehesten feststellen, ob das geforderte Produkt realisierbar ist, und kann darauf hinweisen, wenn mit der Erfüllung von Anforderungen auch nicht bedachte Risiken verbunden sind. Mit dem Erfahrungsschatz des Profis findet man auch am ehesten heraus, ob Anforderungen fehlen.
- Der Neueinsteiger. Niemand kann besser beurteilen, ob eine Spezifikation verständlich ist, als jemand, der sich gerade in die Materie einarbeiten muss. Antworten auf Fragen, die der Neueinsteiger nach dem Lesen der Anforderungsspezifikation noch stellt, sollten in einer Neufassung der Spezifikation dokumentiert werden.

Und noch jemand darf bei der Review der System-Spezifikation nicht fehlen:

- Der Tester. Er muss die Spezifikation früher oder später ohnehin lesen, sonst wird es keinen Test geben. Je früher man merkt, dass ein Tester die Spezifikation nicht versteht, desto leichter kann man durch Maßnahmen des Managements unterstützen und desto geringer ist daher das Projektrisiko.

Die frühe Einbindung des Testteams erlaubt eine Review der Anforderungen mit besonderem Augenmerk auf Testbarkeit und Wirtschaftlichkeit des Tests. Es erlaubt die zeitige Planung von Tests und erleichtert damit auch die zeitgerechte Anschaffung von Testmitteln.

2.5.1 Testbarkeit von Anforderungen

Techniker sind es gewohnt, in Modellen zu denken, und so verwenden viele Leute beim Analysieren einer Anforderung – gewollt oder ungewollt – Modelle. Das verleitet dazu, bei der Erfassung des Problems bereits eine Lösung anzubieten, wenn es schon eine bekannte Paarung Modell/Lösung gibt. Je mehr Entwicklungserfahrung der Techniker hat und je mehr Spaß an Entwicklung, desto verlockender ist diese Falle. Wenn er in diese Falle tappt und statt des Problems eine Lösung dokumentiert, nimmt er sich und anderen die Möglichkeit, später andere, kreativere Lösungen zu finden.

Besser ist es, unvoreingenommen die Gesamtheit der Anforderungen zu dokumentieren, dann vom Auftraggeber eine Rückmeldung zu dieser Dokumentation einzuholen und dann erst im Designprozess kreativ zu werden. Im Designprozess kann dann an einer *oder mehreren* Lösungen gearbeitet werden. Bei der Review von Anforderungen sollte daher darauf geachtet werden, dass stets beschrieben wird, *was* gelöst werden muss und *nicht wie* man ein Problem zu lösen gedenkt.

Bei der Frage des Testens darf man allerdings schon zurzeit der Anforderungsanalyse gestalterisch aktiv werden. Mit dem Auftraggeber könnte vereinbart sein, dass man als Zulieferer einen Testnachweis erbringen muss. Da ist es bei der Review von Anforderungen besonders wichtig zu prüfen, ob diese exakt testbar sind.

Hinweise auf nicht exakt testbare Anforderungen geben eine Reihe von Formulierungen. Ein Beispiel: »Bei Erhalt der Alarmmeldung soll das System sofort das Ventil öffnen«. Was bedeutet »sofort«? Wohl für jeden etwas anderes. Ein Nachweis in Form eines Tests ist nicht möglich. In einem Testprotokoll zum Test einer besser formulierten Anforderung könnten Sie aber lesen: »Erwartete Reaktion: Ventil öffnet innerhalb von 200 ms nach Eintreffen des letzten Bytes der Alarmmeldung zumindest zu 80%. Tatsächliche Reaktion: Die Messkurve zeigt, dass das Ventil bereits nach 180 ms zu 100% geöffnet ist. OKAY.«

Also: Bei der Review von Anforderungen überlegt man sich am besten kurz, wie man einen harten Test gegen die zu prüfende Anforderung macht. Ergeben sich keine definierten Grenzwerte, gegen die das Produkt getestet werden kann, so ist die Anforderung nicht exakt testbar. Reizwörter wie »schnell« oder »sofort« sind Indikatoren für solch inakzeptable Anforderungen.

Genauso sollten Sie sich nicht dazu verführen lassen, Anforderungen zu akzeptieren, die nicht mit sinnvollem Aufwand zu testen sind. Sehr oft sind »Nicht«-Anforderungen von dieser Sorte:

> *Die Firmware soll die Bytes 3 und 4 der Empfangsbotschaft XY nicht beachten.*

Um den exakten Nachweis der Erfüllung dieser Anforderung zu erbringen, wären zumindest 65536 Tests notwendig, also alle Kombinationen der Werte der beiden Bytes, die nicht beachtet werden sollen.

2.5.2 Modifizierbarkeit und Erweiterbarkeit

Dass Widersprüche zwischen Anforderungen vermieden werden müssen, versteht sich von selbst. Aber nicht nur Widersprüche, auch Redundanzen sollten vermieden werden. Wird ein und derselbe Sachverhalt in mehreren Anforderungstexten beschrieben, so wird die Gesamtheit der Anforderungen schwer wartbar. Im IEEE Std 830-1998 gibt es entsprechend die Forderung der Eindeutigkeit und Konsistenz sowie der Modifizierbarkeit und Erweiterbarkeit von Anforderungsdokumenten.

2.5.3 Relevanz von Anforderungen

Als Reviewer sollte man sich zu jeder Anforderung auch die Frage nach der Relevanz (nach dem Nutzen für den Kunden) stellen. Wenn die Anforderung nicht relevant für das gewünschte System zu sein scheint, dann könnte das ein Hinweis sein, dass ein Lösungsweg beschrieben wurde, dass die Anforderung eigentlich unwichtig ist, oder dass die Hintergründe einer Anforderung nicht dokumentiert wurden. Wenn diese Hintergründe nicht bekannt sind, dann fällt es als Leser schwer einzuschätzen, wie wichtig die Anforderung für den Kunden ist und welche Folgen die Nichtbeachtung für den Kunden hat. Zusätzlich zur Dokumentation der Hintergründe der Anforderungen kann es nützlich sein, für Anforderungen Prioritäten zu vergeben.

2.6 Der Umgang mit natürlicher Sprache

In diesem Unterkapitel wendet sich das Buch mit einer Reihe von Hinweisen an den Autor von Anforderungen und gibt Tipps zum Umgang der natürlichen Sprache bei der Dokumentation von Anforderungen. Diese Hinweise sind natürlich für den Reviewer von ebensolcher Bedeutung. Wenn in einer Review qualifizierte Rückmeldung gegeben wird, kann der Autor die Anforderung in einer Neuauflage verständlicher formulieren.

2.6.1 Einfache Sprache gegen Missverständnisse

Wenn Sie einen Artikel in einer Zeitschrift lesen, so können Sie vielleicht die Ziele erahnen, die der Autor beim Schreiben hatte. Der Autor möchte Sie unterhalten, zeigen, wie klug er ist, Ihnen etwas einreden oder verkaufen, Sie von etwas überzeugen und so weiter. Für jedes dieser Ziele wird er sich einer bestimmten Sprache bedienen, die blumig sein kann, übertrieben, wortgewaltig et cetera. Beim Verfassen einer Spezifikation haben wir das Ziel, uns unmissverständlich auszudrücken. Ein unmissverständlich ausgedrückter Satz muss keine literarische Meisterleistung sein. Das, was wir als »schön zu lesen« empfinden, steht sogar oft im Widerspruch mit »unmissverständlich«. Denken wir zum Beispiel an einen Artikel in einer Motorsport-Zeitschrift. Da lesen wir »der Motor«, »das Aggregat«, »das Kraftpaket« usw. und gemeint ist immer nur »Motor«. In einem Artikel ist das schön zu lesen. In einem technischen Dokument ist so eine Praxis höchst irreführend und ein Verstoß gegen eine beachtenswerte Regel beim Schreiben von technischen Dokumenten: Geben Sie einem Ding niemals zwei Namen und verwenden Sie einen Namen nicht für zwei Dinge.

Auch sehr wichtig ist es, kurze Sätze zu schreiben. Kurze Sätze werden leichter verstanden als lange. Wenn Sie prägnant Information mitteilen wollen, sollten Sie daher keine verschachtelten, langen Sätze verwenden. In rhetorisch gut aufgebauten Publikumsreden werden Sie zum Beispiel keine verschachtelten, langen Sätze finden. Die Redner bemühen sich, kurze, einprägsame Sätze zu verwenden.

Und auch wenn ein Satz schon kurz ist: Vermeiden Sie mehr als eine Aussage pro (Neben-) Satz. Also Sätze wie »Die Software soll prüfen, ob die Startbedingung A erfüllt ist und der Zustand des Zustandsautomaten B ist bzw. im letzten Durchlauf noch B war.« sind Tabu. Wenn Sie komplexe Zusammenhänge beschreiben, dann helfen Sie dem Leser und damit auch dem Tester (!) am besten mit Aufzählungszeichen:

Wenn beide der folgenden Bedingungen erfüllt sind:

- *Die Startbedingung A ist erfüllt*
- *der Zustandsautomat ist in Zustand B oder war im letzten Durchlauf B,*

dann soll die Software ... (blablabla).

Aufzählungszeichen und Tabellen sind ein gutes Mittel, dem Leser die Anzahl der Bedingungen vor Augen zu führen und (wie im Beispiel) die Priorität boolescher Operatoren festzulegen. Nicht nur um Bedingungen, sondern auch um geforderte Aktionen zu notieren, eignen sich Tabellen, Listen und Aufzählungszeichen besser als Prosatext:

Wenn das Airbag-Steuergerät einen Aufprall meldet, dann soll das Motorsteuergerät:

1. *die Magnetventile der Einspritzdüsen deaktivieren,*
2. *die Kraftstoffförderpumpe ausschalten,*
3. *das Rücklaufventil schließen.*

In genau dieser Reihenfolge. Innerhalb von längstens 100 Millisekunden.

Das Subjekt muss immer eindeutig sein. Machen Sie klar, wer etwas zu tun hat. Wenn Sie schreiben »10 Sekunden vor dem Schließen der Bahnschranke soll die Ampel auf Rot geschaltet werden«, dann ist nicht klar, wer das tut. Macht das mein Steuergerät, ist das durch eine übergeordnete Schaltung realisiert, oder ist dieser Text eine Erklärung der Gesetzeslage? Schreiben Sie jedoch »10 Sekunden vor dem Schließen der Bahnschranke soll das Steuergerät die Ampel auf Rot schalten«, dann ist die Situation schon viel klarer. Daher: Vermeiden Sie Passiv (Leideform). Passiv verleitet geradezu, sich keinen Gedanken darüber zu machen, wer für die Ausführung einer Aktion zuständig ist.

Viele Autoren von Spezifikationen erkennen, dass eine Grafik helfen kann, komplexe Sachverhalte darzustellen. Damit haben sie Recht. Machen Sie Gebrauch von Bildern und Diagrammen, um den Inhalt Ihrer Anforderungen zu illustrieren[1].

---

1. Wenn Sie als Reviewer eine Skizze zur Analyse der Anforderungen anfertigen müssen, könnten Sie vom Autor der Spezifikation fordern, so eine Skizze in die Spezifikation einzufügen.

Ein Bild sagt mehr als 1000 Worte. Aber Achtung: Das heißt nicht, dass man sich die 1000 Worte ersparen kann. Die Bilder und Diagramme sollen den Text nicht ersetzen, sondern illustrieren. Forderungen wie »das Steuergerät soll die in Bild 12 dargestellte Funktion realisieren« sind nicht zielführend. Wenn der Leser nicht erklärt bekommt, *warum* der Autor der Anforderung das Bild so zeichnet, wird er nachfragen müssen, oder er wird versuchen, es sich selbst zu erklären. Eigene Erklärungsversuche sind eine Quelle von Missverständnissen. Bei einer Review eines Pflichtenhefts sollten Sie daher immer danach trachten, den gesamten Kontext zu verstehen und die Dokumentation von Hintergrundinformation einfordern, also Begründungen für Anforderungen. Ausgestattet mit dieser Information kann das Testteam besser realitätsnahe Tests entwerfen.

2.6.2 Gelenkte Sprache

Bei einer Anforderung soll klar unterschieden werden, ob es sich um eine zwingende Forderung handelt oder um einen frommen Wunsch. Es gibt verschiedene Methoden, dies zu dokumentieren. Das kann man entweder durch die natürliche Sprache machen oder durch das Werkzeug, das die Anforderungen verwaltet. In einem Product Backlog zum Beispiel würde man Prioritäten durch die Reihung festlegen. In klassischen Spezifikationsdokumenten funktioniert eine Prioritätenreihung nicht, weil die Anforderungen thematisch in Buchform gereiht sind. In diesen Textdokumenten werden zwingende Forderungen von Wünschen/Empfehlungen oft durch Schlüsselwörter unterschieden. Man definiert diese am besten am Anfang des Dokuments, ein gutes Beispiel gibt es unter [URL: SRD] zum Download.

Dabei ist es üblich, für verpflichtende Anforderungen das Hilfsverb »soll« (bzw. im Englischen »shall«) zu verwenden und in Empfehlungen das Verb »sollte« (bzw. »should«). Außerhalb von Anforderungen sollte keines dieser Verben verwendet werden.

Es gibt zwei ganz wichtige Gründe für diese Regelung. Erstens hilft die strikte Verwendung bzw. Unterlassung dieser Schlüsselwörter dem Leser, erläuternden Text vom Kern der Anforderung zu unterscheiden. Zweitens ist »soll« die bessere Wahl als »muss«, denn bei positiver wie negativer Satzaussage kann das gleiche Wort verwendet werden. Daher wird es zum Beispiel auch in den Zehn Geboten verwendet. Vergleichen Sie:

Das Gerät muss den Laptop mit dem Netzwerk verbinden.
Das Gerät muss den Laptop nicht mit dem Netzwerk verbinden.

mit

Das Gerät soll den Laptop mit dem Netzwerk verbinden.
Das Gerät soll den Laptop nicht mit dem Netzwerk verbinden.

Auch gibt es beim Wort »muss« in Verbindung mit Nebensätzen mehr Interpretationsspielraum als bei »soll«. Vergleichen Sie die folgenden beiden Sätze. Der erste Satz liest sich wie eine Begründung für einen Sensorschwellwert. Der zweite Satz wie eine Forderung, Objekte einem Bruchtest zu unterziehen:

> *Wenn der Sensor mehr als 25 mV misst, muss das Objekt zu Boden gefallen sein.*

> *Wenn der Sensor mehr als 25 mV misst, soll das Objekt zu Boden gefallen sein.*

Verbannen Sie also »muss« aus Ihrem Wortschatz, wenn Sie Anforderungen formulieren, und fordern Sie als Reviewer strikt die formale Definition und Verwendung der Schlüsselworte »soll« und »sollte« ein.

Diese formale Verwendung von soll/sollte und die eingeschränkte Verwendung der natürlichen Sprache, wie zuvor gezeigt, ist in Projekten mit hohen Integritätsanforderungen üblich. Eine Priorisierung der Anforderungen zueinander, wie man es bequem und rasch in einem Product Backlog vornehmen kann, ist aber schwer möglich. Das spielt in diesem Bereich aber meist eine untergeordnete Rolle, weil häufig alle Anforderungen ohne Wenn und Aber erfüllt werden müssen.

Speziell in agilen Projekten sieht man oft die Verwendung von *User Stories* zur Definition der Anforderungen. User Stories gehorchen in der Regel einem fixen Textmuster: »Als <Rolle> kann ich <Aufgabe> machen, um <Nutzen> zu erreichen«. Diese Satzschablone hält den Autor der Anforderung automatisch dazu an, einige der zuvor gemachten Empfehlungen zu befolgen.

2.7 Hinweise zur Dokumentenform

Abschnitt 2.6 hat sich alleine mit der Sprache beschäftigt. Die abgegebenen Empfehlungen gelten unabhängig von dem Medium, mit dem man Anforderungen erfasst. Egal ob man nun mit einer spezialisierten Anforderungs-Datenbank arbeitet oder mit einem Textverarbeitungsprogramm. Nun folgen ein paar Hinweise, die nur für die firmeninterne Review der Dokumentenform gelten, d.h. für die Systemspezifikation oder Software-Anforderungsspezifikation, die aus der Feder eines Kollegen stammt.

Die hier gegebenen Hinweise für den Reviewer sind Prüfungen organisatorischer Natur und stammen aus Erfahrungen in Projekten mit hohem Integritätsanspruch an die Software.

- Hinweis 1: Prüfen Sie, ob am Dokumentendeckblatt der Autor, die an der Review beteiligten Personen und der Projektleiter vermerkt sind.

  Diese Information hilft Ihrem Auftraggeber bei Rückfragen und schafft Vertrauen. Das Dokument hat nicht Firma XY geschrieben, sondern Herr Wolfgang Meier aus der Abteilung ABC, und sein Projektleiter Heinz Müller hat es genehmigt. Wenn man den Verteiler auch noch im Dokument selbst festhält, unterstützt man das Entwicklungsteam dabei, niemanden bei Updates zu vergessen.

- Hinweis 2: Stellen Sie sicher, dass am Dokument das Erscheinungsdatum und die Revisionsnummer notiert sind und eine ausführliche Änderungshistorie vorliegt.

  Ein Beispiel für ein Dokument, bei dem dieser Hinweis Beachtung findet, ist zum Download unter [URL: SRD] bereit. Das Führen einer ausführlichen Änderungshistorie hilft Ihrem Auftraggeber bei der Review eines Dokumenten-Updates. Des Weiteren können Sie im Streitfall nachvollziehen, warum, wann und wer eine Anforderung geändert hat.
- Hinweis 3: Prüfen Sie, dass jede Anforderung mit einer eindeutigen Nummer versehen ist und bei einem Dokumenten-Update die Neuverwendung einer zuvor gelöschten Nummer unterlassen wurde.

  Wenn man mit einem Anforderungsmanagement-Werkzeug arbeitet, ist das Prüfen dieser Eigenschaft nicht notwendig, weil jedes Werkzeug diese Forderung unterstützt. Warum ist das aber so wichtig? Ohne Nummerierung der Anforderungen ist das Dokument vom Erscheinungsbild her ein Wunschbrief. Mit Nummern bekommt es das Erscheinungsbild einer Spezifikation. Dank Nummerierung kann man verfolgen, in welchem Test Anforderung Nummer R-AB-30 getestet wird und in welcher Datei des Quellcodes sie umgesetzt ist. Ein Beispiel für so eine Verfolgbarkeit in Tabellenform ist in Abschnitt 1–5 auf Seite 16 zu sehen. Die Nummer einer Anforderung ist auch als Referenz zum Führen der Änderungshistorie praktisch.

Um sicherzustellen, dass man beim Schreiben der Anforderungsspezifikation keine Kundenanforderung vergisst, lohnt es sich zu prüfen, dass es zu jeder Kundenanforderung zumindest eine Systemanforderung gibt. Das kann zum Beispiel mit Hilfe von Links in Requirements-Management-Werkzeugen gemacht werden oder durch manuelles Führen einer Traceability-Tabelle.

Metamorphose einer Anforderung

Folgende Kundenforderung erreicht eine Gruppe von Ingenieuren, die Elektronik zur Ansteuerung eines Dieselmotors mit einer sogenannten »Drallklappe« im Luftansaugtrakt entwickelt. Zur Vereinfachung nehmen wir an, dass diese Klappe nur die Positionen »offen« und »geschlossen« annehmen kann. Auf die schlecht formulierte Kundenanforderung werden einzelne im Buch vorgestellte Regeln angewandt, um Schritt für Schritt eine bessere Formulierung zu erhalten.

Zunächst der Originaltext des Kunden:

Die Drallklappe wird bei niedrigem Luftdruck geöffnet. Weniger Drall ergibt langsamere Verbrennungsgeschwindigkeit und damit leiseres Verbrennungsgeräusch. Drall bei niedrigem Luftdruck erzeugt hartes bzw. hämmerndes Verbrennungsgeräusch.

Der Kundennutzen ist erkennbar, denn die Relevanz der Anforderung wird durch die Erklärung sichtbar. Allerdings sind Anforderung und Erläuterung vermischt. Es ist auch nicht klar, ob es sich um eine Empfehlung oder zwingende Forderung handelt. In der Neufassung verwenden wir in der Anforderung das Wort »soll«, weil wir wissen, dass diese Forderung für den Kunden obligat ist. Des Weiteren ersetzen wir die Leideform durch Aktiv und wir suchen ein geeignetes Subjekt, das für das Öffnen der Drallklappe verantwortlich ist.

Das Motorsteuergerät soll die Drallklappe bei niedrigem Luftdruck öffnen. Weniger Drall ergibt langsamere Verbrennungsgeschwindigkeit und damit leiseres Verbrennungsgeräusch. Drall bei niedrigem Luftdruck erzeugt hartes bzw. hämmerndes Verbrennungsgeräusch.

Ohne Nummer sind exakte Verweise auf diese Anforderung nicht möglich. Die Erläuterung ist von der eigentlichen Anforderung nicht sauber getrennt. Wir führen daher folgende weitere kleine Verbesserung durch: Alle Anforderungen werden nummeriert und erhalten eine Überschrift. Die Anforderungen des Kapitels über Luftzufuhr erhalten in ihrer Nummer das Kürzel »Luft«. Ein Sonderzeichen wird vereinbart, dass das Ende des Anforderungstexts anzeigt.

R/Luft/20: Drallklappenstellung in Abhängigkeit vom Luftdruck

Das Motorsteuergerät soll die Drallklappe bei niedrigem Luftdruck öffnen. #

Kommentar: Weniger Drall ergibt langsamere Verbrennungsgeschwindigkeit und damit leiseres Verbrennungsgeräusch. Drall bei niedrigem Luftdruck erzeugt hartes bzw. hämmerndes Verbrennungsgeräusch.

Nun wissen die Entwickler des Motorsteuergeräts zwar, dass sie selbst zur Arbeit aufgefordert sind, doch mit dem Design können sie nicht unbedarft loslegen. Was ist niedriger Luftdruck? Der Schwellwert »niedrig« ist nicht exakt testbar. Auch die Erklärung lässt zu wünschen übrig: Erzeugt eine offene Klappe wenig oder viel Drall? Eine mögliche Klappenposition hat hier zwei Namen: offen/zu, wenig/viel Drall. Diese zwei Regelverstöße werden in der nächsten Fassung ausgemerzt.

R/Luft/20: Drallklappenstellung in Abhängigkeit vom Luftdruck

Das Motorsteuergerät soll die Drallklappe bei einem Luftdruck von weniger als 700 mbar öffnen. #

Kommentar: Eine offene Drallklappe ergibt weniger Drall und das ergibt eine langsamere Verbrennungsgeschwindigkeit und damit ein leiseres Verbrennungsgeräusch. Eine geschlossene Drallklappe bei niedrigem Luftdruck würde ein hartes bzw. hämmerndes Verbrennungsgeräusch erzeugen.

Nun könnte man sich natürlich fragen, wo der Luftdruck gemessen wird und was bei hohem Luftdruck ist. Muss da die Klappe wieder geöffnet werden? Ab welchem Schwellwert? Hier wollen wir annehmen, dass diese Frage in weiteren Anforderungstexten bzw. Erläuterungen beantwortet wird.

Vergleichen Sie nun den Originaltext mit der Letztfassung der Anforderung. Was für eine Wandlung! Diesen Anforderungstext können die Auftragnehmer nun dem Kunden nochmals zur Durchsicht geben. Vielleicht ist alles genau nach Vorstellung des Kunden, dann hat die Mühe des Schreibens Sicherheit gebracht und erleichtert den Know-how-Transfer innerhalb des Teams. Vielleicht erkennt der Kunde aber bei der Durchsicht ein Missverständnis oder korrigiert den festgelegten Schwellwert.

2.8 Die Spezifikation an der Schnittstelle zum Test-Team

2.8.1 Konfiguration von Testdesigns

Nachdem es kaum Projekte gibt, bei denen alle Anforderungen von Projektbeginn bis Projektende unverändert bleiben, existieren stets verschiedene Revisionen von Anforderungsspezifikationen. Als Reviewer und Tester wird Sie interessieren, wann welche Version einer Anforderungsspezifikation gültig ist und wann Sie welche Tests daher aktualisieren müssen. Speziell, wenn Sie Softwaretest als externe Dienstleistung anbieten, sollten Sie daher erfragen, wie das Konfigurationsmanagement von Anforderungen gehandhabt wird und das Konfigurationsmanagement der Tests entsprechend danach ausrichten.

2.8.2 Vollständigkeit von Spezifikationen

Für den Projekterfolg sind vergessene Anforderungen meist noch gefährlicher als falsch verstandene. Es macht daher Sinn, in mehr als einen Reviewer zu investieren und sich ausführlich Zeit für die Review der Anforderungen und ein Review-Meeting zu nehmen. Checklisten können dabei helfen zu prüfen, ob bestimmte Anforderungen vergessen wurden. So eine Checkliste könnte, vereinfacht, wie folgt aussehen:

- Sind alle Use Cases des Produkts in Form von funktionalen Anforderungen dokumentiert?
- Sind die Genauigkeiten (z.B. numerische Genauigkeit) der Funktionen definiert?
- Sind Anforderungen an die Benutzerfreundlichkeit dokumentiert?
- Gibt es Anforderungen an die Zuverlässigkeit?

- Gibt es Anforderungen an den maximalen Ressourcenverbrauch (Speicher, CPU-Last)?
- Ist die geforderte Performanz des Systems definiert?
- Sind alle Schnittstellen zur Hardware berücksichtigt?
- Gibt es gesetzliche Vorschriften oder Normen, die beachtet werden sollten?
- Gibt es Anforderungen an die Ausfallsicherheit des Systems?
- Gibt es Anforderungen an die Sicherheit gegen Hacker-Angriffe?
- Ist die Traceability-Tabelle, die Kundenanforderungsdokument(e) mit dem zu prüfenden Dokument verbindet, lückenhaft?
- Gibt es noch undokumentierte Anforderungen an die Wartbarkeit der Software (Coding Standards, Verwendung bestimmter Bibliotheken, ...) oder Portierbarkeit?
- Gibt es noch undokumentierte Anforderungen an die Wartbarkeit des Geräts, in das die Software eingebettet ist, z.B. für Reparaturzwecke?
- Wurden alle Stakeholder bei der Niederschrift der Anforderungen eingebunden?

Zur Suche nach fehlenden Anforderungen schlägt Suzanne Robertson in [Robertson 96] und [Dustin 00] auch vor zu prüfen, ob der Kunde nach »unbewussten Anforderungen« gefragt wurde. Also Anforderungen, die er als so selbstverständlich erachtet, dass sie nicht genannt wurden. Dies kann zum Beispiel entstehen, wenn es ein System gibt, das abgelöst wird und die unbewusste Anforderung vom alten System »immer schon« erfüllt wurde. Werden solche Anforderungen nicht kommuniziert, kann es passieren, dass das neue System, zur Unzufriedenheit des Kunden, diese nicht erfüllt.

2.9 Werkzeuge zur Review von Anforderungen

Anforderungen werden häufig mit Textverarbeitungsprogrammen erfasst und die Reviews mit Papier und Bleistift. Ein wenig professioneller lässt sich das in Requirements-Management-Tools machen. Fast alle dieser Werkzeuge erlauben, Anforderungen mit Attributen zu versehen. Diese Attribute können etwa die Priorität einer Anforderung bestimmen (z.B. in einem Aufzählungstyp mit den Werten »niedrig«, »mittel«, »hoch«) oder die beim Design gemachte Entscheidung dokumentieren, wo diese Anforderung implementiert ist (z.B. durch »Software«, »FPGA«, »Elektronik«, »Mechanik«). Zum Zwecke der Review-Dokumentation ist es in manchen Firmen üblich, ein Attribut vorzusehen, in dem die Reviewer ihre Akzeptanz oder Ablehnung einer Anforderung dokumentieren.

Abbildung 2–1 zeigt ein Beispiel, wie solche Attribute und der damit assoziierte Anforderungstext dargestellt werden können. In dem Beispielprojekt befindet sich in jeder Zeile eine vom Werkzeug vergebene ID, eine Überschrift für die Anforderung, der Anforderungstext, ein Kommentar, ein Vermerk über den Ursprung der Anforderung (weil der Auftraggeber ein Firmenkonsortium ist), ein Vermerk auf welcher Teststufe die Anforderung überprüft wird (das war in diesem Projekt Vertragsbestandteil) und die Dokumentenversion, in der der Anforderungstext zum letzten Mal geändert wurde.

Req. Nr.	Object Short Text	Requirement	Rationale / Comment	Origin	SW Verification A	Doc Issu
SRD691	Parameter Modification	The software shall support parameter modifications and reading of parameters as defined in service 211 in [CHKDIS]. Note that ground will indicate the start and the end of a manoeuvre by setting parameters via FMT_Kalman.		S-3	HW/SW IT	1
SRD808	Manoeuvre Command Handling	For Sentinel-1 the GPSR shall reject the FMT_Kalman parameter setting required in SRD691.		S-1	HW/SW IT	2
SRD793		Since the hardware does not contain any switches that could be set by the software, no commanding requirements have been identified that would allow the software to switch any hardware.		S-x	N/A	1
SRD51		**5.2.1.5 Local On-Board Time Requirements**		SWARM	N/A	1
SRD757	Time Distribution Protocol	When the GPSR SW receives Time Distribution Protocol Packets as defined in [MilBus], then it shall assign the LOBT obtained in this packet to the time it detects the next Mode Code "Synchronize with Data Word" on the Mil-1553b interface where the PPS bit is set.		S-x	HW/SW IT	2
SRD758	LOBT Interpolation	To time stamp TM packets, the GPSR shall use the LOBT values most recently received, extrapolated with the help of the AGGA chip clock.		S-x	HW/SW IT	1
SRD133	LOBT Resolution	The LOBT resolution shall be at least 2^-24s.		SWARM	SW CI	1
SRD52		**5.2.1.6 Housekeeping Requirements**		SWARM	N/A	1
SRD767	Memory Load and Memory Dump	The GPS SW shall support Memory Load and Memory Dump commands defined in [CHKDIS] with the mode constraints defined there.	This feature exists in SWARM but there was no formal requirement for it in Sep 2008.	S-x	Instrument	1
SRD772	NVM Memory Load Protection	For security reasons any writes to NVM2 shall require a previous successful upload of a signature to a dedicated memory address identified in the Software User Manual. The GPSR SW shall not patch NVM2 when this signature is not found at the identified address.	This feature exists in SWARM but there was no formal requirement for it in Sep 2008.	S-x	Instrument	1
SRD355	Memory Periodical Dump Content and Format	The GPSR Software should allow to optionally send Memory Periodical Diagnosis packets defined in [CHKDIS].	This is for debugging only.	SWARM	HW/SW IT	1
SRD357	Memory Periodical Dump Time Stamping	deleted		SWARM	N/A	1
SRD356	Periodical Dump Samples Block Rate	The rate for the Periodical Memory Diagnosis should be 1Hz and be synchronous to the PPS events.	Note: The rate and synchronism shall allow to get consistent snapshots of data usually accessed by PPS driven tasks.	SWARM	HW/SW IT	1
SRD807	Abort Memory Service TC	The Software shall support the Abort Memory Service Command defined in [CHKDIS]	This command stops ongoing long duration	S-x	Instrument	2

Abb. 2–1 *Verwendung von Attributen in einem Requirements-Management-Werkzeug*

In anderen Firmen wird die Review der Anforderungen mit einer automatischen Änderungsverfolgung gemacht. Das heißt, der Autor kann nachverfolgen, welche Änderungen der Reviewer vorschlägt. Entweder wird das gleich im Requirements-Management-Werkzeug gemacht oder in einem Textverarbeitungsprogramm (z.B. nach dem Export der Anforderungen aus dem Requirements-Management-Werkzeug).

Das Angebot an kommerziellen Requirements-Management/Engineering-Werkzeugen am Markt ist riesig. Beispiele für Werkzeuge sind DOORS (IBM Telelogic), MKS Integrity, Polarion ALM Enterprise Solution, Requesite Pro (IBM Rational), Borland Caliber Produktlinie, Serena Requirements & Traceability Management, Apptero (Apperto), Analyst Pro (Goda Software), SpeeDev (SpeeDev RM), Optimal Trace (Compuware), in-Step (MicroTool).

Es gibt auch Werkzeuge, die – neben anderen nützlichen Verifikationsschritten – die Formulierung von Anforderungstexten automatisiert überprüfen. Erwähnt sei hier das Tool HeRA [URL: HeRA], das im Rahmen von Forschungsarbeiten der Leibniz Universität Hannover entstanden ist. Die Prüfung der Verständlichkeit von Anforderungstext erfolgt hier mit Hilfe von Heuristiken. Das Werkzeug DESIRe® [URL: DESIRe] prüft vor allem die Verwendung von untestbaren Begriffen wie z.B. »sofort« und arbeitet als Plug-in für Textverarbeitungsprogramme oder Requirements-Management-Werkzeuge.

Zu guter Letzt noch ein wichtiger Hinweis. Das unmissverständliche Formulieren und klare Organisieren von Anforderungen sind zwar verfolgenswerte Aspekte bei der Review, doch das Wichtigste ist das Finden von widersprüchlichen, fehlerhaften und fehlenden Anforderungen. Hierfür gibt es außer Erfahrung und den in Absatz 2.8 erwähnten Checklisten keine Werkzeuge.

2.10 Diskussion

2.10.1 Verifikation beim Requirements Engineering mit Augenmaß

Das exakte Dokumentieren von Anforderungen ist eine Sache, die nicht einfach ist. Im grauen Kasten von Abschnitt 2.7 sehen Sie ein reales Beispiel, wie ein Anforderungstext durch Beachtung der in diesem Kapitel gegebenen Hinweise von einer schwammigen und untestbaren Aussage zu einem klar verständlichen und testbaren Anforderungstext werden kann.

Das Lesen dieses Buchs macht noch keinen Meister. Wie immer ist Übung gefragt. Und üben kann man sich sogleich in der täglichen Projektarbeit, wenn man sich als Review-Partner einen scharfen Kritiker nimmt. Also nicht der loyale, unsichere Projektmitarbeiter, der frisch von der Uni kommt, sondern der unangenehme Besserwisser, der schon in drei anderen Firmen gearbeitet hat und mit Kritik nie spart.

Geld regiert die Welt. Wir schreiben und reviewen Anforderungen nicht zum Spaß, sondern weil wir durch diese Dokumentation Entwicklungsprojekte effizienter und damit wirtschaftlicher machen. So gibt es Projekte, in denen das Risiko tragbar ist, Anforderungen nicht zu dokumentieren und nicht oder nur mit geringem Aufwand zu reviewen. Wenn wir uns aber die Zeit für diese Dokumentation nehmen, dann sollten wir die Anforderungen so sauber formulieren, dass diese Zeit bestmöglich investiert ist. Eine Review kann helfen, dieses Ziel zu erreichen.

2.10.2 Bewertung der Rolle des Requirements Engineering für den Testprozess

Ohne Zweifel hat Requirements Engineering großen Einfluss auf die Produktqualität. Die durch unsachgemäßes oder fehlendes Requirements Engineering verursachten Softwarefehler machen laut Umfragen einen erheblichen Anteil an der Gesamtfehlerrate aus. Die Höhe der angegebenen Rate variiert aber beträchtlich in den Publikationen, von 10% bis 50%. Doch selbst die 10%-Quote rechtfertigt den vergleichsweise geringen Aufwand der Dokumentation und der Review von Anforderungen, wenn man diesen mit dem hohen Aufwand eines ggf. notwendigen Re-Designs vergleicht.

Fehlendes Requirements Engineering in einer frühen Projektphase bedeutet ggf. viel Nachfragen während der Entwicklung. Fehlende Dokumentation der Anforderungen bedeutet in der Regel eine Überantwortung der Anforderungsdokumentation an das Testteam, im ungünstigsten Fall in einer späten Entwicklungsphase. Wenn man im WWW nach »Testing without requirements« sucht, dann sind sich die Online-Publikationen unisono einig, dass man als Tester zuerst Interviews durchführen muss, um zu ermitteln, wie das zu testende System reagieren soll, ehe man mit dem Testdesign startet. Gab es diese Interviews schon auf Entwicklerseite, dann wäre es schön gewesen, wenn das erworbene Know-how auch irgendwo festgehalten worden wäre. Der Aufwand, das erfragte Sollverhalten auch gleich in einer Spezifikation zu dokumentieren, ist jedenfalls vergleichsweise klein, die gewonnene Sicherheit groß. Mit so einer Dokumentation ist auch Personalfluktuation weit weniger bedrohlich.

Bei der Zusammenarbeit mit anderen Kulturkreisen hat es sich bewährt, Anforderungen mit vielen Diagrammen zu illustrieren. Speziell bei der Zusammenarbeit mit dem Fernen Osten ist ferner zu empfehlen, vor einer groß angelegten Review zuerst ein interkulturelles Training zu absolvieren. Strenge asiatische Zurückhaltung kann den Zweck einer Review vernichtend treffen, wenn wichtige Fragen aus Höflichkeit nicht gestellt oder nicht beantwortet werden.

2.11 Fragen und Übungsaufgaben

Frage 2.1: Welche Technik können Sie verwenden, um zu prüfen, dass in Ihrem Projekt beim Requirements Engineering keine Kundenanforderung vergessen wird?

Frage 2.2: Welche Bedeutung hat eine Traceability-Tabelle, wenn der Kunde kurz vor der Lieferung eine Anforderung ändert?

Aufgabe 2.3: Kritisieren Sie folgenden Anforderungstext mit zugehöriger Bemerkung:

R/SRD/1: Zum Festlegen des Arbeitspunktes wird das gleiche Kennfeld wie bei der kontinuierlichen Drallniveaustellung verwendet. Die 2-stufige Drallniveaustellung begrenzt die Drallsteuerung durch eine Hysterese auf zwei im EEPROM einstellbare Werte. Eine stufenlose Steuerung ist nicht möglich. #

Bemerkung: Eine Hysterese nach dem Kennfeld verhindert ein Toggeln der Drallklappe am Umschaltpunkt.

Aufgabe 2.4: Kritisieren Sie folgenden Anforderungstext und machen Sie es besser:

R/SRD/5: Wenn der letzte Zustand des Bedienteils NEUTRAL war und die gegenwärtige Position SET/CST ist und der Tempomat nicht AKTIV ist und keine Ausschaltbedingungen anliegen, dann soll der CCTL-Zustandsautomat in den Modus GESETZT wechseln. #

Aufgabe 2.5: Kritisieren Sie folgenden Anforderungstext und machen Sie es besser:

R/SRD/10: Bit PWR der Start Release Message am CAN-Bus limitiert die Aktivierungszeit des Startermotors. Nach der Steuergeräteinitialisierung ist dieses Freigabe-Bit gesetzt. Das Bit wird zurückgesetzt, sobald der Startermotor über 20 Sekunden aktiviert wurde. #

Hinweis: Die Forderung, ein bestimmtes Bit einer Nachricht am Bus zu setzen, ist keine Vorwegnahme des Software-Designs, denn im Fahrzeugverbund müssen die verschiedenen Steuergeräte sich einig sein, welche Bedeutung welches Bit hat. Die Position des Bits ist somit eine Forderung des Systemdesigns an die Software des Subsystems.

3 Review des Designs

Dieses Kapitel gibt einige Hinweise für einen Verifikationsschritt, der im Idealfall nicht viel Aufwand bedeutet, aber eine große Hebelwirkung haben kann: die Review des Software-Designs, insbesondere die Review der Software-Architektur. Es liegt dabei in der Natur des Themas, dass jede Anweisung zur Durchführung einer Design-Review nur eine vage Beschreibung sein kann, denn eine 100% objektive Beurteilung, was ein besseres oder weniger gutes Design ist, gibt es nicht. Dieses kurz gefasste Kapitel ist auch definitiv keine umfassende Diskussion des Themas Design, sondern ein Appetitanreger für den Verifikationsschritt der Review des Designs. Klarerweise ist dieses Kapitel nicht für alle Zielgruppen des Buchs relevant. Systemtestern zum Beispiel wird empfohlen, dieses Kapitel zu überspringen.

3.1 Ziele der Review des Architekturdesigns

Das in Abbildung 1–7 gezeigte Software-Entwicklungsmodell sieht in Phase 3 das *Architectural Design* vor, also Aufteilung von Aufgaben auf Komponenten der Software und die Definition des Zusammenspiels dieser Komponenten. Eine gut durchdachte Software-Architektur kann beim Programmieren und bei einigen Testschritten eine erhebliche Arbeitserleichterung sein. Man ist also gut beraten, sicherzustellen, dass man nicht mit einer suboptimalen Architektur ins Rennen geht, um dann beim Programmieren oder z.B. beim Integrationstest festzustellen, dass man ständig komplexe Kunstgriffe anwenden muss, um das System realisieren oder testen zu können.

Um mit größerer Wahrscheinlichkeit ein optimales Architekturdesign zu erhalten, kann man erfahrene Software-Architekten einstellen, unerfahrenen Software-Architekten entsprechende Schulungen zukommen lassen und sich an bekannten und erprobten Design-Patterns orientieren. In jedem Fall sollte man aber das Vier-Augen-Prinzip wahren. Das heißt, das Design im Team gemeinsam erstellen und/oder einer Review unterziehen.

Das Ziel der Review der Software-Architektur ist, zu verifizieren,

- dass die Architektur eine angepasste/optimale Lösung für die in der Anforderungsspezifikation beschriebene Problematik anbietet,
- dass die Beschreibung des Architekturdesigns so klar, vollständig und detailliert genug ist, dass man mit dem Detaildesign bzw. dem Programmieren beginnen kann.

Erfahrungsbericht zur Review des Software-Architektur-Designs

Ich hatte schon viele Jahre Erfahrung als Programmierer von eingebetteten Systemen und ebenso als Tester gearbeitet, als ich für ein Start-up-Unternehmen automatisierte Tests etablieren sollte. Ich analysierte die Problemstellung, machte mein Testdesign und programmierte drauf los. Meine Tests waren wirklich nicht schlecht strukturiert und sie fanden knifflige Fehler. Ich war sehr zufrieden. Nach einigen Wochen war klar: Ich benötigte Verstärkung. Zwei Entwickler mussten mich mehrere Wochen unterstützen, damit das Testprojekt schneller effektiv wird. Die beiden Entwickler hatten zwar wenig Erfahrung beim Testen, aber sehr gute Ideen für das Software-Design der Testumgebung. Ihr Designvorschlag war viel durchdachter als mein bereits zum Teil umgesetztes Design. Wir haben fortan nur noch das neue Design verwendet.

Meine Schlussfolgerungen:

- Nicht nur die zu testende Software, sondern auch die Testsoftware benötigt durchdachtes Design, damit das Projekt optimal läuft.
- Ich habe mich wegen meiner jahrelangen Erfahrung über die Best Practice einer Architekturdesignreview gestellt und mir nichts durch eine Review von Test-unerfahrenen Kollegen erhofft. Was für ein völliger Unsinn, aus Arroganz oder Bequemlichkeit das Vier-Augen-Prinzip auszuhebeln!
- Hätte ich meine Test-Software-Architektur noch vor dem Programmieren der Tests einer Review unterzogen, so hätte ich mir spätere Anpassungen bestehenden Codes an das bessere Design erspart. Das Projekt hätte unterm Strich Zeit und Geld gespart.

3.2 Ziele der Review des Detaildesigns

Ergänzend zur Review des Architekturdesigns der Software können auch die Designdetails aller oder ausgewählter Module Gegenstand von Reviews sein. Dabei wird die Auswahl von existierenden Algorithmen oder das Design von neuen Algorithmen und Datenstrukturen innerhalb einer Software-Komponente untersucht. Das muss keinen formalen Charakter haben. Der Autor des Designs könnte seine Gedanken auch nur am Whiteboard dokumentieren und das Review-Team kommentiert oder ergänzt diese in anderer Farbe. Der Zweck der Review ist es, mit angemessenem Aufwand zu verhindern, dass die Implementierung einer Komponente unnötig lange dauert oder unnötig kompliziert wird.

3.3 Eigenschaften von gutem Software-Design

Gute Designs sollten anpassbar, effizient und verständlich sein. Das heißt, sie sind leicht zu warten, haben einen zum Endgerät passend geringen Ressourcenverbrauch und man muss nicht unbedingt einen IQ von 150 haben, um das Design zu verstehen. Diese Eigenschaften werden u.a. erreicht, wenn man

- Software-Module mit einfachen Schnittstellen ausstattet, das heißt wenn man die Anzahl der Parameter und Daten, die zwischen Modulen ausgetauscht werden, minimiert (man spricht von minimiertem *Coupling*);
- Komponenten so entwirft, dass sie durch andere Komponenten (wieder)verwendet werden können, ohne Code zu duplizieren;
- pro Komponente (Modul, Klasse, ...) die Anzahl der Kindkomponenten (private Daten, Attribute, ...) überschaubar hält;
- es vermeidet, Code zu duplizieren;
- eine modulare Software-Architektur schafft, in der Daten und damit operierende Unterprogramme sauber gekapselt sind. Diese Eigenschaft wird meist von objektorientiertem Design ohne öffentliche Attribute erfüllt.

Gut verständliches Design verwendet Terminologie und Bezeichner auf konsistente Art. Für identische Problemstellungen werden identische Lösungen im Design verwendet.

Oft zeichnet sich durchdachtes Software-Design durch Abstraktionsschichten aus. Zum Beispiel die Dreiteilung in Betriebssystem, Middleware, Applikation. Auch in Systemen ohne Betriebssystem macht es Sinn, Zugriffe auf die Hardware in einer Hardware-Kapsel zu abstrahieren, damit die Applikation leichter portierbar wird und sich der Programmierer der höheren Abstraktionsschicht nicht Gedanken um Hardware-Details machen muss. Die Abstraktion der Hardware-Zugriffe ist eine Voraussetzung für manche Teststrategien, etwa wenn im Zuge der Entwicklung ein Simulator die tatsächliche Hardware ersetzen muss, siehe dazu Abschnitt 7.3.2. Auch andere zuvor genannte Eigenschaften guten Designs erleichtern den Test: Minimales Coupling bedeutet einfache Schnittstellen zwischen Modulen, bedeutet also einen einfachen Test der Integration von Modulen. Ein modulares Design ohne öffentliche Attribute (bzw. globale Variablen) erleichtert ebenfalls den Integrationstest, wie Abschnitt 7.1.4 zeigen wird.

3.4 Hinweise zur Architekturdesignreview

Bei Review-Meetings wird es immer wieder Diskussionen geben, ob ein Design gut oder weniger gut ist. Die folgende Auflistung kann helfen, ein wenig Objektivität in solche Diskussionen zu bringen, wenn man nach Eigenschaften guten Designs sucht.

Kohäsion

Die Teile einer Komponente sollten demselben Zweck dienen. Das heißt, innerhalb eines Moduls oder einer Komponente sollten Daten und Operationen maximal miteinander verwandt sein, über Komponentengrenzen hinweg sollte das Verwandtschaftsverhältnis minimal sein. Folgende zwei Fragestellungen können helfen, schlechte Kohäsion in der Architektur zu identifizieren [PSS-05-04]:

- Bezeichnet der (passende) Name der Komponente einen einzigen speziellen Zweck?
- Enthält die Komponente Teile von Logik oder Daten, die kaum in Beziehung zueinander stehen?

Coupling

Die Rolle von schlanken Schnittstellen zwischen Komponenten der Software wurde schon angesprochen. Wenn man als Reviewer breite Schnittstellen zwischen Designkomponenten antrifft, aber ein Zerlegen von Komponenten oder eine Zusammenführung von Komponenten die Situation nicht verbessert, dann könnte man dem Autor des Designs vorschlagen, Coupling durch folgende Maßnahmen zu reduzieren:

- Daten, die zwischen Komponenten ausgetauscht werden, zu Objekten bzw. Strukturen zusammenfassen.
- Task-Synchronisation und Datentransfer in Operationen zusammenfassen.
- Wenn globale Variablen unvermeidbar sind, den Zugriff durch Getter/Setter-Operationen kapseln.
- Sicherstellen, dass jede Funktion nur einen Exit-Point hat.

Nebenläufigkeit

Oft erfordert die Lösung von Anforderungen die nebenläufige Abarbeitung von Aufgaben. Multitasking ist aber eine unangenehme Fehlerquelle, wie Kapitel 10 und 11 zeigen. In der Design-Review sollte geprüft werden, ob mit diesem Mittel sparsam umgegangen wird, ob sich Tasks gegenseitig blockieren können und ob ggf. Protokolle zur Vermeidung von Blockadeszenarien eingesetzt werden müssen (siehe Stichwort *Unbounded Priority Inversion* in Abschnitt 13.4.4). Eine typische Erfordernis an das Design im Zusammenhang mit der Verifikation von Echtzeitanforderungen ist, Interrupt Service Routinen kurz zu halten.

Werkzeuge

Es gibt eine ganze Reihe von sogenannten Design-Metriken, die versuchen, die Qualität von Software-Designs zu bewerten. Solche Kennzahlen können automatisch ermittelt werden. Entweder aus dem Design-Werkzeug oder aus einem

Werkzeug zur Analyse von Legacy-Code, wie z.B. Sotograph. Diese Metriken sind zwar nur relativ grobe Anhaltspunkte für Design-Qualität, können aber mitunter bei großen Projekten rasch zeigen, wo sich Strukturänderungen auszahlen. Die Verwendung eines Design-Werkzeugs kann indirekt eine Review erleichtern und beschleunigen, weil keine Diskussionen entstehen, wie bestimmte Beziehungen zwischen zwei Komponenten am geschicktesten grafisch dargestellt werden, denn es gibt dann nur eine Darstellungsart: die vom Werkzeug unterstützte Notation, wie z.B. UML. Nachdem die meisten Design-Werkzeuge auch Quellcode erzeugen, ist auch die Konsistenz des Codes mit der Designdokumentation einfach sichergestellt und erspart die Prüfung dieses Zusammenhangs.

Vollständigkeit des Designs

Eleganz und Wartbarkeit des Designs sind eine Sache. Die bisher im Buch gegebenen Hinweise zeigen aber noch nicht, wie man prüft, ob das Design auch *vollständig* die Anforderungen umsetzen kann. Das ist aber eine ganz wesentliche Aufgabe einer Design-Review: zu prüfen, ob nicht etwas vergessen wurde. Diese Prüfung kann mit Hilfe einer Traceability-Tabelle erfolgen, wie in Abbildung 3–1 gezeigt. Finden sich »weiße Flecken« in der rechten Spalte, dann ist das Design unvollständig. Gibt es nicht-funktionale Anforderungen, die im Design nicht abgebildet werden können, kann man diese in der Tabelle auf »N/A« für »nicht anwendbar« setzen.

Erfahrungsbericht Traceability zum Design

Kollegen von mir haben für ein Raumfahrtprojekt ein Design-Werkzeug eingesetzt, das eine Schnittstelle zu einem Requirements-Engineering-Werkzeug (RE-Werkzeug) anbot. Jede Design-Komponente wurde dabei automatisch bis ins letzte Detail exportiert (also Objekte, Attribute, Methoden) und konnte im RE-Werkzeug zu Anforderungen verlinkt werden, sodass das Werkzeug dann die Vollständigkeit der Traceability von Anforderungen zum Design prüfen konnte. Bei einem Design-Update war der neuerliche Export aber wertlos, weil man im RE-Werkzeug alle Links neu hätte setzen müssen. Nach kurzer Zeit und vielen Adrenalinschüben während Design-Updates sahen die Kollegen keinen Sinn darin, jede Anforderung zum *exakten* Punkt des Designs zu verfolgen, sondern sie erkannten, dass man viel agiler arbeitet, wenn nur bis zur Quelldatei oder bis zur Klasse getraced wird. Der Arbeitsaufwand war viel geringer und die Schlagkraft der Design-Review war trotzdem ungebrochen.

Requirement No	Requirement Short Text	Component
R/SRD/INIT/10	Self Test	Main.c
R/SRD/INIT/20	Self Test Fail Silence	Main.c
R/SRD/PP/05	Ready Message	Comm.c
R/SRD/PP/20	PP-bus Performance	Comm.c
R/SRD/PP/30	Reply Message Format	Comm.c
R/SRD/PP/40	SetPosDebTime Cmd	Comm.c
R/SRD/PP/50	SetNegDebTime Cmd	Comm.c
R/SRD/PP/60	SetReplntv Cmd	Comm.c
R/SRD/PP/70	Start Command	Comm.c
R/SRD/PP/80	Report Message Format	Comm.c
R/SRD/SI/10	Position Sampling Rate	Main.c
R/SRD/SI/30	Debouncing	Debounce.c
R/SRD/RA/10	Missing Parameters	Comm.c
R/SRD/RA/20	PP-bus Error	Comm.c
R/SRD/RA/30	Watchdog Kicking	Main.c
R/SRD/SB/10	Maximum CPU Load	ISR.c
R/SRD/SB/20	CPU Idle Time	ISR.c
R/SRD/SB/30	Memory Footprint	N/A
R/SRD/SD/10	Software Coding Standard	N/A

Abb. 3–1 *Die Traceability-Tabelle von Anforderungen zu Design-Komponenten für ein fiktives Miniaturprojekt*

Formen von Design-Reviews

Sobald Software sicherheitsrelevant ist, sollte die Design-Review dokumentiert werden und formalen Richtlinien folgen. Nur für Software mit geringsten Sicherheitsansprüchen (ASIL A) empfiehlt die ISO 26262 für automotive Software zum Beispiel ein lockeres Walkthrough. Beim Walkthrough präsentiert der Autor des Designs sein Werk vor Kollegen, die Verbesserungsvorschläge anbringen. Abschnitt 5.1.2 wird die Vorgehensweise noch ein wenig genauer erläutern. Für Software mit moderaten und hohen Sicherheitsansprüchen (ASIL B und höher) wird eine Inspektion empfohlen, in der ganz formal jede Beanstandung dokumentiert wird. Es wird für jede Beanstandung verfolgt, ob, wie, wo und wann sie zu einer Änderung geführt hat. Abschnitt 5.1.1 beschreibt das Vorgehen etwas genauer am Beispiel einer Code-Inspektion.

3.5 Embedded Design

Soweit ist alles, was in diesem Kapitel beschrieben wurde, für jede Art von Software anwendbar. Nun wenden wir uns Themen zu, die speziell für eingebettete Systeme relevant sind.

3.5.1 Sicherheit, Verfügbarkeit & Co

Spätestens, wenn an ein System hohe Ansprüche an Verfügbarkeit, die Datenintegrität oder die Sicherheit gestellt werden, ist es mit der Review des Designs der Software-Architektur alleine nicht getan. Designs müssen Ausfälle von Hardware-Komponenten berücksichtigen, müssen defekte Aktoren erkennen und fehlerhafte empfangene Nachrichten identifizieren. Alles Dinge, die man im Architekturdesign alleine nicht erkennt.

Es muss als Ergebnis einer Analyse spezifiziert werden, wie die Software auf solche Ausfälle reagieren soll und in der Design-Review muss verifiziert werden, dass das gegenständliche Design mit dem Ausfall so umgeht, wie verlangt. Solche Analysetechniken werden in Kapitel 14 vorgestellt.

Es ist aber auch in Systemen ohne hohe Ansprüche kein Fehler, sich im Rahmen der Design-Review zu fragen, ob das System korrupte Nachrichten erkennt, Time-outs für Kommunikationsprotokolle vorgesehen hat und Sensorwerte auch plausibilisiert.

Ein durchdachtes Design kann auch viel Geld sparen, etwa dann, wenn sicherheitsrelevante (oder missionskritische) Funktionen von anderen Funktionen völlig getrennt werden können. Es kann dann der Verifikationsaufwand für den nicht-kritischen Teil kleiner gehalten werden als für den kritischen Teil. Abschnitt 14.3 gibt Beispiele dazu. Im Rahmen der Design-Review sollte geprüft werden, ob so eine Aufteilung möglich wäre, aber (noch) nicht geplant ist.

3.5.2 Wartbarkeit des Geräts

Wenn man beim Software-Design von Wartbarkeit spricht, denken die meisten an die Klarheit des Designs und die Einfachheit von Software-Änderungen. Aber wie sieht es mit der Wartung oder Reparatur des Geräts aus, in das die Software eingebettet ist? Die Checkliste in Abschnitt 2.8.2 ermuntert, diese Frage in der Anforderungsspezifikation zu beantworten. Das Design kann solche Aufgaben erleichtern, z.B. wenn immer an fix definierten RAM-Adressen bestimmte Sensorwerte abgebildet werden oder wenn bestimmte abgefangene Fehlerzustände in einem nicht flüchtigen Speicher dokumentiert werden. In der Review des Designs wird man versuchen zu ermitteln, ob diese Information genügt und gut genug aufbereitet ist, dass der Service-Mitarbeiter die Reparatur effizient durchführen kann bzw. ein Debugging-Team diese Daten gut für die Systemdiagnose verwenden kann.

Dabei gilt es auch, die Robustheit des Designs zu bewerten. Bei manchen Systemen ist ein Teilausfall kein Grund, den Betrieb einzustellen – dann sollte man in der Design-Review nach Fehlertoleranzmechanismen suchen. In anderen Systemen ist es am besten, bei einem Teilausfall sofort einen sicheren Zustand einzunehmen. Wenn diese Frage nach der Zuordnung des Systems zu diesen zwei Modellen nicht schon in der Anforderungsspezifikation beantwortet ist, dann ist es bei der Design-Review höchste Zeit, eine Antwort zu finden.

3.5.3 Ressourcenverbrauch

Bei vielen eingebetteten Systemen muss man sich auch um den Speicherverbrauch der Software kümmern und darum, ob z.B. Speicherfragmentierung den Dauerbetrieb der Software verhindern kann. Bei der Design-Review sollte geklärt werden, ob es eine Abschätzung für den Speicherverbrauch gibt, ob Fragmentierung möglich ist, ob es eine Abschätzung für die Performanz des Systems gibt und die Schätzwerte alle nicht beunruhigend sind. Diese Abschätzungen könnten zum Beispiel in einem *Software Budget Report* dokumentiert werden und dort, mit Fortschreiten des Projekts, sukzessive durch Messungen ersetzt werden. Zu Messmethoden siehe Abschnitt 7.2.

3.5.4 Design von Echtzeitsystemen

Harte Echtzeitbedingungen stellen eine besondere Herausforderung an das Design dar, an das Design der Software *und* der Hardware. Bei verteilten Systemen ist es zum Beispiel notwendig, ein echtzeitfähiges Netzwerk zu verwenden – also z.B. *nicht* Ethernet. Um die Erfüllung von Echtzeitanforderungen zu verifizieren, sind mitunter sehr aufwändige Analysen notwendig. Das Software-Design muss von vornherein so gestaltet sein, dass diese Analysen möglich sind. Zur Review des Designs hinsichtlich Echtzeitfähigkeit ist viel Fachkenntnis nötig. Wegen des Umfangs widmet das Buch zwei ganze Kapitel dem Thema Echtzeit: Kapitel 12, »Echtzeit-Verifikation« und Kapitel 13, »Schedulability-Analyse«. Besonders Abschnitt 13.3 ist dabei für die Belange der Design-Review hervorzuheben, weil dort eine wichtige Designentscheidung diskutiert wird: die Wahl der Scheduling-Strategie bei Verwendung von Multitasking.

3.6 Diskussion

Es gibt unzählige Projekte, in denen bestehende Software nur geringfügig geändert wird, anstatt ein neues Software-Design auf grüner Wiese zu machen. Auch in diesen Projekten zahlen sich Reviews der Änderungsabsichten vor deren Implementierung aus. Sonst könnte ein Flickwerk aus Notlösungen entstehen, das nach einiger Zeit unwartbar wird. Dabei muss man sich nicht den Spaß an der

Arbeit durch übertrieben formales Vorgehen nehmen lassen: Das Vier-Augen-Prinzip wird auch gewahrt, wenn zwei Entwickler das Design von vornherein gemeinsam machen. Vieles spricht dafür, dass man dann schneller eine gute Lösung findet, als wenn man, bei komplizierten Aufgaben, ein Pingpong-Spiel zwischen Designer und Review-Partner anstößt. Und vieles spricht dafür, dass man dabei mehr Spaß hat und wechselweise besser voneinander lernen kann.

Ob ganz formal oder locker gehandhabt: Eine Design-Review ist jedenfalls eine vergleichsweise billige Verifikationsmaßnahme mit einer großen Hebelwirkung.

3.7 Fragen und Übungsaufgaben

Frage 3.1: Ein Kollege legt Ihnen sein Design für eine Montagebandsteuerung vor. Es gibt einen Roboter-Task, einen Startknopf-Task, einen Nothalt-Task, einen Überwachungskamera-Task und einen Barcode-Leser-Task. Sie kennen die Anforderungen noch nicht und müssen sich daher auf Ihr Bauchgefühl und allgemeine Designrichtlinien verlassen. Klingt die beschriebene Aufteilung angebracht?

Aufgabe 3.2: Ein Kollege legt Ihnen sein objektorientiertes Design für den Leitrechner einer Tunnelüberwachung vor. Die Aufgaben des Leitrechners sind nebenläufig (multi-threaded) und es müssen mitunter größere Datenmengen zwischen den Tasks ausgetauscht werden. Das Design sieht Objekte vor, die mehrere Threads beherbergen. Die Synchronisation von zum Objekt gehörenden Threads ist gekapselt, also außerhalb des Objekts nicht sichtbar. Der Klient des Objekts sieht an den Beschreibungen zu Operationen/Methoden, ob ein Aufruf derselben z. B. zu Ressourcenkonflikten führen kann. Die größeren Datenmengen werden in einem statisch allokierten Pool von gleich großen Blöcken dynamisch verwaltet und Zeiger auf einen zu bearbeitenden Block per Message Queue von Thread zu Thread transportiert. Auch hier kennen Sie keine Anforderungen. Beurteilen Sie diesen Lösungsweg anhand der im Kapitel genannten Designrichtlinien!

4 Automatische statische Code-Analyse

Die Software-Code-Review, also die Analyse des Quellcodes durch eine vom Programmautor verschiedene Person, ist eine der wichtigsten Verifikationsmaßnahmen in der Softwareentwicklung mit hohem Integritätsanspruch. Zwischen 30% und 50% aller Programmfehler werden vor der ersten Ausführung gefunden, zumindest bei »klassischen« Programmiersprachen [Fagan 86]. Leider benötigt eine gute Review aber viel Zeit. Einige Software-Werkzeuge versprechen, automatisch in wenigen Sekunden Reviews durchzuführen. Dieses Kapitel diskutiert, was von solchen Versprechungen zu halten ist und erläutert (beispielhaft an der Programmiersprache C), wie diese Werkzeuge funktionieren.

4.1 Motivation zum Einsatz von Analyse-Werkzeugen

Kostet Sie ein Programmfehler viel Geld, so werden Sie nach dieser Erfahrung in zukünftigen Code-Reviews den Quellcode dahin gehend prüfen, dass so ein Fehler nicht nochmals unbemerkt das Haus verlässt. Damit Kollegen auch von Ihrer Erfahrung profitieren, erfassen Sie vielleicht solche Fehler in einer Liste. In zukünftigen Code-Reviews wird dann die Liste vom jeweiligen Reviewer zur Hand genommen. Je länger die Liste, desto besser für die Qualität der Review, desto langweiliger für den Reviewer und desto teurer, weil zeitaufwändiger.

Die Idee, im Quellcode nach Fehlermustern mit einem Werkzeug automatisch zu suchen, liegt also fast auf der Hand und ist daher denkbar alt: *Lint*, ein Hilfsprogramm aus der Unix-Werkzeugkiste, tut genau das seit Ende der 1970er. Aus dem Lint-Handbuchtext: »Lint versucht Eigenheiten eines C-Programms zu entdecken, die aller Wahrscheinlichkeit nach Fehler sind, nicht portierbar sind oder unnötig. Es prüft die Typen von Variablen strikter als viele Compiler, findet unerreichbare Anweisungen, unbenutzte Variablen und logische Ausdrücke, die einer Konstanten entsprechen. Darüber hinaus prüft Lint, ob die Rückgabewerte von Funktionen auch tatsächlich verwendet werden.«

Basierend auf der Idee von Lint existieren heute Werkzeuge, die Quellcode nach verdächtigen Programmzeilen durchsuchen und den Programmierer warnen, wenn sie fündig werden. Diese Werkzeuge existieren längst nicht mehr für C alleine, sondern für eine große Zahl von Programmiersprachen. Das Spektrum an Werkzeugen reicht von Freeware über etwas mächtigere kommerzielle Programme im Verkaufswert von 100 bis 200 Euro bis hin zu High-End-Produkten, teilweise weit jenseits der 5000 Euro. Produkte im Hochpreissegment prüfen häufig auch einen, zumindest zum Teil, frei definierbaren Software-Coding-Standard[1].

Was diese Tools für uns tun, wird *automatische statische Code-Analyse* genannt. Statisch deshalb, weil die zu prüfende Software dabei nicht ausgeführt wird. Zur statischen Analyse gehört auch das Erheben von Code-Metriken. Diese Maßzahlen versuchen, eine gewisse Aussage über die Qualität von Quellcode zu geben.

Die folgenden drei Unterkapitel widmen sich dem Thema Bug Finding durch Analysewerkzeuge, der darauf folgende Abschnitt 4.5 beschäftigt sich dann mit der Erhebung der besagten Metriken.

4.2 Techniken von Analyse-Werkzeugen im unteren Preissegment

Wie eingangs erwähnt, ist das Prüfen jeder Programmzeile nach einer Liste von potenziellen Fehlermustern eine ermüdende Angelegenheit. Speziell »kleine« Fehler, wie eine eventuell ungewollte implizite Typenkonversion werden leicht übersehen. Genau dies ist aber die Stärke einer automatischen Analyse. Die Nachfolger von Lint ermüden auch nach tausenden Codezeilen nicht und decken solche Gefahrenstellen auf. Listing 4–1 gibt eine Kostprobe. Das C-Programm ist voll von Fehlern, die automatisch erkannt werden können.

```
/* Programmiersprache C */

#include <string.h>

char* MyName();                                 /* 01 */
char cUartData = (char) 0xFA;                   /* 02 */


main()
{
   unsigned uiA = (unsigned) cUartData;         /* 03 */
   int i, a[10] = {0,0,0,0,0,0,0,0,0};          /* 04 */
   for (i = 0; i <= 10; i++)                    /* 05 */
{
```

1. Ein Software-Coding-Standard ist eine Vereinbarung zur Verwendung einer Programmiersprache. So ein Standard definiert zum Beispiel das Verbot der Verwendung bestimmter Sprach-Konstrukte (wie `goto` und `longjmp`) oder die Einhaltung bestimmter Richtlinien zur Namensgebung von Variablen. Die wohl bekanntesten Coding-Standards sind von der Motor Software Reliability Association (MISRA) für die Programmiersprachen C und C++. Nachdem diese Coding-Standards weit verbreitet sind, gibt es auch sehr kostengünstige Werkzeuge, die die Einhaltung der MISRA-Regeln überprüfen.

```
a[i] += i;                                      /* 06 */
   }
   for (i = 0; i <= 3; i++);                    /* 07 */
   {
      char szString[10];                        /* 08 */
      a[i] -= cUartData;                        /* 09 */
      strcpy(szString, MyName());               /* 10 */
   }
}


char* MyName(int i)
{
   char name[11] = "Joe Jakeson";               /* 11 */
   if (i) name[2] = 'i';                        /* 12 */
   return name;                                 /* 13 */
}
```

Listing 4–1 *Code zur Demonstration eines einfachen Analyse-Werkzeugs*

Ein leistungsfähiges kommerzielles Programm zur statischen Codeanalyse hat am Programm in Listing 4–1 einiges auszusetzen: In Zeile 1 wird zu Recht gewarnt, dass die Deklaration des Prototyps der Funktion `MyName()` unvollständig ist. Für einen C++-Compiler ist in Zeile 1 das Parameterprofil für `MyName()` genau definiert: keine Parameter, also `void`. In C ist dem nicht so: `void` muss explizit in Klammern stehen, wenn die Funktion keine Parameter erwartet. Bei einer Deklaration wie in Zeile 1 sind die Parameter der Funktion undefiniert und der C-Compiler muss eine Annahme machen, sobald er einen Funktionsaufruf übersetzen muss. Nicht alle Compiler warnen den Benutzer, wenn sie so eine Annahme treffen müssen.

Auch Zeile 3 ist tückisch. Ein gutes Analysewerkzeug würde hier einen verdächtigen Type-Cast melden. Bei der Umwandlung des Typs `char` in den Typ `unsigned` wird nämlich zuerst implizit `char` in `int` gewandelt. Bei Architekturen, bei denen der Typ `char` vorzeichenbehaftet ist wird dabei das in diesem Fall gesetzte Vorzeichenbit von `cUartData` auf die neue Bitbreite erweitert. Die Variable `uiA` enthält dann zum Beispiel den Wert `0xFFFFFFFA` und nicht `0xFA`, wie es der Programmierer vermutlich wollte.

Zählen Sie bei Reviews von Feld-Initialisierungen wie in Zeile 4 immer nach, ob tatsächlich die richtige Anzahl von Variablen initialisiert ist? Ein Analysewerkzeug tut das. In Zeile 4 fehlt eine Null. Das Werkzeug kann sogar Zugriffe mit unerlaubten Indizes erkennen, sofern dies durch Auswertung der Zahlenliterale und Konstanten möglich ist. In Listing 4–1 ist das der Fall. In Zeile 6 werden die Indexgrenzen einer Feldvariablen überschritten und diese Überschreitung kann automatisch erkannt werden.

In Zeile 7 sehen wir einen Fehler, dessen Erkennung für Lint-Derivate ein leichtes Spiel ist, der aber trotzdem häufig vorkommt und bei manueller Inspektion nicht so schnell auffällt: Der Strichpunkt am Ende der Schleifenanweisung ist offensichtlich nicht gewollt.

Die Genauigkeit und Pedanterie einer programmunterstützten Analyse von Quellcode raubt manchen Programmierern viel Energie, wenn sie erstmals ein penibles Werkzeug an bislang ungeprüftem Quellcode ausprobieren. Auch in Listing 4–1 ist ein Fehler enthalten, der keine Auswirkung hat und dennoch von einem Analyseprogramm bemängelt würde: Der Rückgabetyp der Funktion `main()` ist nicht explizit definiert. Gemäß C-Standard muss der Compiler daher annehmen, dass der Rückgabewert vom Typ `int` ist. In `main()` ist aber keine `return`-Anweisung zu finden. Die Praxis, den Rückgabetyp des Hauptprogramms nicht explizit anzugeben, wenn `main()` keinen Wert an das Betriebssystem liefert, ist aber weit verbreitet. Schon beim berühmten »hello world«-Programm von den C-Veteranen Kernighan und Ritchie, in Listing 4–2 gezeigt, ist das so. Streng genommen hat dieses Programm nach heutigen C-Standards aber zwei Fehler [Stroustrup 02].

```
main()
{
   printf("Hello, world\n");
}
```

Listing 4–2 *Das Hello-World-Programm*

Analysewerkzeuge im unteren Preissegment neigen dazu, den Benutzer mit unnötigen Warnungen zu überhäufen. Als Abhilfe können in der Regel Warnungen Zeile für Zeile durch spezielle Kommentare unterdrückt oder global durch Setzen eines Parameters ausgeschalten werden.

4.2.1 Sprachspezifische Fallstricke

Die Programmiersprache C spannt einige Fallstricke für den Programmierer, die die Portierbarkeit von Code beeinträchtigen. Da wären unter anderem die undefinierte Auswertungsreihenfolge bei arithmetischen Ausdrücken, compilerabhängige Ergebnisse beim Rechts-Shift von negativen ganzen Zahlen und die undefinierte Bitbreite des Datentyps `int`. Nach diesen Stolperfallen sucht eine automatische Analyse im Code. Auch die unsichtbare Nullterminierung von Strings hat schon so manchen Programmfehler ausgelöst. Über diesen Fallstrick stolpert übrigens Zeile 11 von Listing 4–1: Die Feldvariable `name` reserviert nicht genug Speicher, um die Endmarkierung `'\0'` zu speichern.

Der letzte, automatisch erkennbare Fehler von Listing 4–1 ist in Zeile 13 zu sehen. Es wird versucht, als Rückgabewert eine Variable zu verwenden, die mit dem Verlassen der Funktion nicht mehr existiert. Dies ist eine Art von Fehler, die auch von vielen Compilern gemeldet wird.

4.2.2 Kontrollflussanalyse

Die automatische Überprüfung von Quellcode macht es auch möglich, toten Code und unbenutzte Variablen auszuforschen. Speziell bei der Übernahme von Code aus anderen Projekten kann das sehr hilfreich sein. In Listing 4–1 gibt es übrigens zwei Variablen, die niemals referenziert werden.

Die *Kontrollflussanalyse* genannte Analysetechnik kann aber mehr, als nur toten Code aufzuspüren. Es werden die verschiedenen möglichen Ausführungspfade auf eine Reihe von potenziellen Unstimmigkeiten untersucht. Die meisten Tools erstellen für die Suche nach Kontrollflussanomalien einen Kontrollflussgraphen. Die Knoten des Kontrollflussgraphen sind Basisblöcke; das sind Codeabschnitte, in die die Flusssteuerung an genau einem Einstiegspunkt eintritt und ohne möglichen Halt oder Verzweigung nur an genau einem Punkt wieder austreten kann [Pezzé 09]. Zwei typische Warnungen, die aufgrund der Analyse dieser Graphen ausgegeben werden, zeigt Listing 4–3. Während die erste Warnung definitiv auf Unsinn hinweist, kann die zweite Warnung durchaus ein Falschalarm sein und sollte in diesem Fall im Werkzeug *für diese spezielle Zeile* abgeschalten werden, damit man nicht bei jedem neuerlichen Check damit belästigt wird. Es ist auch gute Praxis, im Code durch einen Kommentar darauf hinzuweisen, wenn man absichtlich einen `case`-Block ohne `break`-Statement beendet.

```
/* Programmiersprache C */

#include <stdio.h>
extern int foo(void);

int sign(int x)
{
   if (x>=0)
   {
      return 1;
   }
   else
   {
      return -1;
   }
   return 0; /* Warnung: unerreichbarer Code */
}

int main(String args[])
{
   int i = foo();
   switch (i)
   {
      case 1: printf("Fall 1");
      break;
      case 2: printf("%d", sign(12));
      break;
```

```
        case 3: printf("%d", sign(-8));
        case 4: printf("Fall 4");
        break;
    }
    /* Warnung: ein case-Statement ohne break */
    return 0;
}
```

Listing 4–3 *Warnung bei Kontrollflussanomalien*

4.2.3 Datenflussanalyse, Initialisation Tracking

Das Beispiel in Listing 4–1 demonstriert eine Reihe von Fähigkeiten der automatischen Codeanalyse, bei Weitem aber noch nicht alle. Zum Beispiel die Suche nach der Verwendung uninitialisierter Variablen. Im einfachsten Fall wird dabei geprüft, ob im Quellcode für jede Variable vor ihrer ersten Verwendung eine Zuweisung existiert. Listing 4–4 zeigt ein Programm, das mit dieser einfachen Technik nicht ausreichend geprüft wird: Den Variablen a, b und c wird zwar ein Wert zugewiesen, die Zuweisungen sind aber an Bedingungen geknüpft.

```
/* Programmiersprache C */

void oje(void)
{
    int a,b,c,m,n,p;

    scanf("%d", &a);

    if (a) b = 6; else c = b;
    a = c;

    while (n--)
    {
      /* ... */
      m = 6;
      /* ... */
    }
    p = m;
}
```

Listing 4–4 *Jede Menge uninitialisierte Variablen*

Auch wenn das Programm syntaktisch korrekt ist, warnen die meisten Compiler bei einer Verwendung von uninitialisierten Variablen. Doch häufig ist das oben beschriebene einfache Verfahren implementiert, das bei Listing 4–4 nicht greift. Während ein Compiler also in Listing 4–4 möglicherweise *keine* Fehlerquelle meldet, findet ein statisches Codeanalyseprogramm *vier* Stellen, wo auf eine uninitialisierte Variable zugegriffen wird: `b` wurde nicht initialisiert, `c` ist wahrscheinlich nicht initialisiert, `n` ist nicht initialisiert, `m` ist wahrscheinlich nicht initialisiert. Der

Grund für die Überlegenheit der Spezialsoftware gegenüber der Überprüfung des Compilers liegt im intelligenteren Algorithmus, der Bedingungen verfolgt und in der höheren Anzahl der Durchläufe, mit der der Code analysiert wird. Das Prüfprogramm verfolgt, wie sich ein Fehler fortpflanzt.

Beim Schreiben dieses Texts hat der Buchautor zwei Compiler an Listing 4–4 versucht. Die Verwendung von `n` als nicht initialisierter Schleifenzähler wurde von beiden Compilern nicht erkannt. Der Grund dafür ist, dass nicht `n` selbst, sondern ein arithmetischer Ausdruck als Schleifenbedingung gewählt wurde. Ein gutes Analyseprogramm lässt sich davon nicht irritieren und erkennt auch, dass durch die Schleifenbedingung die Variable `m` möglicherweise nie initialisiert wird.

4.2.4 Datenflussanalyse, Value Tracking

Eine weitere Möglichkeit Fehler durch das Verfolgen von Zahlenwerten im Quellcode zu finden, ist die Analyse von Indizes von Feldvariablen sowie das Erkennen der Dereferenzierung eines Null-Zeigers und von Divisionen durch Null. Im Gegensatz zu den bisherigen Beispielen im vorherigen Abschnitt 4.2.3 beschränkt sich diese Analyse nicht auf Initialisierungswerte alleine. Listing 4–5 zeigt einige Beispiele. In der ersten Funktion kann ein intelligentes Analyseprogramm aus der Bedingung der `if`-Anweisung erkennen, dass die Variable `k` größer oder gleich 10 sein könnte. Die Verwendung als Index für eine Feldvariable mit der Dimension 10 führt daher zu einer Warnung.

In der zweiten Funktion passiert Ähnliches. Die Bedingung der `if`-Anweisung lässt den Schluss zu, dass die Zeigervariable auf Null zeigen kann und daher die beiden nachfolgenden Anweisungen Probleme bescheren können.

```
/* Programmiersprache C */

int a[10];

int eins(int k, int n)
{
   if (k >= 10) a[0] = n;
   return a[k];            /* Warnung: k könnte 10 sein */
}

int *zwei(int *p)
{
   if (p) printf("\n");    /* p könnte NULL sein ... */
   printf("%d", *p);       /* Warnung */
   return p + 2;           /* Warnung */
}

void drei(void)
{
   int a[10], *p, *q;
   p = a + 10;             /* OK, nicht unüblich */
```

```
    *p = 0;                      /* Warnung */
    q = p + 1;                   /* Warnung */
    q[0] = 0;                    /* Warnung */
}

int x(int n)
{
    return n - 1;
}

int y(int n)
{
    return n / x(1);             /* Warnung nach 2. Durchlauf */
}

int z(int n)
{
    if (n > 0) n = 0;
    else if (n <= 0) n = -1;     /* Warnung */
    return n;
}
```

Listing 4–5 *Beispiele für automatisch erkennbare, datenabhängige Programmierfehler*

Eine gute Analyse wertet arithmetische Ausdrücke mit Zeigervariablen aus, sofern dies möglich ist. Somit wird in der dritten Funktion erkannt, dass bei den zwei in Listing 4–5 gezeigten Zuweisungen je eine Speicherzugriffsverletzung stattfindet bzw. der Zeiger `q` nach der letzten Zuweisung auf eine undefinierte Stelle im Speicher zeigt.

Als vorletztes Beispiel zum Thema Value Tracking zeigt Listing 4–5 die beiden Funktionen `x()` und `y()`, wo zu sehen ist, warum ein Werkzeug zur automatischen Code-Analyse den Quelltext eines Programms in mehreren Durchläufen analysiert, wie zuvor erwähnt. Im ersten Durchlauf lernt das Analyseprogramm, dass `x()` mit dem Argument 1 aufgerufen wird. Im zweiten Durchlauf, wenn die Definition von `x()` erneut verarbeitet wird, wird gefolgert, dass dieses Argument einen Funktionsrückgabewert von Null zur Folge hat. Wenn im zweiten Durchlauf dann `y()` abgearbeitet wird, wird die Gefahr der Division durch Null erkannt und gemeldet.

Beachten Sie, dass das letzte Beispiel die Auswertung der Funktion erfordert und eine funktionsübergreifende Analyse darstellt. In manchen Analyseprogrammen kann sogar die Anzahl der Durchläufe eingestellt werden. Mit einer höheren Anzahl an Durchläufen arbeitet sich das Werkzeug tiefer in einen möglichen Aufrufbaum. Damit ist die Chance größer, auch bei Rekursionen noch Probleme zu erkennen.

Als kleine Zugabe erlaubt Value Tracking auch unsinnige Bedingungen zu erkennen, wie die Warnung zur zweiten `if`-Bedingung der Funktion `z()` in Listing 4–5 zeigt.

4.2.5 Semantische Analyse

Auch Analysewerkzeuge aus dem unteren Preissegment wissen über die Semantik von Funktionsparametern und Rückgabewerten von Funktionen der Standardbibliothek Bescheid. Mit diesem Wissen kann die zuvor vorgestellte Technik erweitert werden, um Plausibilitätstests für die Parameterübergabe durchzuführen. Ein Beispiel dazu ist in Listing 4–6 zu sehen. Warnung 1 kann nur ausgegeben werden, weil das Analyseprogramm weiß, dass `fopen()` eine spezielle Funktion ist, deren erstes Argument nicht Null sein darf. Die Analyse des Ausdrucks vor dem Funktionsaufruf zeigt aber, dass sie Null sein könnte, sonst hätte die Abfrage auf Null keinen Sinn.

Warnung 2 wird gemeldet, weil über `fopen()` noch eine zweite semantische Eigenheit bekannt ist: Der Rückgabewert kann Null sein. Daher könnte `fclose()` auch mit einem ungültigen Parameterwert aufgerufen werden.

In Listing 4–6 ist im Kommentar auch der Prototyp der Funktion `fread()` zu sehen. Zusätzlich zur Prüfe-auf-Null-Semantik für das zweite und dritte Argument können Werkzeuge hier einen komplexeren Test ausführen: Wenn die Größe des zweiten Parameters multipliziert mit dem dritten Parameter die Größe des als ersten Parameter übergebenen Puffers übersteigt, dann wird ein Fehler gemeldet. Das ist im Listing als Warnung 3 markiert. Moderne Werkzeuge haben eine ganze Reihe von Semantiken für Standardfunktionen hinterlegt und gestatten auch die Definition von Semantiken für selbst geschriebene Funktionen.

Noch ein paar Beispiele für mögliche semantische Prüfungen für Funktionen der C-Standard-Bibliothek:

- Ein Aufruf der Funktionen `abort()` und `exit()` kehrt nicht mehr zurück. Danach stehender Code ist potenziell toter Code.
- Für `fgets()` wird geprüft, ob die Größe des zweiten Parameters die Puffergröße des ersten überschreitet.
- Der Zeiger, der der Funktion `free()` übergeben wird, ist nach dem Funktionsaufruf uninitialisiert und darf daher nicht dereferenziert werden.
- Nach dem Aufruf von `fclose()` ist das Argument der Funktion ein uninitialisierter Zeiger.

```
/* Beispiel semantischer Fehler in einem C-Programm */

void semantik(char *name)
{
   char buf[100];
   FILE *f;

   if (name == 0) printf("ok\n");
   f = fopen(name, "r"); /* Warng 1: name könnte 0 sein */

   /* char *fread(char *, size_t, size_t, FILE *); */
```

```
    fread(buf, 100, 2, f);                    /* Warnung 3 */

    fclose(f);            /* Warnung 2: f könnte NULL sein */

}
```

Listing 4–6 *Beispiele für Fehler, die mit Hilfe semantischer Regeln entdeckt werden.*

4.2.6 Starke Typenprüfung

Die Programmiersprache C erlaubt zwar die Definition von Typen als Basistypen (wie etwa Typ Strom als `float`, Typ Spannung als `double`), doch bei der Typenprüfung beschränkt sich der C-Compiler auf die Basistypen anstelle der Eigendefinitionen. Somit würden in diesem Beispiel Volt und Ampere ohne jede Warnung addiert werden. Deshalb werden die nur mit `typedef` definierten Typen auch schwache Typen genannt. Wären Strom und Spannung aus dem vorherigen Beispiel starke Typen, so wäre eine Addition der beiden Größen nur mit Typenkonversion möglich.

Für den Einsatz von Software in Geräten mit Sicherheitsrelevanz empfiehlt die Norm EN 61508 dringend die Verwendung einer Sprache mit starker Typenprüfung. C ist zwar für eingebettete Systeme häufig im Einsatz, doch C unterstützt die starke Typenprüfung nicht. Damit C dem Stand der Technik entsprechend für sicherheitsrelevante Geräte eingesetzt werden kann, muss daher ein Analyse-Tool verwendet werden, das dieses Manko kompensiert und eine starke Typenprüfung anbietet.

Erfahrungsbericht mit Statischer Code-Analyse

Ich habe für ein Unternehmen getestet, das Firmware in C für einen Mikrocontroller mit 16 KB ROM entworfen hat. Die Firmware war bereits in mehreren hundert Geräten am Markt und gehorchte keinem Coding-Standard, sondern war ein eher hässlicher Hack. Im Rahmen einer Produkterweiterung setzten wir PC-Lint ein, ein statisches Analyse-Werkzeug im unteren Preissegment. Wir erhielten mehr als 2000 Warnungen. Etwas mehr als eine Woche habe ich gebraucht, um alle Warnungen durchzusehen, den Code im Bedarfsfall zu korrigieren oder die Warnungen durch spezielle Kommentarzeilen zu unterdrücken. Es blieben nur 2 Warnungen, die tatsächlich Probleme hätten bereiten können. Zum einen ein Type-Cast, dessen Ergebnis Compiler-abhängig war. Wir hatten nicht vor, die Plattform zu ändern, also war das nicht relevant für uns. Das zweite Problem war ein nicht beachteter Rückgabewert der Schreibroutine eines EEPROM-Treibers. Hätte die Routine einen defekten Block erkannt, so hätte sie einen Fehlercode zurückgegeben und es wäre ein nochmaliger Aufruf notwendig gewesen. Dieser nochmalige Aufruf unterblieb aber im aufrufenden Modul, weil der Return-Wert nie geprüft wurde.

4.3 Techniken von Analysewerkzeugen im oberen Preissegment

In diesem Unterkapitel wird beschrieben, welche Fähigkeiten statische Analysewerkzeuge im oberen Preissegment anbieten können. Eine sehr gelungene Gegenüberstellung von drei Werkzeugen ist in [Emanuelsson 08] zu finden. Die in diesem Aufsatz genannten Fähigkeiten der Produkte werden hier komprimiert vorgestellt, mit den Eigenschaften eines vierten Produkts ergänzt und die Beschreibung um Produktfeatures aus dem Jahr 2012 erweitert.

4.3.1 Größerer Komfort für den Benutzer

Wenn man ein preisgünstiges Werkzeug zur statischen Code-Analyse erstmals für Code verwendet, so wird das Werkzeug typischerweise eine sehr große Anzahl von Warnungen ausgeben. Der größte Teil der Warnungen wird auf syntaktische Eigenheiten des Codes zurückzuführen sein. Gehorcht die analysierte Software einem Coding-Standard, so kann das Werkzeug im Regelfall so parametrisiert werden, dass es die Eigenheiten des Coding-Standards berücksichtigt und sich die Anzahl der gemeldeten Warnungen damit drastisch reduziert. Gehorcht der Code keinem einheitlichen Coding-Standard, so bedeutet es oft sehr viel Mühe, alle Warnungen zu prüfen und die mehrheitlichen Falsch-Alarme von den wenigen echten Fehlern zu unterscheiden. Es ist den Anwendern von statischer Code-Analyse daher ganz dringend zu empfehlen, von Anbeginn des Entwicklungsprojekts ein Analysewerkzeug einzusetzen und dieses so oft zu verwenden, wie den Compiler. Ein solches Werkzeug ist dann sinnvoll eingesetzt, wenn es keine Fehler meldet, bevor der Code irgendeinem weiteren Verifikationsschritt (Code-Review, Unit-Test ...) unterzogen wird.

Wird in einem Projekt automatische statische Code-Analyse mit günstigen Werkzeugen zu spät eingeführt und existiert also schon eine Menge Code, der im schlimmsten Fall keinem Coding-Standard (keinen Programmier-Richtlinien) gehorcht, so sind tausende Falschwarnungen keine Seltenheit.

Ein Analysewerkzeug einzusetzen und seine Warnungen zu ignorieren, macht keinen Sinn. Die Durchsicht von vielen Meldungen (und vielen Falschwarnungen) kostet aber viel Zeit und ist keine besonders spannende Aufgabe. In solchen Situationen ist die Gefahr daher real, dass die Akzeptanz des Entwicklerteams für den Einsatz eines Code-Analysewerkzeugs gering ausfällt und die Einführung von automatischer statischer Code-Analyse nicht an technischer Umsetzbarkeit, sondern an »weichen Faktoren« scheitert.

Werkzeuge im oberen Preissegment haben daher Filter eingebaut, die aus den vielen Meldungen des Basis-Algorithmus die heraussuchen, die tatsächlich relevant sein dürften. Dieses Expertensystem kann natürlich nicht garantieren, dass dabei nicht auch echte Fehler weggefiltert werden. Durch die Filterung ist aber bei einem verspäteten Projekteinsatz mit deutlich weniger Akzeptanzproblemen beim Team zu rechnen als bei kostengünstigen Werkzeugen. Im Idealfall kann man die Filter konfigurieren.

Was ebenfalls zur verbesserten Akzeptanz beitragen kann, ist das Speichern von »bekannten Warnungen« in einer Datenbank und die Möglichkeit, diese wegzufiltern. Wenn alter Codebestand übernommen wird und dieser nicht verändert werden darf, ist es auf diese Art sehr einfach möglich, die Analyse nur auf neue Codeteile zu beschränken.

Auch bieten hochpreisige Werkzeuge zum Teil eine Integration mit Konfigurationsmanagement-Werkzeugen an. Das Analyse-Werkzeug sagt zu jedem gefundenen Fehler in welchen Versionen der Software er auftritt. Diese Eigenschaft ist für einen (zu) späten Einsatz des Analysewerkzeugs im Projekt komfortabel. In Projekten mit diszipliniertem Einsatz von automatischer statischer Analyse sollte es nie soweit kommen, dass ein automatisch erkennbarer Fehler überhaupt versioniert wird (also in das Konfigurations-Management-Werkzeug eingecheckt wird).

4.3.2 Concurrency Checks

Auch die Palette an durchgeführten Analysen vergrößert sich bei hochpreisigen Werkzeugen. Zum Beispiel wird untersucht, ob bei nebenläufigem (*multi-threaded*) Code doppelte Locks existieren oder Lock Releases fehlen. Ebenso wird geprüft, ob bei multiplem Locking die Reihenfolge der Lock-Releases umgekehrt zu den Lock-Obtains ist. Durch diese Checks können einfache Deadlocks abgefangen werden. Mehr zu Locks und Deadlocks in Kapitel 10.

Auch ist es mit statischer Analyse möglich, mit einer gewissen Treffsicherheit Data Races vorherzusagen. Dass das Erkennen von Data Races für den Benutzer bequem und zuverlässig funktioniert, ist auch im Interesse von Herstellern von Multicore-CPUs. Daher sind hier sehr komfortable Werkzeuge am Markt, die völlig gratis sind. Das passt nicht ganz zum Titel dieses Unterkapitels, »Techniken von Analysewerkzeugen im oberen Preissegment«. Wir beschränken uns daher hier auf die Erwähnung der Möglichkeit so einer Analyse und auf einen Querverweis auf Kapitel 10, das sich ausführlich mit Data Races beschäftigt.

4.3.3 Stack-Analyse und erweiterte Kontrollflussanalyse

Mit kleinen Einschränkungen kann durch Analyse des Quellcodes auch festgestellt werden, ob die Größe des Runtime-Stacks ausreicht. So eine Einschränkung ist zum Beispiel die Abwesenheit von Rekursionen. 100% korrekte Ergebnisse so einer Analyse kann man aber nur erwarten, wenn die Analyse nicht auf Basis des Quellcodes, sondern auf Basis des Object-Codes erfolgt. Nur dann berücksichtigt die Analyse die Eigenheiten und den Optimierungsgrad des verwendeten Compilers. Werkzeuge, die Object-Code analysieren sind manchmal proprietäre Software. So zum Beispiel für den Steuerungsrechner der Ariane-5-Rakete. Es gibt aber auch kommerzielle Werkzeuge, die den Object-Code einer ganze Reihe von Prozessoren unterstützen, z. B. [URL: StackAnalyzer].

Da es möglich ist, einen Baum aller Programmzustände zu erzeugen und zu untersuchen, ist es auch möglich, ein Set aller möglichen Kontrollflüsse durch ein Programm zu erzeugen. In dieser riesigen Pfadsammlung lässt sich zum Beispiel für C++-Code durch ein Werkzeug feststellen, ob es für jede Ausnahmesituation (*Exception*) auch eine Behandlung gibt. Ebenfalls gibt es Werkzeuge, die auf diese Art mit ziemlich hoher Treffsicherheit Memory Leaks detektieren.

4.3.4 Erschöpfende Analyse des Zustandsbaums

Wenn der Baum aller möglichen Programmzustände detailliert genug ist, dann lassen sich durch Traversion dieses Baums auch Laufzeitfehler erkennen und – schöner noch – es lässt sich de facto der *Beweis der Abwesenheit von bestimmten Fehlern* erbringen. Das Analyse-Tool durchläuft also das Laufzeitmodell des zu untersuchenden Programms bis in alle Blätter des Baums (untersucht also alle erreichbaren Programmzustände) und kann dann verlautbaren, dass in diesem Baum der Fehlerzustand soundso nicht vorkommt. Die Motivation, solch ein Werkzeug auf den Markt zu bringen, kommt vom missglückten Jungfernflug der Rakete Ariane 5. Dort hatte ein Überlauf bei der Konvertierung eines Gleitkomma-Werts in einen Integer-Wert mehrere hundert Millionen Euro gekostet. Kein Wunder, dass Werkzeuge zur erschöpfenden Analyse des Zustandsbaums also besonders Überläufe prüfen. Unter anderem wird in dem Baum in solchen Werkzeugen nach folgenden Fehlerzuständen gesucht:

- Overflows/Underflows bei skalaren Variablen
- Overflows/Underflows bei Gleitkommawerten
- Division durch Null
- Array Index ist größer als erlaubt
- Dereferenzierung von Nullpointern

Im Unterschied zur auf Seite 61 in Abschnitt 4.2.4 vorgestellten Datenflussanalyse von preiswerten Werkzeugen wird hier nicht mit Hilfe von Heuristiken geschlossen, dass ein Fehlertyp vorhanden ist oder nicht. Wenn das Werkzeug die Abwesenheit einer Nullpointer-Dereferenzierung meldet, dann ist *tatsächlich* keine *zur Laufzeit* im Code.

Natürlich ist so eine erschöpfende Analyse des Zustandsbaums sehr aufwändig. Es sollte auch nicht überraschen, dass Werkzeuge, die diese Analyse anbieten, meist nicht gerade billig sind.

4.4 Statische Security-Analyse (SSA)

Es gibt Werkzeuge für die statische Analyse, die speziell nach Sicherheitslücken im Code suchen. Dabei ist Sicherheit im Sinne von Sicherheit gegen Angriffe von Hackern gemeint (Security). Hacker benutzen oft Programmabstürze und Puffer-Überläufe für Angriffe. Die einschlägigen Werkzeuge untersuchen den Quellcode daher nach Programmfehlern, so wie im Buch bisher beschrieben, und zusätzlich analysieren sie die Verwendung von Befehlen und Design-Konstrukten, die von Hackern ausgenutzt werden könnten. In der Programmiersprache C melden diese Werkzeuge zum Beispiel eine gefährliche Verwendung von `gets` und `strcpy`.

In C ist die Software bei einer fehlenden Prüfung auf eine Null-Terminierung von Strings nicht gegen String-Overflows geschützt und damit verwundbar. Abbildung 4–1 zeigt ein Beispiel. Das Werkzeug meldet eine potenzielle Division durch Null ebenso wie einen möglichen Pufferüberlauf.

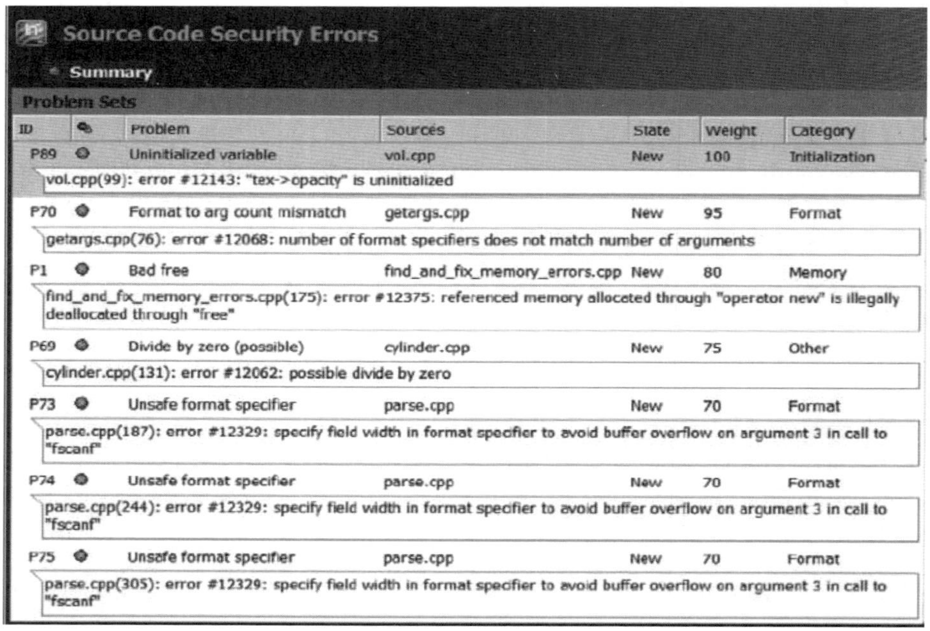

Abb. 4–1 *Ausschnitt eines Screenshots von Intel Inspector XE 2011*

Damit schließt dieses Kapitel die Ausführungen zum Thema automatisches Finden von potenziellen Bugs und potenziellen Verwundbarkeiten und wendet sich einer automatischen Analyse zu, die verwendet wird, um die »innere Qualität« von Programmen zu bewerten.

4.5 Code-Metriken

Der ISTQB definiert *Metrik* als eine Mess-Skala plus das genutzte Messverfahren [ISTQB-D]. Das Wort Metrik entstammt dem Griechischen und bedeutet Kunst des Messens. Unter dem Begriff Code-Metrik versteht man dennoch nicht die Kunst, Quellcode zu vermessen, sondern die Maßzahl selbst. Die Motivation, diese Maßzahlen (werkzeugunterstützt) zu erheben, ist, in kurzer Zeit Eigenschaften des recht abstrakten Objekts Software quantifizieren zu können.

Eine denkbare einfache Software-Metrik ist die Zeilenanzahl einer Funktion oder einer Datei (*Lines of Code*, LOC)[2]. Programme werden dank Metriken vergleichbar, zumindest dann, wenn sie in ähnlichen Programmiersprachen erstellt wurden. Aber, wie Peter Liggesmeyer in [Liggesmeyer 09] korrekterweise warnt, ist eine Aussage nur sinnvoll, wenn man mehrere Metriken gleichzeitig betrachtet. Der Blick auf eine Metrik alleine ist irreführend. So kann ein hochoptimierter FFT-Algorithmus mit 500 LOC um Kategorien aufwändiger zu schreiben und zu testen sein als 2000 LOC einer simplen Applikation.

Code-Metriken geben einen Hinweis auf die sogenannte *innere Qualität* von Software. Also die Wartbarkeit, Erweiterbarkeit, Analysierbarkeit, Testbarkeit von Code. Ohne Zweifel kann Code horrend schlecht programmiert sein, also von schlechter innerer Qualität und trotzdem alle Software-Anforderungen erfüllen. Also von guter *äußerer Qualität* sein. Es gibt aber zahlreiche Studien, die den Schluss zulassen, dass innere und äußere Qualität positiv korrelieren. Es ist daher nicht unüblich, dass Käufer von Software mit hohen Integritätsansprüchen den Nachweis des Erreichens von bestimmten Metrik-Schwellwerten einfordern (oder beim Kauf von Quellcode als ersten Schritt Code-Metriken erfassen und sie gegen Schwellwerte vergleichen). Ein solcher Vorschlag für Schranken von Metriken wird in Tabelle 4–1 vorgestellt. Die Metriken sind ein Subset der in [Kuder 08] ausgewählten Metriken. Die Schranken (bzw. zur Akzeptanz vorgeschlagene Wertebereiche) stammen zum Teil ebenfalls aus [Kuder 08], zum Teil aus [ISO 26262] und zum Teil aus den Qualitätsanforderungen an die Software der GMES-Erdbeobachtungssatelliten der ESA. Die Metriken sind um wertvolle Kommentare ergänzt.

---

2. Einfach dann zumindest, wenn man sich darauf geeinigt hat, welche Kommentarzeilen man mitzählt oder nicht. Verschiedene Tools liefern gerade bei dieser einfachen Metrik verschiedene Ergebnisse.

Code-Metrik	Bereich	Kommentar
Anzahl der Exit-Points	1	Jede Funktion sollte genau einen Austrittspunkt haben. Bei Sprachen ohne Exception Handling kann man die Forderung auch aufweichen, um den Code einfacher zu halten: Zur Fehlerbehandlung sind mehrere Austrittspunkte gestattet, im fehlerfreien Fall gibt es nur ein einziges Function Return.
Anzahl der Sprunganweisungen	0	Die Verwendung von Goto erhöht die Anzahl der möglichen Pfade unnötig und reduziert die Testbarkeit und Wartbarkeit von Code.
Anzahl rekursiver Funktionen	0	Rekursionen haben in Software mit hohem Integritätsanspruch nichts verloren.
Anzahl der Funktionsparameter	0 bis 5	Eine hohe Anzahl von Funktionsparametern birgt ein höheres Risiko eines Integrationsproblems und verursacht großen Verwaltungsaufwand beim Aufruf der Funktion.
Verschachtelungstiefe	0 bis 4	Dies ist üblicherweise die Anzahl der Einrückungen bei Schleifen, if-Statements usw. pro Funktion. Je verschachtelter, desto fehleranfälliger.
Zyklomatische Komplexität von Funktionen	1 bis 12	Die zyklomatische Komplexität einer Funktion ist die Anzahl der Entscheidungen (Verzweigungen) plus eins. Sie ist ein Maß für den Testaufwand beim Basis-Path-Testing, siehe Abschnitt 6.7. Bei Funktionen mit großen switch/case-Anweisungen (z.B. Nachrichten-Interpretern) ist es üblich, auch größere Werte zu akzeptieren.
Pfadanzahl pro Funktion	1 bis 80	Anzahl der nicht-zyklischen Ausführungspfade durch eine Funktion.
Anzahl dynamischer Objekte oder Variablen	0	Die [ISO 26262] gesteht ein, dass diese Forderung beim Einsatz von modellbasierter Entwicklung nicht erfüllbar sein kann.
Kommentardichte	> 0,2	Die Kommentardichte einer Funktion ist die Anzahl der Kommentarzeilen einer Funktion, dividiert durch die Anzahl der Codezeilen der Funktion.

Tab. 4–1 *Beispiele für elementare Code-Metriken*

Die Motivation für die angegebenen Schranken ist immer die Wahrscheinlichkeit für besser wartbaren bzw. besser testbaren Code. Selbstverständlich kann Code, dessen Metriken alle vorgestellten Schwellwerte verletzen, fehlerfrei sein. Ebenso kann Code, dessen Metriken innerhalb aller angegebenen Schranken liegen, trotzdem schlecht zu testen und schlecht zu warten sein.

Erfahrungsbericht mit Code-Metriken

Ich habe in einem Unternehmen als Entwickler gearbeitet, das Telefonanlagen entwickelte. Das österreichische Tochterunternehmen lieferte die Firmware im C++-Quellcode an das deutsche Stammhaus, wo die Elektronik gefertigt wurde. Die erste (und vermutlich einzige) »qualitätssichernde Maßnahme«, die man im Stammhaus mit dem Firmware-Quellcode unternahm, war zu erheben, wie groß die Kommentardichte im Code war. Die österreichischen Programmierer waren alle lang gediente Mitarbeiter, die sich im Quellcode seht gut auskannten. Sie hatten wenig Interesse daran, dass ihre Software auch von deutschen Kollegen gut verstanden wurde und der Entwicklungsstandort somit relativ leicht hätte verändert werden können. So fand ich im Code zahlreiche Kommentare der Form

```
i = i + 1;  /* erhöhe i um eins */
```

Diese Kommentare ließen den Kommentardichte-Checker grünes Licht geben, haben aber natürlich nichts zur Wartbarkeit und Qualität des Codes beigetragen.

4.6 Werkzeuge für die Automatische Code-Analyse

Die Ausführungen in Abschnitt 4.2 basieren auf den Eigenschaften der Werkzeuge splint und PC-Lint. In Abschnitt 4.3 floss die Übermenge der Features von Klocwork-Produkten, QA-C, die Coverity Development Testing Platform, Polyspace Verifier und Astrée ein. Die letzten beiden Werkzeuge sind, wie die Namen vermuten lassen, Werkzeuge zur Exploration des Zustands[rlb]aums der Software. Alle diese Werkzeuge unterstützen zumindest die Analyse von Quellcode in C/C++.

Es gibt eine ganze Menge anderer Sprachen, für die automatische Code-Analyse-Werkzeuge am Markt sind. Unter anderem für Ada, Java, C#, Visual Basic, Phyton und sogar für IEC 61131-3 [Prähofer 12]. Erwähnenswert ist vielleicht, dass es für Java Werkzeuge gratis gibt, deren Funktionalität mit Werkzeugen im mittleren bis hohen Preissegment für C/C++ vergleichbar ist, z.B. das von der NASA bereitgestellte Werkzeug »Pathfinder«.

Für manche Computersysteme ist das Thema Security, also Sicherheit vor unerlaubter und/oder böswilliger Benutzung von großer Wichtigkeit. In diesem Buch wird Security-Tests aber verhältnismäßig wenig Aufmerksamkeit gewidmet. Das bedeutet aber nicht, dass Security nicht auch im Embedded-Bereich wichtig sein kann. Alles ist Angriffsziel von Hackern und Verrückten. Wegfahrsperren für Kraftfahrzeuge werden ebenso geknackt wie die Service-Schnittstelle eines Herzschrittmachers [Halperin 08].

Werkzeuge für statische Security-Checks sind manchmal in Compilern integriert, siehe z.B. Microsoft Visual Studio. An Stand-alone-Werkzeugen wären z.B. splint für C (Freeware), Fortify SPA für C, C++, C#, Java u.a., Code Assure für C, C++ und Java zu erwähnen.

Werkzeuge zur Erhebung von Code-Metriken machen im einfachsten Fall eine Auflistung von erhobenen Metriken, wie das Komplexitätsmesswerkzeug Testwell CMT++, können aber auch mit anderen Werkzeugen kombiniert sein. So erhebt zum Beispiel QA-C nicht den Anspruch, den gründlichsten Bug-Finder am Markt zu haben, dafür vereint das Werkzeug eine grafische Benutzeroberfläche, Source-Code-Navigation, einen Metriken-Checker und eine passable statische Analyse zum Aufspüren von Bugs. Es versteht sich als ein Werkzeug zur Vorbereitung einer manuellen Code-Review. Die erhobenen Metriken und grafische Aufbereitung derselben sollen helfen, bei der Review den Blick auf das Wesentliche zu konzentrieren.

Auch eine Integration Metriken-Werkzeugen mit Unit-Test-Werkzeugen gibt es. So kann man in Cantata++ nicht nur Schranken für dynamische Tests definieren, sondern auch für Code-Metriken. Es ist also zum Beispiel definierbar, dass keine 100% Unit-Tests-Finalisierung angezeigt wird, wenn die zyklomatische Komplexität von C-Funktionen einen definierbaren Schwellwert überschreitet.

Werkzeuge, die eine sehr große Anzahl von einfachen Code-Metriken erheben, diese zu komplexen Metriken verknüpfen und dann (heuristische) Aussagen über Wartbarkeit oder Testbarkeit erlauben sind zum Beispiel McCabe IQ oder Logiscope. Einen kleinen Ausschnitt aus einem Analysebericht so eines Werkzeugs für Software sehr guter Qualität zeigt Abbildung 4–2.

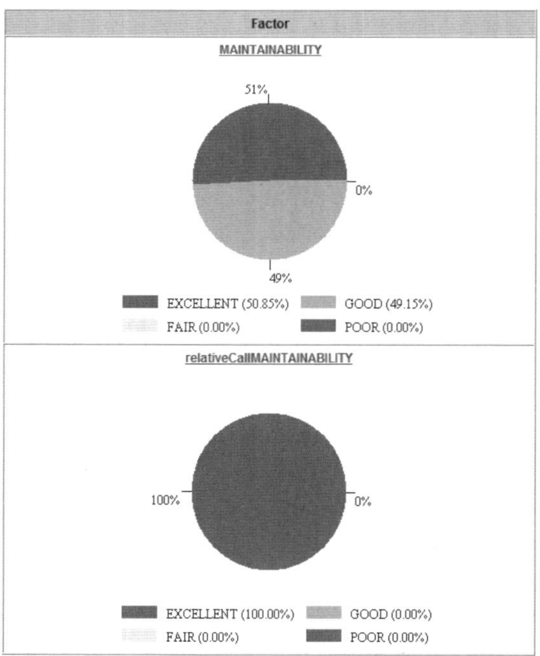

Abb. 4–2 *Ausschnitt aus einem Bericht in HTML-Form von Logiscope*

4.7 Diskussion

Wenn man vergleicht, wie schnell ein potenzieller Bug durch ein statisches Analysewerkzeug, wie in den Abschnitten 4.2 und 4.3 vorgestellt, gefunden wird, und wie lange man benötigt, solche Bugs durch Debugging-Sessions auf Systemebene zu identifizieren, dann ist man schnell davon überzeugt, solche Werkzeuge einzusetzen. Der Werkzeugeinsatz amortisiert sich relativ früh und ist bei Systemen mit Sicherheitsrelevanz nicht wegzudiskutieren. Je später der Einsatz im fortschreitenden Projekt erfolgt, desto mehr sinnlose Warnungen wird man aber beim Einsatz eines günstigen Werkzeugs prüfen müssen. Auch die Wartbarkeit von Code verbessert sich, wenn man gleich von Anbeginn des Projekts automatische statische Analyse einsetzt und danach trachtet, immer null Warnungen zu erhalten: Viele gefährliche Code-Konstrukte werden von vornherein vermieden und eine Analyse einer eventuell als gefährlich eingestuften Code-Passage zu einem späteren Zeitpunkt der Wartung kann unterbleiben.

Die Vielzahl unterschiedlicher Fehlertypen, die ein Low-Cost-Werkzeug findet, kann zwar einen kräftigen Dämpfer für einen späten Einsatz bedeuten, es können aber auch Fehler gemeldet werden, die von den Filtermechanismen der hochpreisigen Werkzeuge fälschlicherweise ausgeblendet/wegpriorisiert werden. In einer Studie [Zheng 06] wurde beschrieben, dass ein Low-Cost-Werkzeug etwa doppelt so viele Fehler wie ein hochpreisiges Produkt erkannte. Sowohl hinsichtlich der Fehleranzahl wie auch in Bezug auf die Verschiedenartigkeit der Fehlertypen. Ein anderer Bericht [URL: Binstock] bestätigt diese Studie auch im Vergleich mit einem anderen Tool. Wie groß die Schere der Anzahl der Fehlermeldungen in großen Projekten werden kann, berichtet [Emanuelsson 08]: 1,2 Millionen Defekte mit einem günstigen Tool und nur 40 Fehlermeldungen mit einem hochpreisigen Werkzeug.

Auch beim Einsatz von Werkzeugen der Art von Astrée und Polyspace muss man mit so manchem Bedienungsaufwand rechnen, wenn man den Code zum Beispiel nach potenziellen Überläufen und ähnlichen Laufzeitfehlern absucht. Der Lohn für diese Arbeit ist der Nachweis der Abwesenheit von bestimmten Fehlern, was bei den Werkzeugen von Coverity und Klocwork sowie bei QA-C nicht möglich ist.

Auch der gewissenhafte Einsatz von Werkzeugen kann aber eine Code-Review durch einen Menschen nicht ersetzen. Nur ein menschlicher Review-Partner kann unangepasstes Design oder die fehlerhafte Umsetzung von Anforderungen erkennen. Die Analyse des Codes durch einen Kollegen und die automatische Analyse durch ein Werkzeug sind daher großteils komplementäre Vorgänge zur Qualitätssicherung. Beide Verifikationsschritte sollten also eingesetzt werden.

4.8 Fragen und Übungsaufgaben

Frage 4.1: Die Kommentare im folgenden Listing schlagen 7 Warnungen vor. Welche dieser 7 Warnungen würde ein aggressives Werkzeug zur statischen Analyse tatsächlich melden? Welche nicht? Warum?

```
/* C-Programm */
int Hoo();                      /* 1, incomplete prototype */
char cUartData = (char) 0xFA;

main()
{
   unsigned uiA = 12;             /* 2, uiA is never used */
   int i, a[10] = {0,0,0,0,0,0,0,0,0};
                                /* 3, wrong number of init:s */

   for (i = 0; i <= 10; i++)
   a[i] += i;               /* 4, index exceeds buffer size */
   for (i = 0; i <= 3; i++); /* 5, suspicious semicolon */
   {
      a[i] = (int) Hoo;             /* 6, strange cast */
      a[i] -= cUartData;
      a[i] += Hoo();
   }
}                              /* 7, no return value of main */

int Hoo(int x)
{
   return x + 2;
}
```

Frage 4.2: Warum können Sie nicht mit einer Quellcode-Analyse eines Off-the-Shelf-Werkzeugs zuverlässig den Stackverbrauch bestimmen?

Frage 4.3: Können Sie mit Hilfe von Code-Metriken die Qualität einer Softwarebibliothek beurteilen, die Sie als Object-Datei (also nicht im Quellcode) erhalten haben?

Frage 4.4: Können Sie mit Hilfe von Code-Metriken eine hinreichend zuverlässige Aussage über die Qualität von Quellcode machen?

5 Code-Reviews

Eine Code-Review ist ohne Zweifel für viele von uns ein nicht gerade spannender Verifikationsschritt. Doch dieser Schritt findet viele Fehler zu vergleichsweise geringen Kosten (zum Beispiel entfallen Aufwände für das Debugging, denn der Fehler wird direkt im Quellcode gefunden). Speziell bei eingebetteten Systemen sollte auf Code-Reviews nicht verzichtet werden, denn es gibt hardwareabhängige Fehler, die nur in Code-Reviews zu vertretbaren Kosten gefunden werden (siehe Diskussion am Ende des Kapitels).

Darüber hinaus ist die regelmäßige Review von Code von Kollegen auch ein wichtiges Instrument, das Know-how um den Code im Team zu streuen. Damit können im Krankheitsfall oder im Kündigungsfall schneller Wartungsarbeiten und Weiterentwicklungen vorgenommen werden. Das Projektrisiko reduziert sich also.

5.1 Review-Arten

5.1.1 Code-Inspektionen

Eine Code-Inspektion (*Code Inspection*) ist eine Review-Art, die Mängel durch die Sichtprüfung von Quellcode finden soll. Solche Mängel können sein: Nicht-Einhaltung von Entwicklungsstandards, Nicht-Konformität gegenüber Anforderungen oder Programmierfehler. Es ist die formalste Review-Technik und sie folgt einem dokumentierten Vorgehen.

Die Reviewer erhalten den Code zur Durchsicht und geben ihre Rückmeldung in einem Meeting mit dem Code-Autor ab. Durch das Meeting führt ein Moderator. Eine Code-Inspektion wird so lange wiederholt, bis die Defektrate und/oder die Art der Defekte akzeptabel ist. Die Ergebnisse bzw. Schlussfolgerungen jedes Meetings werden schriftlich festgehalten. Die Aufgabe des Moderators ist vor allem, Sachlichkeit beim Meeting zu gewährleisten und die Einhaltung des standardisierten Vorgehens durchzusetzen. Bei einer Code-Inspektion wird es vermieden, dem Code-Autor Lösungsvorschläge zu machen. Der Autor soll selbst eine Lösung zu einem gefundenen Problem finden und die Reviewer sollen diese neue Lösung dann unvoreingenommen in der nächsten Iteration bewerten. In den Aufzeichnungen zum Meeting wird oft festgehalten, wie viele *Major* und *Minor Anomalies* gefunden werden. Dies gibt dem Management bei der Durchsicht der Protokolle Hinweise auf die Effektivität der Inspektionen.

In [IEEE 1028], dem Standard für Software-Reviews und Audits, werden den Code-Inspektionen sieben volle Seiten gewidmet. Dort werden Major und Minor Anomalies so definiert:

- Major Anomalies would result in failure of the software product or an observable departure from specification.
- Minor Anomalies deviate from relevant specifications but will not cause failure of the software product or an observable departure in performance.

Es ist gute Praxis, wenn der Moderator am Beginn des Meetings klärt, wie viel Zeit sich die Reviewer für ihre Aufgabe nehmen konnten. Scheint die Zeit zu knapp gewesen oder die Teilnehmer ihrer Aufgabe nicht gewachsen zu sein, so ist das Meeting zu vertagen, weil es ineffizient oder gar weitgehend sinnlos wäre. Man kann davon ausgehen, dass für eine gewissenhafte Review jeder Reviewer pro 125 Codezeilen (ohne Kommentare) rund eine Stunde Vorbereitungszeit benötigt. Diese Zahl variiert natürlich mit der Art der Programmiersprache und der Komplexität der Aufgabe.

5.1.2 Walkthrough

Ein Walkthrough ist eine schrittweise Präsentation eines Dokuments oder von Code durch den Autor, um Rückmeldungen von einem oder mehreren Kollegen zu sammeln und ein gemeinsames Verständnis des Inhalts aufzubauen. Es gibt hier kein formal definiertes Vorgehen, keinen Zwang eines Follow-up-Meetings. Die Teilnehmer können im Walkthrough alternative Lösungsvorschläge einbringen und diskutieren.

Auch wenn ein Walkthrough in der Literatur als eine nicht-formale Form der Review beschrieben wird, empfiehlt der entsprechende IEEE-Standard [IEEE 1028] dennoch zu dokumentieren, welche Verbesserungsvorschläge es gab und für jede als Folge des Meetings definierte Aktivität (also für jeden *Action Item*) festzuhalten, wer dafür verantwortlich ist und bis wann die Aktivität zu erledigen ist. In einem etwaigen Follow-up-Walkthrough wird die zufriedenstellende Abarbeitung dieser Aktivitäten dann geprüft.

Bei Software mit Sicherheitsanspruch wird von Walkthroughs u.a. in der ISO 26262 abgeraten und stattdessen eine Code-Inspektion empfohlen. Die Diskussion von Lösungen gilt generell als Quelle möglicher Beeinflussung des Code-Autors, der den Lösungsvorschlag dann weitgehend unhinterfragt implementieren könnte. Das wäre eine Verletzung des Vier-Augen-Prinzips.

5.1.3 Peer-Review

Die Peer-Review ist die Review eines Arbeitsergebnisses durch einen einzigen gleichgestellten Kollegen (*peer*) mit dem Ziel, Fehlerzustände aufzudecken und Verbesserungsvorschläge zu identifizieren. Code-Inspektionen und Walkthroughs können als Peer-Reviews durchgeführt werden.

Der Begriff Peer-Review definiert also die Anzahl der beteiligten Personen und legt fest, dass sie im Unternehmen hierarchisch gleichgestellt sind. Auch bei Projekten mit hohem Anspruch an die Software-Integrität sind Peer-Reviews aus Kostengründen Stand der Technik. Es ist oft gelebte Praxis, für Module mit Sicherheitsanspruch moderierte Code-Inspektionen mit mehreren Teilnehmern durchzuführen, während man bei anderen Software-Modulen nur Peer-Reviews (mit einem einzigen Peer) durchführt.

Erfahrungsbericht zu Peer-Reviews

Ich war Projektleiter für die Entwicklung von Steuergeräten für PKW. Wenn Code ins Konfigurationsmanagement-Werkzeug eingebracht wurde, war es Pflicht, vorher eine Peer-Review durchzuführen. Das Protokoll dieser Review wurde beim Check-in in das Konfigurationsmanagement-Werkzeug angehängt.

Im Team waren sieben Mitarbeiter mit sehr unterschiedlichem Erfahrungsstand, zwei davon frisch von der Hochschule. Als Projektleiter ließ ich meinem Team freie Hand bei der Wahl des Review-Partners für diese Code-Inspektionen.

Als sich beim Systemtest die Anzahl der gefundenen Fehler häufte, analysierte ich deren Natur. Es waren durchwegs Fehler, die eigentlich bei der Code-Inspektion ins Auge hätten springen müssen. Ich analysierte also in Folge die Protokolle der Inspektionen und fand heraus, dass die meisten Fehler von den zwei neuen Mitarbeitern im Team stammten, die sich immer gegenseitig als Review-Partner ausgewählt hatten, anstatt einen der erfahrenen Mitarbeiter zu wählen. Grund dafür dürfte eine gewisse Scham gewesen sein.

Von da an legte ich (in Zusammenarbeit mit dem Team) die Review-Partner fest. Neue Mitarbeiter bekamen verstärkt Programmieraufgaben und alte Hasen verstärkt Test- und Review-Aufgaben. Jeder vergleichsweise unerfahrene Mitarbeiter bekam einen erfahrenen Kollegen zur Seite gestellt. Nach kurzer Zeit hatten wir eine messbare Verbesserung der Softwarequalität und die neuen Mitarbeiter hatten sich durch zeitnahes Feedback in den Reviews schneller in ihre Programmieraufgaben eingearbeitet als zuvor.

5.2 Pair Programming

Agile Verfahren schlagen vor, Reviews durch *Pair Programming* zu ersetzen. Pair Programming ist eine Vorgehensweise zur Software-Entwicklung, bei der die Code-Zeilen einer Software-Komponente durch zwei Programmierer gemeinsam an einem Computer entwickelt und/oder getestet werden. Die Code-Review wird also implizit »in Echtzeit« durchgeführt. Dabei sollte das Keyboard häufig den

Benutzer wechseln, sodass jede der beiden beteiligten Personen öfter die Rolle des Reviewers und die Rolle des Code-Autors einnimmt.

Es gibt zahlreiche Studien, die zeigen, dass der so entwickelte Code bessere Qualität hat, als wenn man als Einzelkämpfer programmiert. Das ist nicht weiter verwunderlich. Diskussionswürdig sind eher die Kosten und um wie viel besser die Qualität ist. Da variieren die publizierten Zahlen allerdings beträchtlich.

Viele Studien kommen zum Schluss, dass die Programmerstellung schneller ist, wenn man zu zweit vor dem Bildschirm sitzt. Bei knappen Deadlines ist Pair Programming also eine mögliche Abhilfe gegen Terminverzug. Neben Synergie-Effekten begründen die Studien die schnellere Programmerstellung damit, dass die Mitarbeiter weniger im Web surfen oder private E-Mails lesen, wenn ein Kollege danebensitzt. Auch abseits von solchen Effekten ist die Frage nach den Kosten schwierig zu beantworten. Ein norwegisches Team untersuchte zahlreiche Publikationen zum Thema Pair Programming und kommt in [Hannay 09] zum Schluss, dass die Geschwindigkeit der Programmerstellung besonders dann gesteigert wird, wenn die Aufgabe geringe Komplexität hat, und dass der Qualitätsgewinn durch Pair Programming vergleichsweise hoch ist, wenn die Komplexität der Aufgabe ebenfalls hoch ist. Bei komplexen Aufgaben sind die Kosten für Pair Programming allerdings beträchtlich.

5.3 Werkzeuge zur Code-Review

Werkzeuge zur Code-Review unterstützen vor allem das Dokumentieren von Fehlern sowie die Verständigung der Beteiligten untereinander. Man unterscheidet dabei die Verfahren *Pre-Commit* und *Post-Commit*. Nicht alle Werkzeuge unterstützen beide Verfahren! Ein Commit (oder *Check-in*) ist das Überantworten von einem Code-Stand an ein Konfigurations-Management-Werkzeug (*CM-Tool*). Bei Pre-Commit-Verfahren muss die Review stattfinden, bevor man die gemachten Änderungen eincheckt (dem CM-Tool überantwortet, die Software also »versioniert«). Wenn man sich für dieses Verfahren entscheidet, macht es wenig Sinn, Code ohne Reviews einzuchecken[1]. Beim Post-Commit-Verfahren checkt man zuerst ein, dann macht man die Review.

1. Es sei denn, man verwendet private Branches im CM-Tool für zwischenzeitliches Check-in. Dann gilt die Aussage nur für den Entwicklungszweig.

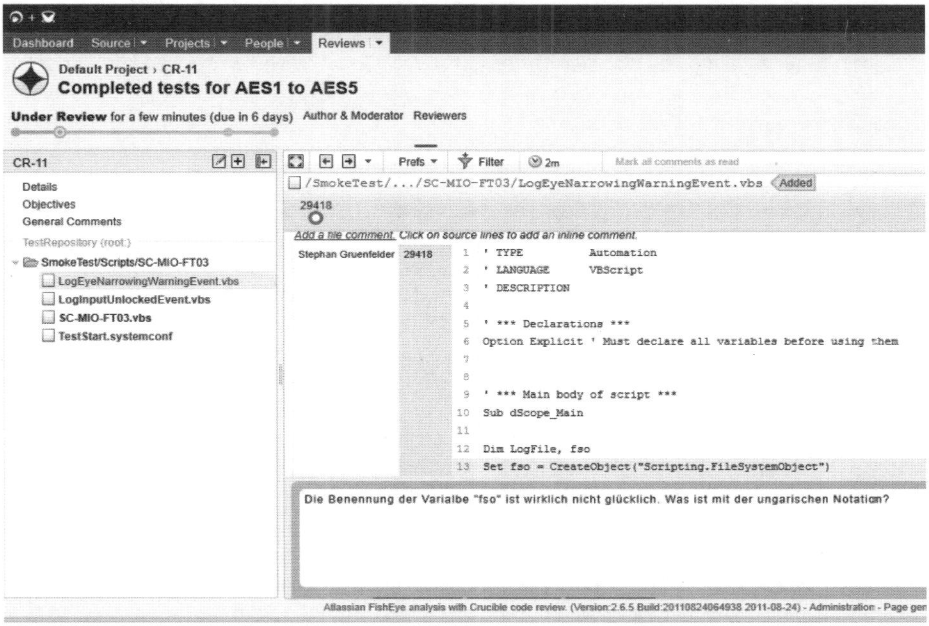

Abb. 5–1 *Kommentieren eines Testskripts in einem Code-Review-Werkzeug*

Bei beiden Verfahren unterstützten alle gängigen Werkzeuge Änderungsansichten. Das heißt, der Reviewer kann sehen, welche Änderungen am Code der Programm-Autor seit der letzten Review gemacht hat. Das Tool speichert die Kommentare des Reviewers (siehe Abbildung 5–1), die Entgegnungen des Programmautors und die Entscheidungen zum weiteren Vorgehen in einer Datenbank. Integrationen mit Mail-Tools und CM-Tools erlauben den Benutzern von Review-Werkzeugen eine komfortable Review-Organisation. Man wählt die Dateien zur Review aus einer Liste, ebenso die Reviewer. Das Werkzeug versendet entsprechende E-Mails und protokolliert alle Ergebnisse in der Datenbank.

Zusätzlich kann ein Manager in Code-Review-Werkzeugen sehen, wie viel Prozent des aktuellen Codes reviewt sind.

Erfahrungsbericht Code-Review-Werkzeuge

Ich habe in zwei Firmen gearbeitet, in denen Code-Reviews gut funktioniert haben. In der einen waren Pre-Commit-Reviews definiert. Als Werkzeug diente lediglich ein Excel-Sheet zur Erfassung der zu inspizierenden Dateien und zur Erfassung der Major und Minor Anomalies. Die Excel-Sheets wurden abgelegt und vom Qualitätsbeauftragen wurde die Fehlerquote monatlich mit einem Skript ausgewertet. Das CM-Werkzeug verlangte beim Check-in eine Referenz auf das Excel-Sheet. Damit war sichergestellt, dass keine Code-Review vergessen wurde. Zudem prüfte der Qualitätsbeauftragte stichprobenartig die Plausibilität dieser Referenzen.

In der zweiten Firma gab es Post-Commit-Reviews. Ein Mitarbeiter verfolgte zu definierten Meilensteinen, ob der Momentanstand des Codes reviewt wurde. Das war ein mühsames Unterfangen, denn er musste sich die Revisionsnummer jeder Datei des Quellcodes ansehen. War eine Datei einmal reviewt, so wurden in Zukunft bei kleinen Änderungen nur mehr die Änderungen reviewt. Die für diese Delta-Reviews notwendigen Änderungsansichten wurden mit Hilfe des CM-Tools erzeugt. Auch hier wurden Excel-Tabellen verwendet, um die Reviews zu dokumentieren. Der Kunde verlangte in diesem Projekt zu gewissen Meilensteinen die Vorlage aller Code-Review-Aufzeichnungen.

In einer dritten Firma waren alle Mitarbeiter zwar davon überzeugt, wie wichtig Code-Reviews wären, doch verband man gedanklich Reviews mit unnötig großem Aufwand und ließ sie oft aus, oder meldete »nach oben«, man müsse das nicht machen, weil man »bei den wichtigen Änderungen im Code« ohnehin Pair Programming durchführe. Eine Klassifikation, welche Änderungen nun wirklich »wichtig« waren, gab es nicht. Zum Protokoll einer Review eine Excel-Tabelle auszufüllen und dort manuell die Version einer Quelldatei einzutragen, hielt man für inakzeptabel, wenn es doch pfiffige Review-Werkzeuge am Markt gäbe. Es wurde wochenlang nach einem Review-Werkzeug gesucht, das mit dem eingesetzten CM-Tool zusammenarbeitet und die momentan gelebte Check-in-Philosophie unterstützt. Das perfekt passende Tool wurde nie gefunden und ein anderes Tool nicht angeschafft. 10 Monate nach einem Workshop, mit dem Ergebnis der Erkenntnis der Wichtigkeit von Code-Reviews, wurden Reviews immer noch nicht durchgängig durchgeführt, obwohl der Abteilungsleiter dies angeordnet (aber nie kontrolliert) hatte.

Durchgeführte Code-Reviews wurden weiterhin in keiner Weise dokumentiert, weil es keinen spürbaren Druck auf die Mitarbeiter gab. Damit war auch völlig unbekannt, zu welchem Anteil der Code einer Review unterzogen wurde. Unnötig zu sagen, dass die Fehlerhäufigkeit durch dieses Vorgehen nicht geringer wurde.

Für die Bemühungen in Sachen Code-Review bei der dritten Firma gab es dann dennoch ein Happy Ending. Nach mehr als einem Jahr nach einem ganz banalen Vorschlag eines Testteam-Mitarbeiters. Der zweite Erfahrungsbericht von Abschnitt 16.4.3 wird darüber berichten.

5.4 Diskussion

Code-Reviews sind nicht besonders aufregend, aber effektiv und effizient. Sie sind daher bei Software mit hohem Integritätsanspruch nicht wegzudenken. Eine Review wird schlagkräftiger, wenn sie durch eine Checkliste unterstützt wird. Diese Checkliste könnte zum Beispiel so aussehen:

- Sind alle Variablen im korrekten Kontext definiert?
- Ist die Bitbreite der Variablen ausreichend?
- Können Array-Indizes überlaufen?
- Werden arithmetische Überläufe erkannt/abgefangen?
- Läuft die automatische statische Code-Analyse ohne Warnungen durch?
- Compiliert der Code mit 0 Warnungen?
- Können bekannte Compilerfehler oder bekannte CPU-Fehler einen Effekt auf den Object Code haben?
- Wurden Code-Konstrukte vermieden, die in der Vergangenheit besonders folgenschwere Fehler verursacht haben?

Welche Review-Form man verwendet, ist eine Frage der Wirtschaftlichkeit und des Haftungsrisikos. Kleine Projekte ohne nennenswerten Integritätsanspruch an die Software kommen sicherlich mit Walkthroughs durch Peers oder Pair Programming für ausgewählte Module aus. Bei gesteigertem Integritätsanspruch sind flächendeckende Reviews dringend zu empfehlen – am besten in Form einer Code-Inspektion. Bei besonders kritischen Code-Teilen könnte man fordern, dass zumindest immer zwei Senior Engineers mit von der Partie sind und das Review-Meeting durch eine unbeteiligte Person moderiert wird.

Code-Reviews werden deutlich einfacher und effizienter, wenn alle Mitarbeiter dieselbe Auffassung von »gut strukturiertem Code« haben. Das heißt, dann, wenn man sich zuvor auf einen Software-Coding-Standard geeinigt hat. Auch macht es Sinn, wenn sich die Reviewer die in einem Modul zu implementierenden Anforderungen nochmals ins Gedächtnis rufen und bei der Review prüfen, ob tatsächlich alle Anforderungen implementiert wurden. So ein Vorgehen wird erleichtert, wenn das Entwickler-Team in Traceability-Tabellen dokumentiert hat, welche Anforderung in welchem Quellcode-Modul umgesetzt ist. Ein Beispiel für solch eine Tabelle ist in Abbildung 5–2 zu sehen.

Anforderungsnummer	Überschrift der Anforderung	Implementierung in
R/SRD/INIT/10	Self Test	Main.c
R/SRD/INIT/20	Self Test Fail Silence	Main.c
R/SRD/PP/05	Ready Message	Main.c
R/SRD/PP/20	PP-bus Performance	MsgHandler.c
R/SRD/PP/30	Reply Message Format	MsgHandler.c
R/SRD/PP/40	SetPosDebTime Cmd	MsgHandler.c
R/SRD/PP/50	SetNegDebTime Cmd	MsgHandler.c
R/SRD/PP/60	SetRepIntv Cmd	MsgHandler.c
R/SRD/PP/70	Start Command	MsgHandler.c
R/SRD/PP/80	Report Message Format	MsgHandler.c
R/SRD/SI/10	Position Sampling Rate	Main.c
R/SRD/SI/30	Debouncing	DataProc.c, Main.c
R/SRD/RA/10	Missing Parameters	MsgHandler.c
R/SRD/RA/20	PP-bus Error	MsgHandler.c, Main.c
R/SRD/RA/30	Watchdog Kicking	Main.c
R/SRD/SB/10	Maximum CPU Load	N/A
R/SRD/SB/20	CPU Idle Time	N/A
R/SRD/SB/30	Memory Footprint	N/A
R/SRD/SD/10	Software Coding Standard	N/A

Abb. 5–2 *Die Traceability-Tabelle für die Software-Architektur eines fiktiven Projekts*

Erfahrungsbericht zur Notwendigkeit von Code-Reviews

Ein Lieferant von Steuergeräten für Kraftfahrzeuge hatte in den Sommermonaten einen Praktikanten zum Softwaretest eingestellt. Unter anderem musste er eine Funktion testen, die von der Konfiguration des Fahrzeugs abhing. Bei seinen Tests fiel dem Praktikanten auf, dass die Konfiguration zwar korrekt erkannt wurde (dieser Vorgang dauerte einige Minuten), aber nach einem Ausschalten der Zündung (und damit einem Ausschalten des zu testenden Steuergeräts) war alles vergessen und die Funktion musste beim nächsten Mal wieder minutenlang die Konfiguration erkunden, ehe sie optimal lief. Der junge Praktikant reparierte die Software gleich selbst, indem er den Code der zu testenden Funktion änderte. Und zwar so, dass sie die erkannte Konfiguration im EEPROM speicherte, wenn sie bekannt war.

Nun war dem Praktikanten nicht bekannt, dass die Funktion im Sekundentakt aufgerufen wird, auch wenn sie nicht funktional war, und ebenso nicht, dass das im Steuergerät verbaute EEPROM nur etwa 5 Millionen Schreibzugriffe aushält. Deshalb schreibt ein Kfz-Steuergerät seine Parameter für gewöhnlich erst beim Abschalten ins EEPROM und nicht im laufenden Betrieb.

Die Steuergeräte wurden an den Hersteller einer Premium-Marke ausgeliefert, der eine Fahrzeugflotte 4 Monate lang zehn Stunden pro Tag testete, ehe sein neues Modell mit diesem Steuergerät in Serie ging. Nach etwa einem Jahr erfolgte die größte Rückholaktion in der Geschichte des Steuergeräteherstellers, denn dann fielen die ersten Steuergeräte wegen der Sekundentakt-Schreibzugriffe auf die EEPROMs aus.

Dieser Fehler hätte von einem erfahrenen Mitarbeiter in kürzester Zeit in einer Code-Review gefunden werden können, war aber durch Tests nicht mit vertretbarem Aufwand zu entdecken.

Schlussfolgerung: Bei maschinennaher Programmierung gibt es häufiger als anderswo Fehler, die, so wie diese EEPROM-Geschichte, zeitabhängig und daher kaum im Test zu finden sind. Ein vergleichbares Beispiel ist beim Programmieren in Assembler das Vergessen einer NOP-Instruktion im Delay-Slot einer CPU. Es gibt Architekturen, da wirkt sich so ein Fehler nur aus, wenn exakt an der Stelle der vergessenen NOP-Instruktion ein Interrupt auftritt. Sehr unwahrscheinlich, das in einem Test zu finden.

5.5 Fragen und Übungsaufgaben

Frage 5.1: Was ist Pair Programming? Auf welchen positiven Nebeneffekt auf das Projektgeschehen kann Pair Programming verweisen, wo Code-Reviews passen müssen?

Frage 5.2: Welchen Vorteil in puncto Nachverfolgbarkeit hat eine Code-Inspektion gegenüber Pair Programming?

Frage 5.3: Was unterscheidet ein Walkthrough von einer Inspektion?

Frage 5.4: Warum sollte man Code-Reviews vor dem Unit-Test machen?

Aufgabe 5.5: Der folgende Code implementiert die ganzzahlige Quadratwurzel in der Programmiersprache C. Welchen schweren Fehler finden Sie hier dank der vorgestellten Review-Checkliste, selbst wenn Sie den Algorithmus nicht verstehen?

```
unsigned short intsqrt(unsigned uiInput)
{
   unsigned short hiRoot = 0;
   unsigned short uiRemHi = 0, uiRemLo = uiInput;
   unsigned short uiTestDiv;
   short iBits;

   for(iBits = 0; iBits < 16; iBits++)
   {
      uiRemHi = (uiRemHi << 2) | (uiRemLo >> 30);
      uiRemLo <<= 2;
      hiRoot <<= 1;
      uiTestDiv = (hiRoot << 1) + 1;
      if (uiRemHi >= uiTestDiv)
      {
         uiRemHi -= uiTestDiv;
         hiRoot++;
      }
   }
   return hiRoot;
}
```

6 Unit-Tests

Die meisten Software-Entwicklungsmodelle unterscheiden bei dynamischen Tests zwischen Unit-Tests, Integrationstests und Systemtests. Unit-Tests sind das erste dynamische Testverfahren nach dem Codieren. Publikationen kommen zum Schluss, dass 25% der insgesamt gefundenen Fehler in diesem Testschritt gefunden werden. Wie bei den anderen publizierten Zahlen zur Effektivität von Tests sind auch solche Angaben sehr mit Vorsicht zu genießen. So zitiert Rex Black in [Black 10] eine Studie von Capers Jones und stellt fest, dass nach seiner Erfahrung 85% der Fehler in Systemtests gefunden werden. Andere Autoren behaupten, dass etwa 50% der Fehler in Code-Reviews und automatischer Analyse gefunden werden. Macht in Summe nicht einmal annähernd 100%.

Egal wie viel Prozent: Unit-Tests sind speziell bei Software mit hohem Integritätsanspruch wichtig. Das nötige Handwerk zum Unit-Test ist schnell erlernt. Dieses Kapitel zeigt, wie es geht.

6.1 Der Unit-Test im Entwicklungsprozess

Bei der Erstellung von Software fügen die Entwickler ab einem gewissen Projektfortschritt einzelne Komponenten zu einem ganzen Software-System zusammen. Die Unterteilung der Gesamtsoftware in einzelne Komponenten ist Sache des Designs. Vor dem Zusammenfügen zu einem Ganzen werden die Teile im Rahmen eines Unit-Tests meist einzeln für sich getestet.

Unit-Tests werden bei klassischen Software-Entwicklungsmodellen *nach* einer Code-Review durchgeführt. Das ist effizienter, denn wird bei der Code-Review eine Designverbesserung vorgeschlagen, so wäre ein zuvor bereits geschriebener Unit-Test vergebens gewesen. Auch wird die Schlagkraft einer Code-Review nicht geschmälert: Sicherlich sehen auch Sie sich Code genauer an, wenn Ihre Review die erste Prüfinstanz ist, als wenn Sie wissen, dass dieser Code bereits Unit-Tests besteht.

Manche agile Software-Entwicklungsmodelle schlagen vor, den Unit-Test zuerst zu programmieren, dann erst den Code. Vorteile und Nachteile der Test-First-Strategie wurden in Abschnitt 1.5.13 schon diskutiert.

6.2 Zur Definition von Unit-Test und Modultest

Ein Unit-Test (Komponententest) ist ein Test einer Software-Komponente gegen ihr Design – also gegen ihren im Design spezifizierten Zweck. Eine Komponente (*Component*, *Unit*) wird häufig als die kleinste sinnvoll in Isolation testbare Einheit definiert oder die kleinste Einheit, für deren Funktion eine separate Spezifikation vorliegt. Also zum Beispiel eine Funktion in der Programmiersprache C oder eine Klasse in C++. Meist ist eine ganze Quelldatei bzw. Objektdatei Gegenstand des Tests, dann spricht man vom *Modultest*. In vielen Publikationen werden die Begriffe Unit-Test und Modultest aber austauschbar verwendet. Das ist bei modernem Design nicht weiter schlimm, denn in einem Modul sind bei objektbasierendem Design Funktionen zusammengefasst, die mit denselben Daten operieren und logisch zusammengehören. Es ist also gut und sinnvoll, das Zusammenspiel dieser Operationen im gleichen Testschritt zu testen, wie die Operationen selbst. Manche Autoren nennen das schon einen Integrationstest – aus der Sichtweise der prozeduralen Programmierung. Andere Autoren haben die Sichtweise eines objektorientierten Designs. Sie gehen von einem Design aus, in dem jede Klasse in einer Quelldatei implementiert ist und sprechen daher nur von einem Integrationstest, wenn das Zusammenspiel verschiedener Module/Quelldateien untersucht wird. Entsprechend ist für diese Autoren ein Modultest und ein Unit-Test das Gleiche, denn die zu testende Komponente ist die Datenstruktur mit den darauf anzuwendenden Operationen.

6.3 Black-Box-Testfälle beim White-Box-Test

Das Design, als Testreferenz, kann in vielen verschiedenen Formen und Detaillierungsgraden vorliegen: etwa als Textdokument, das die Funktion des Moduls beschreibt, als beschreibender Kommentar im Kopf der C-Funktion oder als UML-Diagramm, das die Attribute und Methoden einer Klasse im Gesamtverbund der Softwaremodule erklärt.

In Unit-Tests wird zunächst die Funktion der Komponente überprüft, die im Design definiert ist. Danach wird auch versucht, mit übel meinenden Daten die Funktion der Komponente zu stören und undefinierte Zustände zu erzeugen. Wenn der Programmierer seinen eigenen Code testet, wird er zwar rasch beim Testen sein, aber befangen sein und er wird in den meisten Fällen nicht so kritische Testfälle definieren, wie ein unbefangener Tester. Daher fordert die ESA zum Beispiel in einigen Projekten für missionskritische Software, die Unit-Tests durch jemanden anderen durchführen zu lassen oder zumindest von jemand anderem inspizieren zu lassen. Die zuvor erwähnten, übel meinenden Daten sind oft sogenannte Grenzwerte. Das Identifizieren von Grenzwerten ist eine Black-Box-Testmethode, also eine Testmethode, bei der der Quellcode nicht verwendet wird. Auch wenn Unit-Tests üblicherweise White-Box-Tests sind, so werden die folgenden zwei Unterkapitel in fremden Gewässern fischen und die wichtigsten Begriffe aus dem Black Box Testing vorstellen: Äquivalenzklassenbildung (Äquivalenzklassenzerlegung, *Equivalence Class Partitioning*) und Grenzwertanalyse (*Boundary Value Analysis*), weil besonders diese auch im Unit-Test Verwendung finden und weil es empfehlenswert ist, beim Unit-Test zunächst Black-Box-Methoden anzuwenden, wenn die Komponente gegen ihr Design geprüft wird.

6.3.1 Äquivalenzklassenbildung

Die Idee hinter der Äquivalenzklassenbildung ist die, dass man bei fast allen Programmen außerstande ist, alle möglichen Inputs und Outputs zu testen. Statt die Gesamtheit aller möglichen Inputs zu testen, werden die möglichen Inputs (und Outputs) in Klassen eingeteilt und nur ein (oder wenige) Vertreter pro Klasse zum Test herangezogen.

Diese Einteilung in Äquivalenzklassen ist so vorzunehmen, dass für die Einteilung erwartet wird, dass wenn ein Eingangsparameterwert oder Resultatwert einen Programmfehler in der Funktion findet, alle anderen Werte denselben Fehler ebenfalls aufdecken. Die Einteilung macht man nur auf Basis einer Analyse der Aufgabe der Funktion (also anhand ihrer Designspezifikation). Positiv-Denkern wird diese Definition schon zu destruktiv sein, weil sie gleich von einem Fehler ausgeht, dem man als Tester nachjagt. Etwas weniger destruktiv definieren Spillner und Linz [Spillner 10]: »Zu einer Äquivalenzklasse gehören alle Eingabedaten, bei denen der Tester davon ausgeht, dass sich das Testobjekt bei Eingabe eines beliebigen Datums aus der Äquivalenzklasse gleich verhält.« In dieser weit gängigeren Definition werden die Outputs leider nicht erwähnt. Nach Erfahrung des Buchautors als Trainer hilft aber das separate Durchdenken von Äquivalenzklassen auf der Resultatseite vielen Testneueinsteigern beim Finden von guten Testfällen.

Nehmen wir zum Beispiel eine C-Funktion `int abs(int)`, die den Absolutbetrag einer ganzen Zahl berechnet. Hier könnte man drei Äquivalenzklassen definieren:

1. Negative Zahlen: Hier hat der Funktionswert ein anderes Vorzeichen als das Argument der Funktion.
2. Die Zahl Null: Sie hat kein Vorzeichen und könnte daher gesondert getestet werden.
3. Positive Zahlen: Hier ist der Funktionswert gleich dem Argument der Funktion.

Aus jeder der Äquivalenzklassen nimmt man nun zum Test zumindest einen Vertreter. Im Testdesign werden die Eingangswerte festgelegt, die durchzuführende Aktion und die erwarteten Ergebnisse. Bei der Durchführung des Tests werden die erwarteten Ergebnisse mit den tatsächlichen verglichen (bei Bedarf ist ein Toleranzbereich zu definieren).

Nachdem man bei dieser Strategie den Quellcode eigentlich nicht beachtet, sondern sich nur an der dem Design entnommenen Spezifikation der Komponentenschnittstellen orientiert, liefert die Äquivalenzklassenzerlegung Black-Box-Testfälle. Beim Beispiel der Absolutwertberechnung könnten diese so aussehen:

Eingabe	Aktion	Erwartetes Ergebnis
-42	Funktionsaufruf	42
0	Funktionsaufruf	0
7	Funktionsaufruf	7

Nehmen wir an, dass für die zu testende Funktion `abs()` keine Fehlerbehandlung vorgesehen ist, weil das Design keine unerlaubten Integer-Eingabewerte nennt. Der Compiler erlaubt auch nur die Übergabe von Integer-Werten, wie in Listing 6–1 zu sehen. Wir sind also fertig[1].

```
/* zu testende Funktion */
int abs(int x)
{
   if (x < 0) x = -x;
   return x;
}
```

Listing 6–1 *Eine sehr einfache Funktion als Testobjekt*

Inspizieren Sie Listing 6–1 zur Übung! Finden Sie einen Fehler?

6.3.2 Grenzwertanalyse

Die Erfahrung zeigt, dass Programmierfehler beim Test nicht immer durch eine beliebige Wahl von Vertretern einer Äquivalenzklasse aufgedeckt werden. Oft sind es *Grenzwerte*, die im ISTQB-Glossar so definiert werden:

> *Ein Ein- oder Ausgabewert, der am Rand einer Äquivalenzklasse liegt oder im kleinstmöglichen inkrementellen Abstand auf der einen oder anderen Seite vom Rand; z.B. der kleinste und der größte Wert eines Bereichs.*

Bei *Grenzwerttests* (auch *Grenzwertanalyse* genannt) werden daher die »Ränder« der Äquivalenzklassen einer Überprüfung unterzogen, sofern sich so ein Rand identifizieren lässt. Die Lehrpläne des ISTQB schlagen vor, auch einen Nachbarn der Werte am Rand zu verwenden und pro Grenzwert *zwei* bzw. *drei* Testfälle durchzuführen. So schreiben Andreas Spillner und Tilo Linz in [Spillner 10]:

1. Korrekterweise würden wir – z.B. beim Systemtest – auch Äquivalenzklassen mit ungültigen Eingabewerten definieren. Mehr zu diesem Thema in Abschnitt 8.1.2.

»An jedem Rand wird der exakte Grenzwert und die beiden (innerhalb und außerhalb der Äquivalenzklasse) benachbarten Werte getestet. Für Fließkommazahlen ist eine entsprechende Toleranz der Rechengenauigkeit zu wählen. Dabei ist das kleinste mögliche Inkrement in beiden Richtungen zu verwenden, um die Grenzen einem genauen Test zu unterziehen. Für jede Grenze ergeben sich somit drei Testfälle. Fällt die obere Grenze einer Äquivalenzklasse mit der unteren Grenze der benachbarten Äquivalenzklasse zusammen, dann fallen auch die entsprechenden Testfälle zusammen.

In vielen Fällen existiert gar kein ›wirklicher‹ Grenzwert, da der Wert zu einer Äquivalenzklasse gehört. In solchen Fällen kann es ausreichend sein, die Grenze durch zwei Werte zu überprüfen: einen Wert, der gerade noch innerhalb der Äquivalenzklasse liegt, und einen Wert, der gerade außerhalb liegt.«

Verbessern wir nun die in Absatz 6.3.1 definierten Testfälle zu `abs(int)` mit Hilfe der Grenzwertanalyse und nehmen wir an, der Code läuft auf einem 16-Bit-Controller. Die Grenzen der Klasse der negativen Zahlen sind -32768 und -1. Die Klasse der Zahl 0 hat nur einen Vertreter. Die Grenzen der Klasse der positiven Zahlen sind 1 und 32767. Es ergeben sich also zumindest folgende Testfälle:

Eingabe	Aktion	Erwartetes Ergebnis
-32768	Funktionsaufruf	*32768*
-1	Funktionsaufruf	1
0	Funktionsaufruf	0
1	Funktionsaufruf	1
32767	Funktionsaufruf	32767

Beim kursiv geschriebenen, erwarteten Ergebnis 32768 muss die in Listing 6–1 gezeigte Implementierung allerdings passen. Diese Zahl ist auf einer 16-Bit-Architektur als Zweierkomplement gar nicht darstellbar. Dieses Beispiel wurde in zahlreichen Schulungen verwendet, um die Schlagkraft von Grenzwerttests zu demonstrieren. Nur ein kleiner Teil der Schulungsteilnehmer erkannte schon bei der Inspektion des Listings das Problem.

B3VA-Grenzwerttests

Das Heranziehen von zwei bzw. drei Testfällen pro Grenzwert reicht für die Erfassung fast aller denkbaren Programmierfehler, wie z.B. der fälschliche Einsatz eines Größer/gleich-Zeichens statt eines Größer-Zeichens. Es gibt aber besonders patzige Programmierfehler, die auch den Grenzwerttest mit drei Testfällen unbemerkt passieren. Ist etwa die Spezifikation einer Funktion, alle Nachrichten bis zu einer Länge von 99 Bytes zu akzeptieren, so könnte das korrekt durch

```
if (iLength <= 99) accept();
```

programmiert sein oder auch durch

```
if (iLength < 100) accept();
```

programmiert sein. Macht der Programmierer nun einen Tippfehler und programmiert irrtümlich

```
if (iLength <> 100) accept();
```

dann würden selbst Tests mit den drei Werten 98, 99, 100 (Grenzwert 99 und jeweils plus/minus eins) den Fehler nicht erkennen. Nimmt man aber auch den oberen Grenzwert der Äquivalenzklasse Nachricht_zu_lange (oder einen beliebigen anderen Repräsentanten außer 100) heran, dann ist der Fehler schnell entdeckt.

Das heißt, wenn man zuverlässig Programmierfehler an Grenzwerten entdecken will, genügt es nicht, nur mit einem Grenzwert pro Äquivalenzklasse zu testen, sondern auch, bei geordneten Klassen, mit mindestens zwei Grenzwerten pro Klasse. Es sind also an der Grenze zwischen zwei Klassen vier Testfälle nötig. [Tuinhout 08] nennt den Test mit vier Testfällen pro Grenzwert Black Box Boundary Value Analysis, abgekürzt B3VA, um zu verdeutlichen, dass man ohne Sicht auf den Quellcode besondere Vorsicht walten lassen muss.

In [Tuinhout 08] wird aber die Verwendung der benachbarten Werte der Grenzen vorgeschlagen, also im Beispiel 98, 99, 100, 101. Das ist aber unnötig, wenn eine Äquivalenzklasse mehr als eine Grenze hat und ein gewissenhafter Test die Äquivalenzklasse an beiden Grenzen testet. Ist die Äquivalenzklasse »nach oben offen«, so ist die Grenze festzulegen, bzw. die größte darstellbare Zahl zu nehmen.

6.3.3 Andere Methoden

Für die meisten Unit-Tests reicht beim Test gegen das Design der Test von Grenzwerten. Speziell dann, wenn die zu testende Komponente eine schlanke Schnittstelle hat und nicht besonders komplex ist. Je komplexer die Aufgabe der Komponente ist, desto mehr muss man sich beim Test gegen die Aufgabe der Komponente anstrengen. Man bedient sich dann im Unit-Test auch anderer Black-Box-Testmethoden, die in diesem Buch aber erst später bei der Beschreibung der Systemtests in Abschnitt 8.1 vorgestellt werden.

6.4 Stubs und Treiber

Die Testdurchführung von Unit-Tests erfolgt in der Regel in der Form von automatischen Tests. Das heißt, es muss Software geschrieben werden, die die zu testende Komponente initialisiert, ihre Funktionen aufruft und die Ergebnisse mit den Erwartungen vergleicht. Die Software mit diesen Aufgaben wird Testtreiber (*test driver*) genannt.

Theoretisch ist auch eine »manuelle« Testdurchführung von Unit-Tests im voll integrierten System möglich. Dabei werden mit einem leistungsfähigen Debugger die Eingabewerte der zu testenden Funktion bei Funktionseintritt verändert und bei Funktionsaustritt die Resultate mit den Erwartungswerten verglichen. Wegen mangelnder exakter Wiederholbarkeit führt diese Technik aber ein Nischendasein, Abschnitt 9.3 erzählt von einem seltenen Beispiel, das auf diese Technik angewiesen ist.

Ruft die getestete Komponente auch andere Komponenten auf, die nicht getestet werden sollen oder noch nicht existieren, so ist es notwendig, diese durch Platzhalter, sogenannte *Stubs*, zu ersetzen/simulieren. In so einem Platzhalter kann genau kontrolliert werden, welche Parameter die getestete Komponente beim Aufruf übergibt und es können bequem Fehlersituationen im Stub simuliert werden, die ohne Stubbing schwer zu konstruieren wären. Zum Beispiel ein NULL-Pointer als Rückgabewert einer Funktion, die dynamischen Speicher anfordert.

Ein Beispiel für die Verwendung von Treibern und Stubs ist in Listing 6–2 zu sehen. Das Listing ist der Quellcode einer zu testenden Funktion. Diese Funktion ruft Funktionen der Standardbibliothek und eines anderen Moduls auf. Listing 6–3 enthält Treiber und Stubs, um die Funktion von Listing 6–2 zu testen. Zum Test wird Listing 6–3 übersetzt, mit der aus Listing 6–2 entstandenen Objektdatei gelinkt, gebunden und dann ausgeführt.

```
/* Testobjekt.c */

#include <stdio.h>
#include <math.h>
#include <string.h>
#include <ctype.h>
#include <stdbool.h>

/* selbst gebastelte anderswo implementierte Funktionen */
extern int flash_open(void);
extern int flash_gets(char *pcBuffer,
                      int iBufSize,
                      int nHandle);
extern int flash_close(int nHandle);
```

```
/*******************************************************/
void file_sqrt()
/* aus dem Flashspeicher mit ASCII-Zeilen werden jene gelesen,
 * die nur aus einem int-Zahlenwert >= 0 bestehen; für diese
 * Zahlen wird die Quadratwurzel gebildet und das Ergebnis
 * in Datei out.txt geschrieben.
 * Die Eingangsdatei darf keine Zeilen länger als 79 Zeichen haben.
 * Zahlen, die größer als der größte darstellbare
 * vorzeichenbehaftete int-Wert sind, werden ignoriert.
 * Ist der Flashzugriff nicht möglich, bleibt
 * out.txt unverändert.
 *******************************************************/
{
   int nIn = flash_open();

   if (NULL != nIn)
   {
      char szString[80];
      int iInput;
      FILE *nOut = fopen("out.txt", "w+");

      while (flash_gets(szString, sizeof(szString), nIn))
      {
         unsigned i;
         bool bNumber = true;

         for(i = 0; i < strlen(szString) - 1; i++)
         {
            if (!isdigit(szString[i])) bNumber = false;
         }

         if (!bNumber) continue;  /* Zeile ignorieren */

         /* negative Zahlen und Kommazahlen schaffen es
          * nicht bis hierher, weil Minus und das Komma
          * isdigit() == 0 liefern */
         if (sscanf(szString,"%i\n", &iInput))
         {
             /* wenn es klappt auf int zu konvertieren */
             fprintf(nOut, "%d\n",
                          (int) sqrt((float)iInput));
         }
         else
         {
             /* Überlauf wird ignoriert */
         }

      } /* while */
      fclose(nOut);
      (void) flash_close(nIn);
   }
}
```

Listing 6–2 *Die zu testende Datei – Testobjekt.c – besteht aus einer einzigen Funktion.*

```
/* Treiber und Stubs für den Test von Testobjekt.c */
#include <stdio.h>
#include <stdlib.h>
#include <string.h>
#include <assert.h>
#include <limits.h>

/* die einzige Funktion in Testobjekt.c */
extern void file_sqrt(void);


/*
 *   Testhilfsmittel
 */

#define MY_ASSERT(exp) if (!exp) \
   printf("FEHLER in %s:%d\n",__FILE__, __LINE__); \
   else printf("okay in %s:%d\n",__FILE__, __LINE__);


/*
 *   S T U B S
 */

int flash_open(void)
{
   static int iCall = 0;
   int nSessionHandle = 0;

   if (iCall == 0)
   {
      nSessionHandle = 42;
   }
   else if (iCall == 1 || iCall == 2)
   {
      nSessionHandle = 43;
   }
   else
   {
      printf("FEHLER: unerwareter Stub-Aufruf\n");
   }
   iCall++;
   return nSessionHandle;
}


int flash_gets(char *pcBuf, int iBufSize, int nHandle)
{
   static int iCall = 0;
   int iRetVal;

   checkint(1, iBufSize > 79);
```

```
switch (iCall)
{
   case 0:
      strcpy(pcBuf, "2147483647\n");
      iRetVal = strlen(pcBuf);
      checkint(42, nHandle);
      break;
   case 1:
      strcpy(pcBuf, "2147483648\n");
      iRetVal = strlen(pcBuf);
      checkint(42, nHandle);
      break;
   case 2:
      strcpy(pcBuf, "25\n");
      iRetVal = strlen(pcBuf);
      checkint(42, nHandle);
      break;
   case 3:
      strcpy(pcBuf, "15\n");
      iRetVal = strlen(pcBuf);
      checkint(42, nHandle);
      break;
   case 4:
      strcpy(pcBuf, "256t\n");
      iRetVal = strlen(pcBuf);
      checkint(42, nHandle);
      break;
   case 5:
      strcpy(pcBuf, "49 \n");
      iRetVal = strlen(pcBuf);
      checkint(42, nHandle);
      break;
   case 6:
      strcpy(pcBuf, "8.9\n");
      iRetVal = strlen(pcBuf);
      checkint(42, nHandle);
      break;
   case 7:
      strcpy(pcBuf, "-1\n");
      iRetVal = strlen(pcBuf);
      checkint(42, nHandle);
      break;
   case 8:
      strcpy(pcBuf, "0\n");
      iRetVal = strlen(pcBuf);
      checkint(42, nHandle);
      break;
   case 9:
      iRetVal = 0;
      checkint(42, nHandle);
      break;
```

```
      case 10:
         iRetVal = 0;
         checkint(43, nHandle);
         break;
      case 11:
         strcpy(pcBuf, "625\n");
         iRetVal = strlen(pcBuf);
         checkint(43, nHandle);
         break;
      default: iRetVal = 0;
   }
   iCall++;
   return iRetVal;
}


int flash_close(int nHandle)
{
   static int iCall = 0;
   if (iCall == 0)
   {
      checkint(42, nHandle);
   }
   if (iCall == 1)
   {
      checkint(43, nHandle);
   }
   iCall++;
   return 1;
}



/*
 *   T E S T  -  T R E I B E R
 */

void Testfall1(void)
{
   /* Testfall 1:
    * neue Datei, Input aus Flash mit Leerzeichen,
    * Buchstaben, Dezimalzahlen, und Zahlen mit
    * mehr als 32 Bit Breite.
    * Teststring: "2147483647\n" MAX_INT
    *             "2147483648\n" (MAX_INT + 1)
    *             "25\n"         exakte Wurzel
    *             "15\n"         exakte Wurzel - 1
    *             "256t\n"       Zahl u. Buchstaben
    *             "49 \n"        Leerzeichen
    *             "8.9\n"        Dezimalzahl
    *             "-1\n"         negative Zahl
    *             "0\n"          kleinste gültige Zahl
```

```
     * Dieser Teststring wird im Stub
     * für flash_gets übergeben. */

    char szResultat[80];
    char *pcExtraLine;
    FILE *f;

    printf("Testfall 1\n");
    assert(INT_MAX == 2147483647);    /* Teststring okay */
    (void) system("rm -f out.txt");  /* out.txt löschen */

    file_sqrt(); /* Aufruf des Testobjekts */

    f = fopen("out.txt", "r");
    checkint(0, f == 0);  /* check Datei existiert */

    (void) fgets(szResultat, sizeof(szResultat), f);
    MY_ASSERT(strcmp("46340\n", szResultat) == 0);

    (void) fgets(szResultat, sizeof(szResultat), f);
    MY_ASSERT(strcmp("5\n", szResultat) == 0);

    (void) fgets(szResultat, sizeof(szResultat), f);
    MY_ASSERT(strcmp("3\n", szResultat) == 0);

    (void) fgets(szResultat, sizeof(szResultat), f);
    MY_ASSERT(strcmp("0\n", szResultat) == 0);

    pcExtraLine = fgets(szResultat, sizeof(szResultat), f);
    MY_ASSERT(pcExtraLine == 0); /* unerwartete Zeile? */

    MY_ASSERT(feof(f) != 0);     /* Dateiende erreicht? */

    fclose(f);
}


void Testfall2(void)
{
    /* Testfall 2: out.txt existiert bereits,
     * Flash-Speicher ist leer
     */
    char szResultat[80];
    char *pcExtraLine;
    FILE *f;

    printf("Testfall 2\n");
    (void) system("ls > out.txt"); /* erzeuge out.txt */

    file_sqrt();
```

```
    /* sicherstellen, dass Datei leer ist. Wenn Flash leer
     * ist, muss Datei auch leer sein. */
    f = fopen("out.txt", "r");
    pcExtraLine = fgets(szResultat, sizeof(szResultat), f);
    MY_ASSERT(pcExtraLine == 0); /* unerwartete Zeile? */
    fclose(f);
}


void Testfall3(void)
{
    /* Testfall 3: out.txt existiert bereits,
     * Teststring: "25\n"
     */

    char szResultat[80];
    char *pcExtraLine;
    FILE *f;

    printf("Testfall 3\n");
    (void) system("ls > out.txt");  /* erzeuge out.txt */

    file_sqrt();

    f = fopen("out.txt", "r");
    MY_ASSERT(f != 0);  /* checke, Datei existiert */

    (void) fgets(szResultat, sizeof(szResultat), f);
    MY_ASSERT(strcmp("25\n", szResultat) == 0);

    pcExtraLine = fgets(szResultat, sizeof(szResultat), f);
    MY_ASSERT(pcExtraLine == 0); /* unerwartete Zeile? */

    MY_ASSERT(feof(f) != 0); /* Dateiende erreicht? */

    fclose(f);
}


void Testfall4(void)
{
    /* Testfall 4: Zugriff auf Flash-Speicher verweigert */

    char szResultat[80];
    char *pcExtraLine;
    FILE *f;

    printf("Testfall 4\n");

    file_sqrt();
```

```
    /* prüfe, ob Datei noch unverändert ist (von Test 4) */
    f = fopen("out.txt", "r");
    MY_ASSERT(f != 0);
    (void) fgets(szResultat, sizeof(szResultat), f);
    MY_ASSERT(strcmp("25\n", szResultat) == 0);
    pcExtraLine = fgets(szResultat, sizeof(szResultat), f);
    MY_ASSERT(pcExtraLine == 0);
    MY_ASSERT(feof(f) != 0);
    fclose(f);
}


main()
{
    Testfall1();
    Testfall2();
    Testfall3();
    Testfall4();
}
```

Listing 6–3 *Demonstration der Verwendung von Stubs und Treibern bei Tests ohne Unit-Test-Tool*

Die beschriebene Vorgehensweise, also der Unit-Test mit Treibern und Stubs, wird *Isolationstest* genannt. Sie wird so genannt, weil die zu testende Komponente (bzw. das zu testende Modul) aus dem Gesamtkontext der Software herausgerissen ist und in Isolation auf dem Prüfstand steht.

Man kann an Listing 6–3 erkennen, dass es erheblichen Aufwand bedeuten kann, Stubs und Treiber selbst auszuprogrammieren. Bei der Reduktion dieses Aufwands unterstützen Unit-Test-Werkzeuge. Aber nicht nur mit Werkzeugen kann man sich helfen, sondern auch organisatorisch: Werden zuerst die Low-Level-Komponenten getestet – also Komponenten, die keine anderen Code-Teile aufrufen – und werden in den weiteren Schritten nur Komponenten getestet, die nur Funktionen aus bereits getesteten Modulen aufrufen, so kann man sich die Erstellung von Stubs sparen. Bei diesem Verfahren, *Bottom-up-Unit-Test* genannt, sind nur Treiber zu schreiben. Stubs werden nicht benötigt, weil durch die Reihenfolge der Tests immer alle im Test verwendeten Funktionen und Module zur Verfügung stehen.

Theoretisch ist auch die umgekehrte Richtung denkbar: immer nur Stubs schreiben und so einen *Top-down-Unit-Test* durchführen. So eine Vorgehensweise ist aber praxisfremd. Es bereitet oft große Probleme, Grenzwerttests aus Stubs heraus zu steuern. Funktionalität nur mit Hilfe von Stubs zu prüfen, macht sehr aufwändige Stub-Programmierung nötig.

6.5 Verschiedene Typen von Werkzeugen beim White-Box-Test

6.5.1 Unit-Test-Frameworks

Eine erste Erleichterung beim Erstellen von Unit-Tests bieten Unit-Test-Frameworks, die nützliche Bibliotheken zur Erstellung von Tests zur Verfügung stellen. Diese Bibliotheken stellen Routinen zum einheitlichen Logging zur Verfügung, zur Ausführung der Tests in beliebiger Reihenfolge und zur Erstellung von Summary Reports. Einige Unit-Test-Frameworks lassen sich in Entwicklungsumgebungen integrieren und können dort ebenso leicht gestartet werden, wie Software Builds. Wenn die Unit-Tests Fehler finden, dann wird das manchmal mit einem hübschen roten Balken o.Ä. in der Entwicklungsumgebung dargestellt [URL: CUTE].

So wäre es bei Verwendung eines Frameworks nicht mehr notwendig, in Listing 6–3 das Makro (oder, eleganter, eine überladene Routine) `MY_ASSERT` selbst zu schreiben. Das »handgestrickte« Logging mit `printf` wäre durch Aufrufe von Routinen des Frameworks ersetzt. Die Routine `main` würde typischerweise die Testfälle »registrieren« oder aus einer Testdatenbank wählen und die registrierten Testfälle durch eine Routine des Frameworks starten.

Test-Frameworks, wie hier beschrieben, erleichtern die Arbeit zwar ein wenig, das Schreiben des Test-Codes bleibt einem aber nicht erspart.

6.5.2 Werkzeuge zur Testerstellung

Einen großen Schritt weiter als die Frameworks gehen Testwerkzeuge zur *Erstellung* der Unit-Tests. Listing 6–3 zeigt, dass der Test-Code bei prozeduralen Sprachen typischerweise denkbar einfach ist. Er ist eine Aneinanderreihung von sehr ähnlichen Befehlsabfolgen. Code wie in Listing 6–3 wird bei Verwendung eines modernen, kommerziellen Testwerkzeugs daher nicht mehr von Hand geschrieben. Stattdessen analysiert ein Werkzeug den Quellcode der zu testenden Software und zeigt, als Ergebnis dieser Analyse, für die zu testende Anwendung maßgeschneiderte Eingabemasken zur Definition der Testfälle. Der Tester befüllt diese Masken mit den Eingangswerten und den erwarteten Resultaten der zu testenden Funktion, bzw. nennt die zu liefernden Resultate für die benötigten Stubs. Das Werkzeug erzeugt in Folge den Test-Code automatisch. Idealerweise muss der Benutzer den Test-Code weder editieren noch sich um die Übersetzung desselben kümmern.

Sehen wir uns an, wie so etwas aussehen kann: Listing 6–4 zeigt als Beispiel eine zu testende Datei mit einer einzigen Funktion. Das Werkzeug analysiert die Schnittstelle(n) der zu testenden Funktion(en) der Datei und stellt in Abbildung 6–1 das Ergebnis der Analyse vor. Der erste Parameter `r1` der einzigen Funktion ist ein zusammengesetzter Datentyp mit Elementen `range_start` und `range_len`.

Der zweite Parameter `v1` ist vom Typ `long`, wie der erste Parameter, ein reiner Input-Parameter. Der Rückgabewert der Funktion ist ein Aufzählungstyp. Andere zu beachtende Größen, wie globale Variablen, gibt es nicht.

```
struct range {int range_start; int range_len;};
typedef int value;
typedef enum {no, yes} result;

result is_value_in_range (struct range r1, value v1)
{
   /* hier ist der zu testende Code drin */
}
```

Listing 6–4 *Parameterprofil der zu testenden Funktion*

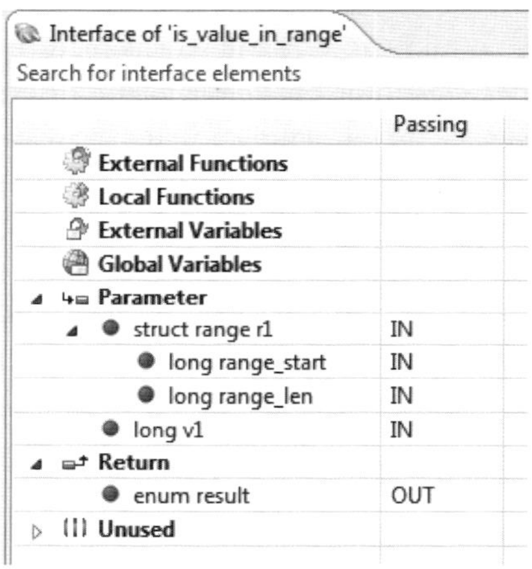

Abb. 6–1 *Darstellung der Schnittstelle der zu testenden C-Funktion im Test-Interface-Editor des Werkzeugs*

Zur Definition der Testfälle füllt der Benutzer nur mehr die Spalten des in Abbildung 6–2 gezeigten Test-Definition-Editors aus und definiert für die gewählten Eingabewerte den zu erwartenden Rückgabewert der Funktion.

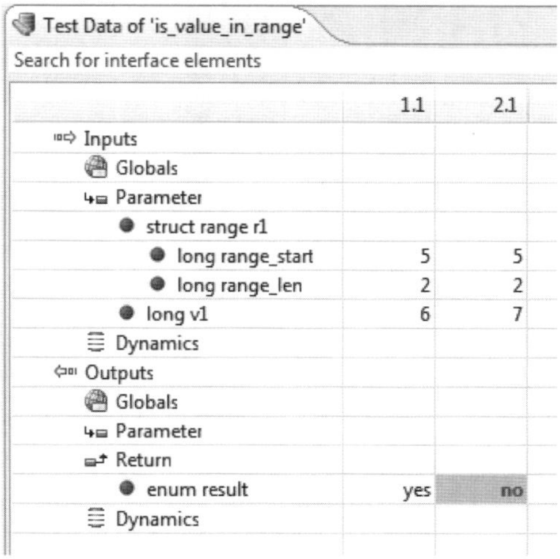

Abb. 6–2 *Einfache Definition von zwei Testfällen für eine C-Funktion*

Bei objektorientiertem Design ist es gute Praxis, eine Klasse auf Basis ihrer öffentlichen Methoden und Attribute zu testen. Andernfalls (also dann, wenn man im Test-Code den Erfolg des Aufrufs einer Methode durch Prüfen von privaten Objektattributen feststellt) hätte man eine unangenehm starke Abhängigkeit des Testdesigns vom Klassendesign. Die Folge einer solchen Abhängigkeit ist, dass man auch bei kleinen Änderungen und Erweiterungen des Codes vergleichsweise massive Änderungen in den Tests vornehmen muss. Bei Werkzeugen für objektorientiertes Design wird daher, über das Editieren von Masken für Eingangs- und Resultatwerte hinaus, auch erlaubt, Befehlsfolgen zu definieren und diese mit Prüfschritten zu versehen. Abbildung 6–3 zeigt ein Beispiel: Es wäre wohl Unsinn, den Erfolg von `push` oder `pop` über das Auslesen der internen Datenstruktur zu testen, wenn es die Methode `is_empty` gibt.

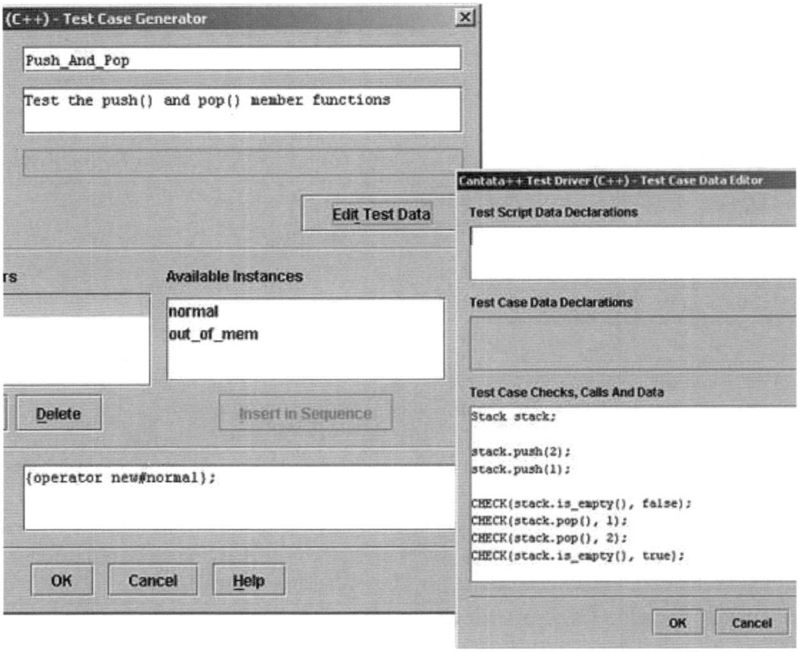

Abb. 6–3 *Objektorientierte Definition von Testfällen für C++ Code*

6.5.3 Werkzeuge zur Messung der Testabdeckung

Alle kommerziellen Werkzeuge zur Erstellung von Unit-Tests und auch Standalone-Werkzeuge bieten an, die Testabdeckung (*Test Coverage*) zu messen. Die Messung ist eine nicht-triviale Sache und ohne Tool-Unterstützung kaum möglich. Der Code wird dazu in den meisten Fällen durch das Werkzeug *instrumentiert*. Instrumentieren nennt man das Einfügen von Code, der die Messung ermöglicht. (Wird der Code auf diese Art verändert, so ist aus Sicherheitsgründen auch ein zweiter Testlauf mit dem unveränderten Code anzuraten).

Diese Messung zeigt dem Tester, welche Programmteile noch gänzlich ungetestet sind und welche Verzweigungsbedingungen noch nie durchlaufen wurden. Der Tester bessert dann Testfälle nach, um die gewünschte Testabdeckung zu erreichen. Nachdem dazu der Quellcode genau analysiert wird und nicht mehr nur das Design der Komponente als Testreferenz dient, werden die so hinzugefügten Testfälle *White-Box-Testfälle* genannt.

Zum Vergleich von Testabdeckungen gibt es eine Reihe von Metriken sehr unterschiedlicher Schärfe. Der folgende Abschnitt stellt die wichtigsten dieser Metriken vor.

6.6 Testabdeckung

Zerlegt man die zu testende Software in Einheiten (zum Beispiel Anweisungen, Zweige, Pfade), so definiert die *Testabdeckung* den Anteil der Einheiten, die durch Tests bereits ausgeführt wurden. Die Testabdeckung wird dabei meist in Prozent ausgedrückt.

6.6.1 Statement Coverage

Das einfachste Vorgehen zur Erfassung von Testabdeckung besteht darin, nachzusehen, welcher Anteil der Programm-Statements ausgeführt wurde. Diese Abdeckung wird *Statement Coverage* genannt, zu Deutsch *Anweisungsüberdeckung*. Auch wenn jedes Statement der Hochsprache getestet wird, so kann dennoch ungetesteter Maschinencode vorliegen. Ein Beispiel, das diese Schwäche der Abdeckung zeigt, ist folgendes:

```
int zu_testen(int x)
{
   do
   {
      /* hier wird x nicht manipuliert und nie verzweigt*/
   } while (x == 0);
   return -42;
}
```

Ein Test mit `zu_testen(1)` brächte 100% Anweisungsüberdeckung. Je nach Befehlssatz der CPU und Art des Compilers bleibt aber potenziell ungetesteter Maschinencode. Zum Beispiel dann, wenn der Compiler den Ausstieg aus der Schleife als bedingten Vorwärtssprung übersetzt und danach den Sprung zum Schleifenbeginn als unbedingten Rückwärtssprung.

Der Testfall

```
MY_ASSERT(zu_testen(1) == -42)
```

erkennt auch nicht die potenzielle Endlosschleife im Programm.

Statement Coverage wird in einschlägigen Standards als akzeptabel für Code gewertet, der nur geringe Sicherheitsrelevanz hat [DO-178C, ISO 26262]. Für Software mit gewissen Integritäts-Ansprüchen gilt bei Unit-Tests der alleinige Nachweis der Statement Coverage aber nicht als ausreichend. [Liggesmeyer 09] schreibt wörtlich: »... der Anweisungsüberdeckungstest gilt als zu schwaches Kriterium für eine sinnvolle Testdurchführung« und empfiehlt den Nachweis von 100% Branch Coverage.

6.6.2 Branch Coverage und Decision Coverage

Bei der Zweigüberdeckung (*Branch Coverage*) wird verfolgt, ob bei jeder Verzweigung des Programmflusses jede Option zumindest einmal durchlaufen wurde. Für unsere Programmzeile

```
if (boolA && boolB) printf("Hallo!");
```

hieße das, dass zumindest zwei Testfälle notwendig sind, um volle Testabdeckung zu erreichen. Zum Beispiel `boolA = false`, `boolB = true` und `boolA = true`, `boolB = true`. Für 100% Statement Coverage hätte ein einziger Testfall genügt. Viele Autoren verwenden den Begriff Entscheidungsüberdeckung (*Decision Coverage*), den Anteil der den Kontrollfluss bestimmenden ausgeführten Entscheidungsausgänge, als Synonym für Zweigüberdeckung. Andere unterscheiden die beiden Abdeckungen. Im ISTQB-Glossar ist man zumindest der Auffassung, dass 100% Decision Coverage gleichbedeutend mit 100% Branch Coverage ist und 100% Statement Coverage impliziert [ISTQB-D]. Nachdem es in diesem Buch nicht um Verzückung in Definitionen geht, sondern gezeigt wird, dass 100% dieser Abdeckungen ohnehin anzustreben sind, werden die Begriffe hier synonym verwendet.

Mit Ausnahme von Endlosschleifen bringen auch Schleifen Verzweigungen in das Programm: beim Test der Schleifeneintritts- bzw. Schleifenaustrittsbedingung. Nur wenn in den Testfällen die Schleifeneintritts- bzw. Schleifenaustrittsbedingung zumindest einmal wahr und einmal falsch ist, hat man 100% Zweigüberdeckung für diesen Code erreicht. Mit Erreichen von 100% Zweigüberdeckung wird auch die Funktion `zu_testen()` aus dem Beispiel in Abschnitt 6.6.1 zumindest einmal in der Endlosschleife ausgeführt und das Problem somit entdeckt.

6.6.3 Decision/Condition Coverage

Wir sehen am if-printf-hallo-Beispiel, dass die Variable `boolB` sich in keinem der beiden Testfälle ändert und wir trotzdem 100% Decision Coverage erreicht haben. Sollte zusätzlich zu 100% Decision Coverage auch eine Änderung jeder Teilbedingung (jeder *condition*) eines booleschen Ausdrucks gefordert sein, so spricht man von 100% Verzweigungs- und Bedingungsabdeckung (*Decision/Condition Coverage*). In obigem Beispiel müssten die booleschen Variablen `boolA` und `boolB` jeden möglichen Zustand annehmen und die Verzweigung in jede Richtung zumindest einmal durchlaufen werden. Das ist etwa mit den beiden Testfällen `boolA = false`, `boolB = false` und `boolA = true`, `boolB = true` der Fall.

Nun ist mit diesen beiden Testfällen aber noch nicht festzustellen, ob *jede einzelne* Teilbedingung im booleschen Ausdruck überhaupt einen Einfluss auf das Gesamtergebnis der Verzweigungsentscheidung hat. Möglicherweise wird durch einen Compilerfehler der Wert der Variable `boolB` nie abgefragt und trotzdem würde der obige Test keinen Fehler finden. Um das festzustellen, muss die geforderte Testabdeckung nochmals verschärft werden.

6.6.4 Modified Condition/Decision Coverage

Wer mehr Sicherheit will, verlangt 100% MC/DC. Das steht für *Modified Condition Decision Coverage* und wird als *Modifizierter Bedingungs-/Entscheidungsüberdeckungstest* übersetzt und auch *minimal bestimmende Mehrfachbedingungsüberdeckung* genannt. Zu dieser Metrik gibt es eine hervorragende, frei erhältliche Publikation der NASA [Hayhurst 01].

Bei 100% MC/DC wird verlangt, dass jede der Teilbedingungen, die auf eine Programmverzweigung Einfluss haben kann, zeigen muss, dass sie unabhängig von den anderen den Programmfluss bestimmen kann. In unserem if-printf-hallo-Beispiel würde es für 100% MC/DC drei Testfälle benötigen. Zunächst einmal `boolA = true`, `boolB = true`. Damit würde der Zweig betreten und die Nachricht am Bildschirm erscheinen. Um zu zeigen, dass `boolA` die Verzweigungsentscheidung unabhängig von `boolB` beeinflussen kann, ist der Testfall `boolA = false`, `boolB = true` notwendig. Also nur `boolA` wurde im Vergleich zum ersten Testfall geändert. Und um das Gleiche für `boolB` zu zeigen, gehen wir wieder vom ersten Testfall aus und ändern nur `boolB`. Es ergibt sich der Testfall `boolA = true`, `boolB = false`. Bei einer Verzweigung, die von n Bedingungen abhängt, sind also $n + 1$ Testfälle notwendig. 100% MC/DC in der Hochsprache bedeuten 100% Decision Coverage im Maschinencode.

6.6.5 Andere Testabdeckungen

Die vier vorgestellten Testabdeckungen sind die im industriellen Einsatz wichtigsten ihrer Art, sie sind aber bei Weitem nicht alle, die in der Literatur beschrieben sind. Einen ganz guten Überblick über andere Testabdeckungen findet man in [Liggesmeyer 09] und auch in [Roßner 10].

6.6.6 Testabdeckung bei modellbasierter Entwicklung

Lange Zeit haben Firmen im sicherheitskritischen Bereich automatisch generierten Code so behandelt, als wäre er von Hand geschrieben. Das heißt, sie haben unter anderem Code Inspections und Unit-Tests durchgeführt und die Testabdeckung der Unit-Tests nachweisen müssen. Eine Vorgehensweise, die sehr viel Beschäftigung mit dem Code-Generator erfordert. Hier ist heute eine Vereinfachung üblich. Teil 6 der [ISO 26262], der Norm für die Entwicklung von sicherheitsrelevanter Software für Automobile, wurde 2011 veröffentlicht und schlägt vor, eine analoge Abdeckung auf Modell-Ebene zu finden und die Testabdeckung im Modell nachzuweisen.

6.6.7 Messung der Testabdeckung

Um zu sehen, ob die Testfälle die gewählte Testabdeckung erfüllen, wird das Programm in den allermeisten Fällen instrumentiert, wie schon in Abschnitt 6.5.2 erwähnt. Bei der Testausführung protokolliert diese Instrumentierung den exekutierten Programmfluss mit. Zurzeit können auch einige wenige Spezialwerkzeuge die Testabdeckung ohne Veränderung des Codes messen.

Werkzeuge zur Instrumentierung und Auswertung der Testabdeckung sind, wie gesagt, üblicherweise in Werkzeuge zur Testerstellung integriert. Es gibt aber auch eigenständige Werkzeuge zur Auswertung von Testabdeckung, also ohne Unterstützung bei der Testerstellung. Diese können zum Beispiel verwendet werden, wenn Unit-Tests mit einem Test-Framework erstellt wurden und die Ermittlung der Testabdeckung bislang nicht erforderlich war, aber nun erforderlich ist.

Listing 6–5 zeigt, wie komplex so eine Instrumentierung werden kann. In diesem Beispiel wurde eine sehr einfache Funktion so instrumentiert, dass alle mit dem Werkzeug erfassbaren Abdeckungsmaße gemessen werden können. Das verwendete Instrumentierungswerkzeug erzeugt allerdings deutlich größeren Instrumentierungs-Code als vergleichbare Produkte.

```
extern bool boolA;
extern bool boolB;

/* Hier die originale Funktion:

void test(void)
{
   if (boolA && boolB) printf("Hallo!");
}

 * Hier die instrumentierte Funktion: */

void test(void)
{
   _cth_i _cth_flg = 0;
   _cth_i _cth_ignoreretn = 0;
   _cth_w _cth_boolvalues[2][2];
   _cth_i _cth_fnid = _cth_recordinstr(
                           _cth_filename,
                           &_cth_funcname[0],
                           (_cth_i) 1,
                           &_cth_instrs[0],
                           &_cth_dectab[0],
                           &_cth_statetab[0],
                           &_cth_complexity[0][0],
                           &_cth_asserttab[0],
                           _cth_timestamp,
                           &_cth_callpair_l[0],
                           741873471);
```

```
    _cth_i _cth_recordfiledummy =
      _cth_recordfile(_cth_fnid,
                      _cth_fileanal,
                      _cth_preprocanal);

    _cth_i _cth_initbooldummy = _cth_initbool(_cth_fnid,
                                   &_cth_booltab[0],
                                   &_cth_funcname[0]);

    _cth_i _cth_dummyvar = _cth_usevars \
                           (&_cth_recordfiledummy,
                            &_cth_initbooldummy,
                            &_cth_ignoreretn,
                            &_cth_boolvalues[0][0],
                            &_cth_flg,
                            &_cth_dummyvar);

    /* STATEMENT 1 */
    _cth_ignoreretn = _cth_logstate(_cth_fnid , 1);

    if (
       /* DECISION 1 */
       _cth_logdec ( _cth_fnid , 1 ,
         !!((_cth_startbool(_cth_fnid,
                            _cth_boolvalues, 0, 1),
         _cth_logbool(_cth_fnid, _cth_boolvalues, 0, 1,
            !!(_cth_logsubbool(_cth_fnid, _cth_boolvalues,
              0, 1, 1, !!(boolA)) &&
         _cth_logsubbool(_cth_fnid,
                         _cth_boolvalues, 0, 1, 2,
                         !!(boolB))))))))
    {
       /* STATEMENT 2 */
       _cth_ignoreretn = _cth_logstate(_cth_fnid , 2);

       /* CALL PAIR 1 */
       (_cth_logcallpair ( _cth_fnid , 1 ),
       printf("Hallo!"));
    } /* if */
  } /* test() */
```

Listing 6–5 *Instrumentierter Code kann sehr komplex und groß werden.*

6.7 Basis Path Testing

Auch wenn in diesem Abschnitt eingangs von Black-Box-Testfällen die Rede war: Unit-Tests sollten immer *auch* White-Box-Tests sein. Auf dem Niveau eines Software-Moduls ist der Blick auf den Quellcode machbar und das Erreichen von 100% einer passenden Testabdeckung leistbar. Die Idee, die Unit-Testfälle zunächst nach dem Muster von Black-Box-Techniken zu stricken, bevor man auf den Quellcode blickt, macht die Testfälle im Regelfall schärfer.

Ein wichtiges Unit-Test-Verfahren orientiert sich ausschließlich am Programmfluss des Quellcodes: *Basis Path Testing*, auch *Baseline Testing* oder *Structured (Unit) Test* bzw. *strukturierter Unit-Test* genannt. Diese Testmethode wurde vom Amerikaner Thomas McCabe Anfang der 1980er vorgestellt. Illustriert wird seine Idee meistens anhand von Kontrollflussgraphen, wie in Abbildung 6–4 gezeigt. Die Knoten in diesen Graphen sind Anweisungen und die Kanten zeigen mögliche Exekutionspfade. So wird zum Beispiel eine `if`-Instruktion durch einen Knoten mit zwei wegführenden Kanten dargestellt.

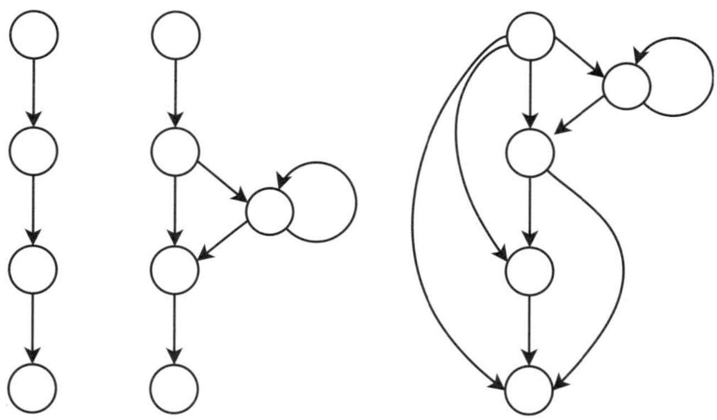

Abb. 6–4 *Kontrollflussgraphen von Programmen mit zyklomatischer Komplexität 1, 3 und 6 (v. l. n. r.)*

Beim strukturierten Testen versucht man die minimale Anzahl voneinander linear unabhängiger Programmpfade in diesem Graphen zu durchlaufen [PSS-05-10]. »Linear unabhängig« bedeutet dabei, dass ein Programmpfad nicht durch eine Linearkombination bereits getesteter Pfade darstellbar ist.[2]

Ein einfacher Weg, ohne viel Mathematik zu so einem Satz von unabhängigen Pfaden durch eine zu testende Funktion zu gelangen, ist zunächst, einen beliebigen Pfad auszuwählen und ihn als erstes Element dieser Menge von Tests zu definieren. Dieser Pfad wird Baseline Path genannt. Für jedes weitere Mitglied gilt es

2. Wer sich mit Algebra beschäftigt hat, kennt diese Idee von Vektorräumen. McCabes Ansatz ist, eine Basis und den Nullvektor (Baseline Path) der Adjazenzmatrix des Kontrollflussgraphen zu testen. Die Adjazenzmatrix bestimmt durch eine Eins, dass je zwei Knoten durch eine Kante verbunden sind und durch eine Null, dass keine solche direkte Verbindung existiert.

nun, den Exekutionspfad aus dem existierenden Satz von Tests an einer einzigen Verzweigung in eine Richtung zu ändern, in die der Pfad an dieser Stelle bislang noch nicht geändert wurde. Dieses Hinzufügen von Testfällen erfolgt so lange, bis an allen Verzweigungen einmal eine Änderung auf jede existierende Folgemöglichkeit stattfand.

Der linke Kontrollflussgraph von Abbildung 6–4 zeigt den Trivialfall. Keine Verzweigungen, nur ein möglicher Pfad. Im mittleren Graphen ist ein möglicher Kontrollfluss: schnurgerade von oben nach unten. Wenn nur eine Verzweigung verändert werden soll bleibt als weiterer möglicher Exekutionspfad die Möglichkeit, bei der ersten Verzweigung den rechten Pfad zu nehmen, aber nie die Schleife zu durchlaufen. Ändern wir wieder nur eine Verzweigung zu einer bestehenden Variante, so bleibt nur mehr eine dritte Möglichkeit übrig, nämlich die, auch die Schleife zu durchlaufen. In unserer Modellvorstellung durchlaufen wir Schleifen gar nicht oder immer nur einmal.

Eine Linearkombination dieser drei Pfade kann alle möglichen Pfade beschreiben. Wenn wir die drei beschriebenen Pfade a, b und c bezeichnen, wäre ein Exekutionspfad mit fünfmaligem Schleifendurchlauf als $5 \cdot (c - b) + b$ darstellbar.

Der rechte Kontrollflussgraph in Abbildung 6–4 hat sechs voneinander unabhängige Programmpfade, die auf die beschriebene Weise bestimmt werden können. Die Anzahl der unabhängigen Programmpfade eines Kontrollflussgraphen wird *zyklomatische Komplexität* genannt und gleicht im Graphen der Anzahl der Kanten minus der Anzahl der Knoten plus zwei. Diesem Komplexitätsmaß sind wir schon beim Thema Code-Metriken begegnet, siehe Tabelle 4–1 auf Seite 70. Da beim strukturierten Testen eines Programm(teil)s für jeden der unabhängigen Exekutionspfade ein Testfall durchlaufen wird, ist die zyklomatische Komplexität somit ein Maß für den Testaufwand.

6.8 Host oder Target Testing?

Beim Testen von Software für eingebettete Systeme gibt es oft eine Reihe von Umständen, die dazu verleiten, die Softwarekomponenten *nicht* im Zielsystem zu testen:

- Vom Zielsystem existiert erst ein einziger Prototyp; es müssen sich daher mehrere Softwareentwickler um diese eine Hardware streiten.
- Das Einspielen der Software in das Zielsystem per Emulator kostet Zeit.
- Der Debugger am Zielsystem ist nicht so mächtig, wie der Debugger am Host-System.
- Am Host gibt es »unbegrenzt« virtuellen Hauptspeicher und damit keine Größenbeschränkung für die Testsoftware.
- Am Zielsystem können die Testresultate nicht einfach am Bildschirm ausgegeben werden, was am Host kein Problem ist.

Trotzdem sollten die Unit-Tests *auf jeden Fall* am Zielsystem laufen. Dafür gibt es wichtige Gründe:

- Nur so ist es möglich, beim Unit-Test Compilerfehler oder Fehler der Standardbibliothek des Compilers im Test zu finden (unter der Voraussetzung, dass die Compileroptionen unverändert bleiben).
- In C sind dem Compilerhersteller Interpretationsfreiheiten überlassen (so ist etwa das Ergebnis eines Rechts-Shift eines negativen `int`-Wertes nicht exakt definiert). Die Datenbreite und Endianess können am Host und Target unterschiedlich sein.
- Bei Mixed-C/Assembler-Programmierung sind Tests oft nur am Zielsystem möglich. Die Alternative dazu wäre ein Testlauf am Simulator des Prozessors. Besser als nichts, doch auch Simulatoren sind nur ein Stück Software und können Fehler enthalten[3].
- Routinen des Betriebssystems müssen ggf. nicht durch Stubs ersetzt werden.
- Einschlägige Normen raten dazu (z.B. [ISO 26262]).

Eine gängige Strategie für das Testen von durch Cross-Compiler übersetzte Programme ist daher:

1. Ausführen der instrumentierten Tests am Host-System im Debug-Modus. Mit Hilfe dieser Tests werden die meisten Softwarefehler gefunden und auch Fehler in der Testsoftware entdeckt. Dank Debug-Information ist die Ursachenfindung dieser Fehler leicht. Es werden die Tests solange erweitert, bis die benötigte Testabdeckung erreicht ist.
2. Wiederholen der Tests im Zielsystem mit originalem Objektcode. Also keine Instrumentierung, die Compilerschalter sind die des Endprodukts. Die Testumgebung linkt im Idealfall den Objektcode des zu testenden Moduls hinzu, statt ihn anzutasten und selbst zu übersetzen.

Zu dieser Strategie ist eine Warnung auszusprechen: Das Erreichen der definierten Testabdeckung, z.B. 100% Branch Coverage für Software mit mäßiger Sicherheitsrelevanz ist zwar eine notwendige Bedingung, aber keine hinreichende. Sobald das Testwerkzeug 100% Abdeckung meldet, soll der Tester nicht sofort aufhören zu denken und sich mit anderen Dingen beschäftigen. Stattdessen ist zu klären, ob nicht noch weitere Grenzwerttests sinnvoll wären, wie das Beispiel in Abschnitt 6.2 zeigt.

3. Persönliche Bemerkung des Autors: Ich hatte vor vielen Jahren einmal einen Fall, bei dem der Simulator richtig war, der Prozessor aber buggy, und einmal den Fall, bei dem der Simulator buggy war und der Prozessor okay. Beides ist sehr unangenehm, wenn man am Simulator testet. Speziell dann, wenn man den Quellcode so anpasst, dass die Unit-Tests am Simulator durchgehen und man dafür dann tagelang die Systemtests am Target debuggen muss.

6.9 Den Code immer unverändert testen?

Um die Zuverlässigkeit von Unit-Tests zu erhöhen, sollte – wie erwähnt – die originale Objektdatei der zu testenden Funktion mit der Testumgebung gelinkt werden. Dies bereitet gelegentlich Probleme.

Listing 6–2 (Seite 92) undListing 6–3 (Seite 98) zeigen ein Beispiel dazu: Die in der zu testenden Funktion aufgerufenen Funktionen `fopen` und `fclose` können nicht, wie die anderen aufgerufenen Funktionen, durch Stubs simuliert werden, weil sie in der Standardbibliothek implementiert sind. Anders als beim Stubbing ist es daher nicht einfach, diese Routinen Fehlercodes liefern zu lassen. Der in Listing 6–3 gewählte Ansatz ist, die möglichen Fehlerfälle von `fopen` durch Erzeugen und Löschen der Zieldatei zu generieren. Damit bleibt der zu testende Objektcode beim Test tatsächlich völlig unverändert.

Weicht man diese Forderung nach unverändertem Code etwas auf, dann könnte der Tester sich das Leben etwas leichter machen. Etwa indem mit den Zeilen

```
#ifdef TEST
#define fopen test_open
#define fclose test_close
#endif
```

am Beginn des Listings die Möglichkeit geschaffen wird, Stubs für diese Funktionen zu schreiben.

Eine weitere Erschwernis beim Unit-Test-Design kann Datenkapselung sein. Wenn der Tester den Wert von Variablen mit dem Attribut `static` lesen oder beschreiben will, hat er im Stub oder Treiber keine Möglichkeit, dies zu tun, denn die Variable ist in anderen Quelldateien »unsichtbar«. Um trotzdem im Testcode eine derart geschützte Variable der zu testenden Datei zu sehen, könnte man in der zu testenden Datei mit einem Makro das Attribut `static` für die betroffene(n) Variable(n) bei der Übersetzung des Unit-Tests ausblenden. Zumindest ein kommerzielles Unit-Test-Werkzeug benötigt diesen Makro-Trick und die erneute Übersetzung nicht und kann trotzdem auf die so geschützte Variablen zugreifen, indem das Werkzeug einen Zeiger auf die korrekte Adresse bereithält. Wie auch immer: Je weniger solcher Zugriffe auf private Daten im Test stattfinden, desto stabiler ist das Testdesign, weil es unabhängiger vom internen Design des Testobjekts ist.

Verwendet man die in diesem Unterkapitel vorgestellten Techniken, so muss die zu testende Datei für den Unit-Test neu übersetzt werden und im Regelfall ändert sich deren Objektcode geringfügig im Vergleich zum Objektcode der finalen Software. Ein sehr subtiler (aber auch sehr unwahrscheinlicher) Compilerfehler könnte unbemerkt bleiben. Gefährlicher als diese unwahrscheinlichen Compilerfehler ist die Verwendung von anderen Compiler-Optionen beim Unit-Test als bei der Übersetzung für die Release. Nachdem bei der Verwendung der vorgestellten Makro-Tricks die Unit-Tests separat übersetzt werden, ist auch dabei die unbeabsichtigte Verwendung von anderen Compiler-Einstellungen möglich. Wird zum Beispiel für das Release beschlossen, von Optimierungsstufe 2 auf 3 zu erhöhen, aber vergessen, die Optimierungsstufen auch für Unit-Tests anzupassen, dann können sich potenziell der getestete Code und der gelieferte Code erheblich unterscheiden. Optimierungen des Compilers sind eine berüchtigte Quelle für Fehler.

6.10 Unit-Tests bei objektorientierten Sprachen

Bei objektorientierten Sprachen begegnen wir dem Problem der Kapselung wieder. So gibt es zum Beispiel fast in jeder C++-Klasse einen vor der Außenwelt versteckten Teil und einen nach außen hin sichtbaren Teil. Diese Teile werden in C++ durch die Schlüsselworte `private` und `public` deklariert. Idealerweise testet man die Klasse über ihre öffentliche Schnittstelle, also nur über Methoden und Attribute, die `public` sind. Ist dies nicht mit vertretbarem Aufwand möglich, so kann man sich mit einer `friend`-Klasse als Testerklasse helfen. Die Relation der beiden Klassen ist weder reflexiv noch transitiv und zerstört daher die Kapselungsintegrität des Quellcodes nicht. Die als `friend` deklarierte Testklasse hat die Erlaubnis, private Methoden direkt aufzurufen und private Daten zu prüfen.

Die vorgestellten Testabdeckungen für Unit-Tests verursachen übrigens bei objektorientierten Sprachen streng genommen ein Problem, denn Polymorphismus erlaubt Programmverzweigungen im Objektcode, die im Quellcode nicht sichtbar sind. Einige wenige Werkzeuge definieren eine OO-Testabdeckung, die auch diese unsichtbaren Verzweigungen berücksichtigt. Eine Suche nach diesen sehr unwahrscheinlichen Fehlern, die dadurch leichter aufgedeckt werden können, ist aber nur für Software höchster Integritätsstufe interessant. Das ist typischerweise Software, in der Polymorphismus ohnehin strengstens untersagt ist. Auch gibt es Publikationen, in denen man den Test dieser unsichtbaren Programmverzweigungen nicht ganz zu Unrecht dem Integrationstest zurechnet und den Unit-Test davon ausnimmt [Wallace 96].

6.11 Grenzen des Unit-Tests

Beim Testen von Software müssen wir uns immer vor Augen halten, dass wir stets nur einen Teil der Funktionalität testen. Ein Programm ohne Schleifen mit 10 nicht verschachtelten Verzweigungen, die jeweils nur von einer Variablen abhängen, hat bereits 1024 mögliche Programmpfade. Also, selbst wenn Unit-Tests 100% Basis Path Testing Coverage erreichen, wären das nur 11 Pfade aus den 1024 möglichen. Wir haben daher nur einen Bruchteil der möglichen Zustände der Software getestet. Und selbst wenn wir die Zeit hätten, 1024 Testfälle zu erzeugen: Eine Testabdeckung trifft keine Aussage, ob die getestete Software auch wirklich alle Funktionalität erfüllt, die von ihr gefordert wird. Des Weiteren sind die vorgestellten Testabdeckungen allesamt *strukturelle Abdeckungen*. Das heißt, sie betreffen nur den Programmpfad (die Struktur) der Software, nicht aber die Daten und Berechnungen. Werkzeuge, die datenorientierte Testabdeckungen messen, haben aber zurzeit keine nennenswerte Verbreitung[4]. Gerade bei objektorientiertem Design, wo man doch den Code um die Daten eines Objekts »herumprogrammiert«, wäre der Einsatz von Testabdeckungen, die sich am Datenfluss orientieren, aber eine gute Idee.

In der industriellen Praxis hat sich bis dato beim Unit-Test also nur die Erfassung struktureller Testabdeckungen durchgesetzt. Der fehlende Blick auf die Daten ist mit ein Grund dafür, dass man auch beim White-Box-Test nicht auf Grenzwerttests verzichtet, wie in Abschnitt 6.2 erwähnt.

Das Erreichen der geforderten Testabdeckung ist also eine notwendige Bedingung für das Beenden des Unit-Tests, ist aber, selbst unter der Annahme von perfekten Tests, keine hinreichende Bedingung für fehlerfreien Code. Unit-Tests können zudem eine Code-Review nicht ersetzen, wie schon in Abschnitt 6.13 demonstriert. Auch wenn ein Unit-Test also kein Garant für fehlerfreie Software-Module ist, so gibt es dennoch Fehler, die man zum Beispiel auch in einer sehr genauen Code-Review kaum findet, deren Entdeckung aber ein leichtes Spiel für den Unit-Test ist. Listing 6–2 hat so einen Fehler, der mit den Tests aus Listing 6–3 gefunden wird. Zudem werden Compilerfehler und Fehler der Laufzeitumgebung am ehesten in Unit-Tests gefunden, weil man hier am ehesten den Blick auf fehlerhafte Zwischenergebnisse machen kann, die vielleicht an der Systemgrenze nicht mehr sichtbar wären.

6.12 Werkzeuge für den Unit-Test

Abschnitt 6.5 hat die Rolle von verschiedenen Arten von Testwerkzeugen vorgestellt. Nun werden die dortigen Erläuterungen ergänzt und einige konkrete Werkzeuge genannt.

6.12.1 Unit-Test-Frameworks

Die vermutlich am weitesten verbreitete Familie von Unit-Test-Frameworks ist die xUnit-Familie. Ursprünglich von Kent Beck für Smalltalk als SUnit geschrieben und von Erich Gamma und Kent Beck für Java als JUnit portiert, existieren heute Portierungen für eine große Zahl von Programmiersprachen. Darunter C, C++ und C#. Die Portierungen für diese drei Sprachen heißen CUnit, CPPUnit

4. Aus diesem Grund stellt dieses Buch auch keine Testabdeckungen vor, die sich am Datenfluss orientieren. Es sollte aber erwähnt werden, dass viele Werkzeuge zur statischen Analyse Datenflussanomalien aufdecken können, die einem nicht *möglichen* Erreichen von 100% Datenüberdeckung entsprechen.

und NUnit und sind, wie ihre Geschwister, Open-Source-Software. Ebenfalls offen und weit verbreitet ist das Google C++ Testing Framework.

Für so manche Anwender dürfte speziell CPPUnit zu mächtig bzw. zu umständlich in der Verwendung sein. Für C und C++ gibt es unter anderem folgende Unit-Test-Frameworks mit vereinfachter Handhabe:

- CUTE
- Cpp Unit Lite
- TUT
- Aeryn
- Xtests

6.12.2 Werkzeuge zur Testerstellung

Testwerkzeuge zur Erstellung von Unit-Tests sind entweder in die Entwicklungsumgebungen integriert oder stellen eine eigene IDE zur Verfügung. Im Gegensatz zu den Test-Frameworks kümmert sich das Werkzeug um die Übersetzung der Tests. Man kann dabei meist per Mausklick wählen, ob ein zuvor definierter Stub verwendet werden soll oder das Linken der Originalobjektdatei gewünscht wird. Damit ist es möglich, ein Unit-Test-Werkzeug auch für Integrationstests zu verwenden. Im Zuge der Integration werden dabei schrittweise Stubs durch die originalen Funktionen ersetzt.

Ist eine aufgerufene Funktion nicht von Bedeutung für den Test, so erzeugen die meisten Testwerkzeuge automatisch einen leeren Stub, damit fehlerfrei übersetzt werden kann. Man kann im Regelfall die Instrumentierung aus/einschalten und ggf. den Grad/Umfang der Instrumentierung festlegen. Bei manchen Werkzeugen ist das sogar durch spezielle Kommentarzeilen separat für einzelne Code-Zeilen möglich. Etwa, wenn eine Code-Zeile absichtlich unerreichbar ist und man durch Abschalten der Instrumentierung verhindern will, dass diese Zeile beim Report der Testabdeckung erwähnt wird.

Bei Nichterfüllung einer gewählten Testabdeckung zeigen die meisten Werkzeuge im Programmeditor, welcher Pfad noch nicht ausgeführt wurde. Manche Werkzeuge gehen sogar so weit, dass sie Testfälle selbst automatisch nach Analyse des zu testenden Codes erzeugen. Dabei wird die Grenzwertanalyse weitgehend vorweggenommen. Typischerweise werden Testfälle für Integer-Grenzen oder für Werte erzeugt, bei denen der Programmfluss vermuten lässt, dass ein Funktionsparameter ein Grenzwert ist. Das Funktionsergebnis wird dann errechnet und dem Benutzer als erwartetes Ergebnis vorgeschlagen. Solch mächtige Features ersparen dem Tester natürlich viel Schreibarbeit. Sie bergen aber auch die Gefahr, dass sie dem Tester das Denken abnehmen und man die automatisch *erratenen* Testfälle durch einen Mausklick akzeptiert und in die Testdatenbank übernimmt, ohne die vorgeschlagenen Grenzen und die Ergebniswerte genau *gegen die Design-Spezifikation* zu prüfen.

Ein Werkzeug am Markt unterstützt auch auf interessante Weise bei der Detektion uninitialisierter Variablen. Alle im zu testenden Code vorkommenden Variablen werden vor dem Start der Testfälle mit 0x55555555 beschrieben. Dieses Bitmuster ist weder 0xFFFFFFFF noch Null, hat also keinen typischen Default-Wert von RAM-Bausteinen und erzeugt daher eher Fehler beim lesenden Zugriff auf Variablen, die zuvor nicht explizit initialisiert wurden, als typische Default-Werte. Das gleiche Werkzeug überprüft auch nach jedem Aufruf einer zu testenden Funktion, ob sich die Werte der globalen Variablen geändert haben. Dies zwingt zwar den Benutzer, jede kleine Änderung bei der Testfalldefinition anzugeben, um Falschwarnungen zu verhindern, kann aber gleichzeitig ungewollte Datenänderungen (z.B. durch fehlgeleitete Zeiger) aufdecken.

Die hier vorgestellten Features sind eine Übermenge der Funktionen der Testwerkzeuge Tessy, Cantata, Cantata++, VectorCAST und Rational Test RealTime.

Bei eingebetteten Systemen muss zur Verwendung solch eines kommerziellen Unit-Test-Werkzeugs immer beachtet werden, dass das Werkzeug für den Prozessor des Zielsystems angepasst werden muss, denn der vom Werkzeug erstellte Test-Code und der Instrumentierer verwenden Bibliotheksfunktionen, die für das Zielsystem übersetzt sein müssen. Zudem muss es möglich sein, die Testergebnisse vom Target zurück in die grafische Benutzerschnittstelle des Werkzeugs am Host zu transportieren. Diese Anpassungsaufgaben werden in der Regel vom Hersteller des Werkzeugs übernommen.

6.12.3 Coverage-Analyse

Instrumentierungswerkzeuge und die dazu passenden Analysewerkzeuge für Testabdeckungen gibt es auch als eigenständige Applikationen, also ohne jede Integration in ein Werkzeug zur Testerstellung. Für den GNU-Compiler gibt es da zum Beispiel ein paar spezielle Argumente beim Kompilieren und dann gcov zur Auswertung. Gegebenenfalls tut es für Statement Coverage auch ein Profiler, z.B. gprof, der feststellen kann, ob eine Programmzeile in einem Testdurchlauf ausgeführt wurde. Profiler sind eigentlich dazu gedacht, Optimierungspotenzial zu identifizieren, und zeigen an, wie viel Prozent der CPU-Leistung für jede Zeile des Quellcodes in einem Testlauf aufgewandt wird. Wenn im erstellten Profil für eine Code-Zeile 0% erscheint, dann ist klar, dass es keinen Testfall gibt, der diesen Teil des Codes ausführt.

Beispiele für kommerzielle Werkzeuge zur Messung der Testabdeckung sind, unter einigen anderen, Testwell CTC++ und McCabe IQ. Letzteres ist eines der ganz wenigen Werkzeuge, das beim Basis Path Testing unterstützt.

6.13 Diskussion

6.13.1 Testabdeckung

Eine durchgängige Implementierung von Unit-Tests bedeutet hohen Aufwand. Eine Möglichkeit, den Aufwand in Grenzen zu halten, ist es, Software-Teile mit Integritätsanspruch sauber von anderen Software-Teilen zu trennen und Unit-Tests nur dort durchzuführen, wo der Anspruch an die Integrität der Software dies erfordert. Einschlägige Normen legen diese Erfordernis nahe, sobald die Software auch nur einen moderaten Sicherheitsanspruch hat. So empfehlen [ISO 26262, DO-178C] zum Beispiel für das niedrigste Integritätsniveau dringend Unit-Tests mit zumindest 100% Statement Coverage und [ISO 26262] empfiehlt auch hier schon das Erreichen von 100% Branch Coverage. Das Erreichen von 100% Branch Coverage für eingebettete Systeme empfiehlt auch [Liggesmeyer 09] schon lange vor dem Erscheinen der ISO 26262 dringend. Für Software mit hoher Sicherheitsrelevanz ist in allen modernen Standards die Forderung nach 100% MC/DC üblich. Moderne Werkzeuge können MC/DC auch dann korrekt berechnen, wenn nicht alle Variablen, die auf die Entscheidung Einfluss nehmen, direkt in der If-Bedingung aufscheinen:

```
bool a,b,c,d;
/* ... */
if (a || b || c) KeinProblem();
d = a || b || c;
if (d) AuchKeinProblem();
```

Die vorgestellten Testabdeckungen sind die in der Praxis am häufigsten gemessenen dynamischen Testmetriken. Wie erwähnt haben diese strukturellen Testabdeckungen die Schwäche, nur den Kontrollfluss zu messen, nicht aber den Datenfluss, was aber wünschenswert wäre, ganz speziell bei OO-Designs. Es gibt weit mehr Testabdeckungen als die wenigen hier vorgestellten. Wissenschaftliche Publikationen zum Thema Testabdeckung findet man unter den Stichworten *Test Adequacy Criteria*. Eine solche Publikation, [Hutchins 94], schließt aus einer Reihe von Experimenten, dass es keinen Sinn ergibt, bei Erreichen von 90% oder 95% einer Testabdeckung aus Kostengründen die Tests zu beenden, wie man gelegentlich anderswo liest. Das Erreichen von 100% hat einen vergleichsweise großen Hebel in der Fehlerfindung.

Werkzeuge zur Unterstützung beim Basis Path Testing findet man in der Tool-Landschaft lange nicht so häufig, wie Werkzeuge zur Messung von Branch Coverage und MC/DC. Der strukturierte Unit-Test ist dem »unstrukturierten« Test aber gelegentlich überlegen. In den Übungsaufgaben zu diesem Kapitel findet sich ein Beispiel dazu. Wenn der strukturierte Unit-Test gemacht wird, ohne das Design (also z.B. die Beschreibung einer Schnittstelle) als Testreferenz zu nehmen, sich also nur am Quellcode orientiert, dann findet der Test niemals fehlende Teile oder andere schwere Verletzungen der Spezifikation der Komponente. Dementsprechend viel Kritik musste das Originalverfahren einstecken. Eine gute Testabdeckung ist also kein Garant für gute Tests, wie auch der folgende Erfahrungsbericht zeigt.

Erfahrungsbericht Testabdeckung

Bei einer Zulieferfirma für die europäische Raumfahrt werden rigoros Unit-Tests eingesetzt. Als man bei einem Projekt zeitlich in Bedrängnis geriet, stellte man einen neuen Mitarbeiter zur Verstärkung ein. Seine Aufgabe war es, Unit-Tests zu machen. Das Projekt war nicht missionskritisch, die geforderte Testabdeckung war 100% Decision Coverage. Unit-Tests wurden im Projekt meist durch den Programmierer selbst gemacht. Um einen erfahrenen Programmierer für Implementierungsaufgaben freizubekommen, überließ man seinen Code dem neuen Mitarbeiter zum Unit-Test. Dieser hatte große Mühe, sich in den Code einzulesen. Also beschränkte er sich darauf, Tests zu schreiben, die zwar 100% Decision Coverage erreichten, die Aufgabe der zu testenden Funktionen hinterfragte er aber nicht weiter. Zum Zahlungsmeilenstein »Unit Test Completion« schien noch alles in bester Ordnung zu sein. Man hatte durch die Personalverstärkung Zeit aufgeholt, 100% Testabdeckung wurde erreicht, man war bereit, die Systemtests zu starten.

Bei den Systemtests erkannte das Team allerdings, dass gar nichts in bester Ordnung war. Die umfangreichen Tests fanden viele Fehler. Die Ursachenfindung im Zielsystem war aber sehr mühsam und erst nach einiger Zeit erkannte man, dass schlechte Unit-Tests für die ungewöhnlich hohe Fehlerquote verantwortlich waren. Eine Inspektion der Unit-Tests zeigte, dass der neue Mitarbeiter zwar 100% Testabdeckung erreicht hatte, aber keine Tests gegen das Design gemacht hatte. Seine Tests *durchliefen* die Software nur, aber *testeten* sie nicht. Man war über die Fahrlässigkeit des Mitarbeiters so verärgert, dass man sich von ihm nach kurzer Zeit wieder trennte.

Dieses Beispiel zeigt eine Stärke der Test-First-Strategie (siehe Abschnitt 1.5.13): Der Tester wird gezwungen, gegen das Komponentendesign zu testen. Die Testfälle beim TDD können per se den Code nicht bloß durchlaufen. Allerdings hätte man bei TDD auch nicht so einfach Zeit durch die Arbeitsteilung in Implementierung/Unit-Test aufholen können.

6.13.2 Organisation von Unit-Tests

Wenn das Projekt klein genug ist, dass man sich Bottom Up Unit Testing erlauben kann, dann ist das die ideale Form der Testorganisation. Man beginnt bei den Low-Level-Routinen und arbeitet sich Hierarchiestufe für Hierarchiestufe im Baum der Abhängigkeiten der Module hinauf bis an die Spitze. Die Integration der Module an den neu hinzugekommenen Schnittstellen wird gleichzeitig mit den Modulen selbst getestet. Die fixe Test- und Integrationsreihenfolge macht diese Testmethode allerdings in großen Projekten nicht umsetzbar.

Egal ob bei Isolationstests oder im Bottom-up-Verfahren, egal ob mit Werkzeug oder ohne: Die Testfälle sollten am besten so entworfen werden, dass sie *voneinander unabhängig* sind. Abhängigkeiten, so wie sie zwischen den Implementierungen der Testfälle 3 und 4 in Listing 6–3 vorkommen, sind ungeschickt: Eine Neureihung der Tests oder ein Auslassen von Testfall 3 in einer Debug-Session könnte zur Folge haben, dass Testfall 4 einen Fehler meldet, auch wenn das getestete Programm fehlerfrei ist.

Traditionell kennt das V-Modell keine direkte Verknüpfung von Anforderungen und Unit-Tests, siehe Abbildung 1–7 auf Seite 19. Dennoch empfiehlt man in [ISO 26262] dringend, auch für Software mit nur moderatem Sicherheitsanspruch bei den Unit-Tests die in der zu testenden Unit umgesetzten Anforderungen zu beachten und – sofern möglich – zu prüfen. Das kann zum Beispiel ein korrekt oder falsch implementierter Schwellwert sein: Wenn ich als Tester genau weiß, welcher Schwellwert gefordert ist, kann ich einen sinnvolleren Unit-Test machen, als wenn ich mich nicht nur auf die Beschreibung des Designs verlasse (wo der Schwellwert falsch sein könnte). In der ISO 26262 wird das *Requirements Based Unit Test* genannt.

Für Projekte mit sehr hohem Integritätsanspruch ist es nicht unüblich, den Unit-Test durch eine vom Programmierer verschiedene Person durchführen zu lassen oder zumindest eine Review von Unit-Tests zu machen. Im Sinne des Requirements-Based-Unit-Tests ist so ein Test deutlich leichter, wenn dem Tester eine Traceability-Tabelle, wie in Abbildung 5–2 auf Seite 81 gezeigt, zur Verfügung steht.

6.14 Fragen und Übungsaufgaben

Frage 6.1: Wenn Sie ein Software-Modul mit 100% Multiple Condition Coverage getestet haben und davon ausgehen, dass die Tests fehlerfrei implementiert sind, und Sie keine Fehler im zu testenden Software-Modul finden, können Sie dann davon ausgehen, dass das Modul frei von Fehlern ist?

Frage 6.2: Reihen Sie die Testabdeckungen Condition/Decision Coverage, MC/DC, Decision Coverage und Statement Coverage gemäß ihrer Schärfe und begründen Sie die Reihung!

Frage 6.3: Wenn Sie 100% Basis Path Coverage erreichen: Ist dann 100% Decision Coverage automatisch erreicht? Warum (nicht)?

Frage 6.4: Wenn Sie 100% Basis Path Coverage erreichen: Ist dann 100% MC/DC erreicht? Warum (nicht)?

Frage 6.5: Warum verwendet man für Unit-Tests in C/C++ nicht `assert()` aus `assert.h`, sondern schreibt sich selbst Routinen, so wie `MY_ASSERT()`, oder verwendet Unit-Test-Frameworks?

Frage 6.6: Ihre Firma schreibt Software mit Sicherheitsrelevanz, daher machen Sie Unit-Tests und zeichnen die Coverage mit Instrumentierung auf. Ihr Kollege schlägt vor, die Unit-Tests ausschließlich (a) instrumentiert (b) am Target (c) mit den finalen Compiler-Einstellungen laufen zu lassen. Ist das alles, was man tun muss, fehlt etwas? Bitte kurze Begründung/Rechtfertigung.

Frage 6.7: Das folgende Programm wird mit einem fehlerhaften Compiler übersetzt. Der Fehler des Compilers ist, dass er bei der Sprunganweisung im Delay Slot der fiktiven CPU keine NOP-Anweisung einbaut. Wenn gesprungen wird, dann hält durch den Compiler-Fehler die Programmausführung mit einer CPU Exception an, sonst nicht.

```
do /* Sprungziel der unten beschriebenen
    * Sprunganweisung */
{
   /* hier ist ein Algorithmus,
    * der x manipuliert */
} while (x != 0);
/* die letzte Zeile wird zu einer (bedingten)
 * Sprunganweisung übersetzt */
```

Finden Sie diesen Fehler, wenn Sie (a) mit 100% Statement Coverage, (b) mit 100% Decision Coverage, (c) mit 100% MC/DC einen Unit-Test durchführen? Warum (nicht)?

Frage 6.8: In Ihrer Firma gibt es kein durchgängiges Testkonzept und es treten vermehrt Fehler durch Data Races auf. Konkret hat eine Interrupt-Service-Routine Daten manipuliert, die auch im Hauptprogramm manipuliert wurden. Ihr Chef möchte Konsequenzen ziehen und Unit-Testing mit 100% Decision Coverage einführen. Wie beurteilen Sie diese Maßnahme?

Aufgabe 6.9: Beschreiben Sie eine Art von Fehler, die Basis Path Testing finden würde, aber die bei Tests mit 100% MC/DC dennoch unentdeckt bleiben könnte.

Aufgabe 6.10: Schreiben Sie Testfälle zum Test des folgenden Codes mit Hilfe der Basis-Path-Testing-Methode (strukturierter Unit-Test nach McCabe). Es gilt die Annahme, dass das Programm 100% korrekt ist. Die Rolle von Stubbing u.Ä. ist nicht gefragt.

```
int goo(int i, int j)
{
   int k = 0;
   if (j > 5) k = 3;
   if (i > 0)
   {
      k = 1;
      if (i > 5) k = 2;
      subgoo1(i,j,k);
   }
   subgoo2(i);
   return k;
}
```

Aufgabe 6.11: Nehmen Sie an, das unten stehende Programm sei 100% korrekt. Schreiben Sie (a) eine minimale Anzahl von Testfällen auf, die 100% Decision Coverage erreichen und (b) eine minimale Anzahl von Testfällen, die 100% Modified Condition/Decision Coverage erreichen.

```
bool total_alarm(bool alarm1,
                 bool alarm2,
                 bool alarm3)
{
   if (alarm1 || alarm 2 || alarm 3)
   {
      return true;
   }
   else
   {
      return false;
   }
}
```

Aufgabe 6.12: Das folgende Programm implementiert die Quadratwurzel für nichtnegative Integer-Zahlen. Entwerfen Sie Unit-Tests mit 100% MC/DC dafür.

```
uint16_t intsqrt(uint32_t uiInput)
{
   unsigned uiRoot = 0;
   unsigned uiRemHi = 0, uiRemLo = uiInput;
   unsigned uiTestDiv;
   int iBits;

   for(iBits = 0; iBits < 16; iBits++)
   {
```

```
        uiRemHi = (uiRemHi << 2) | (uiRemLo >> 30);
        uiRemLo <<= 2;
        uiRoot <<= 1;
        uiTestDiv = (uiRoot << 1) + 1;
        if (uiRemHi >= uiTestDiv)
        {
            uiRemHi -= uiTestDiv;
            uiRoot++;
        }
    }
    return uiRoot;
}
```

7 Integrationstests

Programme, die die Größe von wenigen hundert Zeilen überschreiten, bestehen im Regelfall aus mehreren Quelldateien oder Modulen. Diese Module kapseln bestimmte Information und kommunizieren über definierte Schnittstellen mit anderen Modulen. Wenn im Rahmen der Software-Entwicklung ein neues Modul zum Programm hinzugefügt wird, so kann mit Hilfe von Integrationstests geprüft werden, ob die Schnittstellen zu anderen Modulen und zur Hardware so funktionieren, wie im Design der Software-Architektur vorgesehen. In Analogie dazu prüfen Integrationstests auf Subsystem-Ebene, ob sich ein neu hinzugefügtes Subsystem mit dem Rest des Systems so verhält, wie in der Systemarchitektur vorgesehen.

Das effizient und/oder effektiv zu machen, ist nicht immer einfach. In diesem Kapitel werden Strategien für Integrationstests vorgestellt, verglichen und bewertet.

7.1 Software/Software-Integrationstest

Zunächst widmen wir uns dem Software/Software-Integrationstest. Dieser Test prüft die Interaktion von zwei oder mehreren Software-Komponenten mit dem Ziel, Fehler aufgrund dieses Zusammenspiels zu finden. Solche Interaktionsfehler können zum Beispiel entstehen, wenn zwei verschiedene Programmierer die Schnittstellenbeschreibung anders verstanden haben, oder wenn eine Operation einer aufgerufenen Komponente spezielle Ereignisse an die aufrufende Komponente weiterleitet, aber diese dafür nicht gerüstet ist.

7.1.1 Bottom-up-Unit-Tests als Integrationstest

Interessanterweise besteht die eleganteste Integrationsteststrategie darin, gar keinen expliziten Integrationstest zu machen und stattdessen die Unit-Tests geschickt zu arrangieren. Wenn Sie Abschnitt 6.3.3 schon gelesen haben, dann kennen Sie diese Idee bereits unter dem Namen *Bottom Up Unit Testing*. In den folgenden Zeilen vertiefen wir die Betrachtung ein wenig und sehen uns dabei den Test der Komponentenschnittstellen genauer an.

Die Idee beim Bottom Up Unit Testing ist, eine genaue Reihenfolge bei der Integration zu befolgen und die Komponente für Komponente größer werdende Software an ihren hierarchisch »höchstgelegenen« Schnittstellen zu testen.

Abbildung 7–1 zeigt zunächst einmal eine einfache Ausgangslage. Im Bild sind die Quelldateien eines Programms als Rechtecke dargestellt. Zu sehen sind die Abhängigkeiten gemäß der `#include`-Anweisungen des C-Codes. Datei A verwendet also die Funktionen oder Typen der Dateien B, C und D, Datei B enthält keine `#include`-Anweisung und so weiter. Damit wir uns nicht an Terminologie stoßen, sind in diesem Projekt ein Unit-Test und ein Modultest gleichzusetzen (Abschnitt 6.2 diskutiert die Definitionen).

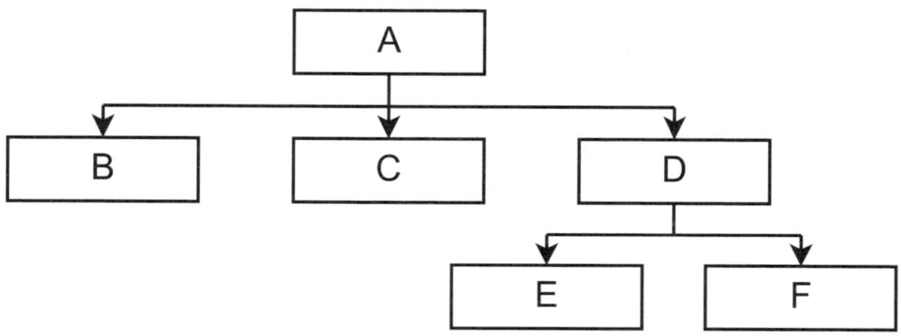

Abb. 7–1 *Der Abhängigkeitsgraph von Software-Modulen ist im einfachsten Fall ein Baum. Die Pfeilrichtung zeigt in die Richtung des Ziels der #include-Anweisungen.*

Beim Testen beginnt man mit den Dateien, die keine anderen inkludieren, also Low-Level-Code und Grundfunktionen. Zum Test muss für jeden Integrationsschritt nur der Testtreiber geschrieben werden, also eine Umgebung geschaffen werden, die die Funktionen der Module aufruft und das erwartete Ergebnis mit dem tatsächlichen Ergebnis vergleicht.

Sind alle Dateien getestet, bei denen ein Test dieser Art möglich ist, so werden Dateien getestet, die nur bislang getestete Dateien verwenden. Man arbeitet sich in der Abhängigkeitshierarchie hoch, bis schließlich alle Module der Software getestet sind. Abbildung 7–2 zeigt einen Zwischenschritt in diesem Prozess, den Test von Modul D.

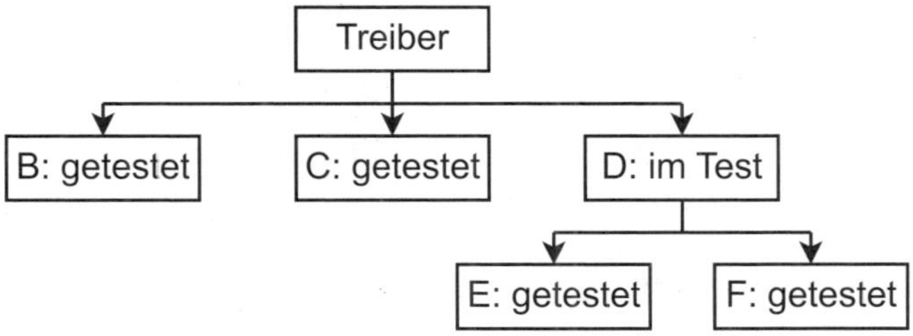

Abb. 7–2 *Test des Moduls D beim Bottom-up-Unit-Test*

Es ist zu sehen, dass zyklische Abhängigkeiten im Design diese elegante und effektive Test- und Integrationsmethode unmöglich machen. Man spricht vom *Class Integration and Test Order Problem*. Die mit Abstand beste Art, diesem Problem zu begegnen, ist zyklische Abhängigkeiten im Design zu vermeiden.

Plan B ist, für ausgewählte Module Stubs (siehe Abschnitt 6.3.3) zu schreiben, sodass eine sukzessive Integration und ein Integrationstest wieder möglich sind [Abdurazik 06]. In dieser Variante des Bottom Up Unit Testing können zuerst Module in Isolation getestet werden und dann Stück für Stück die Stubs durch die realen Module ersetzt werden. Damit ist der Aufwand im Vergleich zum Bottom Up Unit Testing in Originalform höher, die Reihenfolge der Integrationsschritte kann aber flexibler gestaltet werden und man kann, wie gesagt, mit zyklischen Abhängigkeiten umgehen. Moderne Unit-Test-Werkzeuge unterstützen diese Strategie, indem sie den Benutzer per Mausklick wählen lassen, ob die zuvor definierten Stubs und Treiber der Testumgebung verwendet werden sollen oder eine Objektdatei aus dem Entwicklungsprojekt zum zu testenden Modul gelinkt werden soll.

Bleibt noch die Frage nach der Integrationstestabdeckung. Wenn wir davon ausgehen, dass ein Unit-Test mit 100% Branch Coverage ausgeführt wird, können wir uns dann sicher sein, dass alle Schnittstellen zwischen zwei Modulen im Rahmen des Tests durchlaufen wurden? Die Antwort ist leider »nein«. Denn wenn in einer komplexen Verzweigungsbedingung eine Schnittstelle zwischen Modulen zu finden ist, wie etwa bei

```
if (other_unit1() && (other_unit2() || other_unit3())
{
   do_something();
}
```

und der Compiler die Verzweigungsbedingung von links nach rechts auswertet, dann wird mit den beiden Ergebnissen `other_unit1() == false` sowie `other_unit1() == true` und `other_unit2() == true` bereits 100% Decision Coverage für diese *If-Anweisung* erreicht, ohne jemals `other_unit3()` aufgerufen zu haben[1]. Will man erreichen, dass jede Teilbedingung einmal aufgerufen wird, so wären 100% MC/DC zu fordern.

Noch unbeantwortet sind die Fragen nach der Sinnhaftigkeit der an der Schnittstelle übergebenen Daten und die Sinnhaftigkeit des Tests. Ist das bloße Durchlaufen der Schnittstellen im obigen Beispiel schon Test genug? Eine Antwort kann ohne Analyse der Designs der beteiligten Module nicht gegeben werden. Ebenso muss man bei den allenfalls an der Schnittstelle übergebenen Daten achtgeben, denn es gibt natürlich Parameterwerte, die für einen Test nicht taugen: Rechnet ein Modul eine Distanz in Kilometern, ein anderes in Metern und wird die Schnittstelle der beiden Module beim Bottom-up-Test nur mit dem Wert Null bedient, so ist zwar möglicherweise 100% MC/DC erreicht, aber dennoch ist der Test so ungeschickt, dass dieser haarsträubende Fehler nicht entdeckt wird, denn es fehlt ein Test mit einem von Null verschiedenen Grenzwert an der Modulschnittstelle.

Die Blindheit für schlechte Testdaten haben auch die im folgenden vorgestellten Integrationstestverfahren gemein: Sie orientieren sich allesamt, wie die vorgestellten Unit-Test-Abdeckungen, nur am Kontrollfluss.

7.1.2 Strukturierter Integrationstest

Strukturierte Integrationstests wenden die Idee des Baseline Testing (siehe Abschnitt 6.7) auf die Schnittstellen zwischen Software-Modulen an. Sie testen die Integration eines Moduls mit dem Rest der Software. Das in [PSS-05-10] und [Wallace 96] beschriebene Verfahren identifiziert die Schnittstellen zu anderen Modulen ausschließlich als Funktionsaufrufe in externe Module. Im Kontrollflussgraphen werden diese Aufrufe durch farblich markierte Knoten repräsentiert.

Es ist einleuchtend, dass im Graphen das Durchlaufen von Programmschleifen, die keinen einzigen markierten Konten enthalten, irrelevant für den Zweck des Integrationstests sind: Es wird niemals eine Schnittstelle mehr oder weniger zur Außenwelt berührt. Das Verfahren reduziert daher den Graphen nur auf die Knoten, die für Integrationstests relevant sind und entfernt derartige Programmteile aus dem Graphen. Der reduzierte Graph wird dann nach der Methode des strukturierten Unit-Testens durchlaufen (siehe Abschnitt 6.7). Die zu schreibenden Testfälle durchlaufen daher alle im reduzierten Graphen repräsentierten Programmteile in der Art, dass die Exekutionspfade voneinander linear unabhängig sind.

1. Dem C-Compiler steht es gemäß ISO 9899 §5.1.2.3 frei, Ausdrücke nur partiell zu evaluieren, wenn das Gesamtergebnis bereits feststeht. So gut wie alle Compiler nutzen dies auch aus. Durch `other_unit1() == false` zum Beispiel kann das Gesamtergebnis nicht mehr `true` werden und die beiden Operanden von ODER müssen nicht mehr ausgewertet werden.

Die Regeln zur Reduktion des Graphen sind [PSS-05-10]:

1. Markierte Knoten dürfen nicht entfernt werden.
2. Nicht markierte Knoten, die keine Verzweigungen enthalten, werden entfernt.
3. Kanten, die zurück zum Beginn einer Schleife führen, die nur unmarkierte Knoten enthält, werden entfernt.
4. Kanten, die zwei Knoten so verbinden, dass kein Alternativpfad für diese Verbindung mit markierten Knoten existiert, werden entfernt.

Abbildung 7–3 bis Abbildung 7–5 zeigen, wie ein Kontrollflussgraph mit Hilfe dieser Regeln reduziert wird. Abbildung 7–3 zeigt den vollständigen Graphen. Abbildung 7–4 zeigt das Ergebnis nach zwei Reduktionsschritten: Regel 2 wurde verwendet, um Knoten 2 zu entfernen, Regel 3 entfernte die Miniaturschleife bei Knoten 4. Regeln 2 und 4 werden verwendet, um zu Abbildung 7–5 zu gelangen: Knoten 4 wurde mit Regel 2 entfernt, die Kante von Knoten 7 nach 9 wurde mit Hilfe von Regel 4 entfernt. Dank Regel 2 könnten dann auch die Knoten 8, 9, 1 entfernt werden, was aber den Integrationstest nicht mehr verändert.

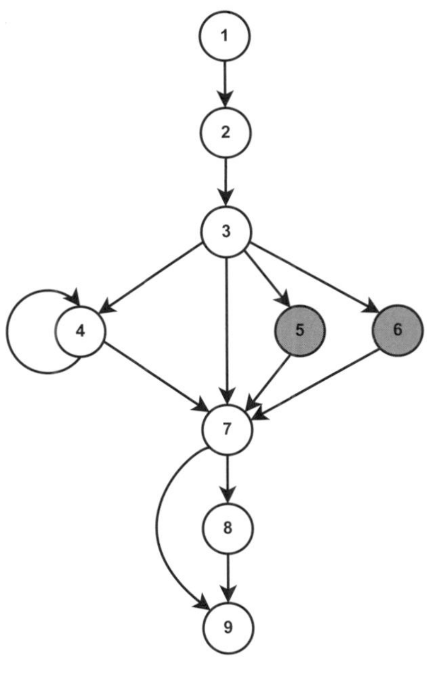

Abb. 7–3 *Originaler Kontrollflussgraph vor der Reduktion*

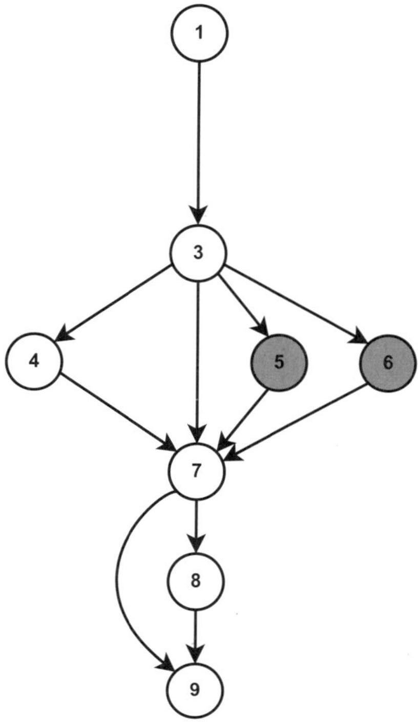

Abb. 7–4 *Ein wenig reduziert*

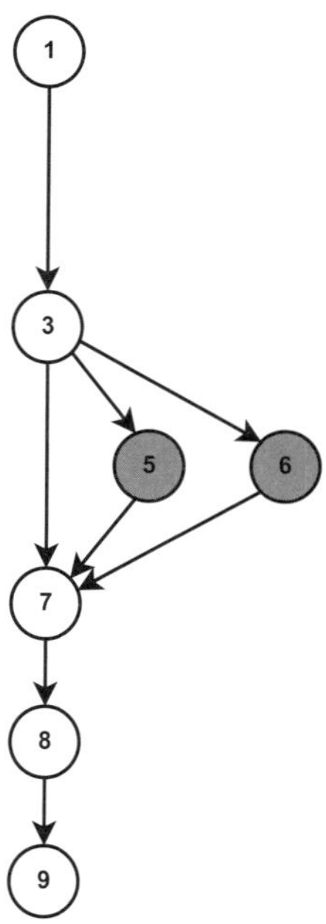

Abb. 7–5 *Es verbleibt nur ein Alternativpfad zu den markierten Knoten 5 und 6.*

Globale Variablen berücksichtigt das Verfahren in seiner ursprünglichen Form nicht. Wenn zu den Schnittstellen eines Moduls auch globale Variablen gehören, sollten im Graphen auch alle jene Instruktionen markiert werden, die diese Variable beschreiben oder lesen. (Noch besser wäre es natürlich, die Zugriffe auf globale Variablen durch Getter/Setter-Funktionen zu kapseln). Wie in den anderen Integrationstestverfahren sollten die Integrationstestfälle so entworfen werden, dass den Eingangsgrößen und den erwarteten Reaktionen/Ausgangsgrößen an der Modulgrenze besonderes Augenmerk gewidmet wird. Also dort sollten Daten Grenzwerte etc. annehmen.

In [PSS-05-10] und [Wallace 96] beschreibt man stets den angenehmsten Integrationsfall: Bottom up, das neu hinzugefügte Modul ruft Funktionen anderer Software-Teile auf, wird aber nicht selbst aufgerufen. Die Anzahl der notwendigen Integrationstestfälle ist daher die zyklomatische Komplexität des reduzierten Graphen.

Integriert man ein Modul in der Mitte des Abhängigkeitsbaums, etwa nach einem Redesign, so sollten auch Aufrufe von Funktionen des neu integrierten Moduls durch andere Module getestet werden. Man simuliert gleichsam die Bottom-up-Strategie.

7.1.3 Testabdeckung der Aufrufe von Unterprogrammen

Einfacher als die beiden vorgestellten Methoden ist die nun vorgestellte Teststrategie, die mit dem Messen der Integrationstestabdeckung arbeitet. Die Messung kann im voll integrierten System stattfinden, zum Beispiel während funktionaler Systemtests. Diese gemessene Testabdeckung wird in Werkzeugen auch *Call Pair Coverage* bezeichnet und misst den Anteil der ausgeführten Aufrufe von Unterprogrammen in der Software. Unter funktionalen Systemtests verstehen wir Tests der Gesamtsoftware, die die Einhaltung der Anforderungen überprüfen.

Nehmen wir an, die zu testende Software besteht aus einem Hauptprogramm und einem einzigen Unterprogramm, das in einem anderen Modul implementiert ist. Wird das Unterprogramm an zwei verschiedenen Stellen des Hauptprogramms aufgerufen und wurde im Rahmen der Tests nur einer dieser Aufrufe durchlaufen, so ist die Call Pair Coverage der Tests 50%.

Die Testabdeckung beträgt 100%, wenn alle vorhandenen Aufruferpaarungen durchlaufen werden. Nur, wie ist das festzustellen? Ein steiniger, aber billiger Weg beginnt mit der Erstellung einer Cross-Reference-Tabelle, also einer Liste aller Unterprogrammaufrufe. Eine solche Tabelle kann manuell oder werkzeugunterstützt erstellt werden. Dann wird für jeden Eintrag in der Tabelle zumindest ein Testfall identifiziert, der den Aufruf ausführt. An diese Stelle wird mit dem Debugger ein Breakpoint gesetzt. Dann wird der Testfall durchgeführt und das Ergebnis verifiziert. Der Halt am Breakpoint gibt Sicherheit, dass tatsächlich diese Schnittstelle durchlaufen wurde. Bei Bedarf kann noch geprüft werden, ob die Argumente des Aufrufs den Erwartungen entsprechen. Beim Test von Echtzeitfunktionalität, oder wenn kein Debugger zur Hand ist, muss man darauf verzichten und sich auf die Analyse des Quellcodes verlassen.

Einfacher ist die Erhebung der Testabdeckung mit einem instrumentierten Programm. Für die Instrumentierung zur Erhebung der Call Pair Coverage muss nur ein Aufruf einer Log-Funktion unmittelbar vor jedem Unterprogrammaufruf eingefügt werden. Erst wenn die Log-Funktion alle Aufrufe zählt, berichten die Bibliotheksfunktionen des Instrumentierungswerkzeugs von 100% Testabdeckung. In Listing 6–5 auf Seite 107 sieht man so eine Instrumentierung für diese Testabdeckung beim Kommentar »`CALL PAIR`«.

Wenn nicht 100% der Aufruferpaarungen erreicht werden, obwohl alle Systemtestfälle durchlaufen wurden, dann bedeutet das, dass das Softwaredesign mehr Funktionalität vorgesehen hat als die Systemtests abdecken. Wurde kein Systemtestfall vergessen, so ist die Liste der Systemtestfälle um Integrationstestfälle zu erweitern, die die bislang ungetesteten Schnittstellen durchlaufen und prüfen. Solch ungetestete Schnittstellen sind typischerweise Fehlerbehandlungen an der Hardware/Software-Schnittstelle oder an der Schnittstelle der Anwendersoftware zum Betriebssystem. Der entsprechende Fehler trat aber bei den Systemtests nicht auf.

Wie bei den anderen Integrationstestverfahren bereiten globale Variablen Probleme. Ein möglicher Ausweg ist, im zu testenden Programm den Zugriff auf alle globalen Variablen für den Zweck der Instrumentierung mit Get/Set-Funktionen zu kapseln.

7.1.4 Vergleich der Teststrategien

Die Bewertung und Gegenüberstellung der drei vorgestellten Testmethoden und ihrer Varianten ist keine einfache Sache. Wie so oft im Leben gibt es keine »beste« Methode. Die Wahl der Methode ist an die Erfordernisse und Randbedingungen des Projekts anzupassen. Wir wollen die Teststrategien anhand von drei ausgewählten Kriterien vergleichen.

Effizienz & Management

Bottom Up Unit Testing ist die effizienteste Methode, die Integration von Softwaremodulen zu testen, weil kein separater Integrationstestfall durchlaufen werden muss, wenn es Unit-Tests gibt. Die starre Vorgabe der Integrations- und Testreihenfolge beschränkt die Anwendbarkeit dieser Methode aber auf kleine Projekte. Der strukturierte Integrationstest kann ebenfalls »bottom up« durchgeführt werden und dann ebenso effizient. Sobald die Bottom-up-Reihenfolge aber nicht eingehalten werden kann, wird es mühsam und man hat deutlich mehr Aufwand als bei der bloßen Auswertung der Testabdeckung der Aufrufe von Unterprogrammen. Diese dritte Methode erfordert nur geringfügigen Mehraufwand bei den Systemtests, wenn ein Instrumentierungswerkzeug Verwendung findet, das Call Pair Coverage misst. Ein Nachteil dieser Strategie ist aber, dass Fehler bei der Integration erst sehr spät bemerkt werden, weil das Gesamtsystem zuerst einen hohen Reifegrad haben muss, bevor mit dem Testen begonnen werden kann.

Einfluss unsauberer Software-Architektur

Bottom-up-Unit-Tests sind nur dann vernünftig möglich, wenn im Abhängigkeitsgraphen der Softwaremodule keine Zyklen vorkommen. Zyklische Abhängigkeiten machen auch die Durchführung der Tests bei strukturierten Integrationstests komplizierter, stellen aber für die Messung der Aufruferpaarungen kein Problem dar.

Globale Variablen machen dann vergleichsweise wenig Probleme, wenn ein Bottom-up-Integrationstest ohne behelfsmäßige Deklarationen möglich ist, also wenn die Variablen in den Low-Level-Modulen definiert werden und nur vom Modul der Deklaration oder einem höher liegenden Modul im Abhängigkeitsgraphen verwendet werden. Globale Variablen stellen aber per se für die anderen beiden Integrationstestverfahren Probleme dar. Deren Auswirkungen und mögliche Maßnahmen wurden schon bei der Vorstellung der Verfahren diskutiert.

Keine der drei Methoden ist also unproblematisch, wenn die Software-Architektur nicht den Regeln des guten Softwaredesigns gehorcht. Das gilt auch für breite Schnittstellen zwischen den Modulen:

- Eine große Anzahl von extern sichtbaren Funktionen pro Modul impliziert eine große Anzahl von Integrationstestfällen.
- Eine große Anzahl von Parametern pro extern sichtbarem Unterprogramm bedeutet hohen Aufwand bei den Varianten des Bottom-up-Verfahrens (weil man sich bemühen sollte, die Schnittstelle durch Grenzwerte usw. außer Tritt zu bringen) und große Unsicherheiten bei der einfachen Messung der Aufruferpaarung. (Je größer die Datenmenge, die über die Schnittstelle transportiert wird, desto unbedeutender ist die rein strukturelle Abdeckung, wenn die Daten nicht berücksichtigt werden).

Testschärfe

Alle drei Methoden sind nur so gut, wie die Qualität ihrer Testdaten ist. Verwenden diese Tests triviale Parameterwerte beim Aufruf von Unterprogrammen, so können schwere Fehler durchrutschen, wie das Beispiel mit den unterschiedlichen Einheiten Kilometer und Meter in Abschnitt 7.1.1 zeigt. Bei einer »Big Bang«-Integration und dem anschließenden Messen der Aufruferpaarung ist es besonders schwer, Daten zu beeinflussen, die an Modulgrenzen ausgetauscht werden, denn hier manipuliert der Tester die Daten nur an den Systemgrenzen. Es fällt daher schwer, scharfe Integrationstests durchzuführen.

Strukturiertes Testen ist dem willkürlichen Testen der Programmpfade dahin gehend überlegen, dass es Fehler bei Abhängigkeiten der Exekutionspfade aufdecken kann, weil sich der strukturierte Test ja durch ein Set unabhängiger Pfade auszeichnet.

Listing 7–1 zeigt ein Beispiel. Das Programm soll nichts verändern. Stehen in einem ersten Testfall an beiden geprüften Speicheradressen positive Zahlen und in einem zweiten Testfall dann an beiden Adressen negative Zahlen, so ist die Testabdeckung 100% Call Pair Coverage und 100% Branch Coverage. Der Test findet den Fehler aber dennoch nicht, weil es Abhängigkeiten zwischen den beiden externen Unterprogrammen gibt. Beim strukturierten Testen würde man den Fehler finden, weil mindestens drei Testfälle notwendig wären und in einem neuen Testfall jede Verzweigung unabhängig von der anderen betreten wird.

```
extern int reduktion_um_eins(int*);
/* reduziert den Wert an angegebener Adresse um eins */

extern int inkrement_um_eins(int*);
/* erhöht den Wert an der angegebenen Adresse um eins */

int *pDIO_speicher = 0x4000;
int *pADC_speicher = 0x8000;

/* Spezifikation: verändere keine Adressinhalte */
int main()
{
   if (*pDIO_speicher > 0)
   {
      reduktion_um_eins(pDIO_speicher);
   }
   if (*pADC_speicher > 0)
   {
      inkrement_um_eins(pDIO_speicher);
   }

   return 0;
}
```

Listing 7–1 *Dieses Programm ist fehlerhaft. Der Fehler kann bei ungeschickter Wahl von Testfällen durchrutschen, auch wenn 100% aller Instruktionen durchlaufen werden.*

7.1.5 Grenzen des Software/Software-Integrationstests

Selbst wenn man den Aufwand für strukturiertes Integrationstesten im Bottom-up-Verfahren in Kauf nimmt, so heißt das noch nicht, dass man auch tatsächlich alle Integrationsfehler findet. Eine Begründung sind Schnittstellen mit Abhängigkeiten der Reihung von Funktionsaufrufen, so wie es bei objektorientiertem Design vorkommt: Methoden einer Klasse ändern den Zustand eines Objekts, der Effekt der Zustandsänderung muss aber nicht sofort nach außen sichtbar werden. Denken wir zum Beispiel an ein Modul mit zwei Unterprogrammen. Eines empfängt einen Parameter in der Einheit Grad Celsius und speichert ihn in einem Objektattribut, das zweite Unterprogramm errechnet einen Wert aus dieser Temperatur oder retourniert einen Default-Wert, wenn keine Temperatur zuvor eingestellt wurde. Eine ungeschickte Wahl der Reihenfolge von Testfällen wäre, ausschließlich zuerst Unterprogramm zwei zu durchlaufen und dann Unterprogramm eins. Durch die Verwendung des Default-Werts kann nicht erkannt werden, wenn der Aufrufer die Temperatur beispielsweise in Kelvin statt Grad Celsius übergibt. Es werden aber trotzdem die Forderungen des oben vorgestellten strukturierten Integrationstestens erfüllt.

Wollte man auch solche Fehler abfangen, so müsste man bei der Reduktion des Graphen im strukturierten Integrationstest Regel 2 so ändern, dass nicht nur alle Verzweigungen, sondern auch alle Operationen, die zu Verzweigungen führen können, die Reduktion überstehen müssten und danach für jede Möglichkeit ihrer Beeinflussung einen Testfall vorsehen. In der Praxis ist so eine Vorgehensweise auf formalem Weg undurchführbar. Man kann sich aber ganz gut helfen, indem man mit Gefühl und Erfahrung entsprechende Testfälle auf Basis des Schnittstellendesigns entwirft.

7.1.6 Diskussion des Software/Software-Integrationstests

Das soeben gebrachte Beispiel zeigt, wie schwierig es ist, die Testtiefe durch eine Maßzahl zu bestimmen – ganz besonders beim Integrationstest. In vielen Firmen, die Projekte mit vergleichsweise hohen Integritätsanforderungen abwickeln, gibt es daher erst gar keine exakten Verfahrensanweisungen für den Integrationstest. Auch in Normen für sicherheitsrelevante Software [ISO 26262, EN 61508] wird zwar ein Integrationstest dringend empfohlen, aber es wird weder ein Verfahren noch eine Art der Abdeckung erwähnt. Aber *dass* die Vollständigkeit der Integrationstests irgendwie erhoben werden soll, wird sehr wohl dringend empfohlen! Konkret schreibt die EN 61508-3:2001, dass der Integrationstestplan Folgendes beschreiben soll:

- die Aufteilung der Software in handhabbare Integrationseinheiten,
- Testfälle und Testdaten,
- Arten der Tests, die durchzuführen sind,
- Testumgebung, Werkzeuge und Konfiguration der Programme,
- Testkriterien, nach denen die Vollständigkeit der Tests festgestellt wird,
- Verfahren für Korrekturen bei Versagen von Tests.

Selbst wenn 100% Coverage beim strukturierten Integrationstest im Bottom-up-Verfahren ein Garant für fehlerfreie Modulschnittstellen wäre: Alle vorgestellten Integrationsteststrategien gehen von einem sequenziellen Programmablauf aus. Multitasking, Interrupts und damit verbundene Probleme wie Data Races und

Deadlocks werden nicht beachtet. Integrationstests, die nach diesen Problemen suchen, werden gesondert in Kapitel 10 beschrieben.

Der Software/Software-Integrationstest ist das ungeliebte Stiefkind des Testprozesses. In vielen Projekten wird er wohl eher mit Hausverstand gemacht als nach einem speziellen Verfahren. Und in der Mehrheit der Projekte gibt es außer »entwicklungsbegleitendem Debugging« vermutlich gar keine Integrationstests. Und das ist nicht immer schlecht, denn die Wahl der Teststrategie sollte keine technische Entscheidung sein, sondern eine betriebswirtschaftliche Entscheidung. Den Test nicht zu machen, ist auch eine Strategie. Die Integration eines neuen Kommunikationsmoduls für eine Herzschrittmacher-Software wird nicht nur aus ideellen, sondern auch aus wirtschaftlichen Überlegungen viel intensiver abgesichert werden als die Integration einer neuen Treibersoftware für die LCD-Anzeige eines Getränkeautomaten. Multipliziert man die (meist geringe) Auftrittswahrscheinlichkeit eines Fehlers, der zu einer Rückholaktion führen müsste und der nur im Integrationstest hätte gefunden werden können mit den Kosten eines Integrationstests, dann ergibt das schon eine ganz gute betriebswirtschaftliche Maßzahl für die notwendige Intensität des Integrationstests.

Typische Fehler, die nur in einem Software/Software-Integrationstest gefunden werden, sind Fehler, die beim Zusammenspiel von Software-Modulen entstehen und Funktionalität testen, die nicht explizit in Anforderungsdokumenten niedergeschrieben ist. Also zum Beispiel Fehlerbehandlungsroutinen: Modul A erkennt einen defekten EEPROM-Sektor, Modul B kann mit der Fehlermeldung nicht korrekt umgehen oder ignoriert diese. Eine Defektanalyse gab es nie, in der Anforderungsdefinition wurde überhaupt nicht an Hardware-Defekte gedacht. Daher existiert auch kein Systemtestfall dafür.

7.2 Ressourcentests

Es ist vielen Entwicklungsprojekten für eingebettete Systeme zu raten, die CPU-Last und den Speicherverbrauch im Projekt im Planungsstadium abzuschätzen und während der Entwicklung regelmäßig in *Ressourcentests* zu messen, damit man nicht eine unangenehme Überraschung erlebt, wenn man an die Leistungsfähigkeit der Hardware gestoßen ist. Die entsprechenden Daten der Ressourcenanalyse oder des Ressourcentests werden bei Projekten mit hohem Integritätsanspruch in einem *Software Budget Report* dokumentiert.

In der [ISO 26262] wird auch der Ressourcentest (*Resource Utilisation Test*) zu den Integrationstests gezählt.

Erfahrungsbericht zu Software/Software-Integrationstests in Theorie und Praxis

Ich habe einige Jahre bei einem Zulieferer für die europäische Raumfahrt zugebracht. Unsere Projekte erzeugten Software für Satelliten. Das heißt, die Software war zwar *nicht* sicherheitskritisch, doch Fehlfunktionen waren trotzdem extrem unangenehm. Im Projektverlauf inspizierten Kunden und die ESA zu definierten Meilensteinen unsere Testpläne, Testresultate und vieles mehr, was bei Projekten mit höchsten Integritätsanforderungen nichts Außergewöhnliches ist. In der Zeit der Projektvorbereitung legte man noch großen Wert auf Testpläne inklusive Integrationstestplan, der ähnliche Forderungen erfüllen musste wie sie die erwähnte EN 61508-3:2001 nennt. Wir hatten in einem ersten Projekt Bottom Up Unit Testing geplant, in einem zweiten eine Messung der Call Pair Coverage. In beiden Projekten stellte sich unser Vorhaben als verfolgenswertes, aber undurchführbares Ziel heraus. Das erste Projekt wurde für ein Bottom Up Unit Testing viel zu groß, beim zweiten Projekt gelang es nicht, in der Zielumgebung instrumentierten Code zum Laufen zu bringen, weil er zu langsam und zu groß wurde. In beiden Projekten führten wir schließlich Software/Software-Integrationstests »nach Gefühl« aus und dokumentierten diese auch in den Testreports als entwicklungsbegleitende Tests, die bei Projektiterationen nicht mehr wiederholt werden. Unsere Testreports wurden, wie bei jedem Raumfahrtprojekt, von einer Reihe von Prüfern inspiziert und wir erhielten keine einzige ablehnende Rückmeldung zu unseren Integrationstests. Die Gutachter waren durch lückenlose Code-Inspektionen, 100% Decision Coverage beim Unit-Test, 100% Traceability von Systemanforderungen zu Tests, Design und Inspections und sehr umfangreiche Systemtests überzeugt genug, den Integrationstest für nicht allzu wichtig zu nehmen.

7.2.1 Statischer Ressourcentest

Zunächst betrachten wir, welche Tests man durchführen kann, wenn zwar der Quellcode vorliegt, aber noch keine Zielumgebung.

CPU-Last

Die maximale Ausführungszeit von Programmen oder Programmabschnitten lässt sich statisch zuverlässiger ermitteln als dynamisch. Das Thema ist so umfangreich, dass dieses Buch dem Thema Echtzeittest ein eigenes Kapitel widmet. Der Abschnitt 12.2 widmet sich ausschließlich der statischen Ermittlung der maximalen Ausführungszeit, also der *Worst Case Execution Time Analysis*.

Dynamischer Speicher

Wie in Abschnitt 4.3.3 erwähnt, kann man den Stack-Verbrauch durch leistungsfähige Analysewerkzeuge ermitteln, ohne die Software dazu ausführen zu müssen. Theoretisch wäre das auch für den Heap-Verbrauch möglich. Dem Buchautor sind dazu aber nur wissenschaftliche Studien bekannt und keine praxistauglichen Werkzeuge.

Statischer Speicher

Den Verbrauch an statischem Speicher (Code und globale Variablen) kann man im Map File sehen, das ist ein optionaler Output bei fast jedem Linker.

7.2.2 Dynamischer Ressourcentest

Der Platz des dynamischen Ressourcentests ist irgendwo zwischen Software/Software-Integrationstests und Hardware/Software-Integrationstests. Bei einem dynamischen Ressourcentest wird die Software am Zielsystem ausgeführt und der Speicherverbrauch bzw. die CPU-Last gemessen.

CPU-Last

Die Messung der CPU-Last ist vergleichsweise einfach, wenn das Programm einen bestimmten Wartepunkt hat, ab dem die Arbeit beginnt und man einen Punkt bestimmen kann, ab dem die Arbeit beendet ist. Etwa, wenn auf einen neuen Interrupt gewartet wird. Wenn man da mit dem Eintritt in die Arbeits- und Ruhephasen den Zustand eines Ausgangs-Pins am Gerät ändert, kann man mit einem Oszilloskop das Tastverhältnis bestimmen und damit die CPU-Auslastung ermitteln.

Alternativ dazu kann man mit ein wenig Programmieraufwand die Systemzeit oder den Instruktionszähler der CPU an verschiedenen Punkten im Programm erfassen und zu Messzwecken auswerten. Das muss man aber in vielen Fällen gar nicht selbst machen: Profiler instrumentieren den Quellcode automatisch mit Messpunkten und werten die erhobenen Daten auch in Testläufen aus. Ein Profiler ist ein Entwicklungswerkzeug, das die Ausführungszeiten pro Unterprogramm oder die Ausführungsanzahl pro Programmzeile misst. Egal, ob Sie mit einem Werkzeug messen oder durch manuell eingefügten Code: Das Testobjekt wird durch das Einfügen der Messpunkte verändert und wird vermutlich dadurch langsamer, aber auch möglicherweise dadurch *schneller*, wenn die CPU einen Cache hat. Cache-Effekte machen es notwendig,

- jede Instrumentierung durch Messpunkte für den CPU-Lasttest auch im finalen Code zu belassen,
- den CPU-Lasttest bei jeder Code-Änderung zu wiederholen, weil auch das Löschen einer Instruktion den Code deutlich langsamer machen kann, wenn durch die neuen Adressen einer häufig ausgeführten Schleife mehr Cache-Misses zu verzeichnen sind als vorher.

Ferner ist zu erwähnen, dass die Messung der Ausführungszeiten von Unterprogrammen nicht per se Auskunft gibt, ob tatsächlich die maximale Ausführungszeit beim Test vorlag. Also ob der Programmpfad ausgeführt wurde, der die größtmöglich denkbare Zeit in Anspruch nahm. Ein Test kann hier nur eine begrenzt zuverlässige Aussage liefern. Kapitel 11 erklärt warum.

Erfahrungswerte und ein »Delivery Check«

Ein Hersteller von Motorsteuergeräten definiert für jede Software-Lieferung eine minimale Menge von Tests, die immer durchgeführt werden sollen, egal wie klein die Software-Änderung war. Zu diesem »Delivery Check« gehört ein dynamischer CPU-Lasttest mit minimalem Aufwand: das Fahrpedal einige Sekunden voll durchdrücken und verifizieren, dass die CPU-Last unter 95% bleibt. In der Software gibt es nämlich drehzahlabhängige Interruptraten und der Rechenaufwand variiert daher mit der Motordrehzahl.

Die Vorschrift dieses Tests war eine Lehre, die man aus Fehlern in der Vergangenheit gezogen hat. Es war vermehrt vorgekommen, dass man nach Einbau eines neuen Features Tests ohne Fehlerfindung abschloss, der Kunde aber nach kurzer Zeit Probleme meldete. Der Lieferant testete mit üblichem (defensivem) Fahrstil auf öffentlichen Straßen, der Kunde mit maximaler Motordrehzahl auf für den öffentlichen Verkehr gesperrten Teststrecken.

Dynamischer Speicher

Einige Betriebssysteme und Profiler messen den Stackverbrauch in einem dynamischen Verfahren, bei dem der gesamte Stack-Adressraum zunächst mit einem bestimmten Bitmuster gefüllt wird. Zum Beispiel mit der hexadezimalen Zahl C0FFEE. Danach wird zur Laufzeit von Tests in regelmäßigen Abständen geprüft, wie viel C0FFEE noch im Speicher ist. Nachdem der Stack nur in eine Richtung »wächst«, ist das nicht schwer festzustellen. Ist der Kaffee alle, dann ist auch der Stack-Speicher alle. Durch die Stack-Messung alleine ist aber nicht bewiesen, dass man nun das Programm so durchlaufen hat, dass im Testlauf tatsächlich der maximale Stackverbrauch vorlag.

Sobald die Software also eine triviale Komplexität überschreitet, ist die Zuverlässigkeit des C0FFEE-Tests daher zu hinterfragen. Liegen zum Beispiel Tests vor, die das *gesamte* rekursionsfreie Programm mit 100% Decision Coverage durchlaufen, so hat der C0FFEE-Test hohe Vertrauenswürdigkeit. Liegen keine strukturellen Abdeckungsdaten vor, so wird geraten, ein Sicherheitspolster von 50% der Stackgröße vorzusehen!

Der C0FFEE-Test kann ausgetrickst werden, wenn man große Feldvariablen am Stack ablegt und diese nur mit hohen Indizes verwendet, wie Listing 7–2 zeigt.

```
void boeses_unterprogramm()
{
   int a[10000]; /* größer als gesamter Stack */
   a[9999] = 42; /* Unerkannte Zerstörung */
}
```

Listing 7–2 *Unerkannte Kollision des Stack-Speichers mit anderen Speicherbereichen*

Vor der Verwendung von dynamischen Variablen bei Systemen mit hoher Integritätsanforderung oder Echtzeitanforderungen wird zu Recht gewarnt. Die Ausführungszeit von Allokierungs- und Deallokierungsroutinen ist schwer vorhersehbar und der Nachweis, dass der Heap-Speicher unter keinen Umständen fragmentiert wird, ist nicht trivial.

Zur Messung des Heap-Verbrauchs kann grundsätzlich so vorgegangen werden wie bei Stack-Messungen. Zusätzlich ist es beim Heap auch noch wünschenswert zu verifizieren, dass allokierte Speicherblöcke zuverlässig wieder deallokiert werden. Dazu kann man sich zum Beispiel selbst Allokierungs- und Deallokierungs-Funktionen schreiben, diese statt der Bibliotheksfunktionen der verwendeten Programmiersprache verwenden und prüfen, ob jeder allokierte Block auch wieder deallokiert wird[2]. Darüber hinaus gibt es statische Analysewerkzeuge, die nach Memory Leaks suchen, wie schon in Abschnitt 4.3.4 erwähnt.

7.3 Hardware/Software-Integrationstest

Während der Software/Software-Integrationstest die Interaktion von zwei oder mehreren Software-Modulen untereinander testet, prüft der Hardware/Software-Integrationstest das Zusammenspiel der Software mit der Hardware. Aber wie so ein Test aussieht, da ist man sich in der Literatur ganz und gar nicht einig. Manche sehen diesen Test als einen Test nach der Integration des Gesamtsystems auf der Zielhardware, andere als ein entwicklungsbegleitendes Testverfahren, wie den Unit-Test. Diese verschiedenen Ansätze werden nun vorgestellt.

Was die folgende Diskussion *nicht* berücksichtigt, ist die Gegenüberstellung von entwicklungsbegleitenden Tests am Host und Target. Dies ist schon für Unit-Tests in Abschnitt 6.8 geschehen. Unit-Tests auf der Ziel-Hardware werden in diesem Buch nicht zu Hardware/Software-Integrationstests gezählt, sofern nicht dadurch explizit eine Hardware-Schnittstelle, wie z.B. ein Sensor, überprüft wird.

7.3.1 Bottom-up-Verfahren

Wenn die Zielumgebung von Anfang an verfügbar ist, dann können Bottom-up-Unit-Tests stets auf der Zielumgebung laufen und man kann im Rahmen des Unit-Tests an der Zielumgebung feststellen, ob der gewünschte Hardware-Effekt auch eintritt. Beim Unit-Test wird daher die Integration mit der Hardware in einem Schritt mitgetestet. Dies ist wohl die einfachste Form des Hardware/Software-Integrationstests.

2. Das ist zwar nicht weiter schwer, doch muss man das nicht selbst machen, denn es gibt Werkzeuge, die diese Funktion anbieten. Dazu zählen Valgrind (Open Source) und IBM Rational Purify. Bei Verwendung von Unix ist so ein Test ggf. sogar Black Box möglich, also auch für Software, die nicht aus dem eigenen Haus stammt. Dazu wird mit dem Schalter LD_PRELOAD der Zugriff auf `malloc()` und `free()` von der Shared Library auf eine eigene Implementierung umgeleitet.

7.3.2 Regressionsverfahren

Bei der Entwicklung von eingebetteten Systemen ist beim Start der Software-Entwicklung oft noch keine Zielhardware vorhanden. Wenn man beim Softwaredesign die Zugriffe auf die Hardware kapselt, also eine Abstraktionsschicht für die Hardware vorsieht (*Hardware-Kapsel, Hardware Abstraction Layer*), dann kann man auch am Host-System Softwaremodule höherer Hierarchiestufen entwickeln. Es muss dazu nur zu Entwicklungszwecken für das Host-System auch eine eigene Hardware-Kapsel erzeugt werden. Einer Bottom-up-Entwicklung und einem Bottom Up Unit Testing steht dann von der Hardware-Kapsel bis zum hierarchisch höchsten Modul nichts mehr im Wege. Alle Hardware-Zugriffe werden durch die Entwicklungs-Hardware-Kapsel simuliert.

Wenn dann später das Zielsystem verfügbar ist, dann ersetzt man die Entwicklungs-Hardware-Kapsel des Host-Systems mit der finalen Hardware-Kapsel am Zielsystem und vergewissert sich, dass Tests, die vorher in der Simulationsumgebung das Zusammenspiel von Hardware-Kapsel mit simulierter Hardware und höherliegenden Modulen testeten, nun auch noch in der Zielumgebung laufen. Auch dieses Wiederholen von Tests wird als Hardware/Software-Integrationstest bezeichnet.

Es spricht natürlich nichts dagegen, die Verfahren zu kombinieren, also die finale Hardware-Kapsel zuerst für sich alleine im Bottom-up-Verfahren in der Zielumgebung zu testen und dann die am Host bestandenen Tests in der Zielumgebung zu wiederholen!

7.3.3 Black-Box-Verfahren

Eine Möglichkeit, den Aufwand für Hardware/Software-Integrationstests gering zu halten, ist auf einen expliziten Test zu verzichten und die funktionalen Software-Systemtests bezüglich Abdeckung der Hardware/Software-Schnittstelle zu analysieren. Also zum Beispiel bei einem Treiber für die serielle Schnittstelle zu prüfen, ob die Baud-Rate im Rahmen eines funktionalen Systemtests auch einmal verstellt wird. Am effizientesten läuft so eine Analyse ab, wenn es eine Hardware/Software-Interface-Spezifikation gibt, d.h. ein von der Hardware-Entwicklung bereitgestelltes Dokument, in dem die existierenden Schnittstellen zur Software beschrieben werden. Darin steht zum Beispiel, dass und wie es möglich ist, die Baud-Rate zu verstellen.

7.3.4 Test und Analysen bei Sicherheitsrelevanz

Bei Systemen mit hoher Integritätsanforderung betrachtet so eine Analyse auch alle denkbaren Fehlerzustände der Hardware. Solche Analysetechniken werden unter dem Titel *Hardware Software Interaction Analysis* in Kapitel 14 vorgestellt. Es spricht vieles dafür, das Ergebnis der Analyse auch im Rahmen von Tests abzusichern. Wenn also die Analyse ergibt, dass die Motorsteuergeräte-Software mit einem defekten Kurbelwellensensor umgehen kann, dann sollte man auch einen Test durchführen, in dem zum Beispiel während der Fahrt die Verbindung zum Sensor unterbrochen wird. Der Test prüft dann, ob die erwartete Fehlerbehandlung bzw. Ersatzreaktion eintritt.

In [ISO 26262] wird auch empfohlen, die Hardware/Software-Interface-Spezifikation gegen die Anforderungen an die Sicherheit und umgekehrt zu reviewen. Werden bei dieser Review Sicherheitslücken erkannt, so kann man entweder die Hardware nachbessern oder die Anforderungen an die Software und in Folge die Software selbst so erweitern, dass die Personensicherheit auch mit der momentanen Hardware gewährleistet ist. Dieses Thema wird in Kapitel 14 noch genauer diskutiert.

7.3.5 Diskussion des Hardware/Software-Integrationstests

Im Rahmen der Software-Entwicklung wird der Programmierer zweifelsohne seine Hardware-Treiber ausprobieren und debuggen. Das gilt für jedes Projekt, mit und ohne Sicherheitsrelevanz.

Bei kleinen Projekten *ohne* Sicherheitsrelevanz kann man gerne auf jede Art des Hardware/Software-Integrationstests verzichten. Fehler, die auf eine unzureichende Integration von Hardware und Software zurückzuführen sind, werden auch mit hoher Wahrscheinlichkeit beim Systemtest gefunden. Hardware-Fehler machen vermutlich das Produkt ohnehin unbrauchbar. Warum sollte dann die Software Ersatzreaktionen anbieten und warum sollte man sie dann explizit testen? Wenn mein Mobiltelefon nicht mehr telefonieren kann, dann merke ich das auch so. Ich brauche nicht auch noch eine Warnung am Display, die mich darauf hinweist.

Aber wenn das Produkt sicherheitsrelevant ist, dann ist man gut beraten, Testdesigns und Ergebnisse des Hardware/Software-Integrationstests zu dokumentieren. Im Idealfall gibt es zu jedem Schnittstellen-Feature einen Trace zu einem Testfall und zu jedem möglichen Fehlverhalten der Schnittstelle ebenfalls.

7.4 Systemintegrationstest

Während der Hardware/Software- oder Software/Software-Integrationstest der »Integrationstest im Kleinen« ist, ist der *Systemintegrationstest* der »Integrationstest im Großen«. Hier wird das Zusammenspiel von Subsystemen getestet. Jedes der Subsysteme hat im Idealfall an seinen Grenzen schon einen Systemtest, wie in Kapitel 8 beschrieben, bestanden. Nun wird aber das Zusammenspiel aller Subsysteme getestet. Das Automotive SPICE Process Assessment Model definiert diesen Test, der auch *Subsystemintegrationstest* genannt wird, wie folgt [ASPICE 10]:

> *Der Zweck des Systemintegrationstestprozesses besteht darin, die Systemelemente zusammenzuführen, um ein integriertes System zu erzeugen, das die Systemarchitektur und die in den Systemanforderungen spezifizierten Kundenanforderungen erfüllt.*

Aus dieser Definition kann man folgern, dass der Systemintegrationstest mit zunehmendem Integrationsumfang den Charakter eines Systemtests hat. Vorgehen kann man beim Systemintegrationstest, wie bei einem inkrementellen Software-Integrationstestverfahren, also Bottom-up oder Top-down: Es wird immer ein neues Subsystem zum Systemverbund hinzugefügt und an den noch existierenden Grenzen getestet. Wenn die einzigen verbleibenden Grenzen die des finalen Systemverbunds sind, ist man auf Systemtestebene angelangt.

Bei den Systemintegrationstests empfiehlt [ASPICE 10], etwas frei übersetzt:

- Datenfluss und Funktion der getesteten Schnittstellen zu beachten,
- zu prüfen, dass falsche Parameter oder Parameterkombinationen die Sicherheit nicht kompromittieren,
- den Test gemäß der Definition der Systemarchitektur zu designen und in einer Testspezifikation zu dokumentieren, die die Testfälle mit der Systemarchitektur verknüpft.

Typische Fehler, die in einem Systemintegrationstest gefunden werden, sind unterschiedliche Interpretationen von Schnittstellenspezifikationen (System A interpretiert einen Zahlenwert einer Busnachricht als Geschwindigkeit in m/s, System B aber in km/h) oder ein unzureichendes Zusammenspiel der Systeme bei Störungen einer Teilkomponente.

7.5 Werkzeuge für den Integrationstest

Die Anforderungen des Software/Software-Integrationstests an ein Werkzeug sind identisch mit den Anforderungen des Unit-Tests, sofern man von *einem* Exekutions-Thread ausgeht. Daher verwendet man für diese Software/Software-Integrationstests auch am besten Unit-Test-Werkzeuge. Für Integrationsprobleme aufgrund von Multitasking gibt es eigene Testwerkzeuge, die in Kapitel 10 beschrieben werden.

Der dynamische Ressourcentest wird gelegentlich durch CPU-spezifische Profiler und auch spezielle Betriebssystem-Features automatisch gemacht. Wenn man den Test »händisch« durchführt, unterstützen Emulatoren und Debugger beim Füllen und Auswerten von Speicherbereichen. Der statische Ressourcentest wird von Analysewerkzeugen, wie in Abschnitt 4.3.3 vorgestellt, unterstützt.

Werkzeuge für den Hardware/Software-Integrationstest sind die Zielhardware, Messgeräte zur Erfassung der Systemreaktion, Stimulatoren für Sensoren und Kommunikationsschnittstellen der Hardware, Instrumentierer bzw. Unit-Test-Tools zur Erfassung der strukturellen Testabdeckung.

Beim Subsystemintegrationstest helfen Umgebungssimulatoren, Geräte zur Erzeugung von Stress oder Fehlern an Kommunikationsschnittstellen, Protokollanalyse-Werkzeuge und Datenlogger.

7.6 Fragen und Übungsaufgaben

Frage 7.1: Beim Update der Software für ein lebenserhaltendes Gerät einer Intensivstation mussten Sie nur eines von 200 Modulen ändern. Wie testen Sie die Integration mit dem Rest der Software? Begründen Sie Ihre Antwort!

Frage 7.2: Ihre Firma schreibt in C Software für eine Backend-Funktionsbibliothek für ein GUI eines Fahrkarten-Automaten. Sie liefern die Bibliothek im Quellcode, das GUI wird von einer Fremdfirma geschrieben, die Ihnen keine Einsicht in deren Quellcode gewährt. Die Fremdfirma verlangt von Ihnen die Definition scharfer Integrationstestfälle. Ist das möglich? Begründen Sie Ihre Antwort!

Frage 7.3: Sie schreiben Software für einen Controller ohne Betriebssystem. Mit welchem Test können Sie prüfen, ob Sie ausreichend Stack-Space haben?

Frage 7.4: Was ändert sich an der Antwort zur Frage 7.3, wenn Sie ein kleines Echtzeitbetriebssystem einsetzen?

Frage 7.5: Welche Art von Fehler wird durch den strukturierten Integrationstest zuverlässig entdeckt, passiert aber möglicherweise einen gewissenhaft durchgeführten Integrationstest im Bottom-up-Verfahren mit 100% Decision Coverage?

Aufgabe 7.6: Skizzieren Sie einen Systemintegrationstest für das folgende System: Ein vereinfachtes Schlafdiagnose-System besteht aus zwei Sensoren zur Erfassung der Brustkorbexpansion. Die Auswertung Ihrer Rohdaten erfolgt auf einem kleinen Mikrocontroller, der dem Patienten während der Datenaufzeichnung auf die Brust geklebt wird. Dieser Controller macht aus den Rohdaten Expansionswerte und kommuniziert diese über eine unidirektionale, serielle Schnittstelle (fixe Baudrate, Parity Bit, 2 Stop-Bits) an eine »Basis-Station«, die neben der Auswertung der seriellen Daten auch ein EEG an einer analogen Schnittstelle bedient. In der Basisstation werden Daten verlustfrei komprimiert und über Ethernet an einen PC im Schwesternzimmer des Krankenhauses weitergeleitet. Dort werden die Daten dekomprimiert und am Bildschirm angezeigt.

8 Systemtests

Das ISTQB-Glossar definiert unisono mit [IEEE 610.12] den Systemtest als den »Test eines integrierten Systems, um sicherzustellen, dass es spezifizierte Anforderungen erfüllt.«

Das Gesamtsystem erlaubt nur sehr bedingt einen Einblick in interne Geschehnisse. Daher benutzt man beim Systemtest üblicherweise ausschließlich Black-Box-Testtechniken. Die für Embedded Systems wichtigsten dieser Techniken werden am Anfang dieses Kapitels vorgestellt, gefolgt von einer Ideensammlung möglicher Systemtestkategorien.

8.1 Funktionale Systemtests

Die meisten Systemtests zählt man zu *funktionalen Systemtests* oder *Funktionstests*. Diese prüfen, ob das Produkt die geforderte Funktion erfüllt. Nicht-funktionale Tests prüfen Merkmale wie Zuverlässigkeit, Benutzbarkeit, Effizienz, Änderbarkeit und Übertragbarkeit [GTB 10].

Werkzeuge für viele der nun vorgestellten Testmethoden werden erst in Abschnitt 8.1.12 vorgestellt, weil dieses Buch die Werkzeugunterstützung erst sinnvoll vergleichen kann, wenn die Testmethoden bereits bekannt sind.

8.1.1 Zuordnung funktionaler Systemtests zu Anforderungen

Welche Anforderungen in welchem Funktionstest geprüft werden, wird oft mit Hilfe von Traceability-Tabellen verfolgt. Eine solche Tabelle wurde schon in Abbildung 1–5 auf Seite 16 gezeigt. Das Erstellen der Tabellen ist Teil des Testdesigns. Eine 1:1-Beziehung, also für jede Anforderung einen eigenen Test, ist meist unpraktikabel, weil eine zu große Anzahl von supersimplen Tests entsteht. Eine große Anzahl von Anforderungen in einem einzigen Test zu überprüfen, erzeugt wiederum wenige, aber riesige Tests, die schwer wartbar sind. Empfehlenswert ist ein Mittelweg zwischen den beiden beschriebenen Extremen. Meist ist es praktikabel, drei bis fünf Anforderungen in einem Test zu prüfen. Dabei sollte beachtet werden, dass eine Anforderung auch möglichst nur in *einem* Test überprüft wird und nicht in mehreren gleichzeitig. Auch das ist eine Forderung der Wartbarkeit: Ändert sich *eine* Anforderung, so muss auch nur *ein* Test neu geschrieben werden.

8.1.2 Äquivalenzklassen und Grenzwerte im Black-Box-Test

In Abschnitt 6.3.1 haben wir schon mit Äquivalenzklassenbildung beim Unit-Test Bekanntschaft gemacht. Die Idee des Verfahrens war, eine Software-Einheit gegen ihr Design zu testen und mit Hilfe der Äquivalenzklassenbildung den Aufwand auf ein vernünftiges Maß zu reduzieren. Es wurde in Abschnitt 6.3.2 gezeigt, dass man sinnvollerweise für den Test zumindest zwei (Grenz-)Werte pro identifizierter Klasse verwendet. Während man beim White-Box-Test durch Blick auf den Quellcode und das Messen der strukturellen Abdeckung erkennen kann, ob man auch alle im Code vorgesehenen Fehlerbehandlungen getestet hat, ist das beim Black-Box-Test nicht möglich. Zudem testet der Black-Box-Test beim Systemtest die Gesamtheit der Module gegen die Spezifikation und etwaige Fehlerbehandlungen wurden im Zusammenspiel noch nicht gegen die Spezifikation getestet. Im Black-Box-Test schenkt man daher den Eingabewerten, die zu einer Fehlerbehandlung führen müssen, besondere Aufmerksamkeit und unterscheidet Äquivalenzklassen für gültige und ungültige Eingangsdaten. Ein wenig irreführend werden diese Äquivalenzklassen *gültige Äquivalenzklassen* und *ungültige Äquivalenzklassen* genannt. Beim Test wird dann jeder Repräsentant einer ungültigen Äquivalenzklasse ausschließlich mit Repräsentanten von gültigen Äquivalenzklassen kombiniert. So wird festgestellt, dass eine Fehlerbehandlung aufgrund *eines* ungültigen Werts unabhängig von anderen Fehlerbehandlungen erfolgt.

Beim Testdesign macht es Sinn, den Äquivalenzklassen Nummern oder Namen zu geben, zum Beispiel gÄK1 für die erste gültige Äquivalenzklasse und uÄK1 für die erste ungültige.

Beispiel

Ein Bedienhebel für eine Hebebühne mit den Positionen AUF, AB, STOPP liefert nominal für diese Positionen die Widerstände 100 Ω, 500 Ω und größer 1 MΩ, die ein Micro-Controller über eine Spannung am Analog-Digital-Konverter mit einer auf den Widerstand umgelegten Auflösung von 1 Ω und einem Wertebereich von 0 Ω bis 1048575 Ω einliest. Ist der Widerstand größer als 1048575 Ω, so wird 1048575 Ω eingelesen. Ein höherer Wert kann nicht eingelesen werden, weil die höherwertigen Bits der Konverterschnittstelle permanent Null sind. Die von der Software anzunehmenden Toleranzfenster für die Widerstände sollen ±10 Ω sein. Bei unplausiblen Messwerten soll die Hebebühne ohne jede Entprellung innerhalb von 100 ms stoppen. Der Controller liest auch die Stromaufnahme des Motors über eine weitere analoge Schnittstelle mit der Auflösung 0,1 A und Wertebereich 0 bis 25,5 A ein. Ist die Stromaufnahme 5 A oder höher, so soll die Software den

Motor innerhalb von 100 ms abschalten. Auf Basis dieser Spezifikation kann man folgende Äquivalenzklassen und Grenzwerte identifizieren:

Parameter	Äquivalenzklasse	Repräsentanten
Hebelposition	uÄK-low: 0 Ω bis 89 Ω	0 Ω; 89 Ω
	gÄK-AUF: 90 Ω bis 110 Ω	90 Ω; 110 Ω
	uÄK-mid: 111 Ω bis 489 Ω	111 Ω; 489 Ω
	gÄK-AB: 490 Ω bis 510 Ω	490 Ω; 510 Ω
	uÄK-STOPP: 511 Ω und größer	511 Ω; 1048575 Ω
Stromaufnahme	gÄK-S: 0 A bis 4,9 A	0 A; 4,9 A
	uÄK-S: 5 A bis 25,5 A	5 A; 25,5 A

Bei der Definition der Testfälle ist nun darauf zu achten, dass es keine Paarung eines Eingangswertes aus uÄK-S mit einem Eingangswert aus uÄK-low, uÄK-mid oder uÄK-STOPP gibt. Also ein Testfall mit 0 Ω und 5 A ohne weiteren Testfall, der einen der beiden Werte in Kombination mit einem gültigen anderen Wert testet, ist keine gute Idee, denn bei beiden Bereichsverletzungen ist die erwartete Reaktion eine Sicherheitsabschaltung. In diesem Testfall würde nicht geprüft, ob *ein* ungültiger Wert *alleine* auch zur Sicherheitsabschaltung führen könnte.

Bei Beachtung dieser Regel könnten die folgenden Testfälle entstehen. Bei der Testfalldefinition ist die Zeit zum Anfahren und zum Anhalten der Hebebühne zur Vereinfachung nicht berücksichtigt.

Vorbedingung	Aktion	Erwartete Reaktion
Hebebühne steht	Hebelposition: 90 Ω Stromaufnahme: 0 A	Aufwärtsbewegung
Hebebühne fährt aufwärts	Hebelposition: 110 Ω Stromaufnahme: 4,9 A	Aufwärtsbewegung
Hebebühne steht	Hebelposition: 490 Ω Stromaufnahme: 0 A	Abwärtsbewegung
Hebebühne fährt abwärts	Hebelposition: 510 Ω Stromaufnahme: 4,9 A	Abwärtsbewegung
Hebebühne fährt aufwärts	Hebelposition: 0 Ω Stromaufnahme: 4,9 A	Stillstand (unplausible Hebelstellung)
Hebebühne fährt abwärts	Hebelposition: 89 Ω Stromaufnahme: 4,9 A	Stillstand (unplausible Hebelstellung)
Hebebühne fährt aufwärts	Hebelposition: 111 Ω Stromaufnahme: 4,9 A	Stillstand (unplausible Hebelstellung)
Hebebühne fährt abwärts	Hebelposition: 489 Ω Stromaufnahme: 4,9 A	Stillstand (unplausible Hebelstellung)

Hebebühne fährt aufwärts	Hebelposition: 511 Ω Stromaufnahme: 4,9 A	Stillstand (unplausible Hebelstellung)
Hebebühne fährt abwärts	Hebelposition: 1048575 Ω Stromaufnahme: 4,9 A	Stillstand (unplausible Hebelstellung oder gewollter Stopp)
Hebebühne fährt aufwärts	Hebelposition: 500 Ω Stromaufnahme: 5 A	Stillstand (kritische Stromaufnahme)
Hebebühne fährt abwärts	Hebelposition: 100 Ω Stromaufnahme: 25,5 A	Stillstand (kritische Stromaufnahme)

In diesen Testfällen wird jeder zuvor identifizierte Grenzwert verwendet.

Die Tabelle definiert die »Vorbedingung« jedes Testfalls. Also die Umstände, unter denen die Testdurchführung gedacht ist. Die Definition der Vorbedingung erhöht die Wiederholbarkeit von Tests. Der Tester macht den Test unter exakt den Bedingungen, die vom Testdesigner vorgesehen waren. Die Dokumentation der Vorbedingung macht in diesem Beispiel ersichtlich, dass es offensichtlich Situationen gibt, die nicht getestet werden. Zum Beispiel eine Abwärtsfahrt und das gleichzeitige Einlesen der Hebelposition AUF. Beim alleinigen »Abhaken« von zuvor identifizierten Grenzwerten können wir solche wichtigen Testfälle übersehen. Die Hebebühne hat durch die Fahrtrichtung einen »Zustand«, der in den Tests nicht wirklich beachtet wird und der aus der skizzierten Spezifikation nicht augenscheinlich hervorgeht. Hat man das beim Testdesign erkannt, so ist natürlich sofort Rücksprache mit dem Autor der Spezifikation zu halten, das Sollverhalten für den Fall AUF/Abwärtsfahrt zu erfragen, in der Spezifikation zu dokumentieren und die Tests zu erweitern[1]. Bei der Erweiterung des Testdesigns bietet sich der sogenannte *zustandsbasierte Test* an, der innere Zustände des Testobjekts berücksichtigt.

8.1.3 Zustandsbasierter Test

Ein zustandsbasiertes Testverfahren (*State Transition Testing*, *Finite State Testing*) definiert Testfälle anhand eines Zustandsmodells der Software. So ein Zustandsmodell ist zum Beispiel ein endlicher Automat oder ein Zustandsautomat. Das Zustandsmodell ist manchmal Teil von Anforderungsspezifikationen, z.B. wenn UML eingesetzt wird, manchmal ergibt es sich direkt aus textuellen Anforderungen, manchmal, wie im Beispiel der Hebebühne, wird es erst beim Testdesign offensichtlich.

Nehmen wir für unsere fiktive Hebebühne an, die Bandscheiben der Hebebühnenfahrer und die Zahnräder des Getriebes mögen es nicht besonders, wenn man während einer Aufwärtsbewegung eine Abwärtsbewegung einleitet und

1. Persönliche Bemerkung des Autors: Alle Leser, die jetzt das Gähnen unterdrücken müssen, bitte ich um Verzeihung. Dass diese Vorgehensweise selbstverständlich ist, dachte ich auch immer. Ich habe aber schon so viele Projekte gesehen, bei denen die Spezifikation völlig unaktuell war und nirgendwo dokumentiert wurde, warum ein Testfall eine bestimmte Eigenschaft prüft. Daher konnte ich es mir nicht verkneifen, diesen Satz ins Buch aufzunehmen.

umgekehrt. Die Spezifikation wird daher erweitert: Die Software soll einen Richtungswechsel nur dann erlauben, wenn die Hebebühne zumindest zwei Sekunden lang stillgestanden ist. Dabei dürfen Ein- und Ausschaltverzögerungen, Trägheit des Getriebes usw. vernachlässigt werden.

Es lässt sich also der in Abbildung 8–1 gezeigte Zustandsautomat aus dieser Spezifikation ableiten, in dem aus Gründen der Lesbarkeit für das Ereignis »STOPP oder unplausibler Widerstand« nur Kanten eingezeichnet sind, die zu einem Zustandswechsel führen.

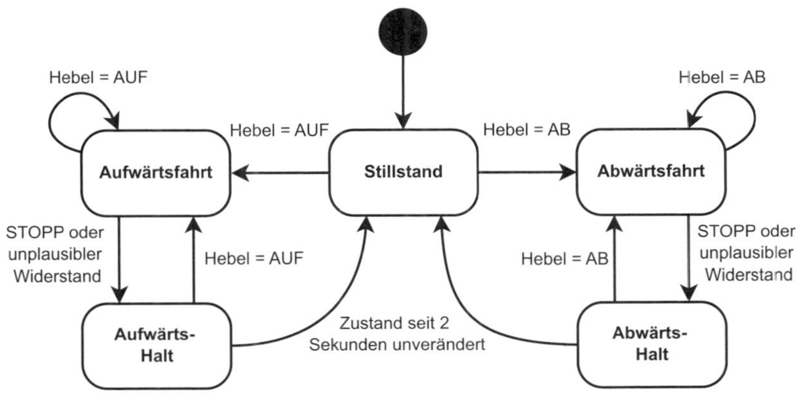

Abb. 8–1 *In der Spezifikation beschriebener Zustandsautomat für die Hebebühne*

Bei der Definition der Testfälle orientiert man sich nun am »Durchlauf« der zu testenden Software durch den Zustandsautomaten. Solche Zustandsautomaten erlauben oft, wie im Beispiel der Hebebühne, ein Durchlaufen in unendlich vielen verschiedenen Pfaden. Man stoppt die Tests daher bei Erreichen einer gewissen Pfadabdeckung.

Ein sehr schwaches Abdeckungsmaß ist das Erreichen aller Zustände im Automaten. Dabei müssen aber noch nicht alle Zustandsübergänge getestet worden sein. Bei der Hebebühne würde eine Aufwärtsfahrt, ein Warten von drei Sekunden und eine Abwärtsfahrt mit anschließendem Halten für eine Sekunde alle Zustände annehmen. Es ist aber nicht geprüft, ob man zum Beispiel eine Aufwärtsfahrt eine Sekunde lang unterbrechen kann.

Ein besseres Abdeckungsmaß ist das Durchlaufen aller Zustandsübergänge im Automaten. Die möglichen Pfade für dieses verbesserte Abdeckungsmaß werden manchmal durch einen aus dem Zustandsautomaten abgeleiteten Übergangsbaum illustriert. Bei der Konstruktion des Baums aus dem Automaten empfiehlt [Spillner 10] dann einen Blattknoten einzuzeichnen, wenn der dem Blatt entsprechende Zustand auf dem Weg von der Wurzel zum Blatt bereits einmal im Baum enthalten ist (ein kürzest möglicher Zyklus ist komplett) oder der Zustand ein Endzustand ist. Für die Hebebühne ergibt das den in Abbildung 8–2 gezeigten Baum.

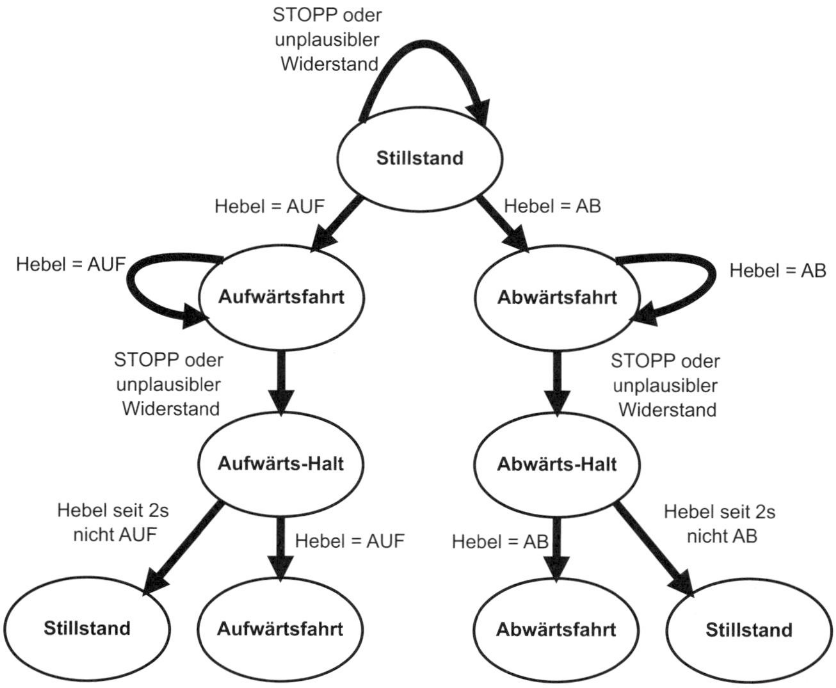

Abb. 8–2 *Übergangsbaum für das Hebebühnenbeispiel*

Im Übergangsbaum in Abbildung 8–2 sehen wir die Sollfälle. Durchlaufen unsere Testfälle den Baum, dann sind das die »Gutfälle«. Ziel des Tests ist es aber nicht, nur durch Durchlaufen der Gutfälle zu verifizieren, dass die Spezifikation erfüllt wurde. Das Ziel des Tests ist es auch, Fehler zu finden. Und die findet man nicht durch Nettigkeit zur Software. Man ist daher gut beraten, den Übergangsbaum zu erweitern. In jedem Zustand sollten nun alle Ereignisse betrachtet werden, die ungewollt zu Zustandsänderungen führen könnten. Das nochmals verbesserte Abdeckungsmaß ist somit [Spillner 10]:

- Jeder Zustand wurde mindestens einmal erreicht.
- Jeder Zustandsübergang wurde mindestens einmal ausgeführt.
- Alle spezifikationsverletzenden Zustandsübergänge wurden geprüft.

Für den Hebebühnentest kommt durch diese Forderung im Test der Versuch hinzu, bei einer Aufwärtsfahrt den Bedienhebel auf AB zu stellen und bei einer Abwärtsfahrt den Bedienhebel auf AUF zu stellen, wie Abbildung 8–3 zeigt.

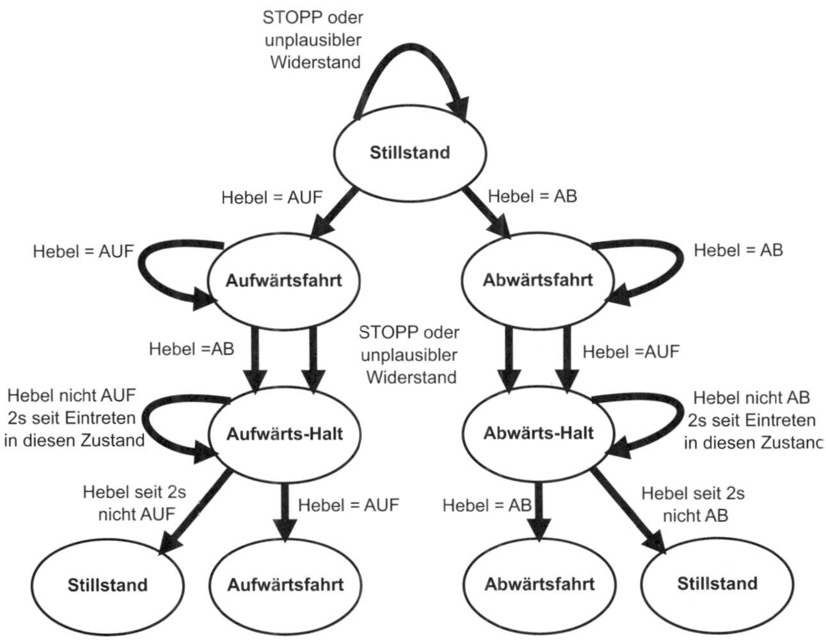

Abb. 8–3 *Erweiterter Übergangsbaum für das Hebebühnenbeispiel*

Der Automat für die Hebebühne ist nicht kompliziert, daher war es vergleichsweise einfach, den erweiterten Übergangsbaum zu erzeugen. Wie kann man aber nun systematisch zu einer »vollständigen« Sammlung von Testfällen kommen, die prüfen, dass es keine unerlaubten Zustandswechsel gibt? Eine Möglichkeit ist, den Zustandsautomaten in Form einer Zustandsübergangstabelle darzustellen und für jedes Feld der Tabelle, das einen verbotenen Übergang markiert, einen Testfall vorzusehen. Eine Zustandsübergangstabelle erzeugt man, indem man für jeden möglichen Zustand eine Spalte bestimmt und für jedes Ereignis, das einen Zustandsübergang auslösen soll eine Zeile [Vigenschow 10]. Im Kreuzungspunkt des Zustands und des Ereignisses steht ein Folgezustand, wenn beim Eintreten des Ereignisses ein neuer Zustand angenommen wird und ein »×«, wenn das Ereignis keine im Automaten definierte Kante hat. Tabelle 8–1 zeigt so eine Tabelle für die Hebebühne.

	Stillstand	**Aufwärtsfahrt**	**Aufwärts-Halt**	**Abwärtsfahrt**	**Abwärts-Halt**
Hebel AUF	Aufwärtsfahrt	Aufwärtsfahrt	Aufwärtsfahrt	×	×
Hebel AB	Abwärtsfahrt	×	×	Abwärtsfahrt	Abwärtsfahrt
2 s Zustands-Time-out	Stillstand	Aufwärtsfahrt	Stillstand	Abwärtsfahrt	Stillstand
STOPP/unpl.	Stillstand	Aufwärts-Halt	Aufwärts-Halt	Abwärts-Halt	Abwärts-Halt

Tab. 8–1 *Zustandsübergangstabelle für das Hebebühnenbeispiel*

Im erweiterten Übergangsbaum ist zu erkennen, dass manche Zustandsübergänge von unterschiedlichen Ereignissen abhängen können, zum Beispiel Anhalten der Fahrt durch den Hebel in Position STOPP *oder* durch einen unplausiblen Widerstandswert. Natürlich ist es sinnvoll zu prüfen, ob jedes Ereignis unabhängig von den anderen einen Zustandsübergang herbeiführen kann. Es ist also empfehlenswert, speziell für Systeme mit Sicherheitsrelevanz, das Abdeckungsmaß noch einmal zu erweitern:

- Jeder Zustand wurde mindestens einmal erreicht.
- Jeder Zustandsübergang wurde mindestens einmal durch jedes spezifizierte Ereignis unabhängig von anderen Ereignissen ausgelöst.
- Es wurde für jeden Zustand geprüft, dass es keine spezifikationsverletzenden Zustandsübergänge gibt.

In unserem Beispiel würden dann, wie erwähnt, die zwei verschiedenen Arten des Anhaltens durch zwei verschiedene Ereignisse getestet werden. Auch der Wechsel von den Zuständen Aufwärts-Halt und Abwärts-Halt zum Stillstand würde genauer getestet werden: Die Bedingung für den Zustandswechsel ist durch je zwei verschiedene Hebelpositionen und drei verschiedene Äquivalenzklassen des gemessenen Widerstands erfüllt.

Der zustandsbasierte Test steht nicht im Widerspruch zur Äquivalenzklassenbildung und zu Grenzwerttests. Im Gegenteil: Es ergibt Sinn, die Zustandsübergänge mit Grenzwerten zu prüfen.

8.1.4 Ursache-Wirkungs-Analyse

Die Grenzwertanalyse betrachtet einzelne Eingangs- und Ausgangswerte, der zustandsbasierte Test die Historie von Eingangswerten. Keines der bisher vorgestellten Verfahren betrachtet jedoch die Wechselwirkungen von verschiedenen Eingangsdaten. Genau das ist die Domäne der sogenannten Ursache-Wirkungs-Analyse, die in [Myers 78] als *Cause-Effect Graphing* vorgestellt wurde. Diese Analyse sieht eine formale, grafische Notation als Hilfsmittel vor. Damit werden Wechselwirkungen visualisiert und in weiterer Folge Testfälle abgeleitet. Das Verfahren besitzt den angenehmen Nebeneffekt, Unvollständigkeiten und Widersprüche aufzudecken.

In [Liggesmeyer 09, Hunt07] wird folgende Vorgehensweise vorgeschlagen:

1. Die Spezifikation ist in handhabbare Teile zu zerlegen, um die Kombinationsmöglichkeiten zu reduzieren und den Ursache-Wirkungs-Graphen übersichtlich zu halten.
2. Die Ursachen und die Wirkungen jeder Teilspezifikation sind zu identifizieren. Eine Ursache ist eine einzelne Eingabebedingung oder eine Äquivalenzklasse von Eingabebedingungen. Ursachen und Wirkungen besitzen stets einen booleschen Wertebereich (z.B. Masse überschreitet 100 kg, Antrieb ist

eingeschaltet). Eine Wirkung ist eine Ausgabebedingung oder ein Zustandswechsel des Systems. Ursachen und Wirkungen werden durch Analysieren der Spezifikation identifiziert. Jeder Ursache und jeder Wirkung wird eine eindeutige Bezeichnung (z. B. eine Nummer) zugeordnet.

3. Durch Transformation der Spezifikation in einen booleschen Graphen, der Ursachen und Wirkungen durch logische Verknüpfungen verbindet, wird der Ursache-Wirkungs-Graph erzeugt.
4. In den Graphen werden Abhängigkeiten zwischen Ursachen und/oder Wirkungen eingetragen, die aufgrund von Umgebungsbedingungen entstehen. So ist es z. B. möglich, dass bestimmte Kombinationen von Ursachen keinen Sinn ergeben.
5. Der Ursache-Wirkungs-Graph wird zu einer Entscheidungstabelle umgeformt.
6. Aus jeder Spalte der Entscheidungstabelle wird ein Testfall erzeugt.

Details zu den einzelnen Schritten werden am besten an einem Beispiel gezeigt. Das Beispiel ist so komplex wie die Wirklichkeit des Testens und nimmt daher einige Seiten Platz in diesem Buch ein. Zur Entscheidung, ob Sie diese Seiten lesen wollen, hilft vielleicht die Information, dass Testdesigns aus den Ursache-Wirkungs-Graphen mit Werkzeugen automatisch erstellt werden können [URL: BenderRBT]. Also Schritte 5 und 6 lassen sich vollständig automatisieren.

Nun das Beispiel: Es soll die vereinfachte Steuerung für die Auslösung von je zwei Front- und Seiten-Airbags in einem Fahrzeug getestet werden. Die funktionale Spezifikation lautet:

> *Req1: Die Software soll die Front-Airbags auslösen, wenn der Longitudinalsensor einen Beschleunigungswert größer als 10 meldet.*
>
> *Kommentar: Die möglichen Sensorwerte sind ganzzahlig, von 0 bis 30.*

> *Req2: Die Software soll die Seiten-Airbags auslösen, wenn der Lateralsensor einen Beschleunigungswert größer als 10 meldet.*
>
> *Kommentar: Die möglichen Sensorwerte sind ganzzahlig, von 0 bis 30.*

> *Req3: Im Fall eines starken Aufpralls, wenn die Summe der beiden Sensorwerte größer als 25 ist, sollen alle Airbags ausgelöst werden, sofern Req4 oder Req5 die Auslösung eines Airbags nicht verbietet.*

> *Req4: Die Airbags für den Beifahrer sollen nur ausgelöst werden, wenn der Sitzsensor eine Belegung des Beifahrersitzes meldet.*

> *Req5: Die Software soll die Airbags des Beifahrers nicht auslösen, wenn der Babyschutzschalter eingeschaltet ist. In diesem Fall ist davon auszugehen, dass eine Babyschale gegen die Fahrtrichtung montiert ist.*

Schritt 1 der Ursache-Wirkungs-Analyse rät zur Zerlegung der Spezifikation in handhabbare Teile. Das ist hier schon der Fall. Pro Anforderungsnummer gibt es nur eine Aussage, was das Testdesign erleichtert und keine weitere Zerlegung erfordert. Im Schritt 2 sind boolesche Ursachen und Wirkungen zu identifizieren und mit Bezeichnern zu versehen. Das passiert in nachfolgender Tabelle.

Bezeichner	Ursache bzw. Wirkung
U1	Wert des Longitudinalsensors > 10
U2	Wert des Lateralsensors > 10
U3	Summe der Sensorwerte > 25
U4	Beifahrersitz belegt
U5	Babyschutzschalter eingeschaltet
W1	Auslösung Front-Airbag fahrerseitig
W2	Auslösung Seiten-Airbag fahrerseitig
W3	Auslösung Seiten-Airbag beifahrerseitig
W4	Auslösung Front-Airbag beifahrerseitig

Nun folgt die Transformation in den Graphen, der die Analyse unterstützen soll (und auf dessen Erstellung versierte Tester auch gerne verzichten). Die Basiselemente des Ursache-Wirkungs-Graphen sind die Symbole für Identität, Negation, das logische UND und das logische ODER. Die Bedeutung der in Abbildung 8–4 vorgestellten Symbole entspricht der üblichen booleschen Algebra.

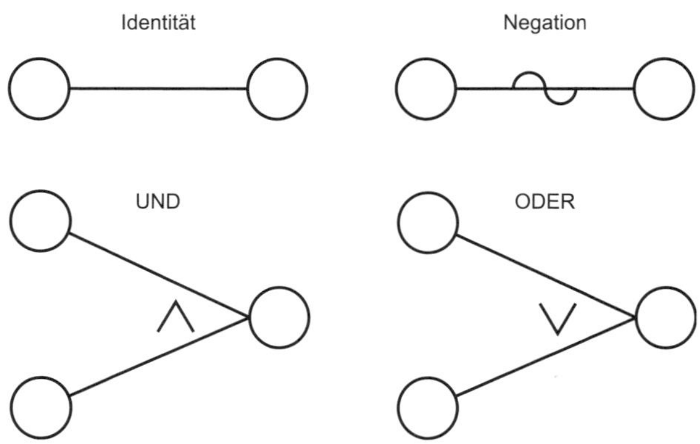

Abb. 8–4 *Basiselemente des Ursache-Wirkungs-Graphen*

Die in Abbildung 8–4 angegebenen Verknüpfungen wirken von links nach rechts. Ursachen stehen links. Wirkungen stehen rechts. Um bei komplizierten Graphen Eindeutigkeit zu erreichen, kann die Wirkrichtung durch Pfeilspitzen angegeben werden. Neben diesen Basiselementen existieren die in Abbildung 8–5 gezeigten zusätzlichen Elemente, die ggf. Einschränkungen beschreiben, wie in Punkt 4 der Vorgehensweise erwähnt:

- Falls die Anwesenheit einer Ursache die Anwesenheit anderer Ursachen ausschließt, so besteht zwischen ihnen eine exklusive Abhängigkeit (E). Es ist entweder genau eine oder keine der verknüpften Ursachen wahr (z. B. *Währung = US$, Währung = Euro, Währung = andere*: Die Währung kann nicht US$ und Euro gleichzeitig, wohl aber weder US$ noch Euro sein).
- Falls sichergestellt ist, dass stets mindestens eine von mehreren Ursachen erfüllt ist, so liegt eine inklusive Beziehung (I) vor (z. B. *Ampelfarbe = Grün, Ampelfarbe = Gelb, Ampelfarbe = Rot*: Die Ampel zeigt mindestens eine der drei Farben; Gelb und Rot können aber auch zusammen auftreten).
- Die O(*One, and only one*)-Abhängigkeit ist dann gegeben, falls immer genau eine von mehreren Ursachen erfüllt ist (z. B. *Frau_ist_schwanger = wahr* und *Frau_ist_schwanger = falsch*: Die Frau ist entweder schwanger oder nicht. Andere Möglichkeiten existieren nicht).
- Die R(*Requires*)-Abhängigkeit ist dann vorhanden, falls für die Anwesenheit einer bestimmten Ursache die Anwesenheit einer anderen Ursache Voraussetzung ist (z. B. *Alter > 21* und *Alter > 18*: Eine Person kann nur älter als 21 Jahre sein, wenn sie auch älter als 18 Jahre ist).
- Die M(*Masks*)-Abhängigkeit beschreibt die Maskierung einer Ursache durch eine andere Ursache (z. B. *Fehlermeldung »Kein Netz«* und *Handy läutet*: Das Vorliegen der Fehlermeldung »Kein Netz« garantiert, dass das Handy nicht läutet). Wie man leicht sieht, kann die M-Abhängigkeit als R-Abhängigkeit ausgedrückt werden. Das Handy kann nur dann läuten, wenn die Fehlermeldung »Kein Netz« nicht vorliegt. Das ist eine R-Abhängigkeit.

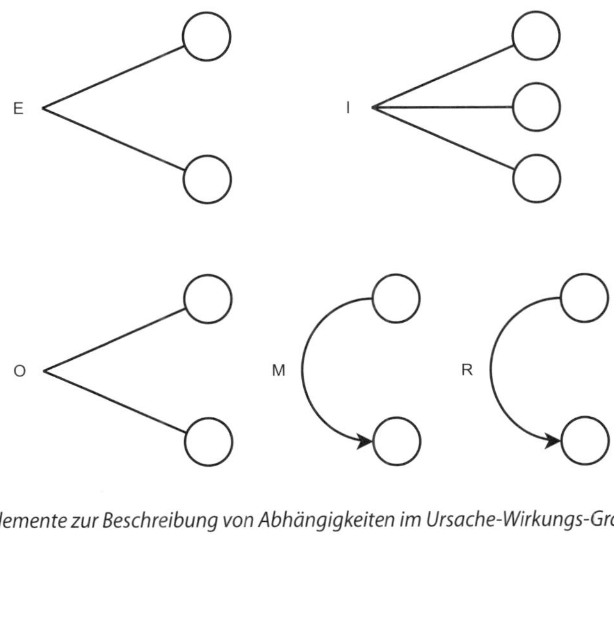

Abb. 8–5 *Elemente zur Beschreibung von Abhängigkeiten im Ursache-Wirkungs-Graphen*

Das Erstellen des Ursache-Wirkungs-Graphen entspricht der formalen Visualisierung der Spezifikation und der Abhängigkeiten der Anforderungen. Beim Erstellen des Graphen ist es dem Testdesigner überlassen, häufig gebrauchte Kombinationen von Ursachen als Ursachenkombination bzw. »Zwischenwirkungen« zu definieren. Von dieser Technik ist in Abbildung 8–6 Gebrauch gemacht. Die Ursachenkombination F steht für einen Frontalzusammenstoß, S für einen Seitenaufprall, E für einen erwachsenen Beifahrer. In diesem Beispiel gibt es keine der speziellen E/I/O/R/M-Einschränkungen, somit ist auch Schritt 4 erledigt.

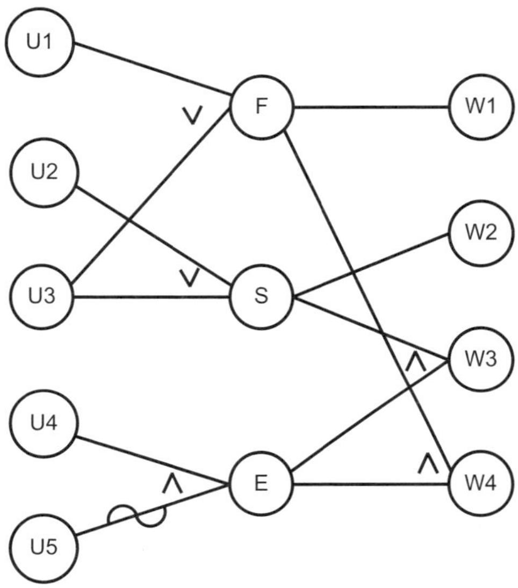

Abb. 8–6 *Ursache-Wirkungs-Graph für das Airbag-Beispiel*

In Schritt 5 wird eine Entscheidungstabelle aus dem Graphen abgeleitet. Dabei beginnt man auf der Resultatseite, d.h., man betrachtet die Wirkung (das Ergebnis auf der rechten Seite) und sieht sich an, welche Ursachen zu diesem Ergebnis führen. Das Verfahren zur Erstellung der Entscheidungstabelle ist:

a) Auswahl einer Wirkung.
b) Durchsuchen des Graphen nach Kombinationen von Ursachen, die den Eintritt der Wirkung hervorrufen bzw. nicht hervorrufen (Regeln für diese Ermittlung folgen im Anschluss an diese Aufzählung).
c) Erzeugung jeweils einer Spalte der Entscheidungstabelle für alle gefundenen Ursachenkombinationen und die verursachten Zustände der übrigen Wirkungen.
d) Überprüfung, ob Entscheidungstabelleneinträge zusammengeführt werden können, d.h. in einem Schritt zwei Testfälle durchgeführt werden können. Gegebenenfalls Zusammenführung zweier Spalten zu einer, ggf. Streichen von Mehrfacheinträgen.

Die Ermittlung der Ursachenkombinationen bei Punkt b geschieht ausgehend von der betrachteten Wirkung in Richtung der Ursachen.

- Für ODER-Verknüpfungen mit dem Ergebnis WAHR (die Wirkung tritt ein) sind nur solche Eingabekombinationen zu bilden, bei denen eine Eingabe den Wert WAHR und alle anderen Eingaben den Wert FALSCH besitzen. Der Grund für diese Regel ist die Vermeidung von Fehlermaskierungen.
- Für ODER-Verknüpfungen mit dem Ergebnis FALSCH (die Wirkung tritt nicht ein) sind alle Eingaben auf FALSCH zu setzen.
- Für UND-Verknüpfungen mit dem Ergebnis FALSCH (die Wirkung tritt nicht ein) sind nur solche Eingabekombinationen zu bilden, bei denen eine Eingabe den Wert FALSCH und alle anderen Eingaben den Wert WAHR besitzen. Der Grund für diese Regel ist die Vermeidung von Fehlermaskierungen.
- Für UND-Verknüpfungen mit dem Ergebnis WAHR sind alle Eingaben auf WAHR zu setzen.

Anstelle der für eine UND- bzw. ODER-Verknüpfung mit n Eingängen prinzipiell möglichen 2^n Testfälle erhält man durch Anwendung der angegebenen Regeln maximal n+1 Testfälle[2]. Existieren für die Ursachen zusätzlich noch E/I/O/R/M-Einschränkungen, so kann sich die Anzahl der Testfälle weiter reduzieren, weil sich manche Ursachenkombinationen dadurch ausschließen lassen.

Weiter mit dem Airbag-Beispiel. Um den Graphen in eine Entscheidungstabelle umzuwandeln, ist in Schritt 5a eine Wirkung auszuwählen. Wir fangen bei W1 an. Nun gilt es, gemäß Schritt 5b die Ursachenkombinationen zu ermitteln. Das ist bei W1 nicht schwer. Im Graphen kann man folgenden Zusammenhang erkennen: $W1 = U1 \vee U3$. Es sind daher, gemäß der Regel für ODER drei Testfälle zu definieren. Ein Testfall, in dem keine der Ursachen U1 und U3 WAHR ist, und je ein Testfall, bei dem je eine Ursache WAHR ist. Dies sind Testfälle 1 bis 3 in Tabelle 8–2, wo, wie ab nun im Fließtext, 0 für FALSCH und 1 für WAHR steht. Nun zu W2. Auch W2 hat eine sehr einfache Ursachenkombination: $W2 = U2 \vee U3$. Testfälle 4 bis 6 können analog zu Testfällen 1 bis 3 hergeleitet werden.

2. Wenn Sie Abschnitt 6.6.4 gelesen haben, dann fühlen Sie sich hier vermutlich an die Modified Condition/Decision Coverage erinnert.

Testfall:	1	2	3	4	5	6	7	8	9	10	11	12	13
U1	0	1	0										
U2				0	1	0	1	0	1	1	0	0	0
U3	0	0	1	0	0	1	0	1	0	0	1	1	0
U4							1	1	0	1	0	1	1
U5							0	0	0	1	0	1	0
W1	0	1	1										
W2				0	1	1							
W3							1	1	0	0	0	0	0
W4													

Tab. 8–2 Teil *1 der Entscheidungstabelle für das Airbag-Beispiel*

Bei W3 ist es nicht mehr so leicht. W3 = S ∧ E, gleichbedeutend mit W3 = (U2 ∨ U3) ∧ (U4 ∧ ¬U5). Zunächst definieren wir für W3 = S ∧ E gemäß der Regel für UND die Top-Level-Testfälle A: (S = 1, E = 1), B: (S = 1, E = 0) und C: (S = 0, E = 1). Nun sind die Inputs der Testfälle A, B, C noch keine elementaren Ursachen. Wir müssen daher die Ursachen S und E weiter auflösen. Eine Hilfstabelle zum Notieren von Zwischenschritten oder ein paar Bleistiftnotizen in der Entscheidungstabelle helfen dabei. So eine Hilfstabelle kann wie Tabelle 8–3 aussehen, oder man kann auch die Entscheidungstabelle um die Information der Hilfstabelle ergänzen. Je nach Geschmack, Komplexität der Aufgabe und Erfahrungsstand.

Die obersten 4 Zeilen der hier verwendeten Hilfstabelle notieren nochmals die im letzten Absatz hergeleiteten Tests auf Top-Level. Die weiteren Zeilen konstruieren auf Basis der Top-Level-Testfälle Testfälle aus elementaren Ursachen mit Hilfe der Regeln für UND und ODER.

Top-Level:	A		B				C
W3	1		0				0
S	1		1				0
E	1		0				1
U2	1	0	1	1	0	0	0
U3	0	1	0	0	1	1	0
U4	1	1	0	1	0	1	1
U5	0	0	0	1	0	1	0

Tab. 8–3 *Hilfstabelle für W3*

S = U2 ∨ U3. Das heißt, im Fall A haben wir gemäß der Regel für ODER für den Wert S = 1 die Möglichkeiten (U2 = 0, U3 = 1) und (U2 = 1, U3 = 0). Für E = 1 gibt es nur eine Kombinationsmöglichkeit von U4 und U5, die dieses Ergebnis liefert. Wir erhalten daher nur zwei Testfälle und sind mit A fertig. Im Fall B gibt es deutlich mehr zu tun. Die beiden elementaren Testfälle für S = 1 aus Fall A muss man mit den zwei elementaren Testfällen für E = 0 kombinieren. E = U4 ∧ ¬U5. Gemäß der Regel für UND gibt es für das Ergebnis E = 0 zwei Testfälle. Aus der Kombination der 2 mal 2 Testfälle ergeben sich für B vier Testfälle mit elementaren Ursachen, wie Tabelle 8–3 zeigt. Im Fall C gibt es nur eine Kombinationsmöglichkeit. Die neuen 7 Testfälle für W3 sind in Tabelle 8–2 als Testfälle 7 bis 13 übertragen.

Für W4 kann analog zu W3 verfahren werden. Nachdem sich die Abhängigkeiten von W3 und W4 kaum unterscheiden (W4 = (U1 ∨ U3) ∧ (U2 ∧ ¬U5)), ist man schon am Ziel, wenn man U2 durch U1 ersetzt. Tabelle 8–4 ergänzt Tabelle 8–2 mit den für W4 hergeleiteten Testfällen.

Testfall:	14	15	16	17	18	19	20
U1	1	0	1	1	0	0	0
U2							
U3	0	1	0	0	1	1	0
U4	1	1	0	1	0	1	1
U5	0	0	0	1	0	1	0
W1							
W2							
W3							
W4	1	1	0	0	0	0	0

Tab. 8–4 *Teil 2 der Entscheidungstabelle für das Airbag-Beispiel*

Nun ist Punkt 5d durchzuführen: Testfälle zusammenführen, wenn möglich. Es gibt viele leere Felder in der Entscheidungstabelle. Das heißt, man kann mehrere Testfälle zusammenfassen. Dabei gibt es eine Randbedingung zu beachten, die nicht aus dem Graphen ersichtlich ist: Wenn U1 und U2 beide falsch sind, kann U3 nicht wahr werden. Die in Tabelle 8–5 gezeigten, zusammengefassten Testfälle sind so entstanden: Zunächst entstanden die in Fettschrift gezeigten Fälle; aus 5, 7 und 14 wurde 1'; aus 6 und 8 wurde 2'; aus 5, 9 und 16 wurde 3'; aus 10 und 17 wurde 4', nochmals mit den Werten von Testfall 5 für W2; aus 6 und 11 wurde 5'; aus 12 wurde 6', hier wurden nochmals die Werte von Testfall 6 für W2 genommen; aus 4, 13 und 20 wurde 7'; aus 15 wurde 8', aus 18 wurde 9' und 19 wurde zu 10'. Danach wurden die Lücken in Tabelle 8–5 gefüllt. Dazu wurden unter Berücksichtigung der zuvor erwähnten Randbedingung für die Ursachen beliebige Werte genommen und für die Wirkungen die Definitionen von W1 bis W4 herangezogen:

W1 = U1 ∨ U3
W2 = U2 ∨ U3
W3 = (U2 ∨ U3) ∧ (U4 ∧ ¬U5)
W4 = (U1 ∨ U3) ∧ (U2 ∧ ¬U5)

Testfall:	1'	2'	3'	4'	5'	6'	7'	8'	9'	10'
U1	**1**	1	**1**	**1**	1	1	**0**	**0**	**0**	**0**
U2	**1**	**0**	**1**	**1**	**0**	**0**	**0**	1	1	1
U3	**0**	**1**	**0**	**0**	**1**	**1**	**0**	**1**	**1**	**1**
U4	**1**	**1**	**0**	**1**	**0**	**1**	**1**	**1**	**0**	**1**
U5	**0**	**0**	**0**	**1**	**0**	**1**	**0**	**0**	**0**	**1**
W1	**1**	1	**1**	1	1	1	0	1	1	1
W2	**1**	**1**	1	**1**	1	1	0	1	1	1
W3	**1**	1	0	**0**	**0**	**0**	**0**	**1**	0	0
W4	**1**	1	**0**	0	0	0	0	1	**0**	**0**

Tab. 8–5 *Entscheidungstabelle mit zusammengefassten Testfällen*

Als letzter Schritt des Testdesigns muss nur noch die zusammengefasste Entscheidungstabelle in Testfälle umgeformt werden. Das ist mit Tabelle 8–6 geschehen. Dabei werden, wann immer möglich, Grenzwerte abgetestet.

Testfall	**Longitudinal**	**Lateral**	**Summe**	**Sitzsensor**	**Babyschutz**	**Erwartet wird nur Auslösung von folgenden Airbags**
1'	11	14	(25)	ein	aus	alle Airbags
2'	30	0	(30)	ein	aus	alle Airbags
3'	14	11	(25)	aus	aus	beide fahrerseitigen Airbags
4'	13	12	(25)	ein	ein	beide fahrerseitigen Airbags
5'	26	0	(26)	aus	aus	beide fahrerseitigen Airbags
6'	30	10	(40)	ein	ein	beide fahrerseitigen Airbags
7'	10	10	(20)	ein	aus	kein Airbag
8'	10	30	(40)	ein	aus	alle Airbags
9'	0	26	(26)	aus	aus	beide fahrerseitigen Airbags
10'	0	26	(26)	ein	ein	beide fahrerseitigen Airbags

Tab. 8–6 *Testfalldefinitionen für das Airbag-Beispiel*

Erfahrungsbericht zur Ursache-Wirkungs-Analyse

Wenn man in den (anderen) Lehrbüchern die Beispiele zu diesem Verfahren durchsieht, bekommt man den Eindruck, dass das Verfahren recht einfach anzuwenden ist. Die Problemstellungen in diesen Büchern sind so einfach, dass man sie auch durch Intuition schnell lösen kann. Fein, wenn da ein solch formales Verfahren wie die Ursache-Wirkungs-Analyse zum selben Ergebnis kommt wie der Testfall durch Intuition. Ich selbst verwende die Ursache-Wirkungs-Analyse nicht oft, weil sie für meine Testprojekte nur selten anwendbar ist. Für dieses Buch habe ich bewusst ein realistisch komplexes Beispiel gewählt. Die Idee zu diesem Beispiel stammt übrigens aus den Übungsunterlagen für ein ISTQB-Training. Ich habe das Beispiel drei Mal durchgerechnet, bis ich endlich diese ganzen Tabellen ohne einen mir selbst ersichtlichen Fehler ausgefüllt hatte. Trotzdem wurden bei der Review des Manuskripts für dieses Kapitel noch Fehler gefunden. Für mich gibt es aus der Mühe des Erstellens der Testfälle mit dieser Methode eine direkte Schlussfolgerung: Dieses Verfahren auf komplexe Problemstellungen ohne Werkzeugunterstützung einzusetzen, ist praxisfremd. Eine Werkzeugunterstützung entkräftet auch die Kritik von Bath und McKay in [Bath 08, Bath 10], die meinen, dass die Graphen der Ursache-Wirkungs-Analyse ab einer gewissen Komplexität unhandhabbar groß werden. Für mich persönlich ist ein großer Graph noch immer angenehmer als das Herleiten der großen Entscheidungstabellen, in denen man sich unter Garantie irgendwo irrt, wenn man sie von Hand ausfüllt. Und noch etwas habe ich beim Schreiben dieses Abschnitts gelernt: Wenn man die Testfälle in Schritt 5d anders zusammenfasst, dann kommt man ggf. zu mehr Testfällen und dabei auch zu Testfällen, in denen andere Airbag-Auslösungs-Kombinationen auftreten, also in denen zum Beispiel nur die Seiten-Airbags ausgelöst werden. Die Ursache-Wirkungs-Analyse sieht nämlich in Schritt 5d nicht vor, dass die finalen Wirkungen unabhängig voneinander eintreten sollen.

8.1.5 CECIL-Methode

Im vorhergehenden Beispiel wurden, wann immer möglich, Grenzwerte abgetestet. Eine *systematische* Kombination der Grenzwertanalyse mit der Ursache-Wirkungs-Analyse ist die CECIL-Methode. CECIL steht für *Cause-Effect Coverage Incorporating Linear Boundaries*. Dieses von einem Team bei Siemens IT Solutions (seit 2011 ATOS) entwickelte Verfahren ist im Werkzeug TEMPPO Designer (ehemals IDATG) realisiert und funktioniert dann, wenn die Ursachen in der Ursache-Wirkungs-Analyse durch lineare Formeln darstellbar sind. Die Idee des Verfahrens ist folgende [Beer 08]: Jede von mehreren Ursachen einer Wirkung schränkt den n-dimensionalen möglichen Raum von Inputs ein. So eine Einschränkung können wir uns als Relation (>, ≥, <, ≤, =) vorstellen. Im Beispiel aus Tabelle 8–6 ist es ein vierdimensionaler Raum (vier Sensoren). Betrachtet man eine Wirkung, so kann man jedes logische UND in der Formel für eine Wirkung als Schnittmenge der Einschränkungen interpretieren. Solche Kombinationen von Einschränkungen sind die Domäne der Linearen Optimierung. Die CECIL-Methode verwendet daher Lineare Optimierung, um systematisch die »grenzwertigsten« Schnittpunkte bei der Ursachen/Wirkungs-Analyse zu ermitteln.

8.1.6 Entscheidungstabellentechnik

Nicht wenige Tester verzichten bei einfachen Testaufgaben mit einer geringen Zahl von Ursachen auf die Ursache-Wirkungs-Analyse und notieren gleich eine Entscheidungstabelle. Dabei werden in einem ersten Schritt *alle* möglichen Kombinationen von Ursachen niedergeschrieben. Wie in Tabelle 8–6 entspricht jede Zeile der Entscheidungstabelle einem Testfall und in den Spalten werden Ursachen und Wirkungen notiert. Danach werden jene Zeilen gestrichen, die aufgrund von gegenseitiger Beeinflussung nicht möglich oder nicht sinnvoll sind.

Das Schöne an dieser Methode ist, dass man nicht so leicht testenswerte Kombinationen vergessen kann, wie bei einem unsystematischen Vorgehen. Auch ihre Einfachheit ist bestechend. Wenn es allerdings sehr viele Kombinationsmöglichkeiten gibt, dann werden die Tabellen unübersichtlich groß.

8.1.7 Paarweises Testen und Klassifikationsbaum-Methode

Hat man eine Funktion zu testen, die mehrere Eingabeparameter hat, und man möchte Abhängigkeiten der Parameter testen, so müsste man in einem rigorosen Test alle Kombinationen aller Äquivalenzklassen aller Parameter durchtesten. So, wie es die Entscheidungstabellentechnik macht. Das kann eine unhandhabbar große Anzahl von Testfällen ergeben. Nehmen wir zum Beispiel die Funktion eines Kaffeeautomaten mit den folgenden vier Eingangsäquivalenzklassen:

Parameter	Äquivalenzklassen
Zustand Wechselgeldmagazin	voll, unvollständig gefüllt, leer, Sensorfehler
Wassertemperatursensor	kalt (1 bis 80 Grad), heiß (81 bis 255 Grad), Sensorfehler (Messwert 0)
Getränketastenzustand	Kaffe, Kakao, Tee, keine Auswahl, mehr als eine Taste gedrückt
Zusatztaste »Ohne Zucker«	gedrückt, nicht gedrückt

Der, bezüglich möglicher Kombinationen von Äquivalenzklassen, vollständige Test ergäbe 4 mal 3 mal 5 mal 2 = 120 Testfälle.

Anstatt die vollständigen Kombinationen auszutesten, beschränkt man sich beim *Paarweisen Testen* darauf, je einen Repräsentanten jeder Äquivalenzklasse mit je einem Repräsentanten jeder anderen Äquivalenzklasse in einem Testfall zu kombinieren (d.h. paarweise Kombination statt vollständiger Kombination). Beim Kaffeeautomaten gibt es 4 Parameter, d.h., es sind pro Testfall folgende Paarungen zu betrachten: (a) Zustand Wechselgeldmagazin mit Wassertemperatur (12 Möglichkeiten), (b) Zustand Wechselgeldmagazin mit Getränketastenzustand (20 Möglichkeiten), (c) Zustand Wechselgeldmagazin mit Zusatztaste (8 Möglichkeiten), (d) Wassertemperatur mit Getränketastenzustand (15 Möglichkeiten), (e) Wassertemperatur mit Zusatztaste (6 Möglichkeiten), (f) Getränketastenzustand mit Zusatztaste (10 Möglichkeiten). Das heißt, statt der 120 Kombinationen hat man nur 12 + 20 + 8 + 15 + 6 + 10 = 61 Kombinationen zu testen. Dazu sind aber weit weniger Testfälle notwendig, denn viele der Paarungen können parallel abgetestet werden. Zum Beispiel kann man in einem Testfall gleichzeitig beliebige Paarungen aus (a) und (f) gleichzeitig testen.

Um die Testfälle geschickt zu arrangieren und keine Paarung zu vergessen, empfiehlt es sich, werkzeugunterstützt zu arbeiten. Zur vollautomatischen Erzeugung von paarweisen Tests auf Basis von Äquivalenzklassendefinitionen gibt es eine Reihe von Werkzeugen am Markt. Unter anderem kann das der Classification Tree Editor [URL: CTE]. [Roßner 10] zählt den Classification Tree Editor zu den klassischen Vertretern der modellbasierten Testdatengeneratoren.

Neben der Testdatengenerierung illustriert dieser Editor solche kombinatorischen Herausforderungen mit sogenannten *Klassifikationsbäumen*. Der Klassifikationsbaum hat an der Wurzel die zu testende Funktion. Jedes Blatt des Baums ist eine Äquivalenzklasse. Jeder Klasse ist eine Spalte in einer Kombinationstabelle zugeordnet. Jede Zeile in der Kombinationstabelle stellt einen Testfall dar. Der Klassifikationsbaum für den Kaffeeautomaten ist in Abbildung 8–7 zu sehen. An den Kreuzungspunkten wird durch eine Markierung angezeigt, ob eine Kombination von Parametern im Testfall abgedeckt wird. Testfall 1 enthält zum Beispiel ein volles Wechselgeldmagazin, kaltes Wasser und den Kundenwunsch Kaffee ohne Zucker.

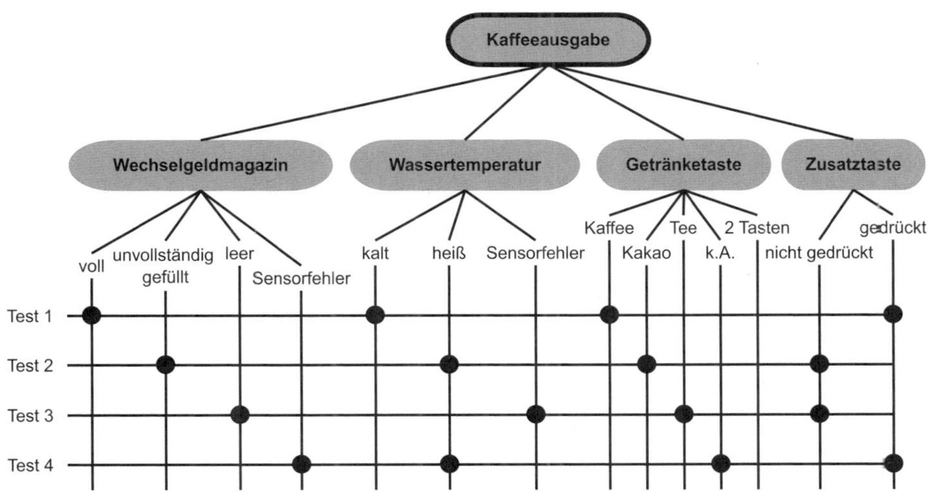

Abb. 8–7 *Klassifikationsbaum für das Beispiel des Kaffeeautomaten*

Klassifikationsbäume werden nicht nur verwendet, um vom Werkzeug automatisch erstellte Testfälle zu illustrieren, sondern auch, um die Testabdeckung von Tests anderer Quellen zu analysieren. Hier geht es nicht um strukturelle Abdeckung, sondern um Abdeckung der Spezifikation. Zum Beispiel kann schnell festgestellt werden, welche der möglichen Kombinationen eine Reihe von Tests durchtesten. Werden Klassifikationsbäume dazu verwendet um den zeitlichen Verlauf von Testsequenzen zu designen oder zu analysieren, so spricht man von der *Classification Tree Method for Embedded Systems*, abgekürzt *CTM/ES*. Die Zeilen der Kombinationstabelle dieser Darstellungen sind Zeitpunkte von Testsequenzen, wobei die Zeitachse von oben nach unten geht. Im besten Fall können konkrete Tests dann vom Testwerkzeug automatisch aus dieser grafischen Darstellung der CTM/ES erzeugt werden [Lamberg 04].

8.1.8 Back To Back Testing

Wenn es sehr schwierig ist, Äquivalenzklassen zu finden oder funktionale Zusammenhänge von Dateneingaben sinnvoll zu beschreiben, dann kann ggf. *Back To Back Testing* eingesetzt werden. Die Idee dieser Methode ist, zwei unabhängige Entwicklerteams die Software schreiben zu lassen und dann mit sehr vielen Testfällen automatisch gegeneinander zu prüfen. Die Testdaten für diese Tests werden durch Testdatengeneratoren erzeugt, z. B. durch Modellbildung, gemäß Aufzeichnungen von realen Daten oder durch Zufallsgeneratoren.

Eine Spielart des Back To Back Testing ist das Testen gegen Referenzalgorithmen. So kann die Implementierung einer FFT z. B. relativ einfach gegen die Implementierung einer DFT getestet werden oder die Implementierung einer selbst geschriebenen FFT gegen die Implementierung der FFT in einem Mathematikwerkzeug.

8.1.9 Erfahrungsbasierter Test

Beim Testen von Software gilt, was für die meisten anderen Aufgaben im Software-Entwicklungsprozess gilt: Erfahrung hilft. Erfahrene Tester »riechen« förmlich schon, wo es Probleme geben könnte und legen ihre Finger in wunde Stellen. Auch dieses nicht sehr formale Vorgehen hat in der Literatur einen Namen: *Error Guessing*. Die fundamental wichtige Idee dabei ist, sich zu überlegen, wie man das Testobjekt stört und wo es verwundbar sein könnte. Es resultieren gemeine und bösartige Testfälle, keine »Schönwettertests«.

Ein Testprojektleiter wird danach trachten, seine Tester zu erfahrenen Mitarbeitern zu machen, die verwundbare Stellen der Software schnell finden. In vielen Firmen geschieht dies durch die Analyse aller durch den Kunden (oder durch das eigene Team nur durch Zufall) gefundenen schweren Fehler. Das Team bespricht die Fehler und dokumentiert sie. Mit der Zeit wird es eine respektable Liste von möglichen Fehlern geben, gegen die jedes Update der Software geprüft werden kann.

Zum Erfahrungsbasierten Test wird in der Literatur auch der *explorative Test* gezählt [Spillner 10]. Dabei bewertet der Tester die Ausgabe der Software nach persönlicher Erfahrung anstelle des Tests gegen eine Anforderungsspezifikation. Er »erforscht« die Funktion des Testobjekts gleichermaßen und trifft somit Annahmen über ihre Anforderungen. Im Embedded-Bereich ist diese Vorgehensweise abzulehnen, weil falsche Annahmen zu Anforderungen vergleichsweise großen finanziellen Schaden anrichten können, siehe auch Abschnitt 2.10.2.

8.1.10 Diskussion des Black-Box-Tests

Alle vorgestellten Black-Box-Verfahren werden in der Praxis eingesetzt. Nachdem sich alle Verfahren, bis auf den Erfahrungsbasierten Test, an der Spezifikation orientieren, sind Spezifikationsfehler oder Lücken in der Spezifikation auch Fehler oder Lücken in den Tests.

Wenn mehr Funktionalität implementiert wurde, als spezifiziert, so bleibt die Zusatzfunktionalität ungetestet, wenn diese nicht in die Spezifikation aufgenommen wird und das Testteam nicht davon erfährt. Es ist daher auch eine Sache der Disziplin des Entwicklerteams und der Projektleitung, wie gut ein System im Testteam geprüft wird.

8.1.11 Auswahl eines Black-Box-Testverfahrens für eine Aufgabe

Bei der Auswahl des Testverfahrens orientiert man sich an der Natur der zu testenden Funktionalität. Dabei ist *immer* empfehlenswert, Äquivalenzklassen und Grenzwerte zu bestimmen und die Tests mit diesen Grenzwerten durchzuführen, egal welches weitere Verfahren zum Einsatz kommt:

- Wenn die Historie von Inputs das Antwortverhalten des zu testenden Systems beeinflusst, dann ist der zustandsbasierte Test zu empfehlen.
- Gibt es Anforderungen zu Wechselwirkungen zwischen Eingängen des zu testenden Systems, so ist der Einsatz von Entscheidungstabellen bzw. die Ursache-Wirkungs-Analyse zu empfehlen. Die Ursache-Wirkungs-Analyse benötigt boolesche Eingänge. Gegebenenfalls kann man die Zugehörigkeit eines numerischen Eingangswerts zu einer Äquivalenzklasse als einen solchen booleschen Eingang wählen. In diesem Fall bietet sich besonders die CECIL-Methode an.
- Bei einer großen Anzahl von Eingängen und/oder einer großen Anzahl von Eingangsäquivalenzklassen empfiehlt sich der Paarweise Test oder die Klassifikationsbaummethode.
- Kann man keine Äquivalenzklassen identifizieren, so könnte Back To Back Testing zum Einsatz kommen.

Gibt es nur eine kleine Anzahl von wohl identifizierbaren Äquivalenzklassen, stehen die Eingangsparameter nicht in Wechselwirkung und ist die Historie vergangener Inputs nicht relevant, so genügt ein einfacher, intuitiver Test mit allen Grenzwerten. *Zusätzlich* zu den beschriebenen Black-Box-Testverfahren sollte man sich den Luxus des Error Guessing leisten. Zum Beispiel im Rahmen eines Brainstormings gemeinsam mit Mitarbeitern der Hardware-Entwicklung.

8.1.12 Werkzeuge für Funktionstests

Für zustandsbasierte Tests gibt es Werkzeuge, die aus dem Zustandsautomaten automatisch Tests erzeugen. Eine entsprechende formale Notation zu Zustandsübergängen erlaubt es, den Werkzeugen auf Basis der ansonsten grafischen Eingabe des Automaten Testskripts zu erzeugen, die zum Beispiel in einem Testsystem verwendet werden können. Ein Vertreter dieser Werkzeuge ist die Conformiq Tool Suite. Werkzeuge, die aus UML-Zustandsautomaten Tests erzeugen, sind vergleichsweise neu am Markt, aber ohne Zweifel für den industriellen Einsatz tauglich. Trotzdem erfahren sie nur geringe Verbreitung. Ein Grund dafür dürfte sein, dass es nicht allzu kompliziert ist, händisch gute Testfälle für Zustandsautomaten zu erzeugen.

Anders ist es da bei der Ursache-Wirkungs-Analyse. Der Erfahrungsbericht aus Abschnitt 8.1.4 lässt den Schluss zu, dass dieses Verfahren bei komplexen Aufgaben nur sinnvoll mit einem Werkzeug umzusetzen ist. Ein solches Werkzeug ist zum Beispiel Bender RBT. Auch der Einsatz der CECIL-Methode macht nur werkzeugunterstützt Sinn. Wenn man Entscheidungstabellen ohne eine Untersuchung der Wechselbeziehungen der Inputs erstellt, ist ein Tabellenkalkulationsprogramm oder ein Tabelleneditor als Werkzeug ausreichend.

Das im deutschsprachigen Raum bekannteste Werkzeug für die Klassifikationsbaummethode und Paarweises Testen ist der schon erwähnte Classification Tree Editor [URL: CTE]. Unter [URL: PAIRWISE] findet man eine ganze Reihe von Werkzeugen für Paarweises Testen und auch wissenschaftliche Literatur zu diesem Thema. Eine gelungene und leicht zu lesende Beschreibung der in diesen Werkzeugen implementierten Algorithmen findet man online übrigens auch in [Rothmann 08].

8.2 Test der Benutzerschnittstelle

Wenn ein System eine Benutzerschnittstelle hat, so wird diese bei Funktionstests bedient, also zu einem gewissen Grad »mitgetestet«. Trotzdem macht es Sinn, der Benutzerschnittstelle separat Aufmerksamkeit zu widmen. In diesem Unterkapitel wird beschrieben, wie man die Benutzerschnittstelle unabhängig von funktionalen Systemanforderungen testen kann und wie man funktionale Systemtests an der Benutzerschnittstelle automatisieren kann.

8.2.1 Grafische Benutzerschnittstelle

Auch ohne die Spezifikation (und damit die Funktion des zu testenden Systems) zu kennen, kann man bei Grafischen Benutzerschnittstellen (GUI) so manches testen. Zum Beispiel, ob die Navigation durch die Fenster mit Maus und Tastatur funktioniert; ob Drag-and-Drop erlaubt und verboten ist, wo erwartet; ob GUI-Standards eingehalten werden (Größe, Position, Initialzustand von Fenstern); und ob die Eingabe unsinniger Werte – etwa minus 300 Grad Celsius – unterbunden wird. Es kann getestet werden, ob Fensterinhalte erneuert werden, wenn intensiv gerechnet wird; ob ein Abbruch rechenintensiver Funktionen in vertretbarer Zeit möglich ist; und ob der am Bildschirm dargestellte Inhalt in sich konsistent ist, oder etwa ein Fenster einen aktuelleren Datenstand anzeigt als ein anderes, gleichzeitig sichtbares. Man kann auch daran denken, verschiedene Bildschirmauflösungen und länderspezifische Unterschiede (wie Punktkomma statt Strichkomma) einzustellen und dann die Darstellung und Funktion zu prüfen.

8.2.2 Werkzeuge für GUI-Tests

Tests der GUI und funktionale Tests an der GUI können mit Hilfe von *Capture/Replay-Tools* automatisiert werden. Solche Tools erlauben das Aufzeichnen (*Capture*) von Mausklicks, Tastatureingaben und Bildschirminhalten. Diese Interaktionen werden also ohne Programmieraufwand gespeichert. Die so aufgezeichneten Testskripts können später ausgeführt werden und erlauben dadurch eine exakte Wiederholung der Benutzeraktion. Bei diesem *Replay* wird die Ausgabe des Programms am Bildschirm mit gespeicherten Bildschirminhalten verglichen. Dabei darf der Tester frei definieren, welche Bildschirminhalte für den Test von Bedeutung sind. Bei preisgünstigen Werkzeugen erfolgt die Aufzeichnung in sehr einfachen Makrosprachen, bei hochpreisigen Werkzeugen werden u.a. Testskripts in C# oder Java erzeugt.

Alle modernen Tools (wie z.B. SilkTest oder Ranorex) erlauben auch, die aufgezeichneten Interaktionen nachträglich zu manipulieren und einige auch *data-driven* auszuführen (wie z.B. IBM Rational Functional Tester, HP QuickTest Professional oder QF-Test), das heißt, in der Aufzeichnungssprache Testdaten aus Tabellen oder Datenbanken zu lesen und diese Daten dann Testfall für Testfall in der GUI zu verwenden, ohne neue Aufzeichnungen notwendig zu machen.

Natürlich ist die Einsetzbarkeit von Capture/Replay-Tools beschränkt. Sie können zum Beispiel keinesfalls selbstständig beurteilen, ob die gezeigte EEG-Kurve plausibel ist. Kostengünstige Tools werden, im Gegensatz zum Menschen als Tester, ausgebesserte Tippfehler und Layout-Änderungen als Fehler melden. Ein Ärgernis bei der Verwendung dieser Werkzeuge kann der Umstieg auf einen anderen Window-Manager oder eine andere Betriebssystemversion sein. In manchen Fällen werden Interaktionen mit dem System (Fenster schließen usw.) nicht mehr richtig erkannt und die Aufzeichnungen sind zu wiederholen. Dabei gilt die

Regel: Je mächtiger (und teurer) das Capture/Replay-Werkzeug ist, desto geringer ist der Aufwand, die Tests anzupassen.

Hochpreisige Capture/Replay-Werkzeuge erlauben, funktionale Aspekte des Tests von den reinen Zugriffen auf die GUI sauber zu trennen. Das heißt, die Aufzeichnungen erfolgen in zwei Ebenen. Eine Ebene auf hoher Abstraktionsschicht beschreibt Logik, Eingaben und erwartete Antworten in einem Testskript. Eine zweite »Übersetzungs«-Ebene beschreibt, wie Eingaben vom Testskript in die GUI kommen und wie Antworten von der GUI in die Testskripts gelesen werden. Bei Änderungen des GUI-Designs müssen daher die Testskripts (die hohe Abstraktionsebene) nicht neu aufgezeichnet/geschrieben werden. Stattdessen wird nur die Übersetzungs-Ebene angepasst. Es gibt sogar Werkzeuge, bei denen diese Anpassung so frei definierbar ist, dass das gleiche Testskript statt einem GUI eine Feldbus-Schnittstelle bedienen kann.

Erfahrungsbericht zum Test mit Makros

Ich habe in zwei Projekten eingebettete Systeme mit Makros über deren Service- oder Konfigurationssoftware am PC getestet. Einmal mit einem GUI-Testwerkzeug, einmal mit einem selbst geschriebenen Makro-Player/Recorder, der in der Konfigurationssoftware integriert war. In beiden Projekten stellte sich heraus, dass man, wann immer es geht, aus Effizienzgründen die Programmierung dem Aufzeichnen und Abspielen von Makros vorziehen sollte. Gegebenenfalls kann es auch schon helfen, wenn man sich im programmierten Testskript komplexe Makros aus elementaren Miniaturmakros zusammenstellt oder – so haben wir es beim Projekt mit dem selbst geschriebenen Player gemacht – zur Gänze im Testskript generiert.

8.2.3 Eingebettete Benutzerschnittstellen

Viele eingebettete Systeme verfügen über systemspezifische Benutzerschnittstellen, wie zum Beispiel Auswahltasten bei Fahrkartenautomaten oder Bedienteile und Armaturenbrett im Automobil. Neben den funktionalen Tests dieser Schnittstellen kann im Rahmen dezidierter Tests versucht werden, Eingaben an das Programm über das Maximum bzw. unter das Minimum des Wertebereichs zu stellen und zu sehen, ob das System diese Eingabe verarbeiten kann bzw. sinnvoll berücksichtigt. Denken wir zum Beispiel an eine Software eines Diagnosesystems, die mit Hilfe eines um den Brustkorb eines Patienten befestigten Leiters über Anregung eines Schwingkreises die Expansion des Leiters und damit die Atembewegung misst. Im Rahmen dieser Tests würde man probieren, ob die Technik auch noch für Brustkorbumfänge von Frühgeburten funktioniert und ob sie auch bei sehr dicken Patienten zuverlässige Ergebnisse liefert.

Bedienteile sind Sensoren des eingebetteten Systems. Wichtig ist, bei Systemen mit hohen Integritätsanforderungen die Reaktion auf Sensorfehler und »vorhersehbare Fehlbedienung« zu testen, siehe dazu auch Abschnitt 18.7.5.

Erfahrungsbericht zur Fehlbedienung eines Fahrpedals

Ein Mitarbeiter eines Engineering-Partners für Fahrzeughersteller erzählte mir folgende Geschichte. Seine Firma macht das herstellerseitige »Chip Tuning« von Motorsteuergeräten im Auftrag der Fahrzeughersteller oder des Steuergeräte-Zulieferers. Das Motorsteuergerät liest die Fahrpedalstellung ein. Diese wird durch mindestens einen Winkelsensor erfasst und liefert – auch bei üblichen Fertigungstoleranzen – ab gewissen Schwellen Sensorwerte, die im normalen Betrieb nicht vorkommen dürfen. Das Motorsteuergerät erkennt die Überschreitung dieser Schwellen und schaltet dann in einen »Notbetrieb«, weil von einem defekten Fahrpedal ausgegangen werden muss.

Ein Testfahrer mit Schuhgröße 48 blieb eines Tages am Fahrpedal hängen und verbog es dabei mit solcher Kraft, dass der Winkelsensor in den unplausiblen Bereich gedrückt wurde und das Motorsteuergerät in den Notbetrieb schaltete. Im Notbetrieb wird die Geschwindigkeit stark begrenzt und der Fahzeuglenker aufgefordert, unverzüglich eine Fachwerkstatt aufzusuchen.

Seit diesem Vorfall gibt es vor jeder Serienfreigabe einen Test zur »Fehlbedienung des Fahrpedals«, bei dem ein Mitarbeiter der Firma das Pedal mit Kraft über beide Anschlagpunkte verbiegt und verifiziert, dass das Steuergerät nicht in den Notbetrieb wechselt.

8.2.4 Werkzeuge für den Test von eingebetteten Benutzerschnittstellen

Für automatische Tests von eingebetteten Benutzerschnittstellen ist Kreativität gefragt. Es ist eine Testumgebung notwendig, die jedem Aktor des zu testenden Systems einen Sensor des Testsystems gegenüberstellt, der im Falle der Benutzerschnittstelle anstelle des Menschen die Systemausgabe erfasst. Abbildung 1–6 auf Seite 18 zeigt ein Beispiel.

Einem Sensor des zu testenden Systems wird ein Aktor gegenübergestellt, der die Eingaben/Bewegungen des Menschen erzeugt. Abbildung 8–8 zeigt ein Beispiel.

Im Automobilbereich sieht man zur Testautomation Lösungen, bei denen jeder gelesene Sensorwert bzw. Stellwert in speziellen Steuergeräten in einem Dual Ported RAM abgelegt wird. Am zweiten RAM-Port können im Betrieb, vom Testskript aus, Sensorwerte und Aktor-Sollwerte »mitgelesen« bzw. verändert werden. Im Feld wird dann die gleiche Software verwendet, aber ein gewöhnliches RAM ohne Testzugang. Solche Lösungen kosten weniger Geld als die zuvor skizzierten aufwändigen Testumgebungen zur Automation von Tests an der mechanischen Benutzerschnittstelle, dafür haben sie ein geringfügig kleineres Potenzial, Fehler zu finden, weil das zu testende System nicht an den tatsächlichen physikalischen Schnittstellen bedient wird.

Abb. 8–8 *Automatisierte Systemtests von drei verschiedenen, softwarebetriebenen Sensoren zur Erfassung von Atembewegungen. Die Sensoren sind an einem Luftsack angebracht, der von einem Beatmungsgerät bewegt wird.*

8.3 Performanztest und Lasttest

Als Performanz definiert der ISTQB-Glossar V2.1 »den Grad, in dem ein System oder eine Komponente seine vorgesehenen Funktionen innerhalb vorgegebener Bedingungen (z.B. konstanter Last) hinsichtlich Bearbeitungsgeschwindigkeit und Durchsatzzeit erbringt.«

Die Definition ist nicht gerade so, wie Sie es einem Kumpel erklären würden, und man muss den Satz schon zwei bis drei Mal lesen, ehe man ihn versteht. Da hilft es auch nicht viel, wenn man weiter erklärt, dass ein *Performanztest* die Messung der Performanz ist. Etwas weniger förmlich könnte man sagen, dass man im Performanztest Antwortzeiten und Durchsatz misst und feststellt, ob das System dabei funktional einwandfrei läuft. Dabei ist die Last immer innerhalb der definierten Schranken (die das System bewältigen soll), oft vorgegeben und konstant.

Im Gegensatz dazu ist der *Lasttest* eine Art von Performanztest, der »das Systemverhalten eines Systems oder einer Komponente in Abhängigkeit *steigender Systemlast* (z.B. Anzahl paralleler Benutzer und/oder Anzahl von Transaktionen) misst, um zu bestimmen, welche Last durch ein System oder eine Komponente bewältigt werden kann.«

Ein Beispiel für diese Testarten: Bei Fernsehübertragungen wird u.a. ein Embedded System eingesetzt, das Signale über Glasfasernetzwerke transportiert. Das System erlaubt, über eine oder mehrere Java-Applikationen das Routing der Signale zu konfigurieren. Die Java-Applikation kommuniziert mit den Knoten des Netzwerks. Auf diesen Knoten läuft die eingebettete Software. Im Lasttest könnte man definieren, dass 2 Benutzer von verschiedenen Java-Applikationen aus alle 3 Sekunden je eine Route verändern und man misst, wie lange es maximal und im Durchschnitt braucht, bis die Route tatsächlich verändert ist und der Benutzer am Bildschirm die zu erwartenden Symbole sieht. Im Lasttest könnte man zum Beispiel die Rate der Änderungen erhöhen (was hier wirklichkeitsfremd wäre) oder (was hier viel besser passt) die Anzahl der Benutzer erhöhen und feststellen, ab welcher Benutzeranzahl die System-Antwortzeiten inakzeptabel werden, bzw. ob ab einer gewissen Benutzeranzahl das Systemverhalten nicht mehr korrekt ist.

Die Definition des Lasttests ist in der Literatur nicht immer einheitlich und wurde auch im ISTQB-Glossar zuletzt im September 2010 geändert. Leicht zu verwechseln ist der Begriff auch mit dem Begriff *Belastungstest*. Dieser Begriff kommt im ISTQB-Glossar [ISTQB-D] gar nicht vor und entspricht dem Test bei Überlast (also außerhalb der spezifizierten Grenzen). Diese Art von Test wird fast immer *Stresstest* genannt.

8.4 Stresstest

Der Stresstest ist eine Art Performanztest, bei dem das System *über* die spezifizierte Arbeitslast hinaus belastet wird. Was so eine Überlast ist, ist nicht exakt definierbar. Die Norm EN 61508 nennt für den Test von sicherheitsrelevanter Software folgende Beispiele:

- Wird der Prüfling zyklisch aufgerufen (Polling), so wird er mehr Eingabeänderungen pro Zeiteinheit ausgesetzt als unter normalen Bedingungen.
- Arbeitet der Prüfling ereignisgesteuert, wird die Anzahl der Ereignisse pro Zeiteinheit auf mehr als unter normalen Bedingungen erhöht.
- Wenn die Größe einer Datenbasis eine Rolle spielt, dann wird diese auf mehr als unter normalen Bedingungen vergrößert.
- Geräte, die das System beeinflussen, werden jeweils auf ihre größte oder kleinste Geschwindigkeit eingestellt.
- In Extremfällen werden möglichst alle beeinflussenden Faktoren gleichzeitig auf ihre Grenzwerte eingestellt.

Der IBM Rational Unified Process liefert noch eine andere Definition von »Stress«, die nur für einen Teil der eingebetteten Systeme anwendbar ist: Stress wird als Kampf um Ressourcen verstanden. In diesem Sinne kann man die obige Aufzählung ergänzen um

- Tests mit zu wenig Hauptspeicher oder Plattenspeicher.
- Tests mit Kampf um Exklusivrechte beim Zugriff auf eine Datenbank oder eine andere externe Ressource, wie zum Beispiel ein Bussystem.
- Blockade der Benutzerschnittstelle durch parallel bediente Programme.
- Stress bei jeder Art von Ressourcenzugriff durch Umgebungs-Stress des Systems (elektromagnetische Störung, Temperatur, mechanische Überbeanspruchung von Sensoren und so weiter).

Der Stresstest findet heraus, ob das System abstürzt oder eine Ersatzreaktion anzubieten hat, wenn es überlastet wird. Zum Beispiel, ob es einen Notbetrieb anbietet, wenn zu viele Ereignisse pro Zeiteinheit passieren, oder ob es einen Default-Sensorwert verwendet, wenn der Zugriff auf einen Sensor durch elektromagnetische Störung verhindert wird.

Stresstestwerkzeuge für den Embedded-Bereich sind oft proprietär entwickelte Systeme, aber nicht immer. »Stress« bei Feldbussen wird zum Beispiel auch durch kommerziell erhältliche Testgeräte erzeugt, ein Beispiel für so ein Gerät ist CANStressDR von Vector.

Um einer zu testenden Software unter Unix oder Windows Systemressourcen zu verweigern, müssen Sie nicht Ihre Festplatte füllen und den virtuellen Speicher durch den Start von dutzenden Programmen in die Knie zwingen. Dazu existieren kommerzielle Testumgebungen, die die Laufzeitumgebung des Betriebssystems simulieren (in einer Art von *Sandbox*) und somit einen Test deutlich einfacher machen (der Benutzer definiert per Dialog den freien Plattenspeicher). Diese Testwerkzeuge werden oft für Security-Tests verwendet, ein Beispiel ist Holodeck von SecurityInnovation.

8.5 Volumentest

Eine besondere Form des Belastungstests hat auch in manchen Testvorschriften einen eigenen Namen. Unter *Volumentests* (*Volume Testing*) versteht man Tests, die das Testobjekt mit Unmengen von Daten versorgen und prüfen, ob es zu einem Programmfehler kommt, bzw. messen, ab welcher Datenmenge Reaktionszeiten inakzeptabel werden. Diese Testform hat für die meisten eingebetteten Systeme keine Bedeutung.

8.6 Failover und Recovery Testing

Sogenannte *Wiederherstellbarkeitstests* (*Recoverability Tests*) prüfen, ob nach einem Fehler (Systemausfall) Daten wiederhergestellt werden können. Diese Definition findet man im ISTQB-Glossar in Version 2.1. So eine Datenwiederherstellung mit Benutzerinteraktion ist für wenige eingebettete Systeme relevant. Für fast alle Embedded-Systeme ist jedenfalls wichtiger, ob das System *von selbst* nach einem (Teil)ausfall wieder konsistent läuft, also zum Beispiel Daten wieder herstellen kann, und ob das System *während* eines Teilausfalls noch sinnvoll läuft. Für dieses Qualitätsmerkmal hat der ISTQB-Glossar in Version 2.1 keinen passenden Titel für Tests anzubieten. Anderswo werden solche Tests *Failover and Recovery Testing* genannt, wobei man unter »Failover« den Umgang mit einem Ausfall versteht.

Diese Tests prüfen also, ob das Testobjekt verschiedene Hardwareausfälle übersteht ohne Daten zu verlieren, abzustürzen oder inkonsistente Datenstände zu hinterlassen. Bei Systemen mit einer Backup-Lösung wird selbstverständlich auch überprüft, ob das Backup-System die Funktion des ausgefallenen Primärsystems korrekt übernimmt. Auch das manuelle Wiederhochfahren nach einem Ausfall bei singulären Systemen muss getestet werden.

Ob solche Tests überhaupt notwendig und wirtschaftlich sinnvoll sind (und wie sie aussehen), hängt natürlich sehr stark von der Applikation ab. Die folgende Liste soll ein Ideenlieferant für Testfälle sein.

- Ab- und Anstecken von Bedienteilen, Sensoren, Aktoren.
- Unterbrechen und Wiederherstellen der Stromversorgung eines Servers oder Bus-Masters.
- Unterbrechen und Wiederherstellen der Stromversorgung eines Klienten oder Bus-Slaves während einer laufenden Übertragung.
- Abschalten von Routern, Abstecken von Netzwerkverbindungen, Wiederherstellen der Verbindung.
- Häufiges Ein- und Ausschalten des Primärsystems bei redundanten Systemen.

In der Liste ist es schon angedeutet: Während und nach dem Auftreten des Defekts wird der Tester versuchen, Transaktionen mit den vom Defekt betroffenen Geräten durchzuführen. Die Testfälle werden untersuchen, ob der Defekt erkannt wird, die Wiederherstellung des Normalzustands erkannt wird, ob nach der Wiederherstellung des Normalzustands alle Daten konsistent sind und ein gewünschter Systemzustand erreicht wird.

Werkzeuge für Recovery-Tests sind so gut wie immer selbst gebastelt. Der erste Erfahrungsbericht zu diesem Thema erzählt von einem Beispiel mit automatischem Recovery-Test, das zweite Beispiel berichtet von manuellen Failover-Tests bei Software mit Sicherheitsrelevanz.

Erfahrungsbericht Automatisches Recovery Testing

Viele der Steuergeräte in Kraftfahrzeugen schreiben nach dem Ausschalten der Zündung noch einige Parameter ins EEPROM. Erst wenn der Schreibvorgang abgeschlossen ist, wird die Spannungsversorgung für die Steuergeräte unterbrochen. Doch die Programmierer der Steuergeräte müssen damit rechnen, dass schon während des Schreibzugriffs die Spannung abfällt und der Inhalt von Speicherblöcken daher unbrauchbar wird: Bei einer Reparatur des Fahrzeugs kommt es oft vor, dass der Mechaniker nach einem Probebetrieb des Motors die Zündung ausschaltet und aus Sicherheitsgründen gleich danach die Batterie abklemmt. Alle wichtigen Daten werden daher in verschiedenen EEPROM-Blöcken mehrfach abgelegt. Beim Hochfahren macht die Software Konsistenzprüfungen und identifiziert korrupte Blöcke im Speicher. Der Algorithmus dazu ist komplex und ein Steuergerätehersteller hatte immer wieder mit EEPROM-Problemen zu kämpfen. Man beschloss daher, zum Test eines Bugfixes des EEPROM-Treibers ein Gerät zu entwickeln, das alle Arten von Aus/Einschaltvorgängen in Millisekundenauflösung durchspielen kann und nach dem Neustart die Integrität des EEPROM-Inhalts prüft. Der Aufwand hat sich bezahlt gemacht: Obwohl schon mehr als 100.000 Steuergeräte im Feld waren, fand man gleich drei bislang nicht bekannte Fehler beim EEPROM-Handling.

Erfahrungsbericht manuelles Failover Testing

Ich war eine Zeit lang Projektleiter eines Projekts zur Anpassung von Motorsteuergeräten. Mein Projekt war das erste mit einem neuen Kunden, der sehr vorsichtig agierte. Unter anderem wollte er unsere FMEA (siehe Kapitel 14) auch »ausgetestet« haben. Das heißt, ein Projektmitarbeiter fuhr auf einer Teststrecke mit einem Fahrzeug und verband über den Kabelbaum und eine Aufbrechbox Schritt für Schritt jeden Pin des Steuergeräts einmal mit dem Pluspol und einmal mit dem Minuspol der Batterie. Durch diese Tests wurde geprüft, ob das Steuergerät passende Ersatzreaktionen für Sensorausfälle (simuliert durch abgesteckte und kurzgeschlossene Kabel) anzubieten hatte, und es wurde ermittelt, ob die Software erkannte, dass sie bestimmte Aktoren nicht mehr ansteuern konnte. Dies konnte mein Mitarbeiter prüfen, indem er sich nach jedem untersuchten Steuergeräte-Pin die für die Fachwerkstatt gespeicherten Fehler-Codes ansah.

8.7 Ressourcentests

Resource Tests werden typischerweise den Integrationstests zugerechnet, weil sie keine echten Black-Box-Tests sind. So auch in diesem Buch, siehe Abschnitt 7.2.

Eingebettete Systeme, die große Aufmerksamkeit erfahren, machen den Ressourcentest auch auf Systemtest-Ebene. Und zwar dann, wenn man den Ressourcen-Verbrauch auch im finalen System ohne spezielle Debug-Werkzeuge messen kann – oder besser gesagt, wenn das System so auf Testbarkeit hin entworfen wurde, dass diese Messung an der Black Box möglich ist.

Ein Beispiel dafür ist Software für Satelliten. Die Bodenstation eines Satelliten prüft permanent »Gesundheitsdaten« (*House Keeping Data*) der Software an

Bord, denn eine Fehlfunktion eines Satelliten muss unbedingt frühzeitig erkannt werden. Typischerweise übermittelt der Satellit der Bodenstation auch den Stackverbrauch und die Laufzeitreserven der CPU.

Wenn man im Rahmen von Unit- und Integrationstests sichergestellt hat, dass man sich auf die übermittelten Daten verlassen kann, dann spricht nichts dagegen, später nur mehr die übermittelten Ressourcenmessungen im Rahmen von Systemtests zu verwenden.

Zur Diskussion der Vertrauenswürdigkeit von dynamischen Ressourcentests siehe auch Abschnitt 7.2 und Kapitel 11.

Erfahrungsbericht Ressourcentest als Systemtest

Ein Hersteller von Motorsteuergeräten hat fix für jede Software-Lieferung einen »Vollgastest« definiert. In diesem Steuergerät gibt es eine Sicherheitseinrichtung, die prüft, ob die Software alle ihre Aufgaben innerhalb der vorgesehenen Zeit erledigen kann. Ist dies nicht der Fall, rebootet die Sicherheitseinrichtung das Steuergerät. Ein Mitarbeiter spielt die neue Software beim Vollgastest in das Steuergerät, setzt sich ins Auto, gibt für kurze Zeit Vollgas und verifiziert, dass die Software währenddessen nicht rebootet.

Der Grund für diese Einführung waren Probleme in der Vergangenheit mit Software, die an die Lastgrenzen der CPU ging. Im Steuergerät gibt es einige Aufgaben, die drehzahlabhängige Last erzeugen. Durch die nach außen sichtbare Systemreaktion auf zu wenig Ressourcen kann man ganz leicht den oben beschriebenen Ressourcentest auf System-Ebene machen. Wenn man den Motor auf maximale Drehzahl bringt, durchläuft man alle für die Bauart möglichen Drehzahlen.

Im Sinne eines gewissenhaften Stresstests wäre es natürlich auch noch schön, den Motor *über* seine Bauart hochdrehen zu lassen – also bei 80 km/h in den ersten Gang zu schalten – und zu sehen, ob die Steuergeräte-Software mit dieser Situation umgehen kann – sofern der Fahrer dann noch mit dem Fahrzeug umgehen kann.

8.8 Installationstests

Installationstests verfolgen zwei Ziele. Das erste ist sicherzustellen, dass die Software unter normalen und abnormalen Bedingungen installiert werden kann. Abnormale Bedingungen können zu wenig Speicher, zu wenig Rechte und ähnliches sein. Das zweite Ziel solcher Tests ist zu sehen, ob die Software nach der Installation korrekt läuft. Das bedeutet also ein Durchlaufen der wichtigsten Funktionstests.

Bei den Tests sollte man ermitteln, ob sich die zu testende Software auf allen verfügbaren Hardware-Plattformen installieren lässt. Dabei sind folgende Überlegungen anzustellen:

- Neuinstallation auf einem neuen Rechner. Es gab nie zuvor eine Installation.
- Update. Der Rechner hatte zuvor exakt dieselbe Version installiert.

- Update. Der Rechner hatte zuvor die Vorgängerversion(en) installiert.
- Man sollte auch untersuchen, ob sich nach Installation der neuesten Version auch wieder die Vorgängerversionen fehlerfrei am Zielsystem installieren und ausführen lassen.

Installationstests sind nicht nur für PC-Software relevant. Denken Sie etwa an ein Steuergerät für einen PKW, das in der Werkstatt ein Software-Update erfahren kann. Zum Teil werden solche Updates ohne das Wissen des Kunden bei der jährlichen Fahrzeuginspektion vorgenommen. Sehr peinlich, wenn das Update für eine Fahrzeugvariante nicht funktioniert.

Die Werkzeuge für den Installationstest sind die an den Kunden(dienst) ausgelieferten Installations-Programme.

Erfahrungsbericht Installationstest

Schon als Projektleiter für Steuergeräte für Kraftfahrzeuge widmete ich dem Test große Aufmerksamkeit. Vor jeder Lieferung überflog ich alle Testprotokolle, kümmerte mich persönlich um deren Archivierung und war sehr erstaunt, als mich eines Tages kurz nach einer Zwischenlieferung ein »böses« Telefonat erreichte. Der Kunde meinte, wir hätten die Software wohl nur kompiliert und dann sogleich verschickt.

Das war definitiv nicht so. Hatte ich doch persönlich die Testdurchführung überwacht! Nach kurzer Zeit war klar, dass die neue Software sich nicht in das Steuergerät einspielen ließ. Wie konnte das passieren? Das Einspielen von neuer Software mit dem Kundenwerkzeug dauerte lange. Um sich die Wartezeit zu ersparen, hatten meine Mitarbeiter alle Tests mit speziell umgebauten Steuergeräten gemacht, die über eine Debug-Schnittstelle verfügen, über die man deutlich schneller neue Software ins Steuergerät bringt. Wir hatten für so eine »schnelle Zwischenlieferung« keinen einzigen Installationstest gemacht und daher nicht feststellen können, dass die von uns getestete Software nicht startet, wenn man damit ein Steuergerät ohne Debug-Schnittstelle mit dem Kundenwerkzeug programmiert.

8.9 Konfigurationstests

Konfigurationstests prüfen, ob die Software unter verschiedenen Software- und Hardwarekonfigurationen einwandfrei läuft. Bei PC-Software-Projekten denkt man an die Verwendung verschiedener Hardware-Treiber, verschiedener Netzwerkanbindungen, verschiedener Betriebssystemversionen.

Bei eingebetteten Systemen könnte man verschiedene am Markt befindliche Revisionen der Hardware im Test berücksichtigen und die Interaktion des eigenen Systems mit verschiedenen Versionen von Fremdsystemen unter die Lupe nehmen. Zur Auswahl von Konfigurationsmöglichkeiten kann man die in Abschnitt 8.1.7 vorgestellten Methoden zur Handhabung von kombinatorisch großen Testaufgaben verwenden. Dementsprechend sind dieselben Werkzeuge auch für die Planung eines Konfigurationstests anwendbar.

8.10 Security-Tests

Vom Konzept her völlig verschieden von allen bisher vorgestellten Testkategorien sind Tests, die die Sicherheit vor unbefugtem Zugriff und vor Angriffen von Hackern prüfen. Der Gegner ist nicht ein Softwarefehler, sondern ein intelligenter Gegenspieler. Dieser Gegenspieler nutzt Designschwächen und Programmierfehler aus, um Dinge zu tun, die er nicht tun dürfte. Um im Test zu prüfen, dass der Gegenspieler das auch tatsächlich nicht kann, sollte man so schlau und kreativ sein, wie dieser selbst. Dass dies nicht so leicht ist, zeigen zahlreiche erfolgreiche Angriffe von Hackern.

Auch eingebettete Systeme sind Ziele von Angriffen. So manche Systeme verfügen über Konfigurationsmöglichkeiten über eine potenziell schlecht geschützte HTTP-Schnittstelle, manche Embedded-Systeme hängen direkt im Internet, einige Systeme kommunizieren mit Windows-Rechnern (eine Tatsache, die sich die berühmte Stuxnet-Attacke[3] zunutze gemacht hat).

Hacker versuchen längst nicht nur, über Software-Schnittstellen unbefugten Zutritt zu erlangen: So werden z.B. Chipkarten erhitzt, in Geräten vorhandene Debug-Leitungen angezapft, und es werden Geräte eigens für das Knacken von Kfz-Wegfahrsperren gebaut. Aber nicht nur für den Diebstahl von Autos und für das Ausspionieren von Finanzdaten wird viel Aufwand getrieben. Ein ganz besonderer Embedded-Hack wurde in [Halperin 08] publiziert: Den Autoren gelang es, mit einer elektronischen Bastelei über Funk in die Service-Schnittstelle von Herzschrittmachern einzudringen. Ohne jeden Schutzmechanismus wäre es da möglich gewesen, die Soll-Frequenz eines Herzschrittmachers auf Null zu stellen.

Am besten begegnet man dem Thema Security natürlich im Design und nicht beim Black-Box-Test. Denn aus der Sicht des Systemtests bleibt nichts anderes übrig, als sich der Techniken von Hackern zu bedienen und zu sehen, ob man erfolgreich ist. Erfolgreich im Sinne des Hackers.

Zum Thema Security-Test wurden ganze Bücher geschrieben und die vermutlich wichtigsten Tipps findet man im Internet – wo sie auch die Hacker finden. Die folgende Liste soll nur ein Ideenlieferant sein und zum Weiterlesen anregen.

- Test in einer Betriebssystem-*Sandbox*. Mit Hilfe eines solchen Werkzeugs verweigert der Tester dem zu testenden Programm Zugriff auf verschiedene Systemressourcen und versucht so, einen Absturz zu provozieren. Genau das sollte nicht passieren, denn ein Programmabsturz ist ein wichtiger Hinweis für den Hacker auf Schwächen im Softwaredesign. Bei Webapplikationen kann dieser Hinweis das Herz einer Denial-of-Service-Attacke sein. Wenn der Programmabsturz in einer Fehlermeldung die Speicheradresse einer Schutz-

---

3. Der Computerwurm nutzte Windows-Betriebssysteme als Vehikel, um Steuerungssysteme zu attackieren, die auf Embedded-Mikrocontrollern ausgeführt werden, und er wurde offensichtlich geschrieben, um speziell Embedded-Software anzugreifen, die eine Urananreicherungszentrifuge steuerten.

verletzung preisgibt, dann weiß der Angreifer, dass das Programm ungeprüft versucht, Speicher zu beschreiben. Der Angreifer würde dann probieren, ob man durch Eingabe von ungewöhnlichen Daten (etwa Strings mit mehreren hundert Zeichen) sensible Daten manipulieren kann. Durch solche Angriffe – und ungenügende Tests – wurden schon Passwörter geknackt, E-Mail-Würmer verbreitet und vieles mehr. Ein Beispiel eines Werkzeugs, das dem Testobjekt Systemressourcen verweigert, ist Holodeck.

- Mit Hilfe von *Vulnerability-Scannern* kann der Tester bekannte Exploits per Knopfdruck ausprobieren. Software auf den Markt zu bringen, die in puncto Sicherheit einen bekannten Design-Fehler enthält, wäre ein Festmahl für die Hacker-Gemeinde. Plattformspezifische Security-Testing-Werkzeuge probieren automatisch hunderte solch dokumentierter Hacker-Tricks an einem Testobjekt aus. Ein Beispiel so eines Werkzeugs ist Nessus.
- Zu guter Letzt sei noch *Fuzzing* erwähnt. Bei dieser Testmethode werden durch Zufallsdatengeneratoren erzeugte, sogenannte halbzulässige Daten in großen Mengen auf das Testobjekt losgelassen, beispielsweise auf einen Nachrichtenparser, und es wird protokolliert, ob und bei welchen Daten das Testobjekt abstürzt. Ein Absturz ist oft ein Hinweis auf eine Sicherheitslücke und in jedem Fall zu vermeiden. Es gibt inzwischen ganze *Fuzzing-Frameworks*, die beim Fuzzing unterstützen. Ein Beispiel solch eines Werkzeugs, das z.B. für Linux-basierende Embedded-Systeme nützlich sein kann, ist SPIKE.

8.11 Dokumententests

Schon der erste nennenswerte Buchautor zum Thema Softwaretest, Glenford Myers, nannte in seinem Buch »The Art of Software Testing« den *Dokumententest* (*Documentation Testing*) als eigene Testkategorie [Myers 78]. Es werden dabei einfach Beispiele des Handbuchs Schritt für Schritt durchexerziert und geprüft, ob die tatsächlichen Ausgaben des Programms mit den Angaben auf Papier übereinstimmen. Ein Ingenieur prüft das Handbuch zudem auf Fehler zu technischen Angaben des Produkts.

So eine Überprüfung macht speziell dann Sinn, wenn Handbücher nicht von Entwicklern geschrieben werden (die ja nicht gerade immer die größten Literaten sind), sondern von eigens dafür abgestellten »Technical Writern« bzw. Technischen Redakteuren, die nicht immer ganz genau verstehen, worüber sie schreiben.

8.12 Testumgebung und Testdaten

Systemtests sollten nach Möglichkeit immer in der Zielumgebung durchgeführt werden, denn dann bekommen die Tests einen Validierungsaspekt. Und dieser Aspekt kann unter anderem Lücken in der Spezifikation aufdecken und daher

Fehler erkennbar machen, die nur im Zielsystem und nirgends sonst erkannt werden können.

Ein reales Beispiel: Die zu testende Software steuert über ein PWM-Signal die Öffnungsweite eines Ventils. Im Fehlerfall und bei Betriebsschluss wird das Ventil ganz geschlossen. Bei der Entwicklung der Software wurde die Spezifikation genau eingehalten, die die geforderten PWM-Tastverhältnisse unter bestimmten Betriebsbedingungen definiert. Für Systemtests wurde daher ein Oszilloskop zur Erfassung der PWM-Signale verwendet. Der Auftraggeber sandte dem Auftragnehmer zu Validierungszwecken kurz vor Ende der Systemtests – also viel zu spät – ein Ventil. Der Auftragnehmer probierte im Wesentlichen damit nur mehr aus, ob es sich so bewegt, wie angenommen. Beim Kunden gingen nach und nach Ventile kaputt. Der Grund dafür war ein zu schnelles Schließen des Ventils durch die Software. Ein Kunststoffteil im Getriebe des Ventils zerbrach bei zu schnellem Erreichen des Endanschlags schon nach wenigen Dutzend Schließvorgängen. Wären zahlreiche Systemtests mit dem echten Ventil durchgeführt worden, so hätte der Auftragnehmer das Problem leicht entdeckt.

Nicht nur die Testumgebung, auch die Testdaten sollten so realitätsnahe wie nur möglich sein. Der Fehlstart des Jungfernflugs der Ariane 5 ist auf eine Verkettung von unglücklichen Umständen zurückzuführen. Tatsache ist, dass für die exakte Flugbahn und -geschwindigkeit der neuen Ariane-Generation keine Tests der Software des Bordcomputers durchgeführt wurden, weil der Bordcomputer schon etliche Raketen der älteren Generation ohne Probleme ins All gebracht hatte. Ariane 5 war aber schneller als Ariane 4 und genau diese Tatsache führte letztendlich zum Ausfall der Software.

Bei beiden beschriebenen Beispielen gab es Lücken in der Spezifikation: In der Ariane-Spezifikation waren die exakten Flugdaten der neuen Rakete nicht explizit erfasst, der Auftraggeber der Ventil-Steuerung hatte nicht daran gedacht, ausdrücklich ein langsames Schließen des Ventils zu verlangen. Beide Fehler hätten aber durch Tests mit realen Bedingungen gefunden werden können.

8.13 Formale Methoden

Die im letzten Abschnitt genannten zwei Beispiele dürfen aber über eines nicht hinwegtäuschen: Die Basis für Systemtests ist die Anforderungsspezifikation. Fehler in der Spezifikation und daraus resultierende Fehler in der Software können daher auch durch einen supergewissenhaften Systemtest gegen diese Spezifikation unerkannt durchrutschen.

Selbst bei einer kompletten und fehlerfreien Spezifikation haben wir auch nach noch so gewissenhaften Tests keinen Beweis dafür, dass die Software tatsächlich keinen Fehler einer bestimmten Art enthält. Diesen Beweis können wir mit Tests nicht führen. Zu einem gewissen Grad können dies aber *Formale Methoden*, die nun kurz beschrieben werden.

8.13.1 Symbolischer Test

Beim *symbolischen Test* kann man Algorithmen testen, indem man sie nicht mit konkreten Zahlen durchführt, sondern – ähnlich wie beim Umformen von Gleichungssystemen – mit allgemeingültigen Symbolen. Vorausgesetzt, es gibt keine numerischen Hindernisse, so gilt das Ergebnis des Tests also für alle möglichen Eingaben [Liggesmeyer 09] und nicht wie beim Test mit konkreten Zahlen nur für die Werte, mit denen Testfälle ausgeführt werden. Bei jeder Programmverzweigung muss man für den symbolischen Test aber alle Möglichkeiten – alle Pfade – durchspielen, weil ja aufgrund fehlender konkreter Werte nicht entscheidbar ist, in welche Richtung das Programm weiter läuft. Noch komplizierter – also komplexer – wird es, wenn man an symbolische Array-Indizes denkt. Und wenn die Pfadanzahl im Programm unbeschränkt ist, kommt der Symbolische Test zu keiner vollständigen Aussage, weil jedes Teil-Ergebnis einem Pfad zugeordnet ist. Der symbolische Test ist in sinnvollerweise nur für ausgewählte Programmteile anwendbar und hat nur geringe Bedeutung im industriellen Einsatz.

8.13.2 Deduktive Verifikation von funktionalen Anforderungen

Wenn man die Spezifikation formal (also für einen Computer verständlich) erfasst, dann kann man mit Hilfe eines mathematischen Regelwerks beweisen, dass die zu testende Software (bzw. ein Modell davon) auch tatsächlich das macht, was die Spezifikation fordert. Das ist das Prinzip des *formalen Korrektheitsbeweises*, auch *axiomatische Programmverifikation* genannt. Dieser Überbegriff wird auch für manche Verfahren zur Bestimmung der maximalen Ausführungszeit von Programmen (siehe Kapitel 12) und manche Verfahren zum Beweis der Abwesenheit von Deadlocks oder Data Races (siehe Abschnitt 11.2) verwendet.

Hier wollen wir aber nur die Verfahren ansehen, die funktionale Anforderungen verifizieren. Zu diesen Verfahren zählen das *Floyd'sche Verifikationsverfahren* oder der *Hoare-Calculus*. Die Grundidee aller induktiven Zusicherungsverfahren ist die Beschreibung der Wirkung eines Programm-Verarbeitungsschritts durch seine Einflussnahme auf den Zustand des Programms, also z.B. die Gesamtheit der Werte aller Variablen. Mit Hilfe dieses Wissens wird induziert, dass wenn die Eingabewerte des Programms die Relation R1 erfüllen, dann die Ausgabewerte die Relation R2 erfüllen.

Der Einsatz eines formalen Korrektheitsbeweises zur deduktiven Verifikation von funktionalen Anforderungen benötigt sorgfältige Planung und viel Fachwissen [Liggesmeyer 09]. Wegen der Komplexität des Themas wird so ein Verfahren im Regelfall nur für Teile von Code und nur bei eingeschränkter Verwendung des Instruktionssatzes einer Programmiersprache verwendet. Im industriellen Einsatz hat der formale Korrektheitsbeweis vor allem in Hochsicherheitsanwendungen Bedeutung, wie zum Beispiel bei der Signalsteuerung von Hochgeschwindigkeitszügen [Bowen 93].

Seit vielen Jahren wird der deduktiven Verifikation von funktionalen Anforderungen attestiert, eines Tages »industrietauglich« zu werden. Den Sprung in die industrielle Anwendung hat das Verifikationswerkzeug »Perfect Developer« geschafft. Trotz Verfügbarkeit eines Werkzeugs, und auch wenn die applikablen Normen EN 50128 für Schienenfahrzeuge und die ISO 26262 für Automobile für Software höchster Sicherheitsstufe in ihren neuen Revisionen verstärkt den Einsatz von formalen Methoden fordern, haben die in diesem Absatz beschriebenen Verfahren nur geringe Bedeutung in der Industrie. So gibt es zahlreiche Beispiele von Software mit hohen Sicherheitsanforderungen, die ohne einen formalen, deduktiven Beweis ihrer Korrektheit auf den Markt kommt. Ein Grund dafür könnte sein, dass man auch als Benutzer dieses Werkzeugs, wie zuvor erwähnt, viel Fachwissen benötigt.

8.13.3 Model Checking

Dank immer leistungsfähigerer Computer gibt es aber schon einige Zeit einen formalen Verifikationsansatz, der besser automatisierbar ist als Floyd/Hoare, und der es wirklich schaffen kann, in den nächsten Jahren breiteren Einzug in die industrielle Praxis zu halten und es schon in Spezialmärkte geschafft hat: *Model Checking*.

Spätestens seit dem Siegeszug von UML sind Zustandsautomaten ein etabliertes Darstellungsmittel für das Verhalten von Systemen und Software. Es gibt auch etwas formalere Zustandsautomaten als die der UML, allen voran Kripkestrukturen, die als Basis für formale Nachweise dienen können. Wird das Programm in so einem Zustandsautomaten hinreichend genau modelliert, so kann ein Model Checker den durch den Automaten aufgespannten Baum aller möglichen Pfade durchwandern und in jedem Blatt und Knoten des Baums die Erfüllung von Anforderungen prüfen. Die Anforderungen sind bei den heute üblichen Model Checkern meist als Temporallogik (zum Beispiel in der *Computation Tree Logic, CTL*) hinterlegt. So eine Temporallogik beschreibt Variablenzustände über der Zeit, hat boolesche Operatoren anzubieten und verfügt auch über Pfadquantoren, wie zum Beispiel »A gilt genau dann, wenn in (mindestens) einem der folgenden Zustände B gilt.«

Aus so einer Temporallogik kann man auch Anforderungen zusammenbasteln, deren Verifikation ohne formale Methoden nahezu ein Ding der Unmöglichkeit ist. Ein Beispiel: »Für alle Programmzustände der Aufzugssteuerung soll gelten, dass die Aufzugstür niemals während der Fahrt geöffnet wird.« Wie sollte man so eine Abwesenheit eines gefährlichen Fehlers durch Tests beweisen? Man kann noch so viel testen: Einen Beweis, dass das nie vorkommen kann, kann man nicht erbringen. Man kann auch nicht beweisen, dass es den Weihnachtsmann in der Realität nicht gibt.

Aber unter der Annahme, dass die Software wahrheitsgetreu als formaler Zustandsautomat modelliert ist, kann man per Knopfdruck folgendes anstellen: Ein Werkzeug durchläuft den durch den Zustandsautomaten definierten Zustandsbaum und prüft, ob das Modell der Software – und damit die Software selbst – diese Anforderung immer erfüllt. Kann der Beweis nicht erbracht werden, so erhält man ein Gegenbeispiel (also einen Pfad durch den Zustandsbaum, auf dem die Anforderung verletzt wird). Kann aber im Werkzeug gezeigt werden, dass die Anforderung im gesamten Baum gilt, so weiß man, dass der gefährliche Fehlerzustand *nie* vorkommt (vgl. Abschnitt 4.3.4).

Bei diesen Verfahren ist die Größe des Zustandsbaums eine große Herausforderung und Gegenstand von Forschung. Vielversprechend ist da *Symbolic Model Checking* mit der Darstellung des Zustandsraums als *Ordered Binary Decision Diagram* und sogenannter *Partial Order Reduction* zur Reduktion des Traversionsaufwands im Baum.

Zum Zeitpunkt der Drucklegung dieses Buchs ist es im Allgemeinen nicht möglich, aus einem Programm automatisch ein beschreibendes, formales Modell für Model Checking zu erzeugen. Noch nicht. Es ist vermutlich aber nur noch eine Frage der Zeit – und angestrengter Forschung, bis man Anforderungen an die Software auch in einem UML-Modell automatisch nachweisen kann. Nachdem man schon heute aus hinreichend genauen UML-Modellen Code erzeugen kann und diesen wieder ins Modell einlesen kann, ist dann ein formaler Beweis vergleichsweise einfach durchzuführen und per se nur mehr durch Fehler in der Werkzeugkette infrage zu stellen[4].

In Spezialfällen ist die automatische Modellerstellung für Model Checking bereits möglich. Das Werkzeug [mc]square benötigt als »Modell« nur die vom Compiler erzeugte HEX-Datei [URL: McSquare]. Werkzeuge für Model Checking sind unter anderem Raven, SMV und SPIN.

8.14 Automation von Systemtests

Die Automation von (meist funktionalen) Systemtests stellt einige zentrale Anforderungen an die verwendeten Werkzeuge. Diese müssen gestatten

- das Testobjekt in realitätsnaher Weise mit Input zu versorgen und zu stimulieren,
- den Output des Testobjekts mit den Erwartungen unter Einhaltung gebotener Toleranzen zu vergleichen,

4. Ohne selber hinreichend formal zu werden, wird das aber vermutlich nicht gehen. Ein UML-Modell hat bestenfalls eine semi-formale Semantik, daher lässt sich wenig darüber beweisen. Erst wenn man beginnt, OCL-Constraints oder ähnliches hinzuzufügen, kann man etwas in diese Richtung tun.

- ein vernünftiges Maß an (Teil-)Ergebnissen und sinnvolle Fehlermeldungen zu speichern,
- die Testfälle in möglichst einfacher und übersichtlicher Weise zu erstellen.

Für Software mit GUI können die in Abschnitt 8.2.2 erwähnten Capture/Replay-Werkzeuge zur Automation verwendet werden, sie existieren unter anderem für Java, X-Windows, Microsoft Windows und HTML. Bis auf die Schwierigkeit, Toleranzen zu definieren, erfüllen sie alle oben gestellten Ansprüche.

Wenn außer der GUI andere Schnittstellen bedient werden müssen, dann muss die Testumgebung erst geschaffen werden. Etwa bei einem Testobjekt, das Daten über eine serielle Schnittstelle liest: Hier muss eine Testumgebung geschaffen werden, die Daten auf diese Schnittstelle schreibt. Wenn die zu testende Software ausgangsseitig einen Digital/Analog-Konverter bedient, muss die Testumgebung das resultierende Analogsignal einlesen und analysieren können. Manchmal ist es auch notwendig, dass die Testumgebung ein mathematisches Modell der Umgebung in Echtzeit mitrechnen muss, um realistische Tests zu ermöglichen. Man spricht von *Hardware-In-The-Loop-Simulation* (HIL-Simulation) oder vom HIL-Test. Ein Beispiel ist die Simulation eines PKW zum Test eines Motorsteuergeräts: Wenn das Motorsteuergerät über seine Aktorenschnittstelle dem Verbrennungsmotor mehr Kraftstoff zuführt, dann müssen die Geschwindigkeitssensoren im Regelfall eine höhere Geschwindigkeit messen. Dieser Zusammenhang ist in einem Fahrdynamikmodell abgebildet.

Beim in Abschnitt 8.2.4 beschriebenen Test der Benutzerschnittstelle war von Testautomationsumgebungen die Rede, die das zu testende System an der mechanischen Schnittstelle bedienen. Also das Zielsystem in der Zielumgebung. Bei der HIL-Simulation simuliert man die Zielumgebung und stimuliert bzw. erfasst Sensoren/Aktoren an ihrer elektrischen Schnittstelle. Es wird also z.B. beim Test des Motorsteuergeräts das Fahrpedal nicht mechanisch bewegt, aber die Sensorwerte für ein bewegtes Fahrpedal dem Motorsteuergerät zugeführt. So ein HIL-System ist in Abbildung 1–2 auf Seite 11 zu sehen. Solche Systeme haben natürlich ihren Preis.

8.14.1 Vor- und Nachteile der Testautomation

Der gegebenenfalls hohe Preis für die Testumgebung ist nicht der einzige Nachteil von automatisierten Tests. Testprogramme können nur Fehler finden, auf deren Überprüfung sie programmiert wurden. Beim manuellen Test fallen auch andere Fehler auf. Testen Sie zum Beispiel von Hand den softwaregesteuerten Startvorgang eines Lkw-Motors, so kann Ihnen auffallen, dass der Laufruheregler Ihrer Software nach dem Start nicht einwandfrei arbeitet, weil das Fahrzeug ruckelt. Ein Testprogramm zur Startersteuerung hätte die Laufruhe des Motors vermutlich nicht beobachtet, vermutlich wäre es auch nicht sinnvoll, das zu tun.

Ein Argument *für* Automation ist die Kostenersparnis, wenn Tests öfter wiederholt werden müssen. Allerdings ist zu beachten, dass der Aufwand zur Erstellung von automatischen Tests etwa um einen Faktor 10 höher ist, als der für manuelle Tests. Das sind nur die Kosten für das Erstellen und Debugging der Testskripts, noch keine Kosten der Testumgebung! Somit ergibt sich nur für eine geringe Zahl von Projekten (mit vielen Iterationen) tatsächlich eine finanzielle Ersparnis rein durch Testwiederholungen.

In vielen Projekten ist *die* Rechtfertigung für den Einsatz von Testautomation aber die (rasche) *Wiederholbarkeit* der Tests. Tritt bei manuellen Tests eine Abweichung des Testergebnisses von der Erwartung auf, so ist schwer nachzuvollziehen, ob es sich um einen Fehler des Testers oder um einen Programmfehler handelt. Stellen Sie sich einen Test vor, der die Behandlung von Sensorfehlern überprüft. Sie müssen als Tester auf einer riesigen Aufbrechbox Litze für Litze unterbrechen und wieder zusammenschließen. Bei Testschritt 54 von 55 ist die Systemreaktion nicht die erwartete. Sie stecken nochmals aus und wieder ein – jetzt passt alles. War das soeben ein sporadisch auftretender Fehler oder hatten Sie das falsche der vielen Kabel angefasst? Keine Chance, das festzustellen. Wird schon passen, denken Sie sich, die anderen 53 Male hat es ja auch gepasst. Vielleicht sind Sie auch schon müde und wollen nach Hause.

Ein automatischer Test wird nicht müde und fasst auch nicht irrtümlich in *einem* von vielen Durchläufen das falsche Kabel an. Sie können ihn über Nacht hundert Mal laufen lassen. Wenn zwei der hundert Durchläufe einen Fehler melden, weiß die Entwicklungsabteilung, dass es gilt, einen hochkomplexen Fehler zu debuggen.

Es sollte nicht weiter überraschen, dass Standards für sicherheitsrelevante Software automatische Tests gegenüber manuellen Tests bevorzugen und ebenso einen Test am realen System einem Test mit Simulation.

8.14.2 Tipps zur Automation von Systemtests

Automation kann gut aufgesetzte Prozesse effizienter machen, aber chaotische noch verschlimmern. Automation – in jeder Projektphase – löst keine Prozessprobleme. Mangelhafte Dokumentation, unvollständige Tests, schlecht geschulte Mitarbeiter und so weiter werden nicht besser, wenn man Tests automatisiert. Und selbst wenn die Prozesse gut aufgesetzt sind, kann man sich bei der Automation von Systemtests das Leben schwerer und leichter machen. Dieser Abschnitt des Buchs beschäftigt sich mit diesem Thema und gibt Hinweise, wie man sich das Leben leichter macht.

Review des High-Level-Test-Designs

Natürlich ist ein durchdachtes Testdesign Grundvoraussetzung für gute automatische Tests. Es macht daher Sinn, das Testdesign zuerst in natürlicher Sprache zu verfassen, einer Review zu unterziehen und dann erst mit der Umsetzung in Testskripts zu beginnen. Als Reviewer ist am besten der Programmierer des zu testenden Codes heranzuziehen, gegebenenfalls auch der Kunde[5]. Bei der Review des Designs ist auch die Traceability-Tabelle von Anforderungen zu Tests zu berücksichtigen, siehe z.B. Abbildung 1–5 auf Seite 16. Es ist also nach »weißen Flecken« in dieser Tabelle zu suchen und zu prüfen, ob die in der Tabelle notierten Anforderungen wirklich *zur Gänze* in den angegebenen Tests überprüft werden.

Kapselung von Testaufgaben

Automation kann das Testdesign geringfügig erleichtern, denn die in Abschnitt 8.1.1 gemachte Empfehlung, dass man es unterlassen soll, eine Anforderung in mehreren Tests zu prüfen, kann bei gut organisierten, automatischen Tests entschärft werden. Denken wir zum Beispiel an die Anforderung einer maximalen Antwortzeit bei einem Feldbus. Wenn die Überprüfung der Antwortzeiten im Testsystem im Treiber der Busschnittstelle implementiert ist, so kann die Antwortzeit ohne Probleme in vielen Testfällen »mitgetestet« werden. Der Prüfschritt ist im Quellcode des Bustreibers im Testsystem hinlänglich gekapselt.

Traceability vom Design zum Code des Testskripts

Als nützlich erwiesen hat sich die Bewahrung einer gewissen Traceability vom Testdesign zu den Testskripts. Wenn das Testdesign in einem Requirements-Management-Werkzeug verfasst ist, das alle Absätze automatisch nummeriert, dann macht es Sinn, im Code des Testskripts in Kommentaren auf die implementierte Absatznummer zu verweisen. Ist das Testdesign in einer Textverarbeitung geschrieben, kann es helfen, dort in Klammern den Absätzen Namen zu geben, die den Testschritt identifizieren, und im Skript dann für jeden Testschritt eine Subroutine mit demselben Namen anzulegen. Bei Änderungen des Testdesigns ist es dann leicht festzustellen, welche Zeilen im Test-Code zu ändern sind und umgekehrt. Anhang B zeigt ein Beispiel für ein Testdesign mit solchen Traceability-Referenzen.

Wechselseitige Unabhängigkeit von Tests

Testskripts sollten so verfasst sein, dass sie in jeder beliebigen Reihenfolge ausgeführt werden können, das heißt: zu Beginn die nötigen Vorbedingungen aufsetzen, den Test durchführen, das zu testende System wieder in den Ursprungszustand zurücksetzen und das Gesamtergebnis des Tests vermelden.

---

5. Bei vielen Raumfahrtprojekten zum Beispiel ist es üblich, den Kunden in die Review der Testdesigns einzubinden, wenn es sich um den Test von Kundenanforderungen handelt. Erst wenn der Kunde das Testdesign freigibt, erhält der Auftraggeber den Startschuss zur Implementierung der Testskripts.

Schlüsselworte und wichtige Information im Testlog

Beim Protokollieren von Fehlschlägen im Testlog bewährt es sich, wenn dazu immer ein und dasselbe reservierte Schlüsselwort verwendet wird. Zum Beispiel könnten alle Fehlermeldungen mit »FEHLER: ...« beginnen. Weist das Gesamtergebnis auf einen Fehler hin, so kann man durch Textsuche nach »FEHLER:« alle Stellen finden, wo der Test Diskrepanzen erkannt hat.

Protagonisten des Test Driven Development schlagen vor, Testlogs für bestandene Tests superkurz zu halten und nur im Fehlerfall Details im Log zu protokollieren [Grenning 11]. Es gibt unzählige Beispiele, bei denen zu Debug-Zwecken Teile von Tests deaktiviert wurden, die Deaktivierung irrtümlich aufrecht blieb und man sich auf das finale »Test passed« verließ. Ziemlich berühmt ist der Fall von Borland geworden, bei dem das Ergebnis von 3000 automatischen Tests lange Zeit unbeachtet blieb [Bach 96]. Daher empfiehlt dieses Buch *immer* ausführliche Logs, zumindest stichprobenartige Durchsicht der Logs und die Verwahrung der Testlogs, solange das Produkt in Verkehr ist. Die Logs sollten ausführlich sein, damit sie im Falle einer Beanstandung aussagekräftig sind. Also zum Beispiel nicht »Messung der Eingangsspannung – ok«, sondern so etwas wie »24.05.2012 17:23:12h Eingangsspannung: Sollwert 230 V, Toleranz 10 V. Gemessener Wert 234.3 V – okay«.

Stellen wir uns vor, ein Test ging bislang immer durch. Mit der neuen Software-Release plötzlich nicht mehr. Wenn wir ausführliche Logs archiviert haben, können wir zum Beispiel im Rahmen einer Analyse erkennen, dass die gemessene Eingangsspannung immer schon knapp am Schwellwert war. Wären die Logs im fehlerfreien Fall superkurz, etwa »Eingangsspannungstest okay«, dann könnte man diese Analyse nicht machen.

Am Anfang jedes Testlogs sollte die Version der getesteten Software stehen. Idealerweise auch die Version der Hardware und die Version des Testskripts. Kann man die Software-Version nicht automatisiert einlesen, so ist es am besten, dafür zu sorgen, dass das geht. Diese kleine Erweiterung erspart viel Aufwand und/oder Ärger im Vergleich zu manuellen Versionsaufzeichnungen.

Ereignisgesteuertes Design der Testskripts

Häufig sieht man Testskripts mit folgenden Abläufen (hier mit VBScript-Syntax):

```
Connect dScope AESin  ' Schalte Signal an Eingang
WScript.Sleep(1000)   ' warte die maximale Antwortzeit
VerifySignalReceipt   ' prüfe ob Signal da ist
```

Wenn das Testobjekt nicht innerhalb der gebotenen Zeit das Signal durchschaltet, dann schlägt der Test fehl. Es kann aber nicht gesagt werden, ob das Signal zu spät kam oder überhaupt nicht. Besser ist es, Tests ereignisgesteuert zu programmieren, d.h., mit einem großzügigen Time-out darauf zu warten, bis das gewünschte Ergebnis eintritt – ggf. durch häufiges Polling – und dann bei Eintritt zu messen, ob das Ergebnis rechtzeitig da war. Bei fehlerfreien Durchläufen kann diese Vorgehensweise die Testdurchläufe stark beschleunigen, weil nicht immer die maximalen Antwortzeiten abgewartet werden müssen. Zudem erlaubt es exaktere Fehlermeldungen und erleichtert damit das Debugging: Ein Ereignis, das zu spät eintritt, ist etwas anderes, als ein erwartetes Ereignis, das gar nicht eintritt.

Halbautomatische Tests

Testautomatisierung ist keine Religion, sondern ein Weg, die Wirtschaftlichkeit von Entwicklungsprojekten zu steigern. Es ist also statthaft, manche Tests nicht zu automatisieren oder nur teilweise zu automatisieren. Bei halbautomatischen Tests kann der Mensch entweder bei der Auswertung der Testdaten behilflich sein oder dem Testsystem ein paar Handgriffe abnehmen. Beispiele aus erfolgreichen Testprojekten:

- Beim Testaufbau aus Abbildung 8–8 auf Seite 168 wurde auch die Synchronität der Beatmungsdaten mit den Atembewegungsdaten getestet. Der Vergleich zweier sinus-ähnlicher Signalverläufe ist für das menschliche Auge in wenigen Augenblicken erledigt. Eine etwaige Phasenverschiebung kann schnell erkannt werden. Daher wurde entschieden, die Auswertung dieses Testschritts mit einer grafischen Darstellung durch das Bedienpersonal zu erledigen. Das war bedeutend wirtschaftlicher, als sich irgendwelche Erfolgskriterien zu überlegen und dazu passende Testalgorithmen zu programmieren.
- Abbildung 1–3 auf Seite 12 zeigt die Installation für einen Fahrzeugtest, der vieles vollautomatisch testet, aber nicht alles: Über ein DPRAM können Sensorwerte an der Treiberschnittstelle simuliert werden und über das gleiche DPRAM Stellwerte für Aktoren ausgelesen werden. Das Fahrpedal vollautomatisch zu bedienen ist aber nicht so einfach und gefährlich. Die im Rahmen eines Testprojekts implementierten Tests liefen daher zum größten Teil automatisch ab. Gelegentlich aber hielt das Skript aber an und forderte den Bediener auf, das Fahrpedal kurzzeitig voll durchzutreten.
- Beim Test der Kommunikationseinrichtung für den Satelliten Astra 1K wurden über viele hundert Stunden Testlaufzeit automatisch Signalverläufe mit einem (sehr teuren) Digitalspeicheroszilloskop vermessen. Mitten drin musste man aber ein paar Kabel umstecken und Tastköpfe tauschen, weil es unwirtschaftlich gewesen wäre, ein zweites Digitalspeicheroszilloskop in das Testsystem einzubauen oder den Umsteckvorgang über eine Multiplexer-Vorrichtung zu automatisieren. Astra 1K hat übrigens wegen »Gewichtsproblemen« seinen Orbit nicht erreicht und verglühte schließlich. Schade, denn die Software seiner Kommunikationseinrichtung hätte nachweislich funktioniert.

Erfahrungsbericht Programmiersprachenwahl für Tests

Ich habe Ende der 1990er in einem Testprojekt gearbeitet, bei dem wir die Tests in C++ programmiert haben. Der Umfang der Tests war riesig, die Prozessoren zu jener Zeit nicht besonders schnell. In den häufigen Debug-Zyklen verbrachten wir einen großen Teil unserer Zeit damit zu warten, bis Compiler und vor allem der Linker endlich fertig waren, unsere Test-Updates zu übersetzen. So wollten wir nicht weiter arbeiten. In einer neuen Testumgebung waren alle Zugriffe auf die Hardware zwar weiterhin in C++ implementiert, die Testlogik allerdings in Tcl, einer damals modernen Skriptsprache. Die Debug-Zeiten wurden verkürzt, weil wir keine Übersetzungen mehr machen mussten, und Tcl ist, wie jede andere Skriptsprache, sehr leicht zu lernen. Als wir in Zeitverzug kamen, konnten wir daher Personen zur Verstärkung ins Team holen, die extrem wenig oder gar keine Programmiererfahrung hatten. Auch die Erstellung der Tests war schneller als mit C++. Unter anderem deshalb, weil eine Skriptsprache erlaubt, sehr komfortabel mit Strings umzugehen; etwas, das man für ausführliches Logging oft benötigt. Mit dieser Erfahrung startete ich 2011 ein Testprojekt, bei dem jedes Skript im Schnitt zehn Minuten lief. Die Testdauer ließ sich nicht sinnvoll verkürzen, weil das Testobjekt auf Stimuli vergleichsweise langsam reagierte und es eine Unzahl von Kombinationsmöglichkeiten der Stimuli gab. Meine Wahl der Programmiersprache fiel auf die Skriptsprache VBScript, weil wir ein Messgerät verwendeten, das eine Automationsschnittstelle zu VBScript anbot. Die verhältnismäßig langen Ausführungszeiten der Tests aber verärgerten das Testteam immer mehr, wenn nach 6 oder 8 Minuten Laufzeit der VBScript-Interpreter einen Syntaxfehler im Skript meldete und durch solche Begebenheiten die Skriptsprache das Debugging der Tests eher verlangsamte als beschleunigte. Als wir auf C# umstiegen konnten wir die Vorteile einer modernen Programmiersprache mit (im Vergleich zu C++) leicht zu erlernender Syntax mit dem Komfort eines Syntax-Checks lange vor der Ausführung kombinieren. Die sehr komfortable Entwicklungsumgebung von C# erlaubt sogar einen Syntax-Check während der Programmerstellung und automatisches Cross Referencing mit automatischer Vervollständigung. Diese beiden Features haben dazu geführt, dass in dem neueren Projekt der Umstieg von der Skriptsprache auf C# einen deutlichen Effizienzgewinn gebracht hat. Nachdem wir von einem anderen Projekt ein in C# geschriebenes Systemtest-Framework übernehmen durften, war die Einstiegshürde auch klein. Die Hürde der Messgeräteschnittstelle hat ein alter Profi in unserem Team genommen: Jedes Gerät, das man in VBScript ansteuern kann, kann man nach einigem Basteln auch in anderen .NET-Sprachen ansteuern.

8.15 Dokumentation des Testdesigns und der Testergebnisse

Bei der Dokumentation des Testdesigns in einer natürlichen Sprache sollte man sich möglichst unmissverständlich ausdrücken und dem Tester klare und exakte Anweisungen geben. Dadurch erhöht sich die Wiederholbarkeit von Tests. Am besten bedient man sich einer *gelenkten Sprache*. Diese verwendet immer die gleichen Schlüsselworte, wenn ein Prüfschritt vom Tester gefordert wird und unterscheidet Bedingungen, Überschriften und Anweisungen durch das Schriftbild und/oder durch Vermeidung des Passiv (Leideform). Des Weiteren werden immer Toleranzen genannt. Vergleichen Sie die folgenden Testanleitungen zum Test einer Ventilations-Steuerung:

Anleitung 1: *Zuallererst müssen einmal an Kontakt K12 Null Volt anliegen. Nur wenn das so ist, kann die Ventilatordrehzahl über die Hysterese eingestellt werden. Die Temperatur muss auf einen hohen Wert eingestellt werden. Dann muss die Ventilatordrehzahl höher als 1000 U/min sein und die Kontrolllampe grün leuchten. [...]*

Anleitung 2: *Stellen Sie das System so ein, dass auf Kontakt K12 weniger als 100 mV anliegen (s. Handbuch Kapitel 3 »Wartungsmodus«; Voraussetzung zum Einstellen der Ventilatordrehzahl über Temperatur am CAN-Bus). Ersetzen Sie im CAN-Verbund den Temperaturfühler mit dem CAN-Tester CANapl-4711. Stellen Sie mit Hilfe des CAN-Testers für den Temperaturfühler den Messwert 80°C ein. Verifizieren Sie mit Hilfe von ..., dass die Ventilatordrehzahl innerhalb von 2 Sekunden höher als 1000 U/min ist. Verifizieren Sie, dass die Kontrolllampe innerhalb von 2 Sekunden grün leuchtet. [...]*

In Anleitung 1 wird im ersten Satz nicht klar gemacht, ob es sich um eine Testvoraussetzung handelt oder um einen Testschritt. In Anleitung 2 steht bei Prüfschritten immer das Verb »verifizieren«, um hier klar zu unterscheiden. Es wird durch Verwendung des Aktiv klar, wann der Tester etwas tun muss und wann eine allgemeine Beschreibung vorliegt. Der Verweis aufs Handbuch spart dem Autor des Testdesigns das Einfügen einer Kopie eines längeren Absatzes aus dem Handbuch. Der lange Absatz in der Testanleitung könnte für Systemkenner und Testprofis eher ärgerlich als förderlich sein. Anstatt die Testmittel direkt in der Testanleitung anzugeben, wie in Anleitung 2 gezeigt, ist es in der Regel besser, im Testdokument ein eigenes Kapitel dafür zu reservieren.

Speziell bei manuell durchgeführten Tests kann eine tabellarische Erfassung der Tests hilfreich sein. Folgende Spalten sind zu empfehlen: Testvoraussetzung, Testschritt, erwartetes Ergebnis, gemessenes Ergebnis. Während des Testdesigns werden alle bis auf die letzte Spalte gefüllt, die Spalte »gemessenes Ergebnis« wird bei der Testdurchführung ausgefüllt.

Ein Beispiel für eine Testdesign-Dokumentation von automatischen Tests ist im Anhang B zu finden.

8.16 Grenzen des Systemtests

Systemtests sind die wichtigste Teststufe. In Systemtests werden Designfehler, Inkompatibilitäten zur Hardware, zeitabhängige Fehler und auch Lücken in der Spezifikation gefunden. Selbst beim Einsatz von formaler Verifikation kann daher auf diesen Test nicht verzichtet werden.

Aber Systemtests können i.A. nicht zeigen, dass gemessene Antwortzeiten immer unter allen Umständen gelten. Sie können i.A. auch nicht zeigen, dass die CPU-Last immer unter 100% ist, und sie können i.A. genauso wenig zeigen, dass der Runtime-Stack unter allen Umständen ausreicht. In vielen Fällen kann man bei Systemtests auch nur schwer eine strukturelle Testabdeckung nachweisen. Für Systeme mit hoher Integritätsanforderung sind daher neben gewissenhaft durchgeführten Systemtests auch die anderen vorgestellten Teststufen und Analysen nötig.

Begleitende Analysen sind für sicherheitskritische Software unumgänglich. Abschnitt 6 von [DO-178B] schreibt »Verification is not simply testing. Testing, in general, cannot show the absence of errors.« Die Sicherheitsnorm [EN 61508] bläst ins selbe Horn und meint, dass unter den Kriterien zur Auswahl eines Testverfahrens die Vollständigkeit und Wiederholbarkeit von Tests sein muss. Wenn man Tests einsetzt, dann muss man Überlegungen anstellen, wie vollständig diese Tests alle sicherheitsrelevanten Fehlerszenarien abfangen können. Das wiederum kann in vielen Fällen nur durch eine Analyse erfolgen.

8.17 Fragen und Übungsaufgaben

Frage 8.1: Ihre Firma entwickelt Software für einen selten verwendeten Mikrocontroller. Schon öfters fanden Sie Bugs im Compiler und einmal sogar im Controller. Es wird bei Ihnen rigoros getestet: Unit-Tests, Integrationstests und Systemtests werden gemacht. Wegen hohen Preisdrucks müssen Sie eine Teststufe einsparen. Welche der drei Stufen kann am ehesten weggelassen werden? Warum diese und nicht die anderen?

Frage 8.2: Ihre Firma schreibt Software für Rasierapparate mit digitaler Lageregelung des Schwingmessers. Sie machen zwar Systemtests, aber sonst keine anderen Testschritte und auch keine Reviews. In der Vergangenheit kam es öfters zu Störgeräuschen bei den teuren Geräten, weil es Software-Probleme mit dem Regler gab. Die genaue Ursache dafür ist noch nicht bekannt, die Auswirkungen solcher Qualitätsprobleme könnten aber drastisch sein. In einer Strategiesitzung schlägt ein Kollege vor, ab sofort Unit-Tests einzuführen und damit 100% MC/DC zu erreichen, um die Produktqualität zu erhöhen. Wie beurteilen Sie diese Maßnahme?

Frage 8.3: Das Gerät, das Sie testen müssen, ist batteriebetrieben und erlaubt den Druck von Etiketten. Der Drucker ist aber nicht im Gerät selbst, sondern wird über Blue Tooth verbunden. Welche Tests aus der Kategorie Failover and Recovery fallen Ihnen zu diesem Gerät ein? Notieren Sie zumindest zwei Testfälle!

Frage 8.4: Die Norm EN 61508 empfiehlt, Softwaretests für sicherheitsrelevante Software zu automatisieren. In dieser Empfehlung wird die

Anzahl der Testwiederholungen gar nicht erwähnt (ab der sich Automation auszahlt). Was ist der Grund für die Empfehlung?

Frage 8.5: Die von Ihnen verwendete CPU benötigt wegen Pipelining nach jeder Jump-Instruktion ein NOP. Wird das NOP vergessen, so ist der Inhalt der Pipeline nicht mehr konsistent, wenn ein Interrupt genau an der Stelle auftritt, an der das NOP hätte stehen sollen. Leider hat Ihr Kollege so ein NOP vergessen zu programmieren, und Ihr Produkt verwendet Interrupts. In welchem Verifikationsschritt finden Sie am ehesten so einen Fehler? Begründen Sie!

Frage 8.6: Sie schreiben eine Aufzugssteuerung. Die Mechanik des Aufzugs erlaubt ein Öffnen der Fahrgastraumtür während der Fahrt. Es ist geplant, den Nachweis zu erbringen, dass dies niemals passieren wird. Wie müsste man vorgehen? Wie beurteilen Sie diese Vorgehensweise?

Frage 8.7: Die funktionalen Tests eines Produkts, deren GUI jedes Mal ein neues »Look and Feel« hat, werden pro Produkt zwei bis drei Mal wiederholt. Ihr Chef verspricht sich Testeinsparungen durch Verwenden eines Capture/Replay-Tools. Liegt er richtig? Warum (nicht)?

Aufgabe 8.8: Entwerfen Sie mit Hilfe der Grenzwertanalyse Testfälle für eine Öldruckwarnung. Die Schaltung, auf der die zu testende Software läuft, liest über einen CAN-Bus einen Wert für den Druck ein [Wertebereich 0 bis 255].

(R1) Ist der Druck für 8 Sekunden ununterbrochen kleiner als 80 [bit], so soll die SW eine Warnlampe einschalten. #

Hinweis: Eine Reaktionszeit ist vom Kunden nicht definiert. Es ist davon auszugehen, dass jede Reaktion innerhalb von einer Sekunde ausreichend ist.

(R2) Diese Lampe soll solange leuchten, bis die Warnung durch kurzen Knopfdruck des Bedienpersonals quittiert wird. #

Hinweis: Als kurzer Knopfdruck ist jeder durchgehende Druck ab 1 Sekunde zu verstehen. Eine Abtastrate von 100 ms für die Entprellung des Kontakts ist ausreichend.

Wenn der Knopfkontakt lange geschlossen ist, so ist davon auszugehen, dass der Knopf defekt ist. Die Alarmmeldung würde unbeabsichtigt immer quittiert werden.

(R3) Daher soll die SW die Warnlampe einschalten, wenn der Knopfkontakt 10 Sekunden lang geschlossen ist. #

Aufgabe 8.9: Entwerfen Sie Systemtestfälle für das folgende vereinfacht spezifizierte Gerät zur Messung von Gärgas. Die Lautstärke und die genaue Form der Alarmtöne werden dabei durch die Hardware vorgegeben (sind also nicht Gegenstand des Tests).

(R1) Ist die Batteriespannung < 1,1 Volt, so soll die Software des Geräts über den Lautsprecher einen Dauerton von 1 kHz hören lassen. #

Hinweis: Bei 1,1 Volt reicht die Batterie noch gut 15 Minuten lang.

(R2) Solange der digitale 8-bit-Ausgang des CO_2-Sensors einen CO_2-Gehalt über 120 liefert, soll der Lautsprecher des Geräts einen an- und abschwellenden Sirenenton hören lassen. #

(R3) Ein einmal gestarteter Sirenenton soll mindestens 1 Minute lang hörbar sein. #

Diese Spezifikation lässt Fragen offen, die Sie sich beim Testdesign selbst und im Berufsleben dem Autor der Spezifikation stellen sollten. Bitte notieren Sie zu Übungszwecken die angenommenen Antworten auf diese Fragen. Die Antwort auf die wichtigste Frage ist: Die Rettung von Menschenleben (der Alarm bei zu hohen CO_2-Werten) hat immer höchste Priorität.

Hinweis: Stürzen Sie sich nicht gleich auf die Lösung. Analysieren Sie zunächst die Anforderungen bezüglich Testbarkeit, Widersprüchen und Lücken. Wählen Sie dann ein geeignetes Testverfahren. Notieren Sie etwaige Zwischenschritte und Konzepte und dann erst den finalen Test!

Aufgabe 8.10: Sie testen einen intelligenten Sensor, der 8 verschiedene, sich selten ändernde digitale Zustände erfassen kann und über ein Bussystem die im Hundertstelsekundentakt erfassten Sensorwerte weitergibt. Um den Bus nicht mit den nicht-zeitkritischen Werten zu stark zu belasten, werden diese gemäß Kundenwunsch mit Run Length Coding in Paketen der Größe von je 24 Bytes zusammengefasst und nur alle 5 Sekunden verschickt. Wie können Sie hier beim Test vorgehen?

9 Testen von RTOS und Middleware

In den vorangegangenen drei Kapiteln wurde gezeigt, wie Software in den drei Schritten Unit-Test, Integrationstest und Systemtest getestet werden kann. Ist das zu testende Produkt aber Middleware oder ein Echtzeitbetriebssystem, so hat man ein Testobjekt einer besonderen Form: Es ist ohne Applikationssoftware nicht sinnvoll einsetzbar und daher auch ohne diese nicht effektiv testbar. Dieses Kapitel skizziert, wie man beim Test vorgehen kann und zeigt am Beispiel des Tests eines Echtzeit-Kernels (Real Time Operating System, RTOS), dass man mehrere Testschritte geschickt zusammenfassen kann. Außerdem wird erklärt, wie man die Hürde des Tests eines Context Switches nimmt.

9.1 Definition und Motivation

Ein Betriebssystem abstrahiert die darunterliegende Hardware und stellt dem Programmierer zumindest einen Scheduler und einige damit kooperierende Bibliotheksfunktionen zur Verfügung. Middleware setzt auf einem Betriebssystem auf und stellt erweiterte Funktionalität zur Verfügung oder ist eine weitere Abstraktionsebene, um den Wechsel des Betriebssystems zu erleichtern. Ein Beispiel ist ein Protokoll-Stack für einen Feldbus, der dem Benutzer den Zugriff auf das Netzwerk erleichtert. Middleware besteht meist aus Laufzeitkomponenten (also aus selbstständig laufenden Prozessen) und Bibliotheksfunktionen.

Die »Benutzerschnittstelle« eines Betriebssystems oder von Middleware ist die Applikationsschnittstelle, also die der Applikationssoftware zur Verfügung gestellte Bibliothek. Der Systemtest hat daher den Charakter eines Unit-Tests: Es wird eine Initialisierung vorgenommen und es werden Routinen aufgerufen und der Systemzustand nach dem Aufruf mit den Erwartungen verglichen. Es macht daher Sinn, Unit-Test, Integrationstest und Systemtest in einem einzigen Schritt durchzuführen.

9.2 White-Box-Requirements-Test

Damit dieser einzige Testschritt auch die Qualitäten aller drei Teststufen vereinen kann, muss die zu testende Software als Quellcode vorliegen, weil es sonst nicht möglich ist, die strukturelle Testabdeckckung zu messen, siehe Kapitel 6. Liegt der Quellcode nicht vor, so kann es vorkommen, dass einzelne Code-Abschnitte ungewollt nicht vom Test abgedeckt werden.

Selten gibt es für Middleware oder Betriebssysteme eine dem Anwender zugängliche Spezifikation. An deren Stelle muss das Handbuch herhalten und die beschriebenen Funktionen müssen Schritt für Schritt getestet werden, sofern der Hersteller der Middleware oder des Betriebssystems Testfälle nicht herausgibt. Der Testtreiber nimmt die Stelle der Applikationssoftware ein, die zu testende Software wird in einem der zwei Testdurchläufe instrumentiert, damit man die erzielte strukturelle Testabdeckung erheben kann, siehe Abschnitt 6.8.

Ist der Quellcode der zu testenden Software frei von globalen Variablen, so kann die Integration der Module ausreichend über die Unterprogramm-Aufrufe zwischen den Modulen getestet werden. In Abschnitt 7.1.3 wurde das als 100% Call Pair Coverage bezeichnet.

Was kann man tun, wenn das Unit-Test-Werkzeug aber keine Call Pair Coverage messen kann? Wenn der Quellcode modulübergreifende Unterprogramm-Aufrufe als Teile von Verzweigungsbedingungen hat, also so etwas wie

```
if ((x < 0) || (im_anderen_modul(x) == 12))
{
        /* bedingt ausgeführter Block */
}
```

oder wie

```
while((i < 12) && (im_anderen_modul(i) == 13))
{
        /* bedingt ausgeführter Block */
}
```

dann werden diese Modulschnittstellen nur durchlaufen, wenn die Testabdeckung auch sicherstellt, dass jede Teilbedingung zur Verzweigungsentscheidung tatsächlich ausgeführt wurde, das ist bei 100% MC/DC der Fall, siehe Abschnitt 6.6.4.

Ist der Code aber frei von solchen Konstrukten, dann genügt es, jede Zeile des Quellcodes auszuführen, d.h., 100% Statement Coverage sind ausreichend, um auch 100% Call Pair Coverage zu gewährleisten.

Die beschriebene Vorgehensweise kann die Funktion und Integration aller Module testen, die in der Hochsprache implementiert sind. Interrupt-Management und der Scheduler eines RTOS sind davon aber ausgenommen.

Erfahrungsbericht zum Test von RTOS-Calls

Ich musste für ein Raumfahrtprojekt einen leichtgewichtigen, missionskritischen Echtzeitbetriebssystem-Kernel testen. Die Architektur des Betriebssystems war so, dass der Message Queue Manager, der Event Manager, der Partition Manager und der Semaphore Manager jeweils eine Schnittstelle mit dem Task Manager hatten, aber sonst keine Schnittstellen untereinander.

In den funktionalen Tests für die Routinen des Message Queue Managers ließ ich den Instrumentierer nur den Quellcode des Message Queue Managers und des Task Managers instrumentieren und testete gegen die im RTOS-Handbuch beschriebene Funktionalität. Da meine Tests 100% MC/DC erreichten, wusste ich, dass mit der Funktionalität auch die Integration dieser beiden Module abgedeckt war. So testete ich die Integration und Funktion jedes Moduls in Zusammenarbeit mit dem Task Manager und hatte Schritt für Schritt die gesamte Integration getestet. Die teilweise Instrumentierung half mir dabei, dass das Werkzeug immer nur für meine unter Beobachtung stehenden Module und Schnittstellen die Testabdeckung anzeigte und andere (mitgelinkte) Programmteile ignorierte.

9.3 Test eines Interrupt-Managers

Der Test der Integration eines Interrupt-Managers eines RTOS mit dem Rest der RTOS-Software passt in kein Schema, das im Kapitel 7 vorgestellt wurde. Unter anderem, weil so ein Test von der CPU-Architektur abhängt und ein Interrupt nicht so aufgerufen werden kann, wie ein Unterprogramm.

Ein Interrupt-Manager eines RTOS stellt der Applikationssoftware Registrierungsroutinen zur Verfügung, die einen Interrupt der CPU mit einer in der Hochsprache geschriebenen Interrupt-Service-Routine (ein Teil der Applikationssoftware) assoziieren. Wird der entsprechende Interrupt ausgelöst, so kümmert sich der Interrupt-Manager des RTOS um das Retten von Registerwerten und den Aufruf der Interrupt-Service-Routine. Nach deren Rücckehr werden die geretteten Registerwerte wieder hergestellt und im einfachsten Fall wird mit der unterbrochenen Instruktion fortgefahren. Im weniger einfachen Fall wird in der Interrupt-Service-Routine ein System-Call abgesetzt, der einen Task höherer Priorität lauffähig macht. Dann wird mit diesem neuen Task fortgefahren.

Im Test muss auch dieser Fall geprüft werden. Dies könnte wie folgt aussehen (und ist in der Tat ein Teil eines Tests für den Interrupt-Manager des offenen Echtzeitbetriebssystems ARTOS/p). Wir gehen dabei von einer komplizierten CPU-Architektur aus, bei der der Compiler Register-Windows verwendet, also jeder Unterroutine ein Subset von CPU-Registern zur Verfügung stellt:

1. Rufe eine Funktion rekursiv so lange auf, bis alle Register-Windows aufgebraucht sind. An dieser Stelle setze mit dem Debugger einen Haltepunkt und setze alle Register auf spezifische Werte.
2. Instruiere den Debugger, die Programmexekution fortzuführen und löse sofort danach in der nächsten Instruktion einen beim RTOS registrierten Inter-

rupt aus. Die entsprechende Interrupt-Service-Routine (ISR) verwendet alle dem Compiler zugänglichen CPU-Register.

3. Halte das Programm mit Hilfe des Debuggers eine Instruktion nach der Instruktion an, die den Interrupt ausgelöst hatte. Verifiziere, dass die Register wieder die in Schritt 1 gespeicherten Werte haben.
4. Wiederhole Schritte 2 und 3 mit einer ISR, die sich rekursiv mehrmals aufruft, damit beim Rücksprung aus der ISR ein Register-Window Underflow stattfindet.
5. Starte einen Task höherer Priorität, der wiederholt an einer Message Queue wartet und dabei blockiert.
6. Versorge den Task höherer Priorität aus einer ISR mit einer Message.
7. Verifiziere durch Abfragen einer im Task mit höherer Priorität gesetzten Variable, dass der Task höherer Priorität unmittelbar nach der ISR (noch vor dem Haupt-Task des Tests) die CPU erhielt.
8. Wiederhole Schritte 5 bis 7 sinngleich mit Events und Semaphoren.
9. Wiederhole Schritte 1 bis 3. Diesmal soll die ISR allerdings zwei Tasks höherer Priorität lauffähig machen, wobei diese schließlich später beide blockieren. Damit findet innerhalb der Unterbrechung zumindest ein Context Switch zwischen anderen Tasks statt.

So einen komplizierten Test manuell mit dem Debugger durchzuführen, treibt zur Verzweiflung. Einige Debugger, unter anderem gdb, erlauben daher, das Setzen von Haltepunkten und das Auslesen und Setzen von Registerwerten per Skript zu automatisieren. Sogar bedingte print-Statements werden in diesen Skipts unterstützt, das heißt, es kann sogar ein recht brauchbares Testlog erstellt und das Testresultat im Debugger-Skript festgestellt werden.

Erfahrungsbericht: Testabdeckungsnachweis bei Assembler

Wenn man einen Interrupt-Manager oder einen Scheduler testet, dann testet man unweigerlich Code, der in Assembler geschrieben werden muss. Ein Nachweis der Testabdeckung mit Standardwerkzeugen ist nicht möglich. Beim Test meines missionskritischen Echtzeit-Kernels hatte ich Hardware zur Verfügung, die mir zeigte, von welchen Adressen Instruktionen ausgeführt wurden. Ich konnte also Statement Coverage auf Assembler-Ebene nachweisen, aber nicht mehr und nicht weniger. Zum Nachweis von 100% Decision Coverage auf Assembler-Ebene (entspricht 100% MC/DC in einer Hochsprache) ging ich so vor: Im Code des Interrupt-Managers gab es mehrere bne-Instruktionen (Branch when result is Not Equal) zu Labels, die später im Code auch ohne Sprung erreicht worden wären. Zum Beispiel

```
  bne ValidRegisterWindow
      /* bedingter Block */
ValidRegisterWindow:
   /* immer erreichter Code */
```

Der Assembler hatte den gleichen Preprocessor wie C. Die bne-Instruktionen ersetzte ich durch den Aufruf eines Makros BNE, das das Sprungziel als Parameter verlangte. Die obige Instruktion ersetzte ich zum Beispiel durch

```
    BNE(ValidRegisterWindow)
```

und definierte das Makro wie folgt

```
#ifdef COVERAGE
#define BNE(destination) bne destination##_expand
#else
#define BNE(destination) bne destination
#endif
```

Das heißt, wenn das Makro COVERAGE definiert ist, dann wird im Beispiel nicht das gewöhnliche Sprungziel `ValidRegisterWindow` angesprungen, sondern stattdessen `ValidRegisterWindow_expand`. Dieses und die anderen Sprungziele waren ebenfalls neu zu definieren. Dort wurde aber mit einer »branch always«-Instruktion nur weiter zum gewöhnlichen Sprungziel gesprungen.

```
#ifdef COVERAGE
ValidRegisterWindow_expand:
  ba  ValidRegisterWindow
  nop
#endif
```

Bei Definition von COVERAGE hatte ich nun die Adresse `ValidRegisterWindow_expand`, die nur angesprungen wurde, wenn der bne-Sprung zum Label genommen wurde, nicht aber, wenn das Label auf anderem Weg erreicht wurde. Nun musste ich nur noch meine Hardware befragen, ob alle Assembler-Instruktionen, also auch die Instruktion an diesen besonderen Adressen, ausgeführt wurden, um 100% Decision Coverage auf Assembler-Ebene nachzuweisen. Nach dem Nachweis der Abdeckung übersetzte ich natürlich nochmals ohne die Definition von COVERAGE und verifizierte, dass der Test nach wie vor durchging.

9.4 Test eines Schedulers

Ähnlich wie beim Test des Interrupt-Managers eines RTOS kann beim Test des Schedulers des RTOS vorgegangen werden. Verschiedene Tasks verschiedener Priorität werden gestartet, blockieren in einer im Testskript deterministisch vorgegebenen Reihenfolge. Vor jedem Context Switch werden Registerwerte durch das Skript ausgelesen bzw. absichtlich manipuliert und unmittelbar bei der Fortführung des Tasks die durch das RTOS wiederhergestellten Registerwerte mit den zuvor manipulierten oder gelesenen Werten verglichen.

9.5 Fragen und Übungsaufgaben

Frage 9.1: Sie kaufen einen CAN-Protokoll-Stack für Ihr RTOS von einem Drittanbieter. Dieser möchte den Quellcode nicht rausrücken, versichert Ihnen aber schriftlich, dass der Stack den Test mit 100% MC/DC bestanden hat. Welches Risiko bleibt, wenn Sie das Zusammenspiel des Protokoll-Stacks mit dem Rest Ihrer Software in einem Integrationstest nur anhand der Dokumentation prüfen?

Frage 9.2: Sie erhalten die Testprotokolle, die 100% MC/DC mit sehr durchdachten Testdaten dokumentieren. Wie ist die Situation jetzt?

Frage 9.3: Sie erhalten zwar keine Testprotokolle, kaufen aber den Quellcode. Ist die Situation des Integrationstests nun besser?

10 Race Conditions

Race Conditions sind eine besonders unangenehme Art von Programmfehlern. Sie können überall dort auftreten, wo Software nicht nur rein sequenziell abgearbeitet wird, sondern zumindest zum Teil parallel. Das betrifft also vor allem nebenläufige Anwendungen mit Betriebssystemen, aber auch Software ohne Betriebssysteme, wenn sie mit Interrupt-Service-Routinen arbeitet. Fehlerauswirkungen durch Race Conditions treten nur sporadisch auf und sind besonders schwer zu erkennen. Dieses Kapitel zeigt, wie Race Conditions zuverlässig durch Software-Werkzeuge erkannt werden können.

10.1 Definition von Data Races

Eine *Race Condition* ist eine Art von Fehler in einem System oder einem Prozess, wenn der Ausgang des Prozesses unerwartet von der Reihenfolge oder Dauer anderer Ereignissen abhängt. Der Begriff entstammt der Vorstellung, dass zwei Signale in einem Wettlauf versuchen, die Systemantwort jeweils zuerst zu beeinflussen. Race Conditions können in schlecht entworfenen Schaltungen und schlecht entworfener Software auftreten. Bei Software speziell dann, wenn das Programm durch mehrere parallel laufende Prozesse ausgeführt wird.

Beispiel eines Data Race: Die Anzahl der Primzahlen zwischen 1 und 20000 wird vermutlich meist korrekt berechnet. Das muss aber nicht unbedingt so sein. zeigt den häufigsten Vertreter unter den Race Conditions, ein sogenanntes *Data Race*. Es wird so genannt, weil zwei parallel ausgeführte Programmpfade durch den Zugriff auf eine gemeinsame Variable in eine ungewollte zeitliche Abhängigkeit zueinander geraten. Sie »laufen« beim Zugriff auf die Variable »um die Wette« und dieser Wettlauf kann zu einem Fehler führen, wie der folgende Absatz beschreibt.

Beispiele zu Data Races

Nehmen wir – ohne Beschränkung der Allgemeinheit – ein System mit einer CPU an. Thread 1 aus Listing 10–1 wird unterbrochen, als er gerade den Wert für `primzahlen` aus dem Hauptspeicher in ein Register lädt, kurz nachdem er eine neue Primzahl gefunden hat. Nun bekommt aber Thread 2 die CPU. Auch er findet eine neue Primzahl, lädt den gleichen Wert für `primzahlen` aus dem Hauptspeicher in ein Register, inkrementiert ihn und schreibt ihn in den Speicher zurück. Nun bekommt Thread 1 wieder die CPU. Dabei wird zum veralteten Wert für `primzahlen` ebenfalls Eins hinzuaddiert und dann in den Hauptspeicher zurückgeschrieben. Die Zählung der Primzahlen ist somit falsch, die zwei gefundenen Primzahlen wurden nur als eine Primzahl gezählt.

```
#include <rtos.h>
#include <stdio.h>

extern int is_prime(int);

void zaehler1(void);  /* Thread 1 */
void zaehler2(void);  /* Thread 2 */

int primzahlen = 0;
   /* so viele Primzahlen wurden gefunden */

rtos_id id_thread1, id_thread2;

int main(void)
{
   rtos_id id_thread1, id_thread2;

   rtos_thread_create(ROUND_ROBIN_SCHEDULING, &id_thread1);
   rtos_thread_create(ROUND_ROBIN_SCHEDULING, &id_thread2);

   /* starte Threads */
   rtos_thread_start(id_thread1, zaehler1);
   rtos_thread_start(id_thread2, zaehler2);
   printf(Es gibt %d Primzahlen zwischen 1 und 20000, primzahlen);

   return 0;
}


void zaehler1(void)
{
   int i;
   for (i = 1; i < 10000; i++)
   {
      if (is_prime(i)) primzahlen = primzahlen + 1;
   }
}


void zaehler2(void)
{
   int i;
```

```
    for (i = 10000; i < 20000; i++)
    {
        if (is_prime(i)) primzahlen++;
        /* auch der Operator ++ garantiert keine Atomizität des Inkrements */
    }
}
```

Listing 10–1 Beispiel eines Data Race: Die Anzahl der Primzahlen zwischen 1 und 20000 wird vermutlich meist korrekt berechnet. Das muss aber nicht unbedingt so sein.

Ob es tatsächlich zum beschriebenen Fehlerszenario auf einem Ein- oder Mehrprozessorsystem kommt, ist großteils Zufallssache. Es sind Fälle von Data Races bekannt, die jahrelang unsichtbar blieben, ehe sie zu einem plötzlichen, folgenschweren Systemausfall führten. Denn nicht alle Data Races sind so leicht zu sehen, wie es in Listing 10–1 der Fall ist. Listing 10–2 zeigt, wie sich Data Races auch besser verstecken können.

```
#include <string.h>

int a[100];

void thread1(void)
{
    int i, *q;
    char *s;
    ...
    a[i] += 1; /* Data Race, wenn thread1.i == thread2.j */
    *q++;      /* Data Race, wenn thread1.q == thread2.p */
    strtok(s,';'); /* Oft Data Race, wenn die C-lib nicht
                    * thread-safe ist, also dort eine un-
                    * geschützte Variable verwendet wird,
                    * um einen Zustand zu speichern. */
}

void thread2(void)
{
    int j, *p;
    char *s;
    ...
    a[j] += 2;
    *p++;
    strtok(s,';');
}
```

Listing 10–2 Beispiele für schwerer erkennbare Data Races

Data Races haben zu Recht den Ruf, sehr heimtückisch und unangenehm zu sein. Sie treten nur selten auf und sind mit den Testmethoden aus den Kapiteln 6 bis 8 gar nicht oder nur durch Zufall zu finden. Und selbst wenn so ein Test ein falsches Ergebnis wegen einer Race Condition erzeugt, so ist es noch immer sehr schwer, ein Data Race als Ursache für den Fehler zu finden und zu lokalisieren.

Denn ein geänderter Compiler-Schalter, ein neues `printf` zu Debug-Zwecken oder ein geändertes Speichermodell verändern das Laufzeitverhalten des Systems und können den Fehler somit unsichtbar machen.

Ein Data Race um eine Variable `x` zwischen zwei oder mehreren Threads kann nur dann vorkommen, wenn:

- zumindest ein Zugriff auf `x` schreibend ist und
- die Threads keinen Mechanismus verwenden, der den gleichzeitigen Zugriff auf `x` verhindert. So ein Mechanismus wird im folgenden Absatz vorgestellt.

Locking von kritischen Code-Passagen

Ein *Lock* ist ein meist vom Betriebssystem zur Verfügung gestellter Synchronisationsmechanismus. Dieser wird zum Schutz gemeinsam benutzter Ressourcen vor Zugriffen von verschiedenen Threads verwendet. Ein Lock wird auch als *Mutex* bezeichnet und ähnelt einem *binären Semaphor.* »Mutex« kommt von »mutual exclusion«, also dem gegenseitigen Ausschluss zweier oder mehrerer Threads. Erhält ein Thread A ein Lock (in der Modellvorstellung entspricht ein Lock einem Schlüssel) zu einer kritischen Code-Passage, dann wird jeder andere Thread B, der nach dem Schlüssel verlangt, so lange angehalten, bis Thread A den Schlüssel wieder freigibt. Die dazu passenden, vom Betriebssystem zur Verfügung gestellten Routinen heißen entsprechend meist ähnlich zu `lock_obtain()` und `lock_release()` oder `lock()` und `unlock()`. Der Parameter der Routinen ist der Name des Schlüssels. Es können also verschiedene Schlüssel verwendet werden, die verschiedene kritische Code-Passagen schützen. In Listing 10–3 ist ein Fix des Problems von Listing 10–1 mit Hilfe von Locks zu sehen.

```
#include <rtos.h>
#include <stdio.h>

extern int is_prime(int);

void zaehler1(void);  /* Thread 1 */
void zaehler2(void);  /* Thread 2 */

int primzahlen = 0;   /* so viele PZ gefunden */
rtos_id id_lock,      /* Schutz f. Primzahlen*/
        id_thread1, id_thread2;

int main(void)
{
   rtos_id id_thread1, id_thread2;

   rtos_lock_create(UNLOCKED, &id_lock);

   rtos_thread_create(ROUND_ROBIN_SCHEDULING, &id_thread1);
   rtos_thread_create(ROUND_ROBIN_SCHEDULING, &id_thread2);

   rtos_thread_start(id_thread1, zaehler1);
   rtos_thread_start(id_thread2, zaehler2);
```

```
    printf(Es gibt %d Primzahlen zwischen 1 und 20000, primzahlen);

    return 0;
}


void zaehler1(void)
{
    int i;
    for (i = 1; i < 10000; i++)
    {
        if (is_prime(i))
        {
            rtos_lock(id_lock);
            primzahlen = primzahlen + 1;
            rtos_unlock(id_lock);
        }
    }
}


void zaehler2(void)
{
    int i;
    for (i = 10000; i < 20000; i++)
    {
        if (is_prime(i))
        {
            rtos_lock(id_lock);
            primzahlen++;
            rtos_unlock(id_lock);
        }
    }
}
```

Listing 10–3 *Fix für das Data Race aus* Listing 10–1. *Nun wird der Zugriff auf die gemeinsame Variable geschützt.*

10.2 Dynamische Data-Race-Analyse

In diesem Unterkapitel werden zwei Verfahren vorgestellt, die automatisch Data Races im laufenden Programm erkennen, selbst wenn keine Fehlerauswirkungen aufgrund des Data Race auftreten.

10.2.1 Eraser

Wenn Software vorliegt, die ausschließlich Locking verwendet, um den exklusiven Zugriff auf gemeinsam verwendete Variablen zu erwirken, dann kann der Algorithmus *Eraser*, oft auch *Lockset-Algorithmus* genannt, vergleichsweise zuverlässig Data Races erkennen [Savage 97]. Implementierungen von Eraser findet man in Open-Source-Tools und in kommerziellen Werkzeugen.

Algorithmus

Eraser stellt sicher, dass Zugriffe auf von verschiedenen Threads gemeinsam verwendeten Variablen immer mit Locks geschützt werden. Die zugrunde liegende Idee ist ganz einfach. Zunächst einmal eine recht formale Definition des Algorithmus:

1. Für jede gemeinsam verwendete Variable *v* definiere eine Menge von potenziell darauf angewandten Locks *C(v)*.
2. Starte die Software.
3. Sei *locks_aktiv(t)* die Bezeichnung für die momentan von Thread *t* gehaltenen Locks. Für jeden Zugriff auf eine Variable *v* durch einen Thread *t* setze $C(v) := C(v) \cap locks\_aktiv(t)$.
4. Wenn *C(v)* = {}, dann gib eine Warnung aus.

Das sieht kompliziert aus, ist aber ganz einfach. Abbildung 10–1 zeigt ein Anwendungsbeispiel: Auf zwei CPUs laufen die in den linken Spalten zu sehenden Code-Sequenzen. Die Zeitachse verläuft von oben nach unten.

Wir sehen, dass die Zugriffe auf die Variable *v* in dem dargestellten Zeitraster gar nicht zu einem Fehler führen und trotzdem ein Data Race erkannt wird: Die Variable ist nicht durch zumindest ein identes Lock geschützt. Der Programmierer hat irrtümlich verschiedene Locks verwendet, um die Variable *v* vermeintlich zu schützen.

Thread 1, CPU-1	Thread 2, CPU-2	Locks_aktiv	C(v)
		{}	{mtx1, mtx2}
`lock(mtx1);`	`Irgendwas();`	{mtx1}	{mtx1, mtx2}
`v = v + 1;`	`Irgendwas();`	{mtx1}	{mtx1}
`unlock(mtx1);`	`Irgendwas();`	{}	{mtx1}
`Irgendwas();`	`lock(mtx2);`	{mtx2}	{mtx1}
`Irgendwas();`	`v = v + 1;`	{mtx2}	{} – **WARNUNG**
`Irgendwas();`	`unlock(mtx2);`	{}	{}

Abb. 10–1 *Vermeintlich geschützter Zugriff auf v*

Kritiker des Algorithmus' warfen deren Erfindern vor, dass Eraser viel zu viele Fehler meldet, die keine sind. Die Entwickler von Eraser haben daher Methoden entwickelt, drei gängige Programmszenarios zu erkennen und von Warnungsmeldungen auszunehmen:

a) Die Initialisierung von gemeinsam verwendeten Variablen ohne Lock ist zulässig.
b) Variablen, die nur einmal während der Initialisierung geschrieben werden und später von mehreren Threads gelesen werden, benötigen kein Locking.
c) Die Verwendung von Read-Write Locks, die mehreren lesenden Threads gleichzeitig das Betreten der Critical Section erlauben, aber nur einem schreibenden Thread, wird erkannt.

Eine Methode, für Szenarios a) und b) Warnungen zu unterdrücken, wird nun vorgestellt. Die Beschreibung eines Verfahrens, das Warnungen für Szenario c) unterdrückt, sprengt den Rahmen dieses Buchs und ist in [Savage 97] nachzulesen.

Harmlose Szenarien erkennen

Um Falschwarnungen (Fehler erster Ordnung, *False Positives*) für die Szenarios a) und b) zu vermeiden, darf Eraser erst mit der Reduzierung der Locksets *C(v)* beginnen, wenn die Initialisierung abgeschlossen ist. Nun »weiß« der Algorithmus aber nicht, wann die Initialisierung zu Ende ist und trifft daher die Annahme, dass dies mit dem ersten Zugriff eines zweiten Threads erledigt ist. Solange Zugriffe auf eine Variable *v* nur durch einen einzigen Thread erfolgen, bleibt *C(v)* unverändert.

Nachdem das simultane Lesen einer gemeinsam verwendeten Variable durch verschiedene Threads kein Data Race ist, besteht auch keine Notwendigkeit, die Variable zu schützen, wenn sie nur »read only« ist. Um diesem Umstand Rechnung zu tragen, gibt Eraser nur dann eine Warnung aus, wenn eine initialisierte Variable das erste Mal durch einen anderen Thread beschrieben wird.

Damit Eraser die beiden eben beschriebenen Situationen berücksichtigen kann, wird für jede Variable ein in Abbildung 10–2 gezeigter Zustandsautomat definiert. Zunächst ist der Automat im Zustand *Virgin*. Nach einem ersten Zugriff auf die assoziierte Variable wechselt er in den Zustand *Exclusive*. Dieser Zustand bedeutet, dass bislang nur ein Thread auf die Variable zugreift. Es ist anzunehmen, dass dieser Thread die Variable initialisiert. Zugriffe aus diesem Thread ändern nichts am Zustand des Automaten und ändern auch *C(v)* nicht, Szenario a) führt somit nicht zur Falschwarnung.

Ein Lesezugriff eines anderen Threads ändert den Zustand in *Shared*. In diesem Zustand wird *C(v)* aktualisiert, wie vorher beschrieben. Aber, um gegen Szenario b immun zu sein, wird *keine* Data-Race-Warnung ausgegeben, selbst wenn *C(v)* leer ist. Ein Schreibzugriff eines neuen Threads bringt einen Zustandswechsel zu *Shared-Modified*. In diesem Zustand wird *C(v)* immer gemäß dem anfangs definierten Algorithmus aktualisiert, und, wenn *C(v)* leer ist, wird eine Data-Race-Warnung ausgegeben.

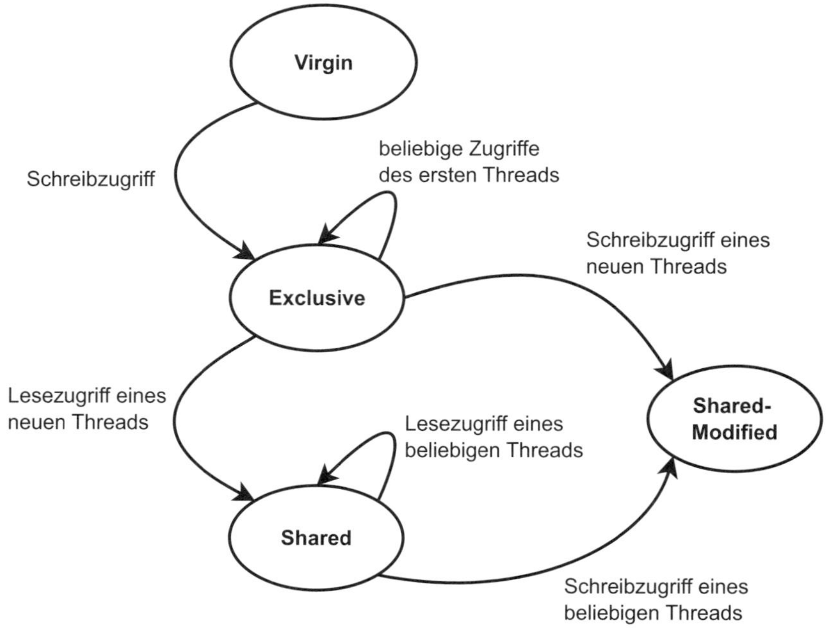

Abb. 10–2 *Eraser bedient für jede Variable einen hier gezeigten Zustandsautomaten.*

Bewertung von Eraser

Was sind nun die Stärken und Schwächen von Eraser? Zunächst muss Eraser die Software instrumentieren, um jede Variable mit einem Zustandsautomaten assoziieren zu können, oder das auf Eraser basierende Werkzeug muss Zugang zu Debug-Information haben. Instrumentieren heißt, dass der Quellcode oder der Binärcode automatisch verändert werden muss, damit Eraser arbeiten kann. Des Weiteren muss Eraser das (instrumentierte) Programm ausführen können. Das könnte nicht immer so leicht sein. Denken wir an Systeme mit knappem Speicher (die Instrumentierung macht das Programm größer und langsamer) oder nicht vorhandene Test-Hardware.

Eraser findet nur Fehler in Programmteilen, die auch tatsächlich ausgeführt wurden. Es obliegt dem Benutzer, sich darum zu kümmern, dass alle Programmteile, die zu Data Races führen könnten, auch tatsächlich im Testlauf ausgeführt werden. Eraser kann nicht mit anderen Synchronisationsmechanismen außer Locks umgehen. Bedient sich die zu prüfende Software aber keiner anderen Mechanismen außer Locks, so findet Eraser Data Races recht zuverlässig. Auch dann, wenn die betroffenen Programmteile nach einer Initialisierung nur ein einziges Mal durchlaufen wurden.

Um seine Stärken ausspielen zu können, fordert Eraser allerdings die Einhaltung einer *Locking-Disziplin*: Bei jedem Zugriff auf eine Shared-Variable muss ein Lock aktiv sein. Auch wenn der Zugriff nur lesend ist.

Dem Testwerkzeug muss die Thread-API natürlich bekannt sein, damit es Shared-Variable und Lock-Befehle korrekt erkennt. Zu den Werkzeugen für C/C++, die Eraser einsetzen, zählen unter anderem ThreadAnalyzer, ein in Oracle Solaris Studio (vormals Sun Studio) integriertes und sehr komfortables Gratiswerkzeug, Visual Threads von HP und Helgrind+, ein in [Jannesari 09] beschriebenes Open-Source-Projekt.

10.2.2 Lamports Happens-Before-Relation

Eine andere Familie von Algorithmen zum Erkennen von Data Races basiert auf der sogenannten *Happens-Before-Relation*, die in [Lamport 78] erstmals vorgestellt wurde. Mit Hilfe dieser transitiven Halbordnung wird festgestellt, ob die während eines Testlaufs protokollierten Zugriffe auf gemeinsame Variablen potenziell simultan erfolgen können, also Synchronisationsmechanismen fehlen, die eine feste Zugriffsreihenfolge festlegen würden. Wenn das der Fall ist, dann sind Zugriffe auf die Shared-Variable nicht gemäß der Happens-Before-Relation geordnet.

Etwas vereinfacht gesagt sind zwei Operationen dann geordnet,

- wenn sie in ein und demselben Thread ausgeführt werden und daher definitiv niemals gleichzeitig ausgeführt werden können, oder
- wenn sie Synchronisationsoperationen sind und die Semantik dieser Operationen eine andere zeitliche Reihenfolge nicht gestattet.

Beispiele für solch eine Semantik: (a) Zuerst muss ein `unlock(x)` stattfinden, bevor ein neues `lock(x)` stattfinden kann oder (b) zuerst muss eine Nachricht in eine Message Queue gesandt werden, bevor sie aus dieser speziellen Queue gelesen werden kann.

Abbildung 10–3 illustriert diese Relation. Die Semantik der Synchronisationsoperationen `unlock(mu)` und `lock(mu)` erlaubt keine andere zeitliche Reihenfolge, weil sie auf das gleiche Objekt `mu` zugreifen. Daher sind diese beiden Operationen bezüglich Happens-Before geordnet. Im Bild wird dies durch einen Pfeil dargestellt. Die anderen eingezeichneten Ordnungen ergeben sich durch Ausführung im jeweils selben Thread. Happens-Before ist transitiv: Wenn a in Relation zu b ist und b in Relation zu c, dann ist a in Relation zu c. Somit ist das Erhöhen der Variable `v` in Thread 1 geordnet vor dem Erhöhen von `v` in Thread 2. Der Zugriff auf diese gemeinsam verwendete Variable wird somit als unkritisch bewertet. Die Tasks eines präemptiven Betriebssystems sind fast immer Endlosschleifen, und so setzt sich die in Abbildung 10–3 gezeigte Analyse nach unten (entlang der Zeitachse) fort, bis der Benutzer das Werkzeug ausschaltet. Zumindest theoretisch, denn Testwerkzeuge betrachten aus Performanzgründen Historien nur bis zu einer bestimmten Länge [Banerjee 06].

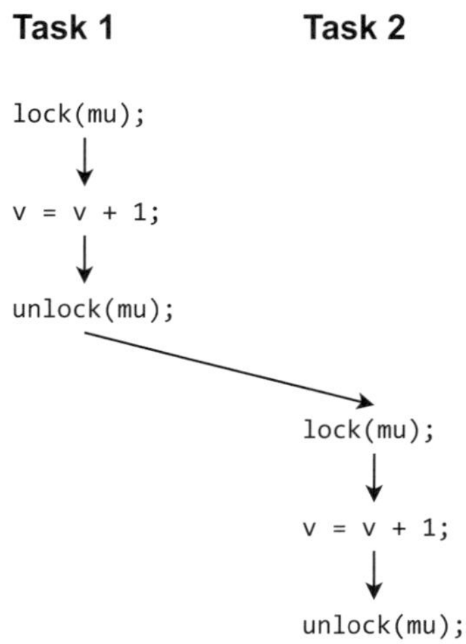

Abb. 10–3 *Die Happens-Before-Relation ordnet Operationen gemäß ihrer potenziellen Reihenfolge der Ausführung.*

Abbildung 10–4 zeigt, dass man nicht all zu früh ausschalten sollte, denn die Auswertung über die Halbordnung kann auch Data Races »übersehen«, wenn es nur wenige Kontextwechsel gibt. Beim gezeigten Ablauf ist das der Fall (ein einziger Context Switch): Der Zugriff auf die gemeinsam verwendete Variable y ist nicht geschützt und dennoch gemäß Happens-Before geordnet.

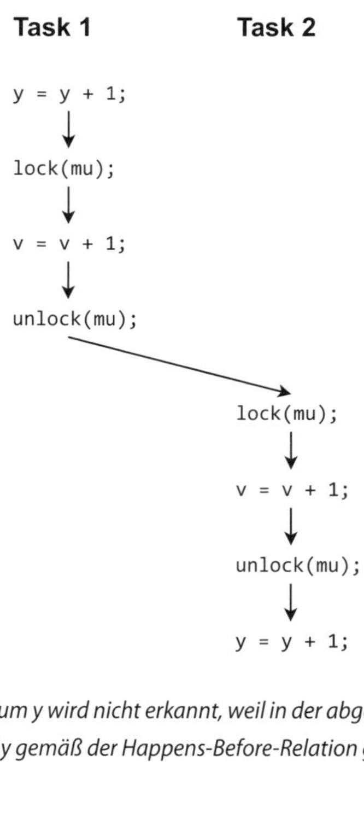

Abb. 10–4 *Dieses Data Race um y wird nicht erkannt, weil in der abgebildeten Scheduling-Reihenfolge beide Zugriffe auf y gemäß der Happens-Before-Relation geordnet sind.*

Wenn man den Test aber länger hätte laufen lassen und wenn nach dem Inkrement von y im Thread 2 sofort Thread 1 die CPU erhalten hätte, dann wäre das Data Race erkannt worden. Längere Testdurchläufe mit mehreren Iterationen erhöhen also die Zuverlässigkeit der Tests.

Wie bei Eraser müssen auch auf der Happens-Before-Relation basierende Werkzeuge Lesezugriffe von Schreibzugriffen unterscheiden, um die Wahrscheinlichkeit von Falschwarnungen zu reduzieren. Es wird z.B. nur dann Alarm gegeben, wenn ein Abschnitt eines Threads eine Adresse liest und beschreibt, die ein nicht über die Relation geordneter Abschnitt eines anderen Threads beschreibt.

Bewertung der Happens-Before-Relation

Auch unter Verwendung der Happens-Before-Technik muss der Code zuerst instrumentiert und dann ausgeführt werden, um Race Conditions zu erkennen (oder das Werkzeug muss vorliegende Debug-Information interpretieren können). Während Eraser nach der Initialisierung von Variablen in einem einzigen Programmdurchlauf alle ungeschützten Zugriffe auf gemeinsame Variablen erkennt, können Werkzeuge, die mit Happens-Before arbeiten, nicht garantieren, ein Data Race in jedem Fall zu erkennen. Sie sind darauf angewiesen, dass die zu untersuchenden Programmteile oftmals durchlaufen werden, sodass zumindest eine Scheduling-Sequenz den potenziell simultanen (Schreib-)Zugriff auf eine Variable aufdeckt.

Im Gegensatz zu Eraser können Happens-Before-Werkzeuge dafür mit einer Vielzahl von Synchronisationsmechanismen umgehen, so zum Beispiel Message Queues, Locks und Code Barriers. Natürlich muss dem Werkzeug die API dieser Mechanismen bekannt sein und, wie bei Eraser, werden nur Fehler in Programmteilen gefunden, die auch tatsächlich ausgeführt wurden. Ein Vertreter der Werkzeuge, die für C/C++ mit der Happens-Before-Relation arbeiten, ist der Intel Thread Checker; seit 2011 integriert im Intel Inspector.

10.3 Statische Data-Race-Analyse

Eine Alternative zu den beiden vorgestellten dynamischen Methoden, bei denen die zu testende Software instrumentiert und ausgeführt werden muss, ist die statische Analyse durch ein intelligentes Software-Tool. Hier muss die Software nicht ausgeführt werden. Das Tool analysiert den Quellcode der Software und gibt dann mehr oder weniger qualifizierte Warnungen aus.

10.3.1 Ansätze zur statischen Data-Race-Analyse

Die in [Engler 03] beschriebene Kategorie von statischen Tools geht so vor: Sie vereinfacht den Quellcode zu einem Kontrollflussgraphen, der alle Synchronisationsmechanismen und alle gemeinsam benutzten Variablen modelliert und dazu speichert, ob diese lesend und/oder schreibend benutzt werden. In diesem Graphen werden dann alle möglichen Programmpfade eines Threads durchlaufen und auf Basis dieser Traversierung kommt ein dynamischer Algorithmus zum Einsatz, zum Beispiel Eraser. Klingt bis jetzt nicht so schwierig. Der Teufel steckt aber im Detail.

Statische Werkzeuge haben speziell bei der Verwendung von Zeigern Probleme. Sie können dann nicht immer feststellen, ob eine Variable von zwei Threads gemeinsam verwendet wird und müssen sich dann auf Heuristiken stützen, die zum Beispiel versuchen, über den Typ zu ermitteln, ob die Dereferenzierung potenziell zur Laufzeit die gleiche Adresse betreffen kann. Semaphore können binär (als Locks) verwendet werden oder als Zähler mit einem potenziell von 0 oder 1 verschiedenen Zählerstand. Auch da muss das Werkzeug eine Annahme treffen, die zum Beispiel nach bekannten Design-Mustern für die Verwendung als Zähler sucht. Eine weitere Problemstellung – und nicht die einzige – ist das Erkennen, wann Code parallel ausgeführt wird. Enthält der Code Zeiger auf Unterprogramme (Function Pointers), so kann es sehr schwer werden, festzustellen, in welchem Thread-Kontext eine Prozedur ausgeführt wird. Auch hier müssen dann wieder Heuristiken herhalten.

Wegen der Notwendigkeit des Einsatzes von Heuristiken neigen statische Analysewerkzeuge zu deutlich mehr Falschwarnungen als dynamische Verfahren. Ein Großteil der Intelligenz von statischen Werkzeugen steckt daher in Mechanismen zur Ausfilterung und Priorisierung dieser Falschwarnungen.

Andere statische Verfahren verwenden anstelle des Kontrollflussgraphen abstrakte Interpretation (siehe auch Kapitel 11 für ein weiteres Anwendungsbeispiel von abstrakter Interpretation), und es gibt auch Ansätze mit Model Checking und formalen Korrektheitsbeweisen. Es ist davon auszugehen, dass die formalen Methoden bei großen Anwendungen schwer durchführbar sind. Ein Werkzeug zur statischen Data-Race-Analyse in C ist zum Beispiel das gratis erhältliche LockLint, Teil von Oracle Solaris Studio.

10.3.2 Vergleich zur dynamischen Data-Race-Analyse

Im Gegensatz zu den dynamischen Verfahren ist es bei statischen Verfahren nicht notwendig, Testtreiber zu schreiben. Das ist von großem Vorteil, wenn man Systeme analysiert, für die es keine umfassenden Systemtests mit hoher struktureller Testabdeckung gibt oder wenn Testhardware nicht immer zur Hand ist. Der Test von Linux ist ein klassisches Beispiel: unzählige Hardware-Treiber. Für dynamische Tests müsste immer die jeweilige Hardware parat sein!

Nachdem der Code zur Analyse nicht instrumentiert werden muss, spielen Platz- oder Laufzeitprobleme am Zielsystem keine Rolle. Die Ersparnis der Erstellung der Testtreiber wird aber teilweise durch den hohen Aufwand bei der

Beurteilung von Falschwarnungen wieder verloren. Falschwarnungen sind besonders häufig bei intensiver Verwendung von Zeigern zu erwarten.

In der akademischen Forschung wurde statische Analyse erfolgreich mit dynamischen Ansätzen kombiniert: Im ersten Schritt untersucht ein übervorsichtiger statischer Algorithmus, in welchen Programmteilen es überhaupt zu Data Races kommen kann. Im zweiten Schritt werden dann nur für diese Programmteile dynamische Verfahren angewandt und damit Zeit für die Testerstellung gespart. Zurzeit der Drucklegung des Buchs ist dem Autor aber kein industrielles Werkzeug bekannt, das diesen Ansatz verfolgt.

10.4 Werkzeuge für die Data-Race-Analyse

Die in Abschnitt 10.2 vorgestellten kommerziellen Werkzeuge zur dynamischen Analyse von Data Races sind sehr kostengünstig zu lizensieren und meist für den Privatgebrauch völlig kostenfrei. Die Werkzeuge verfügen über eine mächtige Benutzerschnittstelle und bieten großen Komfort, wie der Screenshot eines dieser Tools in Abbildung 10–5 erahnen lässt.

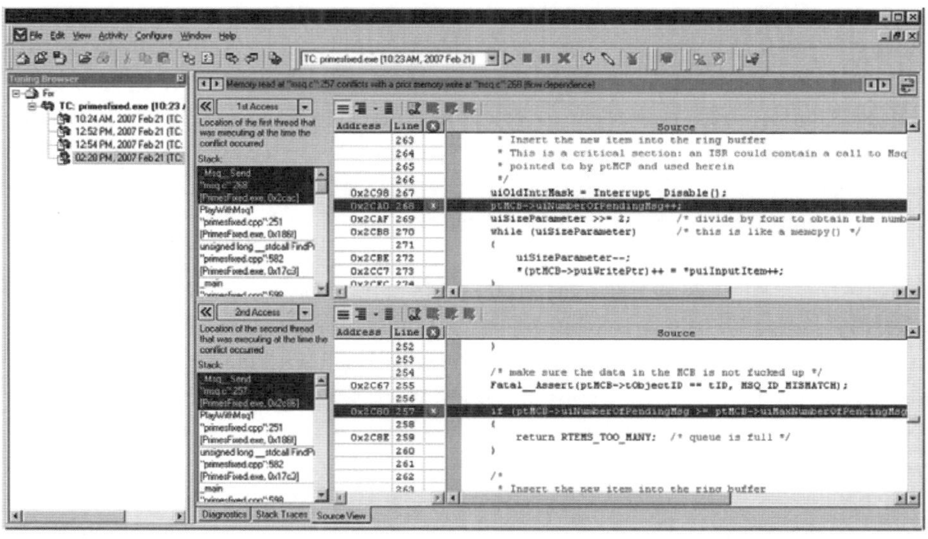

Abb. 10–5 *Data Race erkannt*

10.5 Diskussion

Data Race Detection mit am Markt befindlichen Tools funktioniert natürlich nur, wenn dem Tool die API zu den Synchronisationsmechanismen des Betriebssystems bekannt sind, damit das Werkzeug parallel ausgeführte Programmpfade und Synchronisationsmechanismen erkennen kann. Typischerweise unterstützen

Werkzeuge die (Unix) POSIX Threading API und die Windows Threading API. Für Data-Race-Analysen von Programmen, die kein Betriebssystem oder ein Betriebssystem mit einer anderen API verwenden, müssen daher Wrapper und Umgebungssimulatoren geschrieben werden, um solche Werkzeuge einsetzen zu können. Interrupt-Service-Routinen sollten dabei als eigene Threads modelliert werden. Jedes `Interrupt_Disable` der Software Under Test wird am besten durch ein `lock_obtain(globalerSchluessel)`, ein `Interrupt_Enable` wird am besten durch ein `lock_release(globalerSchluessel)` modelliert[1].

Mit mehr oder weniger großem Aufwand ist es dann möglich, die Software unter Unix oder unter Windows zum Zweck der Data-Race-Analyse laufen zu lassen. Ist dies geschafft, so steht einer dynamischen Analyse nichts mehr im Wege. Dabei ist dafür Sorge zu tragen, dass die relevanten Pfade der Software Under Test auch exekutiert werden, damit mit den Stimuli der Testtreiber (oder der manuellen Eingaben) eine hinreichende Testabdeckung erreicht wird. Die Testabdeckung kann in einem separaten Testlauf mit Hilfe von Instrumentierungswerkzeugen (siehe Abschnitt 6.6.7) ermittelt werden. So eine Instrumentierung zur Messung der Testabdeckung ist aber in der Regel nicht im Funktionsumfang eines dynamischen Data-Race-Analyse-Werkzeugs enthalten.

Existieren keine Testtreiber, die die zu analysierende Software so stimulieren, dass alle parallel laufenden Threads auch ausgeführt werden, oder bedeutet das Schreiben dieser Tests einen großen Aufwand, so kann anstelle der dynamischen Analyse eine statische Analyse in Erwägung gezogen werden. Diese tendiert zu deutlich mehr Falschwarnungen als eine dynamische Analyse, aber erspart das Schreiben von Testtreibern.

Verwendet die zu untersuchende Software ausschließlich Locks, so bietet sich zur Data-Race-Analyse ein Werkzeug mit Eraser als Detektions-Algorithmus an. Gibt es in dieser Software auch andere Mechanismen zum Schutz von shared Variablen (also zum Beispiel eine Message Queue, die Zeiger auf von verschiedenen Threads gemeinsam verwendete Puffer transportiert), dann muss man ein auf der Happens-Before-Relation basierendes Werkzeug verwenden, um nicht mit vielen Falschwarnungen konfrontiert zu werden. Aber auch dynamische Werkzeuge sind vor Falschwarnungen nicht gefeit.

Die hohe Schule der Data-Race-Erkennung ist die Analyse von Betriebssystemen. Diese können gelegentlich mit den zuvor genannten Wrappern auch mit Standard-Werkzeugen analysiert werden. Forschungsprojekte messen sich gerne am Linux-Kernel, in dem auch Spin-Locks (handgeschriebene Busy-Waits) zum Einsatz kommen und die Werkzeuge der Forschungsteams diese Spin-Locks und andere Eigenheiten der Kernel-Programmierung automatisch berücksichtigen.

1. So ein Modell ist nicht korrekt, wenn die zu testende Software einen kapitalen Fehler macht und die Interrupt-Enable/Disable-Funktionen kaskadiert. Mehr dazu in Frage 10.3 am Ende dieses Kapitels.

Zu guter Letzt sei noch einmal der Hinweis angebracht, dass die vorgestellten Methoden und Werkzeuge zwar die im industriellen Einsatz am häufigsten verwendeten sind, aber bei Weitem nicht die einzigen. So gibt es zum Beispiel Verfahren, die sich formaler Methoden bedienen. Ein Werkzeug, das zurzeit der Drucklegung des Buchs noch ein Forschungsprojekt ist, aber vielleicht bald verbreitet im industriellen Alltag zu sehen sein wird, ist das auf Model Checking basierende Werkzeug CHESS von Microsoft Research [URL: CHESS].

Erfahrungsbericht zu Aufwänden der Analysemethoden

Ich habe das in der Raumfahrt verwendete Echtzeitbetriebssystem ARTOS/n mit Intel Thread Checker getestet. Für dieses RTOS gab es umfangreiche Unit-Tests, die man mit geringem Aufwand zu einem großen Systemtest kombinieren konnte, der 100% Decision Coverage für den gesamten Code lieferte. Von der Literatursuche über die Anschaffung des Tools und das Schreiben von Wrappern bis zum Testergebnis vergingen weniger als vier Monate. In einem anderen Testprojekt mit 70000 Lines of Code auf Basis von Embedded Linux waren keine Wrapper nötig. Die Software verwendete Bäume von Locks und somit war ein dynamisches Verfahren notwendig. Das Tool dazu hatten wir bereits ausgewählt. Es waren aber keine wiederverwendbaren Tests vorhanden und so erreichten wir nach 6 Monaten erst 50% Testabdeckung. Die in Bäumen verwalteten Locks machten zudem die Beurteilung von Warnungen des Tools sehr kompliziert.

Meine Schlussfolgerung ist, dass komplexe Designs (bezüglich Synchronisation) und die Größe von Projekten eine stark nichtlineare Auswirkung auf den Aufwand von dynamischen Data-Race-Tests haben.

10.6 Fragen und Übungsaufgaben

Frage 10.1: Sie testen eine Applikation in Embedded Linux mit Multi-Threading, programmiert für gcc. Als einziger Synchronisationsmechanismus existieren Locks. Es bietet sich daher ein Check mit Thread Analyzer, basierend auf Eraser, an. Auf dieser Idee basierend erzeugt ein Kollege einen Testreiber, der jeden Code-Teil *genau einmal* durchläuft. Ihre Aufgabe ist es, den Test mit dem Treiber und dem Werkzeug durchzuführen. Leider schaffen Sie es nicht, den Source-Code mit dem Sun Compiler zu übersetzen, weil die zu testende Software einige Gnu-spezifische Features verwendet. Sie verwenden daher stattdessen Intel Inspector (Thread Checker), basierend auf der Happens-Before-Relation. Der Intel Inspector kommt mit gcc zurecht und kompiliert anstandslos den Treiber und die zu testende Software. Werden die Testergebnisse nun ebenso zuverlässig sein, wie sie es mit Eraser gewesen wären? Falls nicht: Was kann man tun, um die Zuverlässigkeit zu erhöhen?

Frage 10.2: Sie wollen einen Embedded-Webserver auf Data Races testen. Jede Client-Session des Servers läuft als eigener Thread und benutzt u.a. Shared-Variablen. Der Quellcode des Servers liegt Ihnen vor und enthält mehrere Verzweigungen. Sie haben ihn mit einem dynamischen Werkzeug basierend auf Happens-Before-Relationen instrumentiert und gestartet. Als Testumgebung starten Sie mehrere Client-Sessions über Webbrowser und klicken ein wenig in den angezeigten Seiten herum. Das Werkzeug meldet keine Fehler. Wochen später entdecken Sie eine Race Condition. Nennen Sie zumindest zwei Gründe, warum so eine Race Condition durch Ihren Test nicht erkannt wurde. Nennen Sie zuerst den objektiv wahrscheinlichsten Grund!

Frage 10.3: Sie testen einen Echtzeitbetriebssystem-Kernel auf Data Races. Dazu ersetzen Sie den Rumpf der Funktionen `interrupt_disable()` und `interrupt_enable()` durch locking und unlocking, wie in Abschnitt 10.5 vorgeschlagen. Der Kernel hat einen ganz gravierenden Design-Fehler: Eine Funktion ruft in ihrer mit `interrupt_disable()` und `interrut_enable()` geschützten Critical Section eine andere Funktion auf, die wieder eine Critical Section auf diese Art schützt. Beim Aufruf des ersten `interrut_enable()` ist aber der Schutz vorbei. Würde so ein Fehler durch ein Data-Race-Detection-Tool erkannt werden? Wenn nicht, was kann man tun, damit er erkannt wird?

Aufgabe 10.4: Sie wollen einen Protokoll-Stack auf Data Races prüfen. Sie haben eine Testumgebung, die alle Operationen in ihrer Gesamtheit mit 100% Decision Coverage ausführt. Als einziger Synchronisationsmechanismus kommt im Protokoll-Stack Locking zum Einsatz. Aus Effizienzgründen sind sogenannte Read-Before-Lock-Sequenzen im Code zu finden:

```
if (shared_var == expected_value) /* no lock to be fast */
{
   /* unlikely case: now use the lock for RMW */
   RTOS_Lock(mtx_for_shared_var);
   if (shared_var == expected_value)
   {
      shared_var = foo(shared_var);
   }
   RTOS_Unlock(mtx_for_shared_var);
}
```

Wie wird Eraser bei solchen Code-Teilen reagieren, wenn Sie Eraser einsetzen, um nach Data Races zu suchen? Schreiben Sie den Code so um, dass Eraser sinnvoll eingesetzt werden kann!

11 Deadlocks

In der Literatur über Betriebssysteme [Silberschatz 10] findet man drei verschiedene Möglichkeiten, mit Deadlocks umzugehen:

- *Verwendung eines Protokolls, das Deadlocks verhindert*
- *Deadlocks zulassen, diese erkennen und auflösen*
- *Man kann die Problematik ignorieren und so tun, als könne es keine Deadlocks geben.*

Die dritte »Lösung« ist die, die in den meisten Betriebssystemen zum Einsatz kommt, darunter UNIX und Windows. Es bleibt daher oft nichts anderes übrig, als Deadlocks im Rahmen von Tests aufzuspüren. Dieses Kapitel zeigt, wie das geht.

11.1 Über die Entstehung von Deadlocks

Deadlocks, Zustände im System, bei denen zumindest ein Thread an der Fortführung gehindert wird, sind einfacher zu erkennen als Data Races. Ein Deadlock ist oft das Resultat von falscher Verwendung von *Locks* und entsteht zum Beispiel, wenn ein Thread zwei Schlüssel in einer anderen Reihenfolge verlangt als ein anderer Thread, wie in Listing 11–1 gezeigt: Entzieht der Scheduler dem ersten Thread die CPU, nachdem er den ersten Schlüssel erhalten hat, aber noch nicht den zweiten, dann kommt es zum Stillstand beider Threads.

```
#include <rtos.h>
#include <stdio.h>

void philosopher1(void);  /* Thread 1 */
void philosopher2(void);  /* Thread 2 */

rtos_id id_gabel1, id_gabel2, id_thread1, id_thread2;;

int main(void)
{
   rtos_id id_thread1, id_thread2;
```

```
    rtos_lock_create(UNLOCKED, &id_gabel1);
    rtos_lock_create(UNLOCKED, &id_gabel2);

    rtos_thread_create(ROUND_ROBIN_SCHEDULING,
                       &id_thread1);
    rtos_thread_create(ROUND_ROBIN_SCHEDULING,
                       &id_thread2);

    rtos_thread_start(id_thread1, philosopher1);
    rtos_thread_start(id_thread2, philosopher2);

    return 0;
}


void philosopher1(void)
{
    rtos_lock(id_gabel1);
    rtos_lock(id_gabel2);
    /* greife potenziell nie auf gemeinsame
     * Ressource zu */
    rtos_unlock(id_gabel2);
    rtos_unlock(id_gabel1);
}


void philosopher2(void)
{
    rtos_lock(id_gabel2);
    rtos_lock(id_gabel1);
    /* greife potenziell nie auf gemeinsame
     * Ressource zu */
    rtos_unlock(id_gabel1);
    rtos_unlock(id_gabel2);
}
```

Listing 11–1 *Gute Chancen für einen klassischen Deadlock*

11.2 Verschiedene Arten der Deadlock-Analyse

Werkzeuge zum Erkennen von Data Races warnen in der Regel auch vor potenziellen Deadlocks, denn die Vorgehensweisen zum Auffinden beider Concurrency-Probleme sind ähnlich.

Deadlock-Analyse kann mit Hilfe verschiedener Verfahren implementiert werden: durch Model Checking (der Algorithmus durchläuft den potenziellen Zustandsraum des Programms), durch dynamische Analyse (nur was wirklich ausgeführt wird, fließt in die Analyse ein) oder durch statische Analyse (wo, wie beim Model Checking, das Programm nicht ausgeführt werden muss).

[Agarwal 10] vergleicht diese Verfahrenskategorien folgendermaßen:

- Model Checking ist sehr rechenaufwändig und bei großen Programmen schwer einsetzbar.
- Statische Analyse kann garantieren, dass alle Programmpfade frei von Deadlocks sind, gibt aber oft Falschwarnungen aus.
- Die dynamische Analyse produziert i.A. weit weniger Falschwarnungen, es können aber Deadlocks unerkannt bleiben. Zudem muss der Code durch das Werkzeug instrumentiert werden.

Nachdem die Idee von Model Checking schon in Abschnitt 8.13.3 vorgestellt wurde und die Werkzeuge zur Deadlock-Erkennung mit dieser Methode im industriellen Einsatz dünn gesät sind, beschäftigt sich dieses Buch nur mit statischer und dynamischer Analyse und nimmt in diesem Unterkapitel die dynamische Deadlock-Analyse ins Visier.

11.3 Dynamische Deadlock-Analyse

Wie bei der dynamischen Data-Race-Analyse muss auch bei der dynamischen Deadlock-Analyse bei der Exekution des instrumentierten Codes kein Fehler auftreten und trotzdem wird das Problem erkannt. Die zugrunde liegende Idee einer Deadlock-Analyse ist das Wissen, dass Deadlock-Gefahrenstellen durch Muster in der Reihenfolge von Lock- und Unlock-Sequenzen erkannt werden können. Ein solches Muster wurde schon in Listing 11–1 auf Seite 214 gezeigt. Die meisten Werkzeuge gehen dabei so vor: Bei der Analyse wird in einem instrumentierten Programmlauf ein Graph erzeugt, dessen Knoten die Locks der zu testenden Software sind. Es wird eine Kante von Lock L1 zu Lock L2 eingezeichnet, sobald ein Thread L1 hält und zugleich L2 anfordert. Enthält der resultierende Graph Zyklen, so gibt es potenziell eine Deadlocksituation.

Dieser Basisalgorithmus ist in vielen Werkzeugen erweitert und verbessert worden. So gibt es zum Beispiel Implementierungen, die nicht warnen, wenn zwei Threads die Locks zwar in unterschiedlicher Reihenfolge anfordern (oft ein Zeichen für einen klassischen Deadlock), aber durch andere Synchronisationsmechanismen niemals gleichzeitig laufen können [Agarwal 10]. Das ist zwar gefährlicher Code, aber (noch) kein Deadlock. Für die Analyse der anderen Synchronisationsmechanismen kann das Werkzeug übrigens die Happens-Before-Relation einsetzen.

11.4 Statische Deadlock-Analyse

Ganz wie bei der Data-Race-Analyse, gibt es auch zur statischen Deadlock-Analyse Werkzeuge, die zunächst aus dem Code ein Laufzeitmodell erzeugen, das alle Verzweigungen sowie alle Lock- und Unlock-Operationen enthält. In einem simulierten Durchlauf in diesem Modell wird danach ein dynamisches Verfahren angewendet [Engler 03]. Auch hier ergeben sich ähnliche Schwierigkeiten wie bei der statischen Data-Race-Analyse: Zeiger auf Unterprogramme und Zeiger auf Locks können die Analyse erschweren und machen den Einsatz von Heuristiken notwendig. Dafür kann so eine Analyse, wie zuvor erwähnt, garantieren, dass alle Programmpfade frei von Deadlocks sind, weil im Modell im Idealfall alle Pfade durchlaufen werden können.

Vergleich zur dynamischen Analyse

Der Vergleich von dynamischer zu statischer Deadlock-Analyse ist essenziell identisch mit dem Vergleich von dynamischer zu statischer Data-Race-Analyse: Im Gegensatz zum dynamischen Verfahren ist es bei der statischen Analyse nicht notwendig, einen Testtreiber zu schreiben. Das ist von großem Vorteil, wenn man Systeme analysiert, für die es keine umfassenden Systemtests mit ausreichender struktureller Testabdeckung gibt oder wenn Testhardware nicht immer zur Hand ist. Dafür muss man sich mit potenziell mehr Falschwarnungen abgeben. In Forschungsarbeiten werden auch hybride Methoden beschrieben, um die Vorteile beider Methoden zu kombinieren. Zum Beispiel in einem Werkzeug, das die Warnungen der statischen Analyse mit Hilfe von Zufalls-Scheduling dynamisch auf Plausibilität prüft. Nur wenn ein Deadlock tatsächlich im dynamischen (zweiten) Analyseschritt nachgewiesen werden kann, wird die Warnung aus dem statischen (ersten) Analyseschritt an den Benutzer weitergegeben.

11.5 Werkzeuge zur Deadlockdetektion

Alle in Abschnitt 10.2 erwähnten Werkzeuge erkennen auch Deadlocks. Über die verwendeten Algorithmen bei den kommerziellen dynamischen Tools ist dem Autor des Buchs nichts bekannt. Experimente lassen aber vermuten, dass Visual Threads exakt den in Abschnitt 11.2 beschriebenen Basis-Algorithmus implementiert und im Intel Thread Checker auch eine Überprüfung der Änderungen des Programm Counters implementiert ist: Gibt es bei einem Task innerhalb von 30 Sekunden keine Änderung, so wird ein potenzieller Deadlock gemeldet.

Ein kostenpflichtiges Werkzeug, das auch statische Deadlock-Analyse für C/C++ anbietet, wurde schon in Abschnitt 4.3.2 erwähnt: das Analysewerkzeug der Firma Coverity. Auch das schon in Abschnitt 10.3.1 erwähnte kostenlose LockLint bietet statische Deadlock-Analyse an.

11.6 Diskussion

Das Preis/Leistungs-Verhältnis der Deadlock-Analyse ist – isoliert betrachtet – bedeutend schlechter als das der Data-Race-Analyse. Während ein Data Race durch jeden ungeschützten, schreibenden Zugriff auf eine von verschiedenen

Threads benutzte Variable entstehen kann, entstehen Deadlocks nur durch die falsche Verwendung von Locks. Gefährdete Stellen im Code sind also deutlich einfacher zu lokalisieren und können daher auch vergleichsweise leicht einer effektiven Review unterzogen werden. Zudem gibt es für die Vermeidung von Deadlocks Mechanismen, die Deadlocks per se ausschließen und somit eine Deadlock-Analyse überflüssig machen, siehe Literatur zum Thema *Deadlock Avoidance* oder *Deadlock Prevention* [Silberschatz 10].

Wie auch immer. Wenn sich parallel laufende Code-Teile einen Adressraum teilen, dann sind Data Races nicht auszuschließen. Dann wird eine Deadlock-Analyse extrem günstig, denn man bekommt sie gratis bei jeder Data-Race-Analyse dazu.

11.7 Fragen und Übungsaufgaben

Frage 11.1: In [Pyla 10] wird ein Werkzeug vorgestellt, das automatisch Deadlocks verhindert. Dazu wird die Standard-POSIX-Thread-Library durch die Library des Werkzeugs ersetzt. Die Autoren demonstrieren ihre Erfindung unter anderem mit den folgenden Codes:

Thread 1:

```
lock(L1);
lock(L2);
unlock(L2);
lock(L3);
unlock(L3);
unlock(L1);
```

Thread 2:

```
lock(L1);
lock(L2);
unlock(L1);
unlock(L2);
```

Gibt es hier eine potenzielle Deadlocksituation? Würde diese durch die in diesem Kapitel vorgestellten Tests/Methoden erkannt werden?

12 Echtzeit-Verifikation

Gastbeitrag von Prof. Reinhard Wilhelm[1]

Echtzeitsysteme haben nur beschränkt viel Zeit, auf Signale zu reagieren. Sind Reaktionsfristen vorgegeben, so muss der Software-Entwickler nachweisen, dass sein System diese einhält. In vielen Firmen geschieht dies durch Messen der Antwortzeiten im Laufe von funktionalen Tests und einen Vergleich gegen diese Frist. Das ist zwar vergleichsweise einfach zu implementieren, aber nicht besonders vertrauenswürdig, wie Abschnitt 12.1 zeigt. Abschnitt 12.2 beschreibt zuverlässigere Methoden.

12.1 Antwortzeiten bei funktionalen Tests

Angenommen, man misst die Antwortzeiten des Systems und weist als Testabdeckung 100% MC/DC (siehe Abschnitt 6.6.4) nach. Was bedeutet diese strukturelle Testabdeckung für den Nachweis der Echtzeiteigenschaften? Leider gar nichts. Um eine obere Schranke für die Ausführungszeit zu berechnen, reicht es zum Beispiel nicht, alle Anweisungen in einer Schleife zwei Mal auszuführen. Man muss sie so oft ausführen, wie es in irgendeiner Programmausführung möglich ist. Doch auch mit nur zwei Schleifeniterationen lässt sich 100% MC/DC erreichen.

Man kennt im Allgemeinen nicht die Eingabedaten, welche den schlechtesten Fall, also die längste Ausführungszeit verursachen. Es ist daher schon besser, Ausführungszeiten so zu messen, dass man das betrachtete Programm mehrfach mit verschiedenen Eingabedaten, Grenzwerten und Grenzwertkombinationen ausführt. Dabei geht man von der Vermutung aus, dass Grenzwerte an der System-

1. Reinhard Wilhelm ist Informatikprofessor an der Universität des Saarlandes, wo er den Lehrstuhl für Programmiersprachen und Übersetzerbau innehat. Er gilt als einer der führenden Wissenschafter auf dem Gebiet der Echtzeitanalyse. 2009 wurde er mit der Konrad-Zuse-Medaille ausgezeichnet, für Verdienste in Forschung und Lehre auf dem Gebiet des Übersetzerbaus und der Echtzeitanalyse von Programmen sowie für seine Tätigkeit als wissenschaftlicher Direktor des Leibniz-Zentrums für Informatik in Schloss Dagstuhl.

grenze auch die längste Ausführungszeit verursachen. Doch was ist, wenn diese Vermutung falsch ist?

Selbst wenn man die im Bezug auf die Ausführungszeit schlimmsten Eingabedaten wüsste, würde das in den meisten Projekten das Problem nicht lösen, denn bei den heute in eingebetteten Systemen verwendeten Hochleistungsprozessoren hängt die Ausführungszeit stark von der Architektur und dem initialen Ausführungszustand ab, also z.B. dem Zustand des Cache-Speichers und der Pipeline. Den schlechtesten initialen Zustand zu identifizieren, ist so schwierig, wie das Zeitanalyseproblem durch eine erschöpfende Durchmusterung des gigantisch großen Zustandsraums zu lösen.

Wenn man nicht viel Aufwand treiben will oder kann, muss man zufrieden sein, endlich viele Ausführungszeiten durch das Ausführen des Programms mit verschiedenen Eingaben und Anfangsbedingungen zu sammeln und dann deren Maximum als »wahrscheinliche Ausführungszeit im schlechtesten Fall« zu akzeptieren. Allerdings weiß man nicht, wann man mit dem Messen aufhören soll. Wenn sich *einmal* keine Zeit oberhalb des Maximums ergeben hat? *Zweimal hintereinander*? Es gibt kein technisch begründbares Kriterium.

12.2 WCET-Analyse

Mit dem Messen von Ausführungszeiten lässt sich im Allgemeinen keine garantierte Ausführungszeit im schlechtesten Fall bestimmen. Diese Schlussfolgerung könnte Entwickler von sicherheitsrelevanten Systemen mit harten Echtzeitanforderungen in Verzweiflung stürzen. Dieses Unterkapitel hat die Aufgabe zu zeigen, dass dazu kein Anlass besteht: Es gibt für die Analyse des Worst Case Execution Timing (WCET) Methoden und Werkzeuge, die sowohl korrekt, effizient als auch benutzbar sind.

12.2.1 Problemstellung

Betrachten wir, wodurch die Ausführungszeiten eines Programms bestimmt sind. Da ist erstens die Eingabe in das Programm. Sie bestimmt den Pfad, den die Ausführung durch das Programm nimmt. Verschiedene Eingaben führen i.A. zu verschiedenen Pfaden. Es ist klar, dass die Iterationszahlen von Schleifen und die Rekursionstiefe von Funktionen begrenzt sein müssen. Sonst können wir keine endlichen oberen Schranken für die Ausführungszeiten bestimmen.

Bei einfachen Mikrocontrollern wäre diese Forderung ausreichend für eine einfache Methode, Zeitschranken zu bestimmen. Diese haben konstante Ausführungszeiten für ihre Befehle. Man suche also einen längsten Pfad durch das Programm, setze für alle Befehle auf diesem Pfad die entsprechenden Ausführungszeiten ein, summiere auf, fertig.

Eventuell ist der Suchraum aller Pfade zu groß. Dann bedient man sich der Methode der Zeitschemata (*Timing Schemata*) [Shaw 89]. Sie gehen bottom up über die Struktur des Programms und berechnen jeweils obere Zeitschranken für ein Programmkonstrukt aus den Zeitschranken (*Upper Bounds*, *ub*) seiner Komponenten. Hier sind zwei Beispiele:

Anweisung *(A1)*	if *b* then *u* else *v*
Upper Bound (ub)	ub*(A1)* = ub*(b)* + max(ub*(u)*, ub*(v)*)

Anweisung *(A2)*	for i := 1 to 17 do *u*
Upper Bound (ub)	ub*(A2)* = ub(i:=1) + 17(ub(i:=i + 1) + ub(?(i == 17)) + ub*(u)*)

Diese Abschätzung rechnet mit konstanten Ausführungszeiten der im Programm vorkommenden Befehle, die meist in einer Tabelle zur Verfügung stehen. Die Methode ist einfach und intuitiv klar. Was man aber sieht, ist, dass nicht tatsächliche Ausführungszeiten im schlechtesten Fall, sondern obere Schranken für die Ausführungszeiten berechnet werden. Denn im Zeitschema für bedingte Anweisungen A1 bilden wir das Maximum der oberen Zeitschranken der beiden Fälle. Wenn nur einmal der schnellere Fall durchlaufen wird, haben wir den Beitrag dieser bedingten Anweisung zur Gesamtlaufzeit des Programms überschätzt. Anstelle die Menge aller Pfade erschöpfend auszuführen, um die exakte Ausführungszeit im schlechtesten Fall zu bestimmen, wäre es wünschenswert, Zeitschemata durch Methoden abzulösen, die die Ausführungszeiten defensiver, aber trotzdem sicher nach oben abschätzen.

Diese Ablösung wurde durch technischen Fortschritt bei Systemarchitekturen dringend notwendig gemacht: Die eben geschilderte Methode der Zeitschemata war nicht mehr einsetzbar, als eingebettete Systeme auf Hochleistungsprozessoren mit Caches, tiefen Pipelines, Out-of-order-Ausführung von Befehlen und Spekulation realisiert wurden. Diese Prozessoren wurden von den Rechnerarchitekten für die Verwendung in Rechnern auf oder unter Tischen entworfen. Das Ziel war und ist *hohe Leistung im Durchschnitt*. Die eben geschilderten Errungenschaften der Rechnerarchitektur wie Caches und Pipelines führten dazu, dass die Ausführungszeiten von Befehlen jetzt nicht mehr konstant sind, sondern vom jeweiligen Ausführungszustand des Prozessors abhängen. Die Ausführungszeit eines Speicherzugriffs hängt heutzutage entscheidend davon ab, ob der Inhalt der benötigten Speicherzelle gerade im Cache liegt oder nicht. Der Unterschied zwischen dem schnellsten Zugriff – der Fall eines Cache-Hits – und dem langsamsten Zugriff – dem Cache-Miss – kann mehr als den Faktor 100 betragen. Ähnlich ist die Größenordnung der Variabilität der Ausführungszeiten von Befehlen. In den meisten Fällen werden die Ausführungen schnell sein. Aber eine solche stochastische Argumentation reicht für kritische Echtzeitsysteme nicht aus! Man benötigt eine Garantie für jede Ausführung.

Wenn man für alle Befehle jeweils ihre längste Ausführungszeit annimmt, hätte man natürlich eine solche Garantie. Nur leider würde diese die tatsächliche schlechteste Ausführungszeit i.A. *sehr stark* überschätzen. Die so erhaltenen Schranken wären bei Weitem nicht präzise genug. Die Herausforderung ist also, auf Prozessoren mit variablen Ausführungszeiten für Befehle eine effiziente Methode zu finden, mit der zuverlässige und präzise obere Laufzeitschranken bestimmt werden können.

12.2.2 Laufzeitanalyse

Dieser Abschnitt stellt nun eine statische Methode vor, die zuverlässig und präzise Laufzeitschranken berechnet. *Statisch* heißt, sie beruht nicht auf dem Messen von Ausführungszeiten, sondern auf der Analyse des Programm(text)s. Da sie keine spezielle Eingabe und auch keinen speziellen Anfangszustand annimmt, gelten ihre Ergebnisse für alle Ausführungen. Die Methode ist effizient genug für die industrielle Praxis.

Die Ergebnisse einer Laufzeitanalyse, also eine obere Schranke für alle Ausführungszeiten eines Programms, werden benutzt, um sie mit der vorgegebenen Reaktionsfrist zu vergleichen, wenn das Programm allein auf einem Prozessor läuft. Laufen mehrere zeitkritische Programme auf einem Prozessor, so müssen für alle diese Programme solche Laufzeitschranken bestimmt werden. Diese Schranken sind dann Eingabe in eine Planbarkeitsanalyse (*Schedulability Analysis*). Sie stellt fest, ob alle Programme so auf dem gegebenen Prozessor eingeplant werden können, dass sie alle ihre Reaktionsfristen einhalten, siehe Kapitel 13.

Die verwendete Methode zur Laufzeitanalyse beruht auf der Theorie der *abstrakten Interpretation*. Ein abstrakter Interpreter für eine Klasse von Eigenschaften von Programmzuständen untersucht ein Programm daraufhin, welche dieser Eigenschaften an den Programmpunkten für alle dort möglichen Ausführungszustände gelten. Ein Beispiel ist die Cache-Analyse.

Eine mögliche Werkzeugarchitektur ist in Abbildung 12–1 dargestellt. Die Aufgabe der einzelnen Phasen und die verwendeten Techniken werden im Folgenden beschrieben.

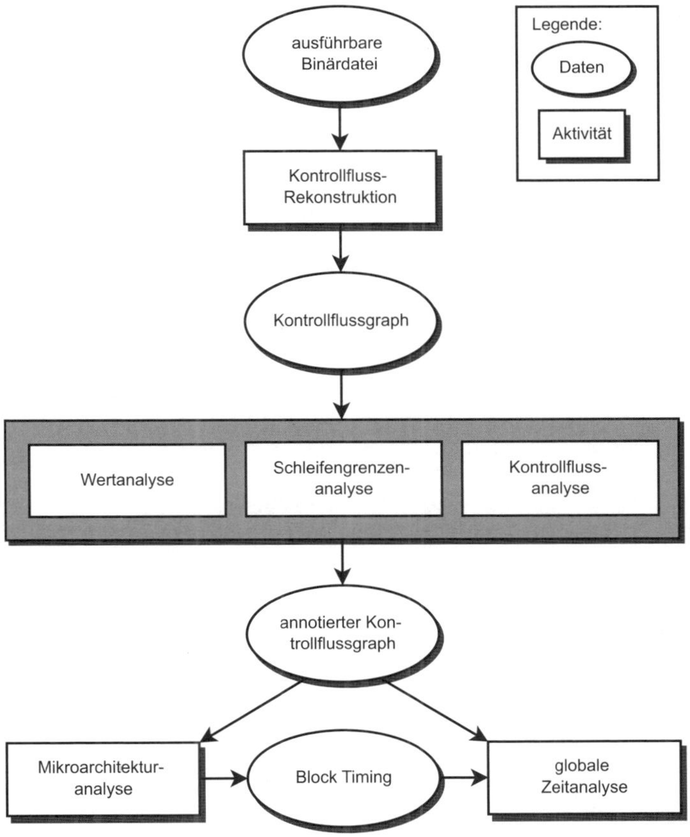

Abb. 12–1 *Eine Werkzeugarchitektur zur Zeitanalyse*

Die **Kontrollflussrekonstruktion** (*Control-Flow Reconstruction*) analysiert ein ausführbares Binärprogramm und erstellt ein Modell für den Kontrollfluss. Sie identifiziert insbesondere die Schleifen und die Funktionen im Programm. Schwierigkeiten machen eventuell die Befehlssequenzen für switch-Anweisungen, indirekte Funktionsaufrufe durch Funktionszeiger und die Identifizierung von Rücksprüngen aus Funktionen, wenn der Prozessor dafür keinen Befehl hat und der Rücksprung deshalb indirekt durch ein Register erfolgt. Das Ergebnis dieser Phase ist ein Kontrollflussgraph und ein Aufrufgraph mit Assemblerbefehlsfolgen in Basisblöcken.

Die **Wertanalyse** (*Value Analysis*) versucht, an allen Programmpunkten herauszufinden, welche Inhalte die verwendeten Prozessorregister und wichtige Programmvariablen haben. Da ein Register im Laufe einer oder mehrerer Programmausführungen mehrere verschiedene Werte enthalten kann, berechnet die Wertanalyse ein alle möglichen Werte umfassendes Intervall. Die Ergebnisse werden für verschiedene Zwecke benutzt, insbesondere die Schleifengrenzenanalyse, die Kontrollflussanalyse und die Datencacheanalyse.

Die **Schleifengrenzenanalyse** (*Loop Bound Analysis*) versucht, basierend auf den Ergebnissen der Wertanalyse, die Unter- und Obergrenzen für die Schleifeniterationen zu bestimmen. Wenn das nicht für alle Schleifen gelingt, wird die Angabe der fehlenden Grenzen vom Entwickler verlangt.

Die **Kontrollflussanalyse** (*Control Flow Analysis*) versucht, nicht ausführbare Pfade zu identifizieren. Solche können die Präzision der Laufzeitbestimmung verschlechtern.

Die **Mikroarchitekturanalyse** (*Microarchitecture Analysis*) versucht, Informationen über die Ausführungszustände der Plattform zu berechnen. Wie oben gesagt, hängen die Ausführungszeiten von Maschinenbefehlen von den jeweiligen Ausführungszuständen ab. Diese Ausführungszustände wiederum sind Ergebnis der bisherigen Ausführungsgeschichte. An einem Programmpunkt sind i.A. verschiedene Ausführungszustände möglich, wenn man nämlich die Programmausführung in verschiedenen Anfangszuständen beginnen und/oder auf verschiedenen Pfaden zu dem Programmpunkt kommen kann. Die Mikroarchitekturanalyse analysiert ein Programm daraufhin, welche Ausführungszustände an jedem Programmpunkt auftreten können. Sie berechnet diese Menge approximativ, genauer, sie berechnet eine Obermenge der Menge aller möglichen Zustände. Was hat man damit gewonnen? Betrachten wir zwei Komponenten der Ausführungsplattform, die Caches und die Pipeline.

Eine Komponente der Mikroarchitekturanalyse analysiert ein Programm daraufhin, welche Speicherblöcke an einem Programmpunkt auf jeden Fall im Cache sind, wann immer die Programmausführung diesen Punkt erreicht. Sie berechnet eine Unterapproximation der Menge der sicher im Cache befindlichen Speicherblöcke. Wenn an einem Programmpunkt auf einen Speicherblock *a* zugegriffen wird und die Cache-Analyse berechnet hat, dass *a* garantiert im Cache ist, dann kann die Zeitanalyse sicher annehmen, dass dieser Zugriff nur die Kosten für einen Zugriff auf den Cache-Speicher ausmacht. Wenn die Cache-Analyse nicht herauskriegt, dass *a* garantiert im Cache ist, dann muss man im Prinzip mit beiden Fällen rechnen, einem Cache-Hit und einem Cache-Miss.

Man könnte meinen, dass es in diesem Fall reichte, den teureren Fall, den Cache-Miss, zu betrachten. Leider haben moderne Hochleistungsprozessoren sogenannte *Zeitanomalien*. Dies bedeutet, dass eine Ausführung, die mit einem langsamen Schritt, etwa einem Cache-Miss, anfängt, insgesamt sehr teuer werden kann. Dies ist z.B. dann der Fall, wenn der Cache-Miss eine Fehlspekulation bei einem bedingten Sprung verhindert. Die Existenz von Zeitanomalien erzwingt eine vollständige Durchmusterung des Raums der Pfade durch die Architektur. Dies verursacht den größten Aufwand bei der Zeitanalyse.

Die Befehlspipeline eines Prozessors ist in der Lage, mehrere aufeinander folgende Befehle in einer überlappenden Weise parallel zueinander auszuführen und damit die Programmausführung zu beschleunigen. Die größte Beschleunigung ergibt sich bei einer perfekt gefüllten Pipeline. Allerdings gibt es eine Reihe von

Gründen, weshalb die Pipeline eventuell nicht perfekt gefüllt ist: Ein Befehl verursacht beim Laden aus dem Speicher einen Cache-Miss, oder ein Befehl kann nicht in die arithmetische Einheit zur Ausführung seiner Operation gelangen, weil alle von vorangehenden Befehlen belegt sind, oder ein Befehl kann seine Operation nicht ausführen, weil ein Operand noch nicht von einem vorangehenden Befehl berechnet worden ist. In all diesen Fällen muss die Pipeline für einige Zyklen anhalten.

Die Mikroarchitekturanalyse versucht, möglichst viele von diesen Gründen auszuschließen und damit die Zahl der Wartezyklen zu begrenzen, die auf die Ausführungszeit der Befehle addiert werden müssen.

Die Zeitanalyse von Programmen, welche durch Interrupts unterbrochen werden können, ist aus mehreren Gründen schwierig: Zum Ersten kann ein Interrupthandler einen Effekt auf den Ausführungszustand haben, welchen die Mikroarchitekturanalyse berücksichtigen müsste. Wenn Interrupts an beliebiger Stelle zugelassen sind, müsste dieser Effekt überall einbezogen werden, um auf der sicheren Seite zu sein. Dadurch würden die Analyseergebnisse sehr unpräzise. Zweitens müsste der Zeitaufwand für die Behandlung aller möglichen Unterbrechungen in die obere Laufzeitschranke einkalkuliert werden. Gibt es keine Beschränkung in der Zahl der Unterbrechungen, ist die Berechnung einer sicheren Laufzeitschranke unmöglich.

Es gibt mehrere Abhilfen: In sicherheitskritischen Flugzeugsystemen werden häufig Unterbrechungen vollständig verboten. Stattdessen wird Polling verwendet. Um überhaupt eine Analyse zu ermöglichen, muss es Beschränkungen für die Zahl der Unterbrechungen geben, z.B. in der Form von Mindestabständen zwischen je zwei aufeinanderfolgenden Unterbrechungen. Alternativ kann man auch Bereiche des zu analysierenden Programms für Unterbrechungen sperren.

12.3 Werkzeuge für die WCET-Analyse

Die beschriebene Methode der WCET-Analyse ist realisiert in der Werkzeugfamilie aiT der Firma AbsInt. Wie man oben gesehen hat, ist die Zeitanalyse sehr abhängig von der jeweiligen Ausführungsplattform. Jede Ausführung eines aiT-Werkzeugs für eine spezielle Architektur enthält ein abstraktes Modell der Plattform. Die Modellierung einer neuen Plattform ist sehr aufwändig und benötigt eine präzise Beschreibung dieser Plattform. Der größte Teil dieser Beschreibung, z.B. die Beschreibung des Prozessors, wird vom *Werkzeugentwickler* in das Werkzeug integriert. Eventuell bleibt ein Rest übrig, welcher vom *Systementwickler* per Annotation dem Werkzeug bekannt gemacht werden muss. Dieser Rest betrifft die spezielle, benutzte Hardwarekonfiguration, z.B. die Speicher- und Cachekonfiguration mit ihren Parametern. aiT wurde inzwischen für viele Plattformen realisiert. Die wichtigsten zurzeit der Drucklegung dieses Buchs sind

Freescale PowerPC 5xx/55xx, 7448, 750, 755, Renesas V850, Infineon TriCore 1796/1797, Infineon C16x/ST10 und Leon 2/3.

In Ergänzung zu statischen Zeitanalysen gibt es auch Mischformen aus Analysemethoden und Messung. Man misst eine gewisse Zahl von Programmläufen und bestimmt eine obere Schranke der beobachteten Ausführungszeiten (*Worst Observed Execution Times*). Im Gegensatz zum Messen von vollständigen Ausführungszeiten, also von Programmstart bis zur Terminierung, kann man bei diesem Ansatz das Programm in Programmstücke zerlegen, die Ausführungszeiten dieser Programmstücke in einer gewissen Zahl von Startzuständen messen, obere Schranken von den gemessenen Ausführungszeiten bilden und diese gemäß der zuvor erwähnten Zeitschemata [Shaw 89] zusammensetzen. Diesen Ansatz verfolgt das Werkzeug Rapitime der Firma Rapita Systems.

Problematisch bei allen auf Messung basierenden Werkzeugen ist, dass man i.A. nicht alle Ausführungen messen kann, und deshalb nie sicher sein kann, den Fall der längsten Ausführungszeit auch tatsächlich gemessen zu haben. Diese Methoden können also keine Garantien liefern.

12.4 Diskussion

Einige internationale Normen legen fest, welche Methoden für die Verifikation von funktionalen wie nichtfunktionalen Eigenschaften sicherheitskritischer Systeme zugelassen sind oder sogar verwendet werden müssen. [DO-178B] und [DO-178C] sind internationale Normen für die Entwicklung von Software für zivile Flugzeuge. Beide fordern für die höchste Kritikalitätsstufe den Einsatz formaler Methoden zum Nachweis nichtfunktionaler Eigenschaften wie Pünktlichkeit, beschränkter Platzverbrauch und Abwesenheit von Laufzeitfehlern.

[EN 61508] empfiehlt dringend die Verwendung von statischer Zeitanalyse für alle Kritikalitätsstufen. Ein Kriterium für die Anwendbarkeit einer Methode ist ihre Vollständigkeit. Diese ist, wie wir gesehen haben, durch Testen i.A. nicht zu erreichen. Statische Analysen, die auf der Theorie der abstrakten Interpretation beruhen, akzeptiert die Norm bezüglich ihrer Vollständigkeit als mathematisch bewiesen. Ihre Zuverlässigkeit wird auf der höchsten Stufe angesiedelt.

[ISO 26262] verlangt, dass Echtzeitbedingungen Teil der Systemspezifikation sind, verlangt eine Abschätzung einer oberen Schranke der Ausführungszeit, empfiehlt formale Verifikation und verlangt Kontrollfluss- und Datenflussanalyse für die beiden höchsten Kritikalitätsstufen.

Werkzeugunterstützte WCET-Analyse wird für sicherheitsrelevante Software der Flugzeugindustrie routinemäßig eingesetzt [Thesing 03]. Das Werkzeug aiT wurde 2011 im Rahmen der Untersuchung der amerikanischen Verkehrssicherheitsbehörde über die unbeabsichtigte Beschleunigung von Toyota-Fahrzeugen als Standardwerkzeug zur Zeitanalyse eingesetzt und konnte zeigen, dass keine WCET-Schranken überschritten wurden [NASA 11]. Diese Tatsachen legen nahe, dass statische WCET-Analysen als Stand der Technik angesehen werden und zur Klärung von Haftungs- und Schadenersatzfragen berücksichtigt werden können.

Wir haben zwei Alternativen für die Zeitanalyse kennen gelernt. Eine führt eine Reihe von statischen Analysen des ausführbaren Programms durch und benutzt dabei ein abstraktes Modell der Ausführungsplattform. Diese ist in der Lage, eine Garantie für das Zeitverhalten abzugeben. Allerdings ist das Erstellen von abstrakten Modellen komplexer Ausführungsplattformen sehr aufwändig. Auf der anderen Seite gibt es messbasierte Verfahren, welche ohne das Modellieren der Ausführungsplattform auskommen. Sie können allerdings keine Garantien liefern.

Bei jeder Zeit-Messung muss beachtet werden, dass die Software im Feld völlig identisch zur vermessenen Software sein muss. Das heißt, eingefügte Instrumentierungspunkte zur Zeitmessung müssen im Code bleiben. Jede geringfügige Änderung, auch das Streichen von Code, macht neue Zeitmessungen notwendig, weil Cache-Effekte i.A. nicht vorhersehbar sind.

12.5 Fragen und Übungsaufgaben

Frage 12.1: Was sind die Vor- und Nachteile der statischen WCET-Analyse im Vergleich zur Worst-Case-Laufzeitmessung?

Aufgabe 12.2: Sie haben ein Programm mit nur wenigen Hundert Zeilen vorliegen, das auf einem sehr einfachen Mikrocontroller läuft (keine Caches, keine Pipeline, keine Branch Prediction, keine out of order execution). Kein Betriebssystem, keine Unterbrechungen (Interrupts). Was müssen Sie unternehmen, damit Sie ohne Werkzeug zuverlässig die maximale Ausführungszeit messen können?

Aufgabe 12.3: Am Ende des Kapitels wird davon gesprochen, dass jede Verschiebung des Codes dramatische Änderung des Laufzeitverhaltens mit sich bringen kann. Geben Sie ein Beispiel!

13 Schedulability-Analyse

Gastbeitrag von Prof. Michael González Harbour[1]

Im letzten Kapitel wurden Techniken vorgestellt, mit denen sich die maximale Ausführungszeit von Code-Blöcken bestimmen lässt. Doch wenn Aufgaben nebenläufig, also parallel oder quasiparallel, abgearbeitet werden, lässt sich damit im Allgemeinen noch keine Aussage treffen, ob bei maximaler Last die verschiedenen Aufgaben innerhalb der vorgegebenen Zeit erledigt werden können. Das ist die Aufgabe der Schedulability-Analyse, Planbarkeitsanalyse, auf Deutsch übersetzt.

Nur bei sehr einfachen Systemen ist die Schedulability-Analyse ohne Werkzeug sinnvoll durchführbar und selbst zur Bedienung eines Werkzeugs ist forschungsnahes Fachwissen nötig. Daher erläutert dieses Kapitel eingangs die Grundlagen von Echtzeitsystemen, ehe die Analysetechniken und deren Einsatz im offenen Werkzeug MAST [URL: MAST] beschrieben und immer wieder Verweise auf Forschungsarbeiten eingeflochten werden. Wie immer werden am Ende des Kapitels auch andere Werkzeuge vorgestellt. Dabei wird auch der Einsatz der Methoden und passender Werkzeuge für das Nachrichten-Scheduling in Netzwerken, insbesondere für CAN, diskutiert.

---

1. Michael González Harbour ist Professor an der Fakultät für Mathematik, Statistik und Computerwissenschaften an der Universität Kantabrien, Spanien. Seit vielen Jahren beschäftigt er sich mit Software Engineering für Echtzeitsysteme, speziell mit dem Modellieren und der Schedulability-Analyse von verteilten Echtzeitsystemen. Prof. González Harbour ist Co-Autor des Buchs »A Practitioner's Handbook on Real-Time Analysis«, war Mitglied der real-time working group des POSIX-Standards und ist einer der Hauptautoren des hier im Buch vorgestellten Werkzeugs MAST.

   Das Manuskript von Prof. González Harbour wurde durch Stephan Grünfelder reviewt, vom Englischen ins Deutsche übersetzt, gekürzt, an manchen Stellen um Hinweise ergänzt und dem Buch stilistisch angepasst.

13.1 Aufgaben der Schedulability-Analyse

Bei eingebetteten Systemen gibt es typischerweise eine starke Interaktion des Computersystems mit seiner physikalischen Umgebung – unter Umständen mit mehreren Eigenschaften der Umgebung. Solche Umstände führen dazu, dass das Softwaredesign des Systems mehrere nebenläufige Tasks vorsehen muss. Bei Echtzeitsystemen existieren zusätzlich noch Anforderungen an die Rechtzeitigkeit der Ergebnisse dieser Tasks. Um sicherzustellen, dass diese Echtzeitanforderungen erfüllt werden, muss das zeitliche Verhalten des Computersystems vorhersehbar sein. Der Designer des Systems muss die Möglichkeit haben, das zeitliche Verhalten des Systems an die Anforderungen anzupassen.

Wenn Echtzeitanforderungen auch in Worst-Case-Bedingungen erfüllt werden sollen, dann sind Tests ein ungeeignetes Verifikationsmittel, wie das vorangegangene Kapitel bereits gezeigt hat. Es gibt keinen Beweis dafür, dass der Worst Case Gegenstand des Tests war, wie schon im vorherigen Kapitel gezeigt wurde. Die Beweisführung kann mit Hilfe der Schedulability-Analyse gelingen. Diese mathematische Methode benötigt ein Modell des Zeitverhaltens der zu analysierenden Software und ihrer Echtzeitanforderungen, zusammen mit den maximalen Ausführungszeiten (WCETs) der verschiedenen Blöcke sequenziell ausgeführten Codes. Die WCETs von Code-Blöcken werden mit den in Kapitel 12 vorgestellten Techniken berechnet. Das Resultat der Schedulability-Analyse ist die Antwort auf die Frage, ob eine Menge von *dynamisch* geschedulten Tasks ihre Echtzeitanforderungen unter allen möglichen Bedingungen erfüllen werden.

Ein einfaches Ja/Nein ist da typischerweise nicht genug. Wenn das System die Echtzeitanforderungen garantiert erfüllt – man spricht von einem *planbaren System (Schedulable System)* –, dann würden wir gerne wissen, wie viel Platz wir noch für Erweiterungen zur Verfügung haben. Wenn das System nicht planbar ist, d. h. nicht zuverlässig alle Echtzeitanforderungen erfüllen kann, dann würden wir gerne wissen, wo die zeitlichen Engpässe liegen und welche Teile des Systems man verändern muss, damit es planbar wird. Auch darauf gibt die Schedulability-Analyse Antwort und die folgenden Abschnitte zeigen, wie sie das macht.

Weiterführende, empfehlenswerte Literatur zur Schedulability-Analyse ist übrigens [Liu 00, Buttazzo 11, Klein 93, Burns 09, Marwedel 11].

13.2 Definitionen

Bei der fortwährenden Interaktion des Echtzeitsystems mit seiner Umgebung reagiert das System auf periodische Ereignisse, etwa durch einen Hardware-Timer getriggert, und aperiodische Ereignisse, wie auf die Bedienung durch einen Menschen, die Ankunft einer neuen Nachricht über ein Kommunikationsnetzwerk oder auf einen durch einen Sensor ausgelösten Interrupt. Mit *Deadline* wird üblicherweise die maximal zulässige Reaktionszeit bezeichnet, also die Zeit, die vom arbeitsauslösenden Ereignis (*Workload Event*) bis zum spätest zulässigen Reaktionszeitpunkt verstreichen darf.

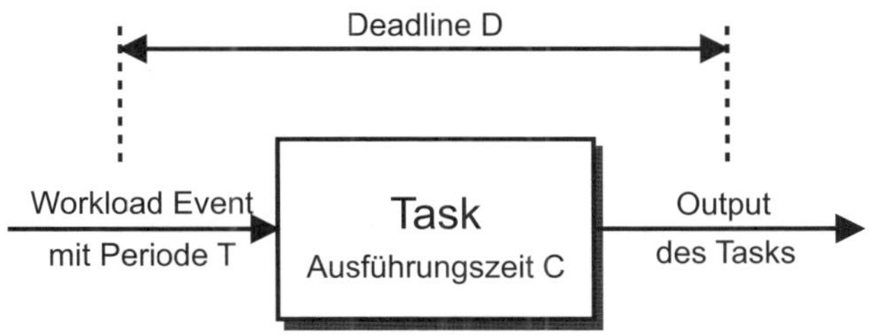

Abb. 13–1 *Modell einer rein sequenziellen Echtzeitaufgabe*

Abbildung 13–1 illustriert eine Instanz eines Workload-Events und den assoziierten Code, der die Systemantwort errechnet und ausgibt. In diesem Fall ist das Ereignis periodisch wiederkehrend, mit einer Periodendauer *T*. Die maximale Ausführungszeit (WCET) des Codes ist bekannt und wird mit *C* bezeichnet. In mathematischen Formeln und Abbildungen wird die Deadline üblicherweise mit einem *D* abgekürzt.

Wenn es nur einen einzigen Task gibt, wie in Abbildung 13–1, dann ist die maximale Antwortzeit des Systems die WCET des Tasks, das ist sozusagen der Trivialfall der Schedulability-Analyse. Die Analyse ist eigentlich nicht nötig. Wenn mehrere Tasks im System koexistieren, dann kann man sich durch statisches Scheduling auch einer Schedulability-Analyse entziehen. Das Analyseproblem wird aber eigentlich verlagert: An die Stelle einer mitunter komplexen Schedulability-Analyse tritt eine nicht-triviale Scheduling-Aufgabe. Das folgende Unterkapitel illustriert diesen Unterschied anhand eines Beispiels und definiert begleitend dazu noch einige, für dieses Kapitel wichtige Fachbegriffe. Leser, die mit den Konzepten des dynamischen und statischen Scheduling vertraut sind, können diesen Text gerne überspringen und bei Abschnitt 13.4 weiterlesen.

13.3 Diskussion der Scheduling-Strategien

Bei nebenläufiger Software ist es notwendig, einen Mechanismus zu verwenden, der dem System gestattet, zu entscheiden, welcher Task ausgeführt werden soll. Diese Entscheidung wird vom *Scheduler* gefällt. Es gibt statisches und dynamisches Scheduling. Beide Strategien werden in diesem Unterkapitel vorgestellt und anhand eines sehr vereinfachten Beispiels einer Rotobersteuerung verglichen. In der Steuerung gibt es drei Tasks, wie in Abbildung 13–2 gezeigt.

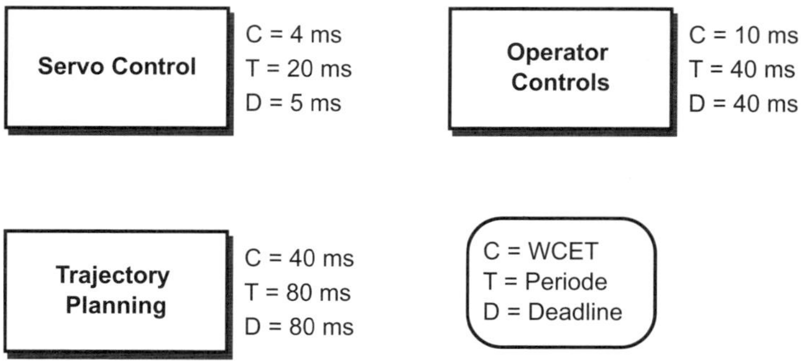

Abb. 13–2 *Modell einer Robotersteuerung*

Die drei Tasks sind periodisch und die maximalen Ausführungszeiten *C* sind bekannt. Zwei der Tasks, »Operator Controls« und »Trajectory Planning«, haben ihre Deadline am Ende ihrer Periode. Das ist eine übliche Echtzeitanforderung und bedeutet, dass ein Task beendet sein muss, bevor seine neue Periode startet. Die Deadline von Task »Servo Control« ist vor dem Ende seiner Periode; dies ist üblich bei regelungstechnischen Anwendungen, wenn es wichtig ist, *Jitter* zu begegnen. Mit Jitter ist die Genauigkeitsschwankung des Tasks auf der Zeitachse gemeint.

13.3.1 Statisches Scheduling

Beim statischen Scheduling wird vor der Ausführung des Codes in einem Werkzeug fix festgelegt, wann welcher Block welches Tasks die CPU erhält. Man spricht auch von einer zeitgesteuerten Architektur (*Time Triggered Architecture*). Wenn die maximalen Ausführungszeiten der Blöcke und die Zeit für einen Kontext-Switch bekannt sind, dann ist es vergleichsweise einfach auszurechnen, ob das System planbar ist, also ob jeder Task seine Aufgabe innerhalb der gebotenen Zeit erledigen kann.

Abbildung 13–3 zeigt, wie wir die Abarbeitung der Tasks der Robotersteuerung aus Abbildung 13–2 statisch planen können. Der Plan ist für 80 ms ausgearbeitet, dem kleinsten gemeinsamen Vielfachen der Perioden. Es liegt auf der Hand, dass es nicht möglich ist, den langen Task »Trajectory Planning« mit C = 40 ms ohne Unterbrechung laufen zu lassen, weil dann »Servo Control« nicht alle 20 ms ausgeführt werden kann. Wir müssen »Trajectory Planning« daher in vier Blöcke zerschlagen.

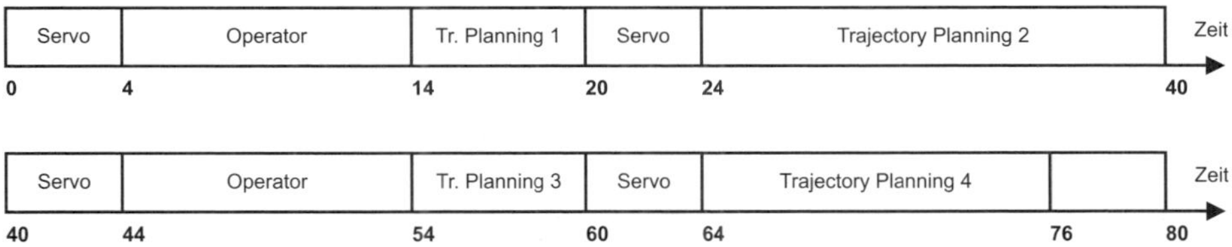

Abb. 13–3 *Statischer Schedule für das Beispiel der Robotersteuerung*

Auch wenn es nicht besonders schwer aussieht, den Code in vier Blöcke gleicher Ausführungszeit zu teilen, so ist das dennoch eine komplizierte Aufgabe, wenn nicht rein sequenzieller Code vorliegt. Bedingt ausgeführte Blöcke und Schleifen können es schwierig machen, Code zu zerlegen. Wenn wir eine Lösung haben, dann können selbst kleine Änderungen, wie das Hinzufügen einer Berechnung, dazu führen, dass die ganze Arbeit nochmals gemacht werden muss.

Der große Vorteil des statischen Scheduling ist, dass man Code-Blöcke verwendet, die nicht unterbrochen werden können. Cache-Effekte sind somit deutlich leichter kalkulierbar und die WCET somit einfacher zu bestimmen als beim dynamischen Scheduling, wenn dort Blöcke unterbrochen werden können. Der große Nachteil ist die wechselweise Einflussnahme der Logik des Codes auf die Echtzeitanforderungen und der damit verbundene Aufwand bei der Wartung. Bei dynamischem Scheduling kann man die Logik des Codes und seine Echtzeitanforderungen sauber trennen, auf Kosten einer schwierigeren und ungenaueren WCET-Berechnung.

13.3.2 Dynamisches Scheduling

Beim dynamischen Scheduling wählt der Scheduler des Betriebssystems den Task zur Ausführung aus einer Reihe von zur Ausführung bereiten Tasks. In Echtzeitsystemen haben Tasks eine zugewiesene *Priorität*, die der Scheduler bei dieser Auswahl unter Verwendung eines Algorithmus, der Scheduling-Strategie *(Scheduling Policy)*, berücksichtigt.

Das Beispiel aus Abbildung 13–2 würde man einfach in Form von drei unabhängigen Tasks implementieren, siehe Abbildung 13–4, und jeder Task würde eine gewisse Priorität zugewiesen bekommen.

Servo Control Task

```
do {
Servo_Control();
next = next + 20;
Sleep_until(next);
} while(true);
```

Operator Controls Task

```
do {
Operator_Controls();
next = next + 40;
Sleep_until(next);
} while(true);
```

Trajectory Planning Task

```
do {
Trajectory_Planning();
next = next + 80;
Sleep_until(next);
} while(true);
```

Aufgaben ohne Echtzeitanforderungen

```
do {
andere_Aufgaben();
} while(true);
```

Abb. 13–4 *Implementierung der Robotersteuerung mit dynamischem Scheduling*

Wie zu sehen ist, wird die Logik des Codes in keiner Weise durch die zeitlichen Anforderungen kompromittiert. Ein Hinzufügen eines neuen Tasks ist unabhängig von bestehenden Tasks. Der Code von bestehenden Tasks muss nicht verändert werden.

Beim statischen Scheduling wird die Planbarkeit durch konstruktive Maßnahmen erlangt. Beim dynamischen Scheduling muss erst im Rahmen der Schedulability-Analyse untersucht werden, ob alle Echtzeitanforderungen immer eingehalten sind. Offensichtlich hängt das zeitliche Verhalten des Systems stark von der Scheduling-Strategie und den zugewiesenen Prioritäten ab.

Scheduling-Strategien

Zwei Arten von dynamischen Echtzeit-Scheduling-Strategien werden unterschieden: fixe und dynamische Prioritäten. Beim *Fixed-Priority Scheduling* wählt der Programmierer für jeden Task die Priorität. Der Scheduler wählt unter den laufbereiten Tasks den der höchsten Priorität. Beim *Dynamic Priority Scheduling* ist das Verhalten ähnlich, doch die Taskprioritäten können sich über die Zeit ändern, etwa als Funktion der Systemlast. Eine der populärsten Scheduling-Strategien ist EDF, *Earliest Deadline First.* Bei dieser Strategie wird die absolute Deadline jedes Tasks als Priorität verwendet. Wenn ein Task einen Durchlauf beendet, dann wird die Deadline für den nächsten Durchlauf herangenommen. Damit ändert sich die Priorität eines Tasks dynamisch.

Präemption

Zusätzlich zur Wahl der Scheduling-Strategie kann ein Scheduler präemptiv sein oder nicht-präemptiv (*preemptive vs. non-preemptive*). Beim präemptiven Scheduling kann ein laufender Task von der CPU verdrängt werden, wenn ein anderer Task höherer Priorität lauffähig wird. Beim nicht-präemptiven Scheduling führt die CPU auch in diesem Fall den Task niedrigerer Priorität so lange aus, bis dieser einen vordefinierten *Preemption Point* erreicht hat oder bis sein Durchlauf abgeschlossen ist.

Nicht-präemptives Scheduling hat längere Antwortzeiten und benötigt die Mitarbeit des Task-Designers, der ausreichend Preemption Points platzieren muss, damit die Echtzeitanforderungen erfüllt werden können. Mit diesem Nachteil erkauft man sich kalkulierbare Cache-Effekte bei der Berechnung der WCET der Blöcke, siehe dazu Abschnitt 12.2.2. Beim präemptiven Scheduling sind Tasks einfacher zu programmieren, es hat kürzere Antwortzeiten und daher ist es im Allgemeinen leichter, die Deadlines einzuhalten.

Forschungsarbeiten und industrieller Einsatz

Die wegweisende Arbeit über Schedulability-Analyse von Liu und Layland [Liu 73] setzt den Fokus auf präemptives Scheduling und diskutiert fixe Prioritäten und EDF für einfache, periodische Tasks, bei denen die Deadline identisch zur Periodendauer ist ($D = T$). Die Schlussfolgerung in diesem Aufsatz ist, dass es mit EDF möglich ist, zu 100% die CPU auszulasten – unter voller Garantie, dass die Deadlines eingehalten werden (solange einige im Aufsatz genannte Rahmenbedingungen erfüllt werden). Mit fixen Prioritäten ist im schlimmsten Fall bei einer Prozessorlast von 69% Schluss, bei einer höheren Last kann die Planbarkeit nicht mehr garantiert werden.

Wenn die Vorteile von EDF so offensichtlich sind, warum beschränkt sich die Industrie zum größten Teil auf fixe Prioritäten? Betriebssystemstandards wie POSIX [POSIX 09] und viele proprietäre RTOS-Implementierungen unterstützen nur fixe Prioritäten. Programmiersprachen, die Echtzeit-Scheduling unterstützen, wie Ada [Ada 05] und Real-Time Java [URL: RTSJ] erlauben zwar die Wahl zwischen fixen Prioritäten und/oder EDF, doch die meisten kommerziell angebotenen Betriebssysteme stellen nur fixe Taskprioritäten zur Verfügung. Der Hauptgrund für diese Präferenz ist, dass diese Strategie leichter zu implementieren und zu analysieren ist und dass sie kleine Fehler bei der WCET-Abschätzung vorhersehbarer toleriert. Unter vorübergehender Überlast wird diese Strategie den Task höchster Priorität zuerst auswählen, während dies bei EDF nicht so sein muss.

Auch wenn es heutzutage Methoden gibt, mit vorübergehender Überlast bei EDF umzugehen, so ist die Einfachheit der fixen Prioritäten bestechend und zum industriellen Standard geworden. Das könnte sich eines Tages ändern, weil das optimale Ausnutzen bestehender Ressourcen an Bedeutung gewinnt. Wie auch immer, wegen des Anspruchs des Buchs, Methoden der industriellen Praxis zu präsentieren, beschäftigt sich dieses Buch vor allem mit *Fixed-Priority Scheduling*.

13.4 Analyse bei Fixed-Priority-Single-CPU-Systemen

13.4.1 Optimale Prioritätsvergabe

Eine wichtige Entscheidung beim Design eines nebenläufigen Echtzeitsystems ist die Vergabe von Task-Prioritäten. Bei Ein-Prozessor-Systemen haben Liu und Layland [Liu 73] schon vor einigen Jahrzehnten die optimale Prioritätenzuordnung für *Rate Monotonic Scheduling* demonstriert: Die Prioritäten werden dabei statisch nach der Periodendauer eines Tasks festgelegt. Je kürzer die Periodendauer eines Tasks, desto höher ist seine Priorität. Die Voraussetzung für Rate Monotonic Scheduling ist eine Menge unabhängiger Tasks (ohne Synchronisationsmechanismen) mit $D = T$.

Für den Fall, dass eine Deadline kürzer als die Periodendauer sein kann ($D \leq T$), haben Leung and Whitehead [Leung 82] demonstriert, dass *Deadline Monotonic Assignment* optimal ist, wobei Prioritäten gemäß den Task-Deadlines vergeben werden: je kürzer die Deadline, desto höher die Priorität. Es ist nicht schwer festzustellen, dass diese Prioritätenvergabe eine Generalisierung der Rate-Monotonic-Zuordnung ist. Das Beispiel in Abbildung 13–2 auf Seite 232 fällt in diese Kategorie ($D \leq T$). Daher wäre eine optimale Zuordnung von Prioritäten wie folgt (eine höhere Nummer bedeutet höhere Priorität):

Task	Servo Control	Operator Controls	Trajectory Planning
Priorität	3	2	1

Wenn Deadlines beliebig sind, d.h., wenn manche Deadlines größer als die Periodendauer des Tasks sind, dann gibt es keine einfache Regel zur Zuordnung von Prioritäten, aber ein iteratives Verfahren. In [Audsley 91] wird ein Algorithmus beschrieben, der mit einer Schätzung für die Zuordnung startet, eine Schedulability-Analyse durchführt, dann für ein Paar von Tasks die Prioritäten tauscht, wieder analysiert und so lange iteriert, bis eine Lösung gefunden wird. Der Algorithmus findet unter Garantie eine Lösung, wenn es sie gibt.

13.4.2 Rate Monotonic Analysis

Die schon zuvor erwähnte, bahnbrechende Publikation [Liu 73] stellt eine mathematische Formel vor, die ausrechnen lässt, ob das System planbar ist. Die Formel gilt für unabhängige Tasks mit $D = T$ und mit Rate-Monotonic-Prioritäten. Die

Formel (*Rate Monotonic Utilization Test*) vergleicht die CPU-Last U gegen eine Funktion $U(n)$, wobei n die Anzahl der Tasks ist:

$$U = \sum_{\forall i} \frac{C_i}{T_i} \leq U(n) = n(2^{\frac{1}{n}} - 1)$$

Beispiele für die so errechnete CPU-Lastschranke: $U(1) = 1{,}0$; $U(2) = 0{,}828$; $U(3) = 0{,}779$; $U(4) = 0{,}756$; $U(8) = 0{,}724$; $U(\infty) = 0{,}693$.

Das ist ein bemerkenswertes Ergebnis. Egal wie groß oder klein die Ausführungszeiten C_i und Periodendauern T_i sind, solange die Gesamtlast des Prozessors für alle n Tasks kleiner als die Schranke $U(n)$ ist, ist das System planbar[2]. Diese Garantie ist nur hinreichend. Wenn die Prozessorlast größer als die Schranke ist und kleiner als 100%, dann ist das Ergebnis unbestimmt. In der Praxis gelingt es aber oft, planbare Systeme mit einer Gesamtlast von annähernd 90% zu realisieren [Lehoczky 89].

Die Verwendung der beschriebenen Methode ist ziemlich restriktiv, weil sie nicht immer eine Antwort liefert, weil $D = T$ sein muss und weil sie nur für eine Prioritätenvergabe gemäß Rate-Monotonic-Prinzip gilt. Zum Glück gibt es die Antwortzeitenanalyse, die hier Abhilfe schafft.

13.4.3 Exakte Antwortzeitenanalyse

Die Antwortzeitenanalyse, *Response Time Analysis*, untersucht die Planbarkeit eines Systems, wenn $D \leq T$. Zwei intuitive »Naturgesetze« unterstützen diese Analyse.

Das erste dieser Gesetze ist das Konzept einer kritischen Instanz (*Critical Instant*). Es sagt uns, wie wir den Worst Case hinsichtlich Antwortzeiten erzeugen können: Alle Tasks werden gleichzeitig lauffähig.

Wenn wir so eine kritische Instanz erzeugen: Wie lange müssen wir dann in Folge analysieren, um zu prüfen, ob das System immer planbar ist? Antwort auf diese Frage gibt das zweite Gesetz: nur solange, bis jeder Task seine Deadline das erste Mal erreicht hat[3].

Diese Gesetze sind unabhängig von einer Prioritätsvergabe. Wenn sie gelten, dann ist es leicht, die Worst-Case-Antwortzeit R_i eines Tasks i zu berechnen. Wir können sie mit einem einfachen Gantt-Chart errechnen, wie in Abbildung 13–5 gezeigt, das die Aktivitäten nach einer kritischen Instanz als Funktion der Zeit darstellt. Zum Beispiel für drei Tasks mit den folgenden Charakteristiken:

2. Solange die Rahmenbedingungen von Liu & Layland eingehalten werden: unabhängige Tasks mit Rate-Monotonic-Prioritäten, kein Overhead für Context Switching, keine Cache-Effekte.
3. Abschnitt 13.4.3.3 zeigt, dass dieses zweite Gesetz nicht gilt, wenn Deadlines beliebig lang sein dürfen.

Task	C	T	D	Priorität
t_1	25	100	100	4
t_2	40	150	150	3
t_3	100	350	350	2

Tab. 13–1 *Drei Tasks zur Demonstration der Antwortzeitenanalyse*

Die Rate-Monotonic-Analyse ergibt:

$$U = \frac{25}{100} + \frac{40}{150} + \frac{100}{350} = 0{,}802 > U(3) = 0{,}779 \quad .$$

Das Task-Set besteht den Utilization-Test also nicht, die Prozessorlast ist aber unter 100%, was bedeutet, dass wir kein Ergebnis haben. Wenn wir aber ein Gantt Chart von einer kritischen Instanz bis zur längsten der drei Deadlines zeichnen (also 350 Zeiteinheiten), dann erhalten wir das Resultat aus Abbildung 13–5.

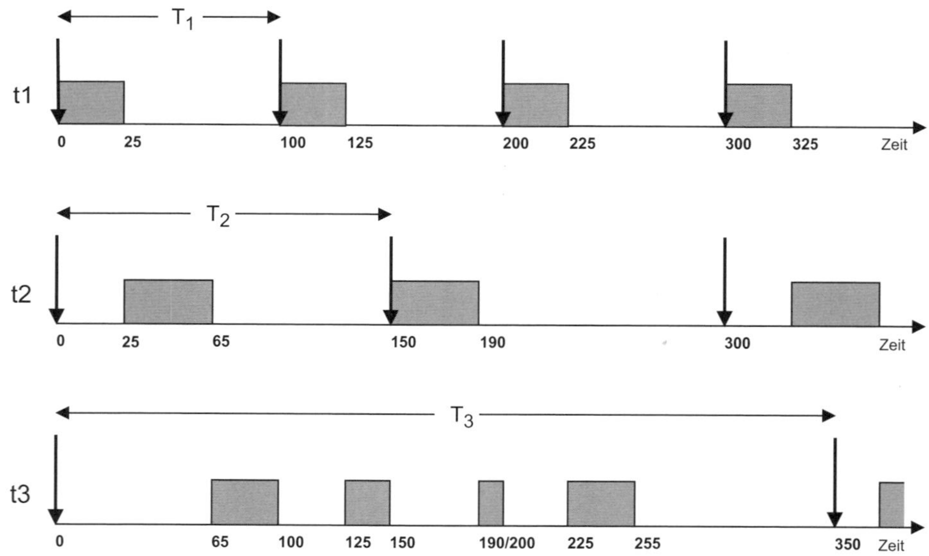

Abb. 13–5 *Zeitdiagramm nach einer kritischen Instanz*

In diesem Diagramm sehen wir, dass Tasks höherer Priorität Tasks niedrigerer Priorität vom Prozessor verdrängen, wenn ihre Periode beginnt. Das ist mit den nach unten gerichteten Pfeilen symbolisiert. Die Schlussfolgerung, die wir aus dem Diagramm ziehen können, ist, dass die Worst-Case-Antwortzeit für t3 255 Zeiteinheiten sind, das ist bedeutend weniger als die Deadline von 350 Einheiten und wir schließen daraus, dass t3 unter allen Umständen planbar ist.

Wenn das Task-Set komplex wird, dann ist das Zeichnen solcher Zeit-Abläufe nicht mehr lustig. Eine mathematische Methode muss her, die die maximale Antwortzeit der Tasks errechnen lässt. Die im Folgenden beschriebene Methode wurde unabhängig voneinander durch zwei Teams »entdeckt« [Harter 84, Joseph 86].

Algorithmische Vorgehensweise

Jetzt folgt ein wenig Mathematik. Es gibt keinen Grund daran zu verzweifeln, denn im nächsten Abschnitt werden fertige Implementierungen des Algorithmus in Gratiswerkzeugen vorgestellt.

Betrachten wir zunächst für Task t_i die Größe $W_i(t)$, die Prozessorzeit, die im Intervall $[0,t)$ gefordert wurde:

$$W_i(t) = C_i + \sum_{\forall k \in hp(i)} \left\lceil \frac{t}{T_k} \right\rceil \cdot C_k$$

Wobei $hp(i)$ die Menge der Tasks mit größerer oder gleich großer Priorität als t_i ist, aber ohne t_i selbst. Die Antwortzeit R_i ist jener Zeitpunkt, bei dem alle geforderte Prozessorzeit $W_i(t)$ tatsächlich abgelaufen ist (und die Tasks abgearbeitet wurden):

$$R_i = \min(t > 0 \mid W_i(t) = t)$$

Diese Zeit kann durch ein iteratives Schema berechnet werden. Der Startwert muss eine untere Grenze für die Antwortzeit sein, zum Beispiel

$$w_0 = C_i + \sum_{\forall k \in hp(i)} C_k$$

Nach dieser Anfangsschätzung errechnet man sich einen neuen Schätzwert mit der folgenden Formel:

$$w_{n+1} = C_i + \sum_{\forall k \in hp(i)} \left\lceil \frac{w_n}{T_k} \right\rceil \cdot C_k$$

Diese Formel wird wieder und wieder angewandt, bis sich durch neue Anwendung keine Änderung mehr zum letzten Schätzwert ergibt. Der erhaltene Wert entspricht dann der gesuchten Antwortzeit R_i.

Einsatz des Algorithmus

Wollten wir diese Methode händisch durchführen, so wären wir eine Zeit lang beschäftigt, speziell, wenn es eine große Anzahl von Tasks gibt. Noch unlustiger wird es, wenn man beliebige Deadlines hat, Input-Jitter berücksichtigen muss und Multi-CPU-Systeme analysiert. Für eine Schedulability-Analyse ist daher in den meisten Fällen ein automatisches Werkzeug nötig. Werkzeuge werden, wie immer in diesem Buch, gegen Ende des Kapitels vorgestellt. Zur Illustration der Vorgehensweise brechen wir in diesem Kapitel mit dieser Tradition und stellen schon im folgenden Absatz ein Werkzeug vor.

13.4.3.1 Antwortzeitenanalyse mit MAST

Das Werkzeug MAST (Modeling and Analysis Suite for Real-Time Applications) [González 01, URL: MAST] definiert ein Modell, das das Zeitverhalten des Echtzeitsystems beschreibt, auf das man Schedulability-Analyse mit einer Open-Source-Toolbox anwenden kann. Das in MAST definierte Modell ist dem im Kapitel »Schedulability Analysis Modeling« des MARTE-Standards (UML Profile for Modeling and Analysis of Real-Time and Embedded Systems) sehr ähnlich [OMG 09].

Zur werkzeugunterstützten Schedulability-Analyse ist es notwendig, zunächst die Ausführungsplattform zu definieren. Für das vorangegangene Beispiel aus Tabelle 13–1 wäre das ein Einprozessorsystem mit Fixed-Priority Preemptive Scheduling. Dabei definiert man auch die verwendeten Prioritätsstufen und die Overheads von Interrupt-Service-Routinen (siehe Abschnitt 13.4.9) und von Context Switches (siehe Abschnitt 13.4.6).

Der nächste Schritt ist die Definition der Code-Blocks, die von den Tasks ausgeführt werden. In MAST werden diese *Operations* bezeichnet und bei ihrer Definition muss man deren WCET angeben, siehe Abbildung 13–6.

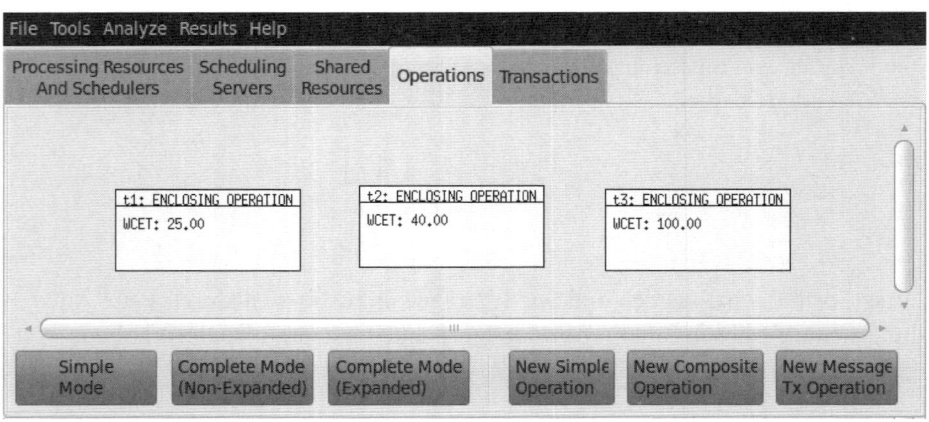

Abb. 13–6 *Definition von Operations in MAST*

In MAST werden sodann die Threads des Betriebssystems und die zugewiesene Priorität definiert, siehe Abbildung 13–7.

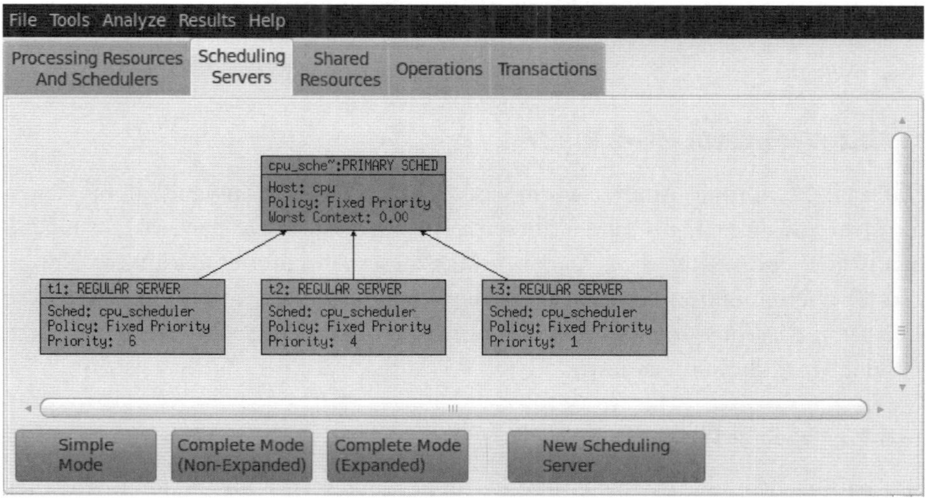

Abb. 13–7 *Definition von Threads als Scheduling Servers*

Zum Schluss sind vom Benutzer *Transactions* zu definieren, die die zuvor definierten Modell-Elemente verbinden. Jede Transaction besteht aus einem arbeitsauslösenden Ereignis (im gegenständlichen Beispiel ist das ein periodischer Aufruf) und einer oder mehreren Aktivitäten, die definieren, welcher Thread in Folge welche Operation ausführt. Für die Abarbeitung einer Aktivität können Deadlines gesetzt werden.

Für das Beispiel gibt MAST einen *System Slack* von 17,58% aus. Das bedeutet, man könnte die Laufzeiten der Tasks um diesen Prozentsatz erhöhen und das System wäre gerade noch planbar. Auch individuelle Resultate pro Task werden errechnet und angezeigt, siehe Abbildung 13–8.

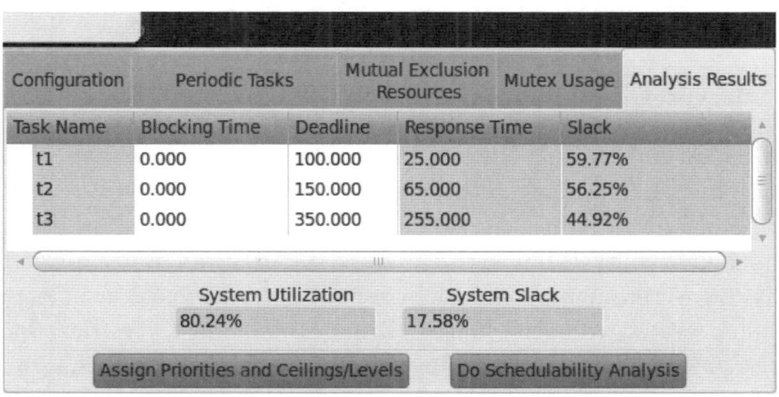

Abb. 13–8 *Resultate der Antwortzeitenanalyse in MAST*

Wenn man die Definitionen erledigt hat, dann ist es ein Leichtes, auf die folgenden Fragen umgehend Antworten zu erhalten:

- Was passiert, wenn wir einen neuen Task hinzufügen?
- Würde das System noch immer planbar sein, wenn wir eine langsamere CPU einsetzen?

13.4.3.2 Restricted Deadlines (D ≤ T)

Die Rate-Monotonic-Analyse-Formel ist nicht für Systeme anwendbar, bei denen die Deadline eines Tasks kürzer als seine Periodendauer sein darf. Macht nichts, denn zum Glück gelten die zwei am Anfang dieses Abschnittes erwähnten Naturgesetze noch immer in diesem Fall. Daher können wir die Antwortzeitenanalyse einsetzen. Die Analyse ergibt die Antwortzeiten der Tasks; man vergleicht diese mit den Deadlines und ist fertig.

13.4.3.3 Beliebige Deadlines

Der Fall, in dem eine oder mehrere Deadlines länger sind als die Periodendauer des dazugehörigen Tasks, ist schwieriger zu analysieren. Er setzt nämlich Naturgesetz 2 außer Kraft: nur bis zu einer Deadline zu prüfen, reicht hier nicht aus. In [Lehoczky 90] wird gezeigt, dass es aber genügt, alle Deadlines innerhalb der längstmöglichen Verkehrszeit (*Worst Case Busy Period*) zu analysieren.

Die Verkehrszeit eines Tasks ist das Intervall, in dem der Prozessor damit beschäftigt ist, den Task selbst oder einen Task höherer bzw. gleich hoher Priorität abzuarbeiten. Der Worst Case (die längstmögliche Zeit) entsteht nach einer kritischen Instanz. Die Zeit von 0 bis 255 in Abbildung 13–5 ist diese längstmögliche Verkehrszeit, also die Worst Case Busy Period für Task t3. Wenn Deadlines länger als die Periodendauer sind, dann kann die Verkehrszeit auch länger als die Periodendauer des Tasks sein. Mehrere Instanzen der Task-Exekution (also neue Aufrufe des Tasks) fallen somit in diese Verkehrszeit. Per se weiß man nicht, welche der Instanzen zum Worst Case führt. Daher muss man alle prüfen.

13.4.4 Gegenseitiger Ausschluss

Bis jetzt haben wir nur unabhängige Tasks untersucht. In der Praxis findet man aber meist Systeme mit Tasks, die miteinander kooperieren und Ressourcen teilen. Eine gängige Vorgehensweise für das unfallfreie Teilen von Ressourcen ist die Verwendung von Locks/Mutexes, siehe Abschnitt 10.1. Es ist wichtig zu erwähnen, dass die Verwendung von Semaphoren oder Locks in Echtzeitsystemen zu ungeplanten Verzögerungen führen kann, *Unbounded Priority Inversion* genannt. Eine gewöhnliche Priority Inversion passiert, wenn ein hochpriorer Task auf eine gemeinsam benutzte Ressource wartet, bis ein niedrigpriorer Task einen Mutex freigibt. Die dadurch entstehende Verzögerung ist typischerweise kurz, weil *Critical Sections*, also durch Mutexes geschützte Code-Blöcke, in guten Designs sehr kurz sind. Die Dauer der Critical Section ist ein limitierender Faktor (*Bound*) für die Verzögerung.

Schlimmer wird es, wenn drei Tasks zusammenspielen und der Task mittlerer Priorität dem Task niedrigerer Priorität den Prozessor wegschnappt, während der Task hoher Priorität auf den Mutex des Tasks niedriger Priorität wartet. Dann ist die Verzögerung nicht mehr durch die Länge der Critical Sections bestimmt.

Für dieses Problem gibt es mehrere Lösungen, die alle auf die eine oder andere Art Präemptionen (das Verdrängen vom Prozessor) während der Ausführung von Critical Sections limitieren. Da gibt es zum Beispiel das *Priority Ceiling Protocol*, in dem jeder Mutex ein Attribut enthält, das auf die Priorität des höchstprioren Tasks gesetzt wird, der jemals diesen Mutex verwendet. Wenn ein Task eine durch so einen Mutex geschützte Critical Section betritt, erhält er *während der Ausführung der Critical Section* die im Attribut definierte Priorität. Eine andere Lösung ist das *Priority Inheritance Protocol*, bei dem ein Task, der einen höherprioren Task blockiert, dessen Priorität »erbt«, solange er sich in der Critical Section befindet.

Die so entstehenden maximalen Verzögerungen können errechnet werden. Für jeden Task t_i ist seine Blockierungszeit *(blocking time)* B_i die maximale Verzögerung durch Tasks niedrigerer Priorität. In der Analyse muss diese ggf. in den Gleichungen zur Berechnung der Antwortzeit berücksichtigt werden:

$$W_i(t) = B_i + C_i + \sum_{\forall k \in hp(i)} \left\lceil \frac{t}{T_k} \right\rceil \cdot C_k$$

In MAST erzeugt man sich ein Modell der Verwendung der gemeinsam genutzten Ressourcen. Aus diesem Modell werden die Blockierungszeiten und die korrespondierenden Antwortzeiten errechnet. Die Critical Sections mit ihren Blockierungszeiten und ihren maximalen Prioritäten werden dann als neue Operationen modelliert, siehe Abbildung 13–9.

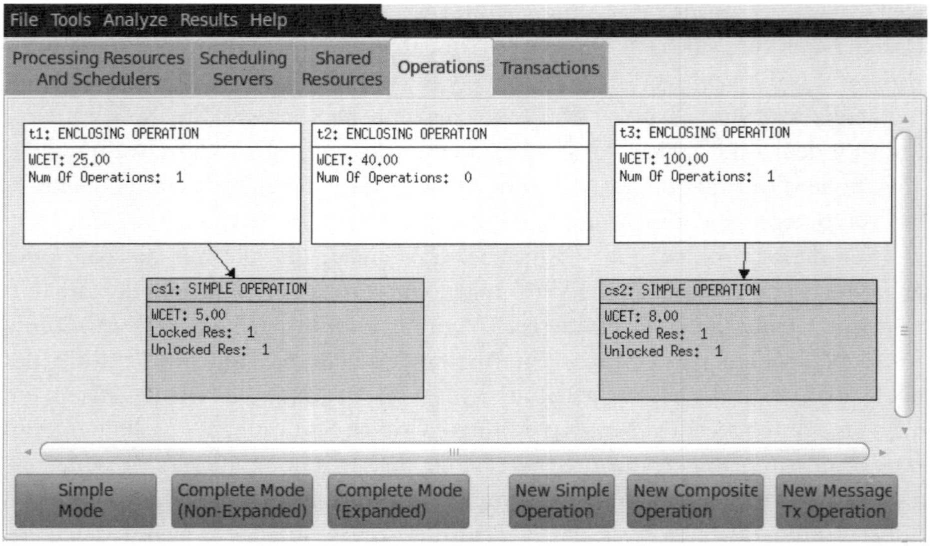

Abb. 13–9 *Modell einer Critical Section in MAST als Operation*

Für so eine Analyse wird vom Analysewerkzeug erwartet, dass es dann, anders als in Abbildung 13–8, für die Blockierungszeiten der Tasks ein von Null verschiedenes Ergebnis zeigt.

13.4.5 Aperiodische Aufgaben

Auch wenn die meisten Analysetechniken sich mit periodischen Vorgängen beschäftigen, ist es wichtig, aperiodische Vorgänge nicht zu vernachlässigen, weil diese in vielen Echtzeitsystemen stattfinden. Bei aperiodischen Ereignissen gibt es welche, bei denen man eine obere Schranke für deren Auftreten in einem Intervall angeben kann (es ergeben sich *Bounded Aperiodic Workloads*). Das gängigste Beispiel wäre eine minimale Zeit zwischen dem Auftreten zweier Ereignis-Instanzen (*Sporadic Workload*). Die Analyse ist in diesem Fall einfach, man modelliert den sporadischen Task als periodischen Task mit der maximal anzunehmenden Frequenz.

Gibt es keine obere Schranke für aperiodische Ereignisse (*Unbounded Aperiodic Workloads*), dann steht man vor einem Dilemma: Wird den aperiodischen Tasks die niedrigste Priorität zugeordnet, so ist die Planbarkeit des Rests des Systems berechenbar, doch die aperiodischen Tasks müssten ggf. mit sehr langen Antwortzeiten rechnen. Weist man ihnen eine höhere Priorität zu, so sind die Antwortzeiten verbessert oder sogar ideal, doch die Echtzeitfähigkeit des Systems ist nicht mehr berechenbar.

Ist es möglich, vernünftige Antwortzeiten und berechenbares Scheduling zu kombinieren? Das ist möglich durch eine Klasse von Scheduling-Algorithmen namens *Periodic Server.* Diese Algorithmen reservieren eine gewisse Kapazität an Ausführungszeit für jeweils ein zu bestimmendes Intervall. Damit lässt sich die Implementierung des jeweiligen Algorithmus' wie ein periodischer Task modellieren und kann in den Modellen der besprochenen Schedulability-Analysemethoden daher leicht berücksichtigt werden. Zu den Varianten des Periodic Server zählen der *Polling Server*, *Deferrable Server* und der *Sporadic Server.*

13.4.6 Kontextwechsel

Die Antwortzeitenanalyse, wie in Abschnitt 13.4.3 vorgestellt, muss noch um die eine oder andere Facette erweitert werden, damit sie praktisch nutzbar ist. Beginnend mit diesem Abschnitt werden diese Erweiterungen nun vorgestellt.

Jedes Mal, wenn ein Thread einen anderen von der CPU verdrängt, muss der Kontext des alten Tasks gerettet werden, die Warteschlangen für die laufbereiten Threads neu arrangiert und der Kontext des neuen Tasks geladen werden. Dieser Kontextwechsel (*Context Switch*) kostet natürlich Prozessorzeit. Wenn man die maximale Zeit zur Durchführung eines Kontextwechsels bestimmt, dann kann diese der Tasklaufzeit zwei Mal hinzugerechnet und in der Analyse berücksichtigt werden. Zwei Taskwechsel sind der schlechtest anzunehmende Fall: Der betrachtete Task verdrängt im ersten Kontextwechsel einen Task vom Prozessor und gibt beim zweiten Wechsel den Prozessor an denselben Task zurück.

13.4.7 Cache und Out Of Order Execution

Im Kapitel 12 ist zu lesen, dass Cache und Out Of Order Execution die WCET-Analyse extrem erschweren. Eine Alternative zur exakten Bestimmung der WCET wäre die Messung der WCET und dann für jede Präemption das Addieren der Zeit, die maximal benötigt wird, den verwendeten Cache-Speicher nachzuladen. Der so erhaltene Wert ist nicht garantiert, wie wir aus Kapitel 12 wissen, kann aber dennoch sehr pessimistische Ergebnisse liefern. Andere Methoden kombinieren in Forschungsprojekten (also noch nicht im industriellen Einsatz) die WCET-Analyse und die Antwortzeitenanalyse: Die WCET wird nicht mit dem theoretisch ungünstigsten möglichen Cache Set berechnet, sondern nur mit einem Cache Set, das aus einem der tatsächlich vorkommenden Kontextwechsel entstehen kann [Altmeyer 12].

13.4.8 Input-Jitter

Manchmal haben periodisch wiederkehrende Aufgaben eine gewisse Variabilität im Zeitabstand zwischen ihren Instanzen. Diese Variabilität wird *Input-Jitter* genannt. Die ungünstigste anzunehmende kritische Instanz ist jene, bei der die maximale Aufgabenlast mit der maximalen Verzögerung durch Jitter zusammenfällt. In der Antwortzeitenanalyse schlägt sich der Jitter J_k daher als »Verlängerung« der Ausführungszeiten der höherprioren Tasks nieder:

$$W_i(t) = B_i + C_i + \sum_{\forall k \in hp(i)} \left\lceil \frac{t + J_k}{T_k} \right\rceil \cdot C_k$$

13.4.9 Interrupts

In vielen Echtzeitsystemen reagieren Prozessoren auf Veränderungen ihrer Umwelt über Hardware-Interrupts. Als Antwort auf eine Interrupt-Anforderung wird eine Interrupt-Service-Routine (ISR) ausgeführt, die den gegenwärtig laufenden Task von der CPU verdrängt und Rechenzeit benötigt. Natürlich hat das Auswirkungen auf Antwortzeiten von Tasks.

Vom Standpunkt der Analyse ist eine ISR nichts anderes als ein regulärer Task mit den folgenden Ausnahmen. Zum einen ist der Kontextwechsel für Interrupts meist viel schneller, weil es da Hardware-Unterstützung gibt und nicht immer der gesamte Prozessorzustand gerettet werden muss. Das bedeutet, man sollte die maximale interrupt switch time bestimmen und im Modell berücksichtigen. Zum anderen haben Interrupts immer höhere Priorität als alle Tasks. Das heißt, eine optimale Prioritätsvergabe, wie beim zuvor erwähnten Deadline Monotonic Assignment, ist nicht immer möglich, wenn der Interrupt gemäß Scheduling-Theorie eine niedrigere Priorität erhalten sollte als ein Software-Task. Die Abweichung vom Optimum hat Auswirkung auf die Planbarkeit und impliziert eine wichtige Forderung an das Design des Systems: ISRs müssen so kurz wie möglich sein.

Wenn man für die Schedulability-Analyse die WCET einer ISR berechnet, muss man selbstverständlich ggf. auch Cache-Effekte berücksichtigen. Das wird schwieriger, wenn die ISR selbst den Cache-Zustand verändert, denn die maximalen Ausführungszeiten der unterbrochenen Tasks stimmen nicht mehr, wenn zur Berechnung der WCET ein nicht unterbrechbarer Code-Block bei aktivem Cache vorausgesetzt wurde. Eine mögliche Abhilfe ist ein Cache-Freeze im Rahmen von ISRs. Andernfalls müssen Cache-Effekte für die WCET der ISR selbst und für die resultierenden maximal möglichen Cache-Reloads im unterbrochenen Task berücksichtigt werden.

13.5 Multi-CPU-Systeme

Dieser Abschnitt zeigt Analysetechniken für Multicore-Systeme, Shared-Memory-Multiprozessor-Systeme und verteilte Systeme. Für Multiprozessor-Scheduling gibt es nur in Spezialfällen eine optimale Prioritätenvergabe [Davis 11b] und Heuristiken, wie HOSPA [Rivas 11], aber keine optimale Zuordnung von Prioritäten für den allgemeinen Fall. Wir beschäftigen uns daher in diesem Abschnitt vor allem mit der Schedulability-Analyse für bereits festgelegte Prioritäten.

13.5.1 Multicore- und Multiprozessor-Systeme

In Multicore-Systemen und Multiprozessorsystemen mit shared memory ist die Berechnung der WCET extrem schwierig, weil die parallelen Zugriffe auf den Speicher und den Bus das Zeitverhalten stark beeinflussen.

Selbst wenn dieses Problem in der WCET-Analyse berücksichtigt werden kann, bleibt noch die Frage der Zuordnung der Tasks zu den Prozessoren. [Davis 11a] beschreibt zwei Strategien: *Global Scheduling* und *Partitioned Scheduling*. Im ersten der beiden Zuordnungsverfahren wird es Tasks gestattet, dynamisch von einem Prozessor(kern) zum anderen zu migrieren. Wegen der dynamischen Natur der Problemstellung bietet sich hier dynamische Prioritätenvergabe an. EDF und sogenanntes *Pfair Scheduling* sind Beispiele. Zurzeit der Drucklegung des Buchs ist aber keine der Techniken für den allgemeinen, industriellen Einsatz geeignet.

Beim *Partitioned Scheduling* werden Tasks einem Prozessor(kern) fix zugeordnet. Die Analysetechniken für Single-CPU-Systeme können daher angewandt werden, und das macht diese Strategie für den industriellen Einsatz attraktiv.

13.5.2 Verteilte Systeme

In verteilten Systemen haben die einzelnen CPUs separate Speicher und kommunizieren über ein Netzwerk. Hier taucht eine neue Herausforderung auf: die Schedulability-Analyse des Netzwerks.

Echtzeitnetzwerke

So wie man im Design ein Echtzeitbetriebssystem für einen Prozessor auswählen muss, das das Scheduling der Tasks übernimmt, muss man in verteilten Systemen ein Netzwerk wählen, das adäquate Echtzeitkommunikation gestattet und das Scheduling der Nachrichten übernimmt. Ein gutes Beispiel ist der CAN-Bus, basierend auf fixen Prioritäten, wie im folgenden Abschnitt 13.6 erörtert.

Analysetechniken

In verteilten Systemen ist es nicht ungewöhnlich, Anforderungen für *End-to-End Deadlines* vorzufinden. Das ist eine Deadline für eine Kette von Aktionen, die auf verschiedenen Ressourcen ausgeführt werden. In Abbildung 13–10 ist so eine Aktionskette dargestellt. Auf CPU-1 läuft ein Task a_1, der erzeugt eine Nachricht, die über das Netzwerk gesendet wird. Diese Nachricht triggert die Ausführung von Task a_3 auf CPU-2. Die lokale Deadline d_2 ist die maximal erlaubte Zeit, die für die Nachrichtenübertragung benötigt wird, die End-to-End-Deadline ED_3 ist für den Benutzer des Systems interessant. Sie bestimmt die maximal gestattete Zeit zwischen dem arbeitsauslösenden Ereignis e_1 und der Beendigung von Task a_3. So eine Kette von Aktionen wird im Standard MARTE (OMG standard for modeling real-time and embedded applications with UML2) *End-to-End Flow* genannt.

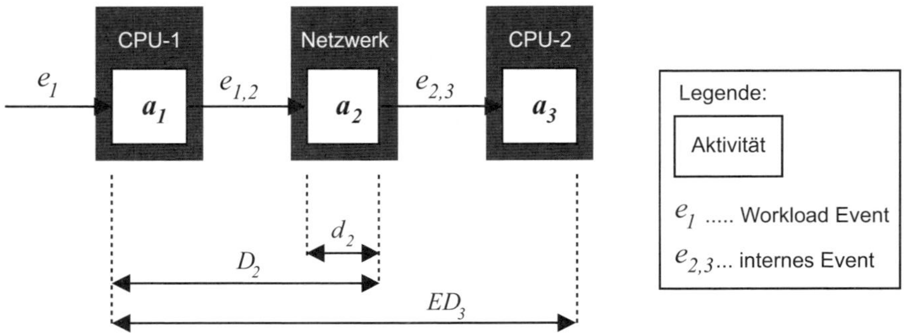

Abb. 13–10 *Aktionskette mit einer End-to-End-Deadline*

Die Schedulability-Analyse eines end-to-end flows stellt uns vor Schwierigkeiten, die wir bei der Analyse von Single-CPU-Systemen nicht antreffen: Auch wenn das arbeitsauslösende Ereignis e_1 perfekt periodisch eintrifft, wird der Zeitpunkt des Endes der ausgelösten Aktion a_1 eine gewisse Variabilität, einen *Output-Jitter*, aufweisen. Manchmal wird die Ausführungszeit von a_1 ihrem Worst Case gleichen, manchmal nicht. Das heißt, dass die Nachricht a_2 zwar periodisch ist, aber ebenfalls mit Jitter behaftet ist und daher wird der Trigger von Task a_3 auch seine Periode nicht exakt einhalten. Der Output-Jitter einer Aktion wird also der Input-Jitter einer anderen. Die Analyse von Systemen mit Jitter wurde für Single-CPU-Systeme schon in Abschnitt 13.4.8 beschrieben. In verteilten Systemen ist es deutlich schwieriger, denn Jitter hängt von Antwortzeiten ab, die Antwortzeiten vom Jitter.

Die *holistische Analyse* löst dieses Problem, indem sie ein iteratives Verfahren verwendet, das von einem Startwert Jitter = 0 beginnt und die Größe des Jitters als Input für jede neue Iteration mit dem Rechenergebnis der alten Iteration ersetzt [Tindell 94]. Die holistische Analyse ist pessimistisch, weil sie eine kritische Instanz auf jeder Systemressource annimmt, was für manche Task/CPU/Netzwerk-Konstellationen unmöglich sein kann. Ein Beispiel: Wenn ein Task t_1 auf CPU-1 eine Nachricht an Task t_2 auf CPU-2 sendet und dieser als Antwort an Task t_3 auf CPU-1 eine Nachricht sendet, dann kann der wartende Task t_3 nicht t_1 von CPU-1 verdrängen. Ein aufwändigeres Analyseverfahren, *Offset-Based Analysis*, untersucht daher solche Szenarien genauer und ist somit weniger pessimistisch [Palencia 98, Mäki-Turja 08].

13.6 Scheduling-Analyse für CAN

CAN, Controller Area Network, ist ein Feldbus, der sehr häufig in Kraftfahrzeugen und auch zur Anlagenautomation eingesetzt wird. CAN verwendet Fixed Priority Scheduling und ist daher für Echtzeitaufgaben geeignet. Die Nachrichten sind auf 8 Datenbytes (und einige Protokoll-Bits) beschränkt, haben eine ID, die als Priorität fungiert und sind im Jargon der Scheduling-Analyse »non-preemptible«, das heißt eine Nachricht, die gerade versendet wird, kann nicht vom Netzwerk »verdrängt« werden [Davis 07]. Eine interessante Eigenschaft von CAN ist, dass der Zugriff auf das Medium Kollisionen vermeidet und daher das Zeitverhalten vorhersehbar ist (sofern zwischen höherprioren Nachrichtensendungen genug Zeit verstreicht, niederpriore Nachrichten zu schicken). Bevor die Schedulability-Analyse für CAN-Botschaften vorgestellt wird, wird zunächst nicht-präemptives Fixed-Priority Scheduling diskutiert.

Non-Preemptible Fixed-Priority Scheduling

Dieser Abschnitt diskutiert den Fall von periodischen Tasks mit Run-until-Completion-Semantik und fixen Prioritäten. Wenn in diesem System ein Task einmal läuft, dann kann nur er selbst am Ende seiner Laufzeit die blockierte Ressource (CPU, Netzwerk) freigeben, er kann aber nicht verdrängt werden. Es gibt drei große Unterschiede im Vergleich zum präemptiven Scheduling:

1. Eine neue Blockierungszeit B_i muss wegen des Priority-Inversion-Effekts durch die Ununterbrechbarkeit berücksichtigt werden. Wenn ein hochpriorer Task lauffähig wird, wird sein Ausführungsstart verzögert, bis der gegenwärtig laufende Task fertig gelaufen ist. Nachdem nur ein Task niederer Priorität diese Blockade verursachen kann, ist B_i daher das Maximum der Ausführungszeiten der Tasks niederer Priorität.
2. Die Antwortzeitenberechnung wird im Vergleich zu Abschnitt 13.4.3 verändert, weil ein laufender Task nicht unterbrochen werden kann. Die maximale Zeit, die vergehen kann, bis eine Task-Instanz gestartet werden kann, ist die Summe der Blockierungszeit und der *Preemption Time* vor diesem Zeitpunkt. Die Preemption Time ist in diesem Fall die Zeit, die höherpriore Tasks den Start der betrachteten Task-Instanz verzögern. Dazu muss nur noch die Laufzeit der Task-Instanz selbst hinzugezählt werden, und man erhält die maximale Antwortzeit.
3. Auch wenn Deadlines kürzer sind als die Periodendauer, kann die Verkehrszeit eines Tasks über das Ende der Periode hinausgehen, weil höherpriore Tasks während der Ausführung des analysierten Tasks laufbereit werden können[4]. Diese Tasks werden nicht die Antwortzeit der analysierten Task-Instanz

4. Zum besseren Verständnis ein Hinweis, wie die Verkehrszeit *(busy period)* beim CAN-Scheduling, einem Beispiel für Run-to-completion-Scheduling-Semantik, in [Davis 11c] definiert ist: Die Verkehrszeit für das Prioritätsniveau m ist ein ununterbrochenes Zeitintervall, in dem immer zumindest eine Nachricht der Priorität m noch nicht fertig übermittelt wurde.

beeinflussen, aber spätere Instanzen. Man spricht von einem *Backlog-Effekt*. Als Folge davon ist es notwendig, die Analyse für alle Task-Instanzen der Verkehrszeit auszudehnen (wie wir es für beliebige Deadlines aus Abschnitt 13.4.3.3 kennen), selbst wenn Deadlines kürzer als die Periodendauer sind.

Die Schedulability-Analyse wird in zwei Schritten gemacht. Zuerst wird für jeden Task i die Länge seiner Verkehrszeit ermittelt. Die folgende, bekannt aussehende Formel wird dazu wiederholt angewandt:

$$W_i(t) = B_i + \sum_{\forall k \in hep(i)} \left\lceil \frac{t + J_k}{T_k} \right\rceil \cdot C_k$$

Dabei ist $hep(i)$ die Menge an Tasks mit höherer oder gleich hoher Priorität, Task i inklusive. J_k ist der Output-Jitter des Tasks k. Die Länge der Verkehrszeit für Task t_i ist dann

$$BP_i = \min(t > 0 \mid W_i(t) = t)$$

Für diesen Wert errechnet man sich die Anzahl der Instanzen des Tasks t_i in dieser längstmöglichen Verkehrszeit. Jede davon muss separat analysiert werden. Für die Instanz Nummer p innerhalb dieser Verkehrszeit berechnet man die Startzeit mit der wiederholten Anwendung der folgenden Formel:

$$W_i(t,p) = B_i + (p-1)C_i + \sum_{\forall k \in hp(i)} \left\lceil \frac{t + J_k}{T_k} \right\rceil C_k$$

Wenn die Formel zu einer stabilen Lösung w_{ip} konvergiert ist, dann kann die Antwortzeit wie folgt berechnet werden:

$$R_i(p) = J_i + w_{ip} - (p-1)T_i + C_i$$

Und die längstmögliche Antwortzeit ist das Maximum aller Antwortzeiten aller Tasks in der Verkehrszeit. Mehr zu diesem Thema findet man in [Davis 07]. Die Lösung zu Aufgabe 13.4 demonstriert die Anwendung dieser Formeln.

Anwendung der Analyse für CAN

Die Schedulability-Analyse für nicht-präemptive Tasks mit fixer Priorität ist direkt auf den CAN-Bus anwendbar. Die Rolle der Tasks in der Analyse wird von den CAN-Botschaften gespielt. Die Ausführungszeiten sind ihre Übertragungszeiten. Nun hat der CAN-Bus in der Regel eine niedrigere Taktrate als die beteiligten

CPUs. Die Übertragungszeit für ein Bit sollte daher, wie Jitter, noch zum Zähler der Antwortzeit-Gleichungen addiert werden.

13.7 Werkzeuge

Die vorgestellten Analysemethoden sind allesamt komplex genug, dass man ein automatisches Werkzeug benötigt, das Antwortzeiten berechnet. Begleitende andere Tools könnten notwendig sein, um automatisch Blockierungszeiten wegen Task-Synchronisation zu errechnen, oder um optimale Prioritäten zu vergeben.

Jedes Schedulability-Analyse-Werkzeug benötigt als Eingabe das Zeitverhalten des Systems und seine Architektur. Wie stellt man aber sicher, dass dieses Modell der Realität entspricht? Ein Weg dazu ist die automatische Erstellung des Modells aus dem Applikationsdesign. Zu diesem Zweck ist der MARTE-Standard geschaffen worden. MARTE ist das »UML Profile for Modeling and Analysis of Real-Time and Embedded Systems« [OMG 09]. Der Zweck ist, dass der Applikationsdesigner das System mit UML/MARTE entwirft und dann daraus automatisch ein Modell für ein Schedulability-Analyse-Werkzeug erzeugt wird. Zurzeit der Drucklegung des Buchs ist das noch nicht mit industrietauglichen Werkzeugen möglich, mit kommerziellen Tools ist aber in naher Zukunft zu rechnen. Eine Alternative zu UML/MARTE ist AADL, der SAE Architecture Analysis and Design Language Standard.

Zwei Schedulability-Analyse-Werkzeuge aus dem universitären Bereich sind das erwähnte MAST [URL: MAST], ein Open-Source-Werkzeug der Universität Kantabrien, das Fixed-Priority Scheduling für Single-CPU-Systeme und verteilte Systeme unterstützt und Cheddar [URL: Cheddar] von der Universität Brest. Im zweiten Werkzeug können die zu analysierenden Systeme in AADL beschrieben werden.

Ein wichtiges, professionelles Werkzeug ist SymTA/S [URL:SymTA/S] von SymtaVision. Es unterstützt viele Plattformen und Netzwerke für den embedded-Markt mit Schwerpunkt automotive Systeme und Aerospace. Dieses Werkzeug erlaubt auch die WCET-Analyse für unterbrechbare Blöcke. Es gibt andere Spezialwerkzeuge, deren Anwendung auf spezielle Plattformen beschränkt ist. Zum Beispiel Volcano Network Architect [URL: VNA] von Mentor Graphics, ein CAN- und LIN-Kommunikations-Design-Tool, das Echtzeitanforderungen verifizieren kann. NETCAR-Analyzer [URL: NETCAR] von RealTime-at-Work ist ein Zeitanalyse- und Ressourcenoptimierungswerkzeug für CAN.

13.8 Diskussion

In diesem Kapitel wurden die Grundlagen der Echtzeit-Theorie für das Scheduling mit fixen Prioritäten präsentiert. Die maximale Antwortzeit eines Tasks war dabei immer eine Funktion

- der *Präemption*: Zeit, die auf höherpriore Tasks gewartet wird;
- der eigenen *Ausführungszeit*;
- des *Blocking*: Zeit, die auf Tasks niederer Priorität gewartet wird, wegen Task-Synchronisationsmechanismen oder wegen Run-to-Completion-Scheduling.

Deadlines werden verpasst, wenn die schlimmstmögliche Last über 100% liegt. Das sieht sehr offensichtlich aus, passiert aber in der Realität, weil für viele eingebettete Systeme keine Zeitanalyse gemacht wird. Das Erreichen von Worst-Case-Zuständen kann aber im Allgemeinen nicht durch Tests garantiert werden.

Wenn die Last unter 100% ist, können dennoch Deadlines verpasst werden, wenn es zu lange Präemptions- oder Blockadezeiten gibt. Typische Ursachen für Präemptionszeiten sind Ausführungszeiten von Interrupt-Service-Routinen oder Ausführungszeiten von Threads, die von Gerätetreibern im Betriebssystem betrieben werden. Präemption kann minimiert werden, wenn man eine optimale Vergabe der Task-Prioritäten durchführt. Manchmal muss dabei ein Task oder eine ISR in Teile zerschlagen werden, damit diesen Teilen unterschiedliche Prioritäten zugeordnet werden können.

Deadlines können auch verpasst werden, weil es zu lange Blockadezeiten gibt. Zum Beispiel bei der Verwendung von Semaphoren oder Locks oder bei Unbounded Priority Inversion, wenn das Betriebssystem kein Protokoll zur Vermeidung dieses unliebsamen Zustands zur Verfügung stellt oder dieses Protokoll nicht aktiviert ist.

Wenn die Anwendung auf einem verteilten System läuft, ist dieses nur deterministisch (und damit analysierbar), wenn das Kommunikationsnetzwerk Übertragungslatenzen garantieren kann, am besten mit Nachrichtenpriorisierung. In diesem Zusammenhang muss auch eine Warnung ausgesprochen werden: Die vorgestellte Schedulability-Analyse für CAN geht davon aus, dass eine hochpriore Nachricht *vor* einer noch nicht versandten Botschaft niedrigerer Priorität den CAN-Bus erhält. Das muss nicht so sein, wenn der CAN-Controller die ihm übergebenen Nachrichten mit einer FIFO-Schlange verwaltet. Man muss also entweder sicherstellen, dass die Warteschlangen in der Software und im Controller Prioritäten respektieren, oder man muss in der Analyse diese Tatsache modellieren (wie in der im Web verfügbaren und sehr angenehm zu lesenden Publikation [Davis 11c] gezeigt).

In diesem Kapitel wurde gezeigt, wie komplex die Aufgabe der Schedulability-Analyse werden kann und wie wichtig eine Unterstützung mit automatischen Werkzeugen daher ist. Um bei der Modellerstellung des Echtzeitsystems im Werkzeug Fehler zu vermeiden, ist ein automatisches Einlesen des Designs in das Werkzeug wünschenswert. Diese Möglichkeit gibt es zurzeit der Drucklegung des Buchs nur in akademischen Forschungswerkzeugen.

Auch wenn dieses Buch sich auf Scheduling mit fixen Prioritäten konzentriert, so könnten Strategien wie EDF in Zukunft mehr Bedeutung erlangen. Ein interessanter Ansatz, *hierarchisches Scheduling*, wurde für die Programmiersprache Ada vorgestellt [Ada 05]. Da gibt es einen Basis-Scheduler mit fixen Prioritäten und einen sekundären Scheduler, der EDF und die Round-Robin-Strategie verwendet. In diesem Schema könnte folgendes Design realisiert werden:

- Die wichtigsten Tasks, die garantierte CPU-Zeit auch unter temporärer Überlast benötigen, werden auf höchstem Prioritäts-Niveau ausgeführt.
- Es könnte ein mittleres Prioritätsniveau geben, mit dem mehrere Tasks unter EDF laufen. Vermutlich würden diese Tasks den Großteil der CPU-Last ausmachen und sie würden daher von den guten Auslastungseigenschaften von EDF profitieren.
- Schließlich könnte man Tasks ohne Echtzeit-Anforderungen mit niedriger Prioritätsstufe im Round-Robin-Verfahren laufen lassen.

13.9 Fragen und Übungsaufgaben

Aufgabe 13.1: Nehmen Sie eine CPU ohne Cache und ohne Out-Of-Order-Execution an. Auf diesem Prozessor sollen die folgenden Tasks laufen:

Task	C	T	D
Task-1	5	25	25
Task-2	12	45	45
Task-3	70	225	225

Vergeben Sie zunächst optimal die Prioritäten, und verwenden Sie sodann eine geeignete Analysemethode um festzustellen, ob das System planbar ist.

Aufgabe 13.2: Fügen Sie dem Task-Set aus Aufgabe 13.1 den folgenden Task hinzu:

Task	C	T	D
Task-4	30	450	450

Vergeben Sie wieder optimal die Prioritäten. Verifizieren Sie, dass die Rate-Monotonic-Analyse ergebnislos ist. Stellen Sie die Planbarkeit auf anderem Weg fest.

Aufgabe 13.3: Das Task-Set aus Aufgabe 13.2 wird noch ein wenig komplexer. Es gibt zwei gemeinsam benutzte Datenstrukturen DS1 und DS2. Diese shared Variablen werden durch Locks geschützt, und es wird dabei das Priority Ceiling Protocol verwendet. Die WCET der Critical Sections sind in den Taskausführungszeiten bereits enthalten und wurden wie folgt berechnet:

Task	Ressource	WCET
Task-1	DS1	1
Task-2	DS1	2
Task-4	DS2	6
Task-2	DS2	3

Berechnen Sie die Priority Ceilings der Datenstrukturen, berechnen Sie die Blockierungszeiten und mit diesen Werten die Antwortzeiten der Tasks.

Aufgabe 13.4: Der folgende Satz von Nachrichten, übernommen aus [Davis 07], soll über einen CAN-Bus versandt werden:

Nachricht	Priorität	Periode	Deadline	Übertragungszeit
M1	1	2,5 ms	2,5 ms	1 ms
M2	2	3,5 ms	3,25 ms	1 ms
M3	3	3,5 ms	3,25 ms	1 ms

Berechnen Sie die Antwortzeiten für die CAN-Botschaften und beurteilen Sie die Planbarkeit des Systems.

14 Hardware/Software-Interaktionsanalyse

Der Begriff Hardware Software Interaction Analysis (HSIA) wurde von der Europäischen Raumfahrtorganisation ESA geprägt. Diese Analyse der Hardware/Software-Schnittstelle betrachtet die Antworten der Software auf Hardware(-Teil-) Ausfälle und Stress. Die HSIA identifiziert auch Zusammenhänge zwischen verschiedenen Ausfalls- und Fehlerereignissen mit dem Ziel, Anforderungen an die Software zu identifizieren, deren Umsetzung die Auswirkung von Ausfällen minimiert.

In diesem Kapitel werden die HSIA und einige begleitende Techniken vorgestellt. Der Umfang der Beschreibung ist so gewählt, dass der interessierte Leser selbstständig weiterführende Literatur auswählen und bewerten kann[1].

14.1 Die FMEA als Grundlage der HSIA

Um eine HSIA durchzuführen, muss zunächst einmal geklärt werden, welche Ausfalls- und Fehlerereignisse es in der Hardware geben kann. Auf Systemebene muss daher zunächst eine *Failure Modes, Effects and Ciriticality Analysis* (FMECA) durchgeführt werden. Die FMECA wird oftmals auch nur »FMEA« bezeichnet oder DFMEA für »Design«-FMEA. Um die Analyse auf Systemebene von speziellen FMEA-Varianten deutlich zu unterscheiden, wird auch oft die Bezeichnung »System-FMEA« gewählt. Die normengerechte Übersetzung auf Deutsch ist »Ausfallarten- und Effektanalyse«. Viele Autoren sprechen aber von »Fehlerarten« statt »Ausfallarten«.

In den sechziger Jahren wurde die FMEA für die Untersuchung von Flugzeugsicherheit entwickelt und wurde bald darauf auch für Anwendungen in der Raumfahrt, für Anlagen der chemischen Industrie und für die Automobilentwicklung verwendet. Viele Normen empfehlen den Einsatz der FMEA, siehe Abschnitt 18.7, und auch die FMEA selbst wurde Gegenstand einer Norm, der

1. Die Beschreibung ist zu oberflächlich, als dass man diese Techniken ohne Weiteres normenkonform einsetzen könnte. Der Einsatz der hier erwähnten Analysetechniken im sicherheitsrelevanten Bereich fordert mehr als das Lesen dieses Buchs!

[IEC 60812]. Die nun folgenden Absätze beschreiben das Wesen der FMEA. Sie sind eine Adaption der Darstellung in [URL: FMEA].

FMEA-Grundlagen

Die FMEA ist eine induktive Analysemethode, die eingesetzt wird, um Auswirkungen zu untersuchen, die das Versagen einzelner Komponenten auf ein Gesamtsystem haben können. Die FMEA setzt beim Wissen über Fehlerarten einzelner Komponenten an und berücksichtigt die Auswirkungen jedes einzelnen Fehlers auf Subsysteme und das Gesamtsystem. So eine Einzelkomponente kann jeder Sensor oder Aktor des Systems sein, ebenso jeder Pin eines Steuergeräts im Kfz. Fehlerarten können bei Pins zum Beispiel Kurzschluss zum Pluspol der Kfz-Batterie sein, ein Kurzschluss zum Minuspol, ein unterbrochenes Kabel, Störungen auf Bus-Systemen und so weiter. Die FMEA überprüft, ob vorgeschlagene Komponenten mit ihren bekannten Ausfallsarten die Sicherheitsanforderungen (bzw. Missionsanforderungen) der Systemebene erfüllt. Das Ergebnis der FMEA kann beispielsweise die Akzeptanz der vorgeschlagenen Systemkomponenten sein, die Forderung, bestimmte Komponenten zu ersetzen oder – und jetzt kommt der für dieses Buch interessanteste Fall – sie kann auch Software-Workarounds für Schwächen des Systemkonzepts vorschlagen.

Im Laufe der Durchführung einer FMEA werden die beteiligten Personen absichern, dass alle denkbaren Fehlerarten und ihre Auswirkungen auf den Betrieb des Systems berücksichtigt werden. Das kostet viel Überlegung und Zeit und ist damit oftmals ein kostenintensiver Prozess. Der Lohn für die harte Arbeit ist z.B. das Ergebnis, dass kein einzeln auftretender Fehler eine Gefahr verursachen kann (bzw. die Mission gefährdet), oder dass die Ausfallswahrscheinlichkeit eines solchen Fehlers unter einem bestimmten Schwellwert liegt.

Ein Auszug aus einem Ergebnis einer klassischen FMEA ist in Tabelle 14–1 dargestellt. Es gibt viele Varianten mit mehr oder weniger Spalten. In der gezeigten Variante sind in der ersten Spalte die Komponenten des Systems aufgelistet, deren Fehler betrachtet werden. Die zweite Spalte enthält die zugehörigen Fehlerarten. Die dritte Spalte zählt die Auswirkungen auf Subsysteme und das Gesamtsystem auf. Dabei gibt es ummittelbare Effekte, wie »sofortiger Motorstart bei ›Zündung ein‹« und daraus resultierende weitere Effekte, wie die »ungewollte Fahrzeugbewegung bei eingelegtem Gang«. Die Ermittlung solcher Verkettungen von Effekten ist eine wichtige Eigenschaft der FMEA.

Die fünfte Spalte klassifiziert die Auswirkungen entsprechend ihres Schweregrads, die sechste Spalte gibt die zur Fehlerart gehörende Fehlerwahrscheinlichkeit an, die siebente bestimmt die Entdeckungswahrscheinlichkeit der Fehlerursache. Für die in diese Spalten einzutragenden Kennzahlen wird der höchste Wert 10 für den schlimmsten Schweregrad, die höchste Fehlerwahrscheinlichkeit und die geringste Entdeckungswahrscheinlichkeit vergeben. Die letzte Spalte, die Risikoprioritätszahl, ist das Produkt der Kennzahlen der Spalten fünf bis sieben. Je höher die Risikoprioritätszahl ist, desto gefährlicher ist daher die betrachtete Fehlerart. Übersteigt diese Zahl einen gewissen Schwellwert, so ist das Risiko für den gedachten Einsatz nicht mehr vertretbar und das Design muss überarbeitet werden. Es ist üblich, eine weitere Spalte für Kommentare und ggf. eine Änderungshistorie oder eingeleitete Maßnahmen einzurichten.

Item/Function	Failure Mode	Effects	Failure Cause	S	O	D	RPN
Relais des elektrischen Startermotors zum Starten oder Stoppen des elektr. Motors	Permanent geschlossen, also permanente Aktivierung des Motors	Während Fahrt: > starke Beanspruchung Im Stillstand: > sofortiger Motorstart bei »Zündung ein« >> Ungewollte Fahrzeugbewegung bei eingelegtem Gang	Bruch der Feder des Relais, Kurzschluss zu Batterie-Plus	10	3	9	270
	Permanent offen, also Motor lässt sich nicht aktivieren	Während Fahrt: > keine Im Stillstand: > Kfz lässt sich nicht starten	Blockade der Feder des Relais, Kabelbruch, Kurzschluss zu Batterie-Minus	5	4	9	180
Nächste Komponente ...							

Tab. 14–1 *Auszug aus einer FMEA*

Es gilt inzwischen die allgemeine Auffassung, dass die Risikoprioritätszahl als eindimensionale Größe zwar eine grobe Orientierung ist, eine knappe Unterschreitung eines Schwellwerts deswegen aber noch kein Grund zur sorglosen Freude sein darf. Man sieht sich daher oft die Größen für die Auftretenswahrscheinlichkeit und die Auswirkung genauer an, speziell dann, wenn einer der Werte sehr klein oder sehr groß ist und damit die Risikoprioritätszahl maßgeblich bestimmt. Die Betrachtung der Entdeckungswahrscheinlichkeit eines Fehlers entstammt Untersuchungen von Prozessen in produzierenden Betrieben, in denen manche Geräte fehlerhaft sind und andere nicht, sie hat für Softwarefehler daher geringe Bedeutung. Viele Firmen, in der Medizintechnik zum Beispiel, lassen diese Zahl daher weg oder halten sie konstant.

Beispiel einer FMEA mit Relevanz für das Software-Design

Tabelle 14–1 zeigt als Beispiel einen Teil einer FMEA für eine Startersteuerung eines mit Kraftstoff betriebenen Kfz. Angesteuert wird ein Relais, das den elektrischen Startermotor ein- und ausschaltet. Man sieht, dass das Relais auf verschiedene Arten ausfallen kann (*Failure Modes*). So eine Fehlerart kann verschiedene Ursachen haben, wie man in Spalte *Failure Cause* sieht. Jede dieser möglichen Ursachen hat eine gewisse Auftretenswahrscheinlichkeit. Gemäß dieser Wahrscheinlichkeit wird mit Hilfe von hier nicht gezeigten Tabellen eine Kennzahl in die Spalte O (*Occurrence*) eingetragen. Der mögliche Effekt der Fehlerart und mögliche weitere Folgeeffekte werden daraufhin in der dritten Spalte dokumentiert. Kennzahlen für die Schwere der Auswirkung (*Severity*) im Kundensystem und die Wahrscheinlichkeit der Entdeckung der Fehlerursachen (*Detection*) zur Verhinderung des Effekts werden in den Spalten S und D eingetragen. In Zeile 1 von Tabelle 14–1 sieht man, dass ein Fehler »permanent geschlossen« eine sehr unangenehme Folge haben kann: Das Fahrzeug setzt sich im schlimmsten Fall in Bewegung, sobald es mit Spannung versorgt ist. Das Einschalten der Spannungsversorgung geschieht in heute üblichen Fahrzeugen über ein Hauptrelais als Folge des Einschaltens der Zündung. Die resultierende, hohe Risikoprioritätszahl ist ein Zeichen für Handlungsbedarf. Mögliche Maßnahmen könnten sein:

- Ein Relais mit einer geringeren Ausfallswahrscheinlichkeit zu verwenden.
- Zwei Relais in Serie zu schalten, damit die Wahrscheinlichkeit der Fehlerart »permanent geschlossen«, und damit ggf. einer ungewollten Fahrzeugbewegung für den Startermotor reduziert wird.
- Einen Mechanismus zum Erkennen einer ungewollten Fahrzeugbewegung in die Software einzubauen, also den Relais-Fehler damit zu diagnostizieren; Die Software schaltet in diesem Fall das Hauptrelais aus und unterbricht somit die Spannungsversorgung des elektrischen Motors.

Die ersten beiden vorgeschlagenen Maßnahmen sind reine Hardware-Lösungen des Problems, wobei die Kennzahl für die Auftretenswahrscheinlichkeit reduziert wird. Die dritte Maßnahme zeigt, wie wichtig es sein kann, Software-Wissen bei FMEA-Sitzungen mit Hardware-Wissen zu paaren. Die Software-Lösung entspricht einer Reduktion des Schweregrads der Auswirkung: Die ungewollte Bewegung des Fahrzeugs wird auf sehr kurze Zeit beschränkt[2].

---

2. In Fachkreisen gibt es auch die Auffassung, dass ein Schweregrad niemals reduziert werden kann, sondern nur die Auftretenswahrscheinlichkeit. Theoretisch könnte das Fahrzeug immer noch viele Sekunden lange durch den Startermotor bewegt werden. Dann nämlich, wenn das Relais klemmt und der Erkennungsmechanismus versagt. Ein solches doppeltes Versagen ist aber sehr unwahrscheinlich. Bei Systemen mit höchsten Sicherheitsanforderungen ist dennoch ein Versagen der Diagnostizierbarkeit von Fehlerzuständen zu analysieren. Abschnitt 14.6 wird einen kleinen Ausblick auf entsprechende Analysemethoden geben.

Die FMEA im Entwicklungsprozess

Die FMEA ist eine qualitative und quantitative Technik, die von bekannten Ursachen auf unbekannte Auswirkungen schließt und ist dementsprechend eine induktive Methode. Die Durchführung der FMEA benötigt Wissen über das Systemdesign und wird daher erst relativ spät im Entwicklungsprozess der Hardware eingesetzt. Das gezeigte Beispiel legt nahe, die FMEA so früh wie möglich durchzuführen, also wenn Nachbesserungen im Hardwaredesign noch möglich sind und ebenso nicht erst nach einem eingefrorenen Software-Design.

14.2 Die HSIA als Quelle für Software-Anforderungen

Die HSIA ist eine Analyse auf Systemebene unter aktiver Teilnahme des Software-Teams. Für jeden potenziellen Hardwarefehler, der eine Auswirkung auf die Software haben kann, soll festgestellt werden, ob eine korrespondierende Software-Anforderung existiert, die beschreibt, wie auf diesen Ausfall zu reagieren ist [ECSS-Q-HB-80-03A]. Besondere Aufmerksamkeit genießen dabei Fehler in softwaregesteuerten Systemen mit redundanter Hardware. Die normativen Gremien der ESA schlagen unter anderem die verpflichtende Dokumentation der folgenden Sachverhalte im Rahmen der HSIA vor [ECSS-Q-ST-30-02C]:

- Querverweis auf die Dokumentation der zugrunde liegenden System-FMEA
- Betrachtete Fehlerart (*Failure Mode*)
- Grobe Beschreibung der notwendigen (Ersatz)reaktion der Software
- Nummer(n) der daraus resultierenden Software-Anforderung(en)
- Beschreibung der Effekte der Ersatzreaktion auf die Produktfunktion inklusive möglicher nachteiliger Effekte

Das Ergebnis der HSIA entspricht also einer reichlich kommentierten Traceability-Tabelle von der FMEA zur Anforderungsspezifikation der Software. Es spricht nichts dagegen, die Arbeitsblätter der FMEA um die Information der HSIA zu erweitern. Damit gibt es nur ein einziges Dokument für die HSIA und die FMEA.

Analysen zum Ausfall von Hardware und dessen Einfluss auf die Software sind auch für Systeme ohne offensichtliche Sicherheitsrelevanz keine schlechte Idee, wie der Erfahrungsbericht »EEG mit Brandwunden« zeigt.

Erfahrungsbericht: EEG mit Brandwunden

Die Hardware/Software-Schnittstelle eines EEG-Geräts einer inzwischen nicht mehr existenten europäischen Firma verwendet ein I/O-Register zum Start und Stopp eines sogenannten Impedanztests. Dabei werden durch die für das EEG am Kopf befestigten Elektroden geringe Ströme geleitet und der Widerstand gemessen, um den korrekten Sitz der Elektroden zu prüfen. Nach Ende des wenige Sekunden lang dauernden Impedanztests beginnt die Aufnahme des EEGs über die Elektroden. Ob ein Impedanztest gerade läuft, sieht das Personal an Kontroll-Lampen am EEG-Gerät. Lampen, Impedanztestumschaltung, Aufzeichnung des EEG usw. sind in diesem Gerät durch die Software gesteuert. Hardware/Software-Integrationstests fanden im Bottom-up-Verfahren statt.

Dieses Gerät war in einem Schlaflabor im Einsatz. Eines Nachts wachte ein Patient mit schmerzenden Brandwunden am Kopf auf. Die Wunden waren an jenen Stellen des Kopfs, an denen die Elektroden befestigt waren. Eine Analyse und Experimente zeigten, dass nach dem Impedanztest beim Zu-Bett-Legen des Patienten durch statische Entladung der Impedanztest nochmals dauerhaft aktiviert werden konnte, ohne den dafür vorgesehenen Schalter zu betätigen. Das Bit im I/O-Register änderte durch die Entladung den Zustand. Als Folge hatte der die ganze Nacht durch die Elektroden fließende Strom das Kontaktgel der Elektroden durch Elektrolyse in Säure verwandelt.

Der Produzent des EEG-Geräts hatte zwar Integrationstests für die nominale Funktion der Hardware, aber keine Analyse von Hardware-Fehlfunktionen gemacht. Bei Tests zur statischen Entladung wurde der Einfluss auf die laufende Software nicht untersucht. Die Software hat weder kontrolliert, ob die EEG-Messwerte plausibel sind, noch durch ein Rücklesen des Registers geprüft, ob der Impedanztest ungewollt zu laufen begann.

Es ist unwahrscheinlich, dass ein Team von Elektrotechnikern und Software-Entwicklern im Rahmen einer Hardware/Software-Interaktionsanalyse herausgefunden hätte, welch schwerwiegende Folgen der Bitkipper im I/O-Register haben kann. Aber es wäre nicht schwer gewesen zu erkennen, dass der Bitkipper die Messung unmöglich macht und die nicht unwahrscheinliche statische Entladung einen Bitkipper bewirkt. Hätte man das erkannt, so hätte man von Anfang an ein Softwaredesign vorsehen können, das bei einem Bitkipper korrigierend eingreift. So wurde dieses verbesserte Softwaredesign erst im Rahmen einer Rückholaktion in die Geräte eingespielt.

14.3 Software-Kritikalitätsanalyse

Bei missionskritischer oder sicherheitskritischer Software fordert die ESA vom Zulieferer eine *Software Criticality Analysis*. In der Softwarekritikalitätsanalyse wird bestimmt, wie kritisch ein Programmfehler in jedem existierenden Software-Image für das Gesamtsystem ist. Je nach ermittelter Kritikalität wird für dieses Image mehr oder weniger Verifikationsaufwand getrieben. Je weniger Software hoher Kritikalität existiert, desto kostengünstiger ist ein Projekt. Es macht daher Sinn, kritische Aufgaben von unkritischen zu trennen.

Diese Idee kann gut von weit entfernten Raumkapseln auf Produkte des Alltags übertragen werden: Nehmen wir ein Steuergerät ohne Sicherheitsfunktion in einem Kfz an. Angenommen, es enthält zwei Software-Images: Boot-Software und operative Software. Zunächst startet die Boot-Software, die die Hardware initialisiert und überprüft und dann entweder die operative Software lädt und ausführt oder ein Update der operativen Software durchführen kann. Wenn die Boot-Software nicht funktioniert (aus welchem Grund auch immer), dann ist weder ein Update im Feld möglich, noch kann die operative Software starten.

Hier ist offensichtlich die Kritikalität der Boot-Software höher als die der operativen Software: Wenn die Boot-Software nicht funktioniert, muss das Steuergerät zurückgenommen werden. Wenn die operative Software nicht funktioniert, gibt es die Möglichkeit eines Updates in der Werkstatt. Es macht daher Sinn, die Boot-Software nach allen Regeln der Kunst zu prüfen und alle möglichen Analysen für Ausfälle und Fehler durchzuführen. Bei der operativen Software muss man aber ggf. nicht so großzügig sein.

Damit der Verifikationsaufwand für die Boot-Software im Rahmen bleibt, ist dieses Software-Image sinnvollerweise so einfach und klein wie nur möglich zu halten.

14.4 Software-FMEA

Ist die Kritikalität von Software nicht offensichtlich, so kann man formal zu einer Kritikalitätsbewertung über eine Software-FMEA (SFMEA bzw. SFMECA) kommen. Die SFMEA ist eine Erweiterung der FMEA auf Belange der Software. Dabei werden folgende Fehlerarten der Software betrachtet [ECSS-Q-HB-80-03A]:

- Die geforderte Funktionalität wird nicht erfüllt (Software reagiert nicht).
- Die Funktionalität wird fehlerhaft durchgeführt (z.B. falsche Antworten der Software oder Antworten mit Null-Länge).
- Die Funktion wird erfüllt, aber zu spät.

Zusätzlich wird empfohlen zu betrachten, ob die Fehler vorübergehender oder permanenter Natur sind.

Zur Durchführung der Analyse empfiehlt es sich, die System- und, wenn vorhanden, die Software-Designdokumentationen zur Hand zu nehmen. Speziell Verhaltensdiagramme wie ein UML-Sequenzdiagramm oder ein Zustandsautomat sind hilfreich. So kann man beim Betrachten des Sequenzdiagramms vergleichsweise schnell analysieren, welche Auswirkung eine fehlerhafte oder zu späte Botschaft von einem Objekt zu einem anderen hat, siehe Abbildung 14–1.

Erkenntnisse aus der SFMEA werden nicht nur dazu verwendet, die Kritikalität der Software zu bewerten, sondern werden im Bedarfsfall auch in die System-FMEA überführt.

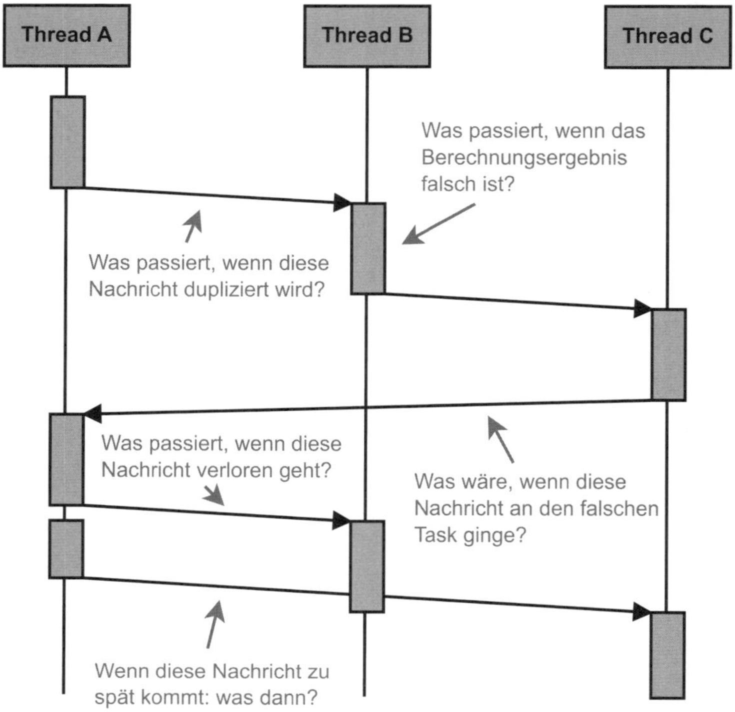

Abb. 14–1 *Hilfestellung durch Message Sequence Charts für die SFMEA*

14.5 Werkzeuge

In vielen Projekten werden die FMEA und die HSIA mit Tabellen in einem Office-Paket gemacht und dokumentiert. Bei großen Projekten ist der Einsatz eines FMEA-Werkzeugs zu empfehlen. Es hilft vor allem, bei wiederkehrenden Fehlerarten den Dokumentationsaufwand zu reduzieren, und durch schnellen Vergleich mit anderen Fehlerarten entsteht auch meist eine umfassendere Analyse. Zudem erstellt ein professionelles Werkzeug auch eine managementtaugliche Zusammenfassung der FMEA mit einer Auflistung der risikoreichsten Punkte und einer statistischen Auswertung der quantitativen FMEA-Ergebnisse. Beispiele solcher FMEA-Werkzeuge sind SCIO FMEA der PLATO AG oder auch ReliaSoft Xfmea und APIS IQ-Software.

14.6 Diskussion

Die FMEA wird von einschlägigen Normen für Systeme mit Sicherheitsrelevanz dringend eingefordert, siehe Abschnitt 18.7, und ist damit für solche Projekte nicht wegzudenken. Die HSIA kann eine nützliche Ergänzung sein, damit Ergebnisse der System-FMEA auch vollständig in den Softwareanforderungen reflektiert werden.

Für Systeme mit hohen Ansprüchen an die Sicherheitsintegrität stehen auch noch andere in diesem Buch nicht vorgestellte Analysemethoden zur Verfügung. Die Fehlerbaumanalyse (*Fault Tree Analysis, FTA*) geht von einem Störfall aus und untersucht, welche Teilereignisse zusammenspielen müssen, damit dieser Störfall eintritt. Die *Common Cause Analysis* verifiziert, dass Ursachen für potenzielle Fehlerarten nicht den Effekt von Mechanismen zur Fehlertoleranz, wie z. B. Redundanz, zunichtemachen. Beispiel: Wenn die Ursache einer Fehlerart eine Überhitzung eines Bauteils ist, und sich sowohl nominale als auch redundante CPU in gleicher Entfernung zur Hitzequelle befinden, dann wird die redundante CPU nicht viel nützen.

14.7 Fragen und Übungsaufgaben

Frage 14.1: Welche Aufgabe hat die HSIA?

Aufgabe 14.2: Skizzieren Sie in Worten eine FMEA und HSIA für die CAN-Schnittstelle eines Motorsteuergeräts zu einer Drehmomentenanforderung eines Allradsteuergeräts. Das heißt, das Allradsteuergerät fordert vom Motorsteuergerät für Schaltvorgänge gelegentlich ein wenig »Gas«. Das Allradsteuergerät ist – in dieser Übungsaufgabe – nicht eigensicher ausgelegt, d. h., es kann gefährliche CAN-Botschaften versenden.

15 Modellbasierter Test

Gastbeitrag von Dr. Oliver Alt[1]

Dem modellbasierten Test sind wir in diesem Buch an mehreren Stellen begegnet, ohne ihn beim Namen zu nennen. Als letztes technisches Kapitel dieses Buchs gewährt dieses nun einen kurzen Einblick in dieses Thema. Dabei wird nicht der Anspruch der direkten Umsetzbarkeit erhoben. Vielmehr geben die folgenden Seiten einen Überblick und sind ein Wegweiser für weiterführende Literatur.

15.1 Begriffsdefinition

Unter dem Begriff *modellbasierter Test* (MBT) werden in der Literatur und im praktischen Einsatz zwei verschiedene Dinge verstanden, siehe auch [Roßner 10]. Zum einen die *Modellierung von Testfällen.* Hierbei werden Testfälle zum Beispiel als grafische Modelle dargestellt. Dies können etwa Ablaufdiagramme sein, die grafisch Testschritte und erwartete Ergebnisse darstellen. Aus solchen Darstellungen können dann Testskripte oder Checklisten rechnergestützt generiert werden. Die Modellierung des Tests als Grafik dient der Übersichtlichkeit bzw. Verständlichkeit.

Mehrheitlich versteht man aber unter MBT die *Nutzung eines Modells zum Zweck der automatisierten Generierung von Testdaten bzw. von Testfällen.* Dabei werden nicht mehr, wie oben, Testfälle modelliert, sondern es wird ein Modell des zu testenden Systems oder seiner Teile erstellt, um daraus automatisch Daten für den Test abzuleiten. Es kann dabei durchaus vorkommen, oder sogar gewünscht sein, nicht nur ein einziges Systemmodell zu haben, sondern verschiedene Modelle, die bestimmte Systemaspekte beschreiben und dadurch die Ableitung von unterschiedlichen Daten ermöglichen.

---

1. Oliver Alt ist selbst Autor eines Buchs zu diesem Thema [Alt 09] und ein erfolgreicher Umsetzer des modellbasierten Tests bei einem Zulieferer der Automobilindustrie. Sein Manuskript für dieses Kapitel wurde von Stephan Grünfelder gerafft, um Produktdetails ergänzt und in das Buch eingegliedert. Das so entstandene Kapitel wurde nach einer Review durch Herrn Alt von seiner Seite zur Veröffentlichung freigegeben.

15.2 MBT und Testautomation

Der modellbasierte Test entfaltet seine Stärke besonders dann, wenn die generierten Tests nicht manuell, sondern vollautomatisch durchgeführt werden können. Dann ist es nicht mehr die Aufgabe des Testers, die Testfälle zu entwerfen, sondern die Systemmodelle. Aus den Modellen werden die Tests automatisch abgeleitet und – im Idealfall – auch automatisch durchgeführt. Dabei entstehen tendenziell *viele* Tests. Siehe zum Beispiel Fuzzing, wie in Abschnitt 8.10 vorgestellt. Wie bei konventionellem Testdesign sind auch beim MBT halbautomatische Tests manchmal wirtschaftlicher als vollautomatische.

15.3 Modelle

Als hilfreich für den Zweck des modellbasierten Testens haben sich grafische Modellierungssprachen erwiesen. Insbesondere dann, wenn es darum geht, Informationen und Daten für den dynamischen Test abzuleiten. Die verwendeten Modelle beschreiben daher typischerweise das Verhalten. Aber auch Architekturmodelle können die Testdatengenerierung unterstützen. Im folgenden Abschnitt werden wichtige Modellierungstechniken- und Sprachen für dynamische Systemaspekte und deren Bezug zu MBT kurz vorgestellt.

15.3.1 Statecharts

Wenn es um die Modellierung von Systemverhalten mit Hilfe von Zustandsautomaten geht, sind die ursprünglich von David Harel eingeführten Statecharts als Erweiterung der endlichen Automaten die erste Wahl. Mit Hilfe von Zuständen, Zustandsübergängen (Transitionen) und entsprechenden Triggern und Bedingungen wird das Systemverhalten formal und grafisch spezifiziert. Solche Statechart-Modelle können genutzt werden, um daraus Code, aber auch Testfälle zu generieren. Verfahren zur Testfallgenerierung wurden schon 1978 beschrieben [Chow 78]. Die damals definierten Grundlagen haben bis heute Gültigkeit.

15.3.2 SDL

Die *Specification and Description Language (SDL)* ist eine von der Telekommunikationsindustrie definierte, grafische Sprache zur Spezifikation von Systemstruktur und Systemverhalten [SDL 99]. In der SDL gib es Elemente, die auf endlichen Automaten aufsetzen. Darüber hinaus auch Modellelemente, wie man sie von Flussdiagrammen kennt. Auch erlaubt es die SDL, Ereignisse und Signale zu modellieren – Dinge, die im Umfeld von Telekommunikationssystemen oftmals von Bedeutung sind.

Da SDL-Modelle oft auch in formaler, rechnerverarbeitbarer Form vorliegen, lassen sich aus solchen Modellen auch gut Testdaten ableiten. Die Sprache ist damit auch für MBT nutzbar.

15.3.3 Message Sequence Charts

Auch *Message Sequence Charts (MSC)* entstammen dem Umfeld der Telekomunikation [MSC 99]. Mit Hilfe von MSCs lassen sich Kommunikationsabläufe zwischen verschiedenen Komponenten im zeitlichen Verlauf grafisch darstellen. Ein solches Chart beschreibt dabei einen bestimmten »Schnappschuss« des Systemverhaltens, wie es unter bestimmten Randbedingungen auftritt. Die vollständige Verhaltensbeschreibung mit solchen Diagrammen alleine ist so gut wie unmöglich und auch nicht das Ziel von MSC. Es sollen bestimmte, zumeist komplexe Systemabläufe zum besseren Verständnis dargestellt werden. Dies ist sehr hilfreich in der Entwicklung verteilter Systeme, aber auch im Rahmen des Tests.

Durch MSCs kann man Testfälle hervorragend grafisch darstellen und modellieren. Die Diagramme lassen sich direkt in Testskripte oder Checklisten umwandeln. Im Rahmen von MBT können auch reale Systemabläufe aufgezeichnet und als Message Sequence Chart visualisiert werden. Hat man zudem Verhaltensspezifikationsdiagramme, so lassen sich diese als Referenz nutzen und mit den realen Abläufen vergleichen und übereinanderlegen.

15.3.4 UML Version 2

Die *Unified Modeling Language (UML)* in der Version 2 [URL: UML, Rupp 12] ist eine standardisierte, grafische Modellierungssprache zur Modellierung von Softwaresystemen, insbesondere objektorientierter Software. Die UML umfasst in der aktuellen Version 2.4 vierzehn verschiedene Diagrammarten, mit denen sich sowohl statische als auch dynamische Softwareaspekte detailliert und formal beschreiben lassen. Die UML hat viele bewährte Modellierungsverfahren in ihren eigenen Sprachumfang aufgenommen, so auch Statecharts und Message Sequence Charts. Daher gelten die oben gemachten Aussagen zu MBT auch beim Einsatz von UML-Modellen.

Die UML ist als erweiterbare Modellierungssprache definiert. So existiert auch eine standardisierte Spracherweiterung, speziell für den Bereich des Testens, in Form des sogenannten *UML2 Testing Profile (UTP)* [UTP 12]. Damit lassen sich viele Aspekte des Testens, wie beispielsweise Testumgebungen, mit Hilfe von UML präzise modellieren. Auch wenn einige Werkzeuge den kommerziellen Markt betreten haben, ist UML beim modellbasierten Test immer noch Gegenstand so mancher Forschungsprojekte.

15.3.5 SysML

Die *Systems Modelling Language (SysML)* basiert auf der UML, verallgemeinert aber die Modellierungssprache [Alt 12, URL: SysML]. SysML ist nicht mehr speziell für Softwaresysteme konzipiert, sondern für die Modellierung von technischen Systemen aller Art, bestehend aus Mechanik, Elektronik und Software. Dies wird dadurch erreicht, dass nur Teile der UML übernommen und sehr softwarespezifische Modellierungstechniken in SysML weggelassen werden. Darüber hinaus wird SysML durch Modellierungstechniken ergänzt, die sich im Rahmen des Systems Engineering bereits in der Praxis bewährt haben.

SysML kennt neun verschiede Diagrammtypen und ist durch die geringere Anzahl an Diagrammen im Vergleich zu UML etwas leichter zu erlernen. Bei der Verhaltensmodellierung ist die SysML mit UML vergleichbar, erweitert die Möglichkeiten an einigen wichtigen Stellen sogar, lässt aber das in UML definierte Timingdiagramm weg. Die Erweiterungen in den SysML-Verhaltensmodellierungen betreffen insbesondere die auf Flussdiagrammen basierenden Aktivitätsdiagramme.

SysML lässt sich daher auch sehr gut für MBT einsetzen, insbesondere wenn es um System- oder Systemintegrationstests geht. Ein Verfahren, das aus SysML-Aktivitätsmodellen Testfälle und Testdaten ableitet, ist in [Alt 09] beschrieben.

15.3.6 Funktions-Modellierung

Eine andere Art von Modellen ermöglichen Modellierungssprachen, die entworfen sind, um mathematisch-physikalische oder regelungstechnische Modelle zu beschreiben. Bekannte Vertreter sind hierbei Matlab/Simulink der Firma TheMathwoks oder auch ASCET von ETAS.

Mit Hilfe dieser Werkzeuge ist es möglich, physikalisch-technische Systemzusammenhänge als Blockdiagramme mit Ein- und Ausgängen zu beschreiben und im Simulator zu prüfen. Typische Modellierungsbausteine solcher Modelle sind Übertragungsfunktionen, Integratoren, Differenziatoren und andere mathematische Funktionen. Im Sinne von MBT ist es möglich, auch Testdaten aus einem solchen Modell bzw. dessen Simulation zu generieren und dann im realen System für den Test einzusetzen.

15.4 Testmodell vs. Implementierungsmodell

Welche Art von Modell für ein zu testendes System das richtige ist, hängt von der Art des Systems und der gewünschten Art der generierten Testdaten ab. Wichtig dabei ist jedoch immer, dass nicht aus ein und demselben Modell sowohl der Code als auch die Testdaten generiert werden. Sonst testet man nämlich nur die Code- und Testgeneratoren. Ein Fehler im Modell würde sich sowohl im Code als auch in den Testfällen auswirken. Daher ist es besser, von der Implementierung unabhängige Systemmodelle für die Testseite zu haben. Nur so können Fehler im entwicklungsseitigen Modell gefunden werden.

15.5 Werkzeuge

Für MBT gibt es eine Reihe von Werkzeugen in Forschungsprojekten, aber eine überschaubare Anzahl kommerziell verfügbarer Werkzeuge. Die nun präsentierten Werkzeuge sind alle am kommerziellen Markt verfügbar.

Der Klassifikationsbaumeditor [URL: CTE] ist uns schon in Abschnitt 8.1.7 begegnet. Es lässt sich damit ein baumförmiges Modell für Kombinationen von Testeingabedaten eines Systems erstellen. Aus dem Modell wird automatisch eine minimale Menge von Testfällen generiert, die einem bestimmten, kombinatorischen Kriterium genügt. Das wichtigste Kriterium ist die in Abschnitt 8.1.7 angesprochene, paarweise Kombination.

Auch die Grafik der Ursache-Wirkungs-Analyse ist ein Modell im Sinne des MBT. Das Werkzeug BenderRBT erzeugt auf Basis dieses grafischen Modells Testdaten, siehe Abschnitt 8.1.4. Das Werkzeug TEMPPO Designer, siehe Abschnitt 8.1.5, modelliert die Ursache-Wirkungs-Beziehung durch primitive mathematische Formeln. Beide Werkzeuge erzeugen aus den Modellen automatisch Testfälle.

Für die angesprochenen funktionsorientierten Werkzeuge ASCET und Simulink gibt es Testdatengeneratoren. Dabei werden allerdings aus einem einzigen Modell sowohl Testdaten als auch der Produkt-Code erzeugt.

Ein interessantes Werkzeug ist die MSC-Toolkette der Firma ESG. In einem Editor wird mit Message Sequence Charts das Sollverhalten des automotiven Bordnetzes beschrieben. Das gemessene System-Istverhalten kann dann mit dem Sollverhalten grafisch verglichen werden. Ähnlich lässt sich das UML-Werkzeug MODENA von Berner & Mattner verwenden, das für den Test von automotiven Infotainmentsystemen gedacht ist. Andere Bus-Teilnehmer werden zunächst modelliert. Diese Modelle unterstützen den Subsystemtest. Beim Systemintegrationstest werden die Modelle durch reale Geräte ersetzt. Gleichzeitig läuft aber noch der modellierte Funktionsbaustein mit. Abweichungen des Modells zum realen Gerät können so erkannt werden.

Die in Abschnitt 8.1.12 erwähnte Conformiq Tool Suite gestattet MBT in Reinkultur. Das Werkzeug erzeugt Quellcode für Testskripts aus einem UML-Zustandsautomaten mit einer zu definierenden Testabdeckung (siehe dazu Abschnitt 8.1.3).

Ein Vergleich von mehreren MBT-Tools ist in [Götz 2009] zu finden. Die Autoren vergleichen dort:

- Expecco, eXept Software AG
- MaTeLo, ALL4TEC
- Qtronic, Conformiq Software Ltd.
  (2010 umbenannt auf Conformiq Tool Suite)
- Rhapsody TestConductor/Automatic Test Generator, IBM Telelogic
- Smartesting Test Generator, Smartesting
- TDE/UML, Siemens AG
- TestBench/MBT, imbus AG
- TPT, PikeTec GmbH
- TT-Suite, Testing Technologies IST GmbH

15.6 Diskussion

Die Idee, Testfälle und andere Testdaten aus einem Modell zu gewinnen, ist nicht neu. Bereits in den 1970er Jahren wurden entsprechende Arbeiten dazu veröffentlicht. Trotzdem kann man nicht davon sprechen, dass MBT eine etablierte Testpraxis ist. MBT war und ist Gegenstand von Forschungsprojekten und man kann davon ausgehen, dass mittelfristig eine Reihe von neuen MBT-Werkzeugen am industriellen Markt vorgestellt werden. Mit zunehmendem Einsatz von modellbasierender Entwicklung ist zu erwarten, dass auch der modellbasierte Test an Bedeutung gewinnt. Eine Blitzumfrage durch den Autor des Buchs unter 150 Teilnehmern einer Tagung über Software-Qualität im Jahr 2012 ergab, dass in 10% der Firmen der Teilnehmer Software modelliert wird (embedded und nicht embedded). Publikationen aus dem Jahr 2011 lassen darauf schließen, dass nur etwa jede zwanzigste Firma, die Software modelliert, aus dem Modell automatisch Tests erzeugt.

15.7 Fragen und Übungsaufgaben

Frage 15.1: Welche zwei Dinge versteht man unter modellbasiertem Testen?

Frage 15.2: Welche Merkmale muss ein Modell haben, um für den modellbasierten Test genutzt werden zu können?

Frage 15.3: In diesem Kapitel wird davor gewarnt, das im Rahmen eines modellbasierten Entwicklungsprozesses für die Codegenerierung verwendete Modell auch für die Generierung von Testfällen zu nutzen. Was ist der Grund dafür? Wenn man die Warnung ignoriert, welcher Nutzen bleibt?

16 Testmanagement

Dieses Kapitel widmet sich dem Thema Testmanagement. Ganze Bücher wurden schon darüber geschrieben. Es ist ein offenes Geheimnis, dass sich Techniker beim Lesen dieser Bücher langweilen, wenn über die Testhierarchie, das Testziel, das Testkonzept, den Testzyklus, den Testfallkatalog, die Testfallspezifikation und so weiter philosophiert wird und man sich fragt, was man nun von alledem wirklich in der industriellen Praxis für eingebettete Systeme einsetzen sollte.

Hier kommt nun ein ganz unphilosophischer und pragmatischer Zugang zu dem Thema. Aus der Erfahrung des Autors wird beschrieben, wie man mit dem geringstmöglichen Aufwand ein Testprojekt leitet, auch bei Projekten mit hohen Qualitätsansprüchen. Die Gliederung des Kapitels orientiert sich dabei weitestgehend am Buch »Praxiswissen Softwaretest – Testmanagement« [Spillner 11].

16.1 Testplanung

Wie jedes Projekt sollte auch ein Testprojekt sorgfältig geplant werden. Es gelten die gleichen Regeln wie zur Planung eines Entwicklungsprojekts. Je nach Größe wird man einen eigenen Testprojektleiter bestellen, oder die Aufgaben werden vom (Gesamt-)Projektleiter übernommen. Besonders wichtig ist ein Ressourcenplan, also ein Plan für die Bereitstellung von Personal und Testumgebungen und ein Zeitplan. Der Zeitplan setzt natürlich eine Aufwandsschätzung voraus. Dabei ist im Zeitplan unbedingt Zeit für das Debugging zu berücksichtigen. Wenn die Dauer des Systemtests auf 8 Wochen geschätzt wird, dann wäre es ein Fehler, im Gesamtprojektplan auch nur 8 Wochen vorzusehen. Wenn in Woche sieben ein schwerer Fehler entdeckt wird, dann bliebe keine Zeit für das Debugging, die Fehlerbehebung und für Testwiederholungen.

Auch von technischer Seite sind für Verifikations- und Testvorhaben einige Dinge zu definieren, damit die Produktqualität planbar ist. Folgende Fragestellungen sollten bei der Planung beantwortet werden:

- Welche entwicklungsbegleitenden Analysen müssen durchgeführt werden: RAM/ROM-Verbrauch, WCET, Schedulability? In welchen Abständen werden diese Analysen aktualisiert?
- Verwendung von statischen Analysewerkzeugen: Welche Werkzeuge werden in welcher Einstellung für welchen Code eingesetzt?
- Wann finden welche Reviews statt (Design, Code, Dokumente)? Wie werden die Reviews dokumentiert und welche Form haben sie?
- Art und Umfang von Unit-Tests: geforderte Testabdeckung, zu verwendende Werkzeuge, Durchführung durch Entwickler oder unabhängige Person? Müssen Testwerkzeuge für die Target-CPU angepasst werden? Wie/wo werden Tests konfiguriert/abgelegt? Wie werden Testergebnisse kommuniziert und dokumentiert?
- Definition der Integrationsteststrategie und der geforderten Abdeckung. Definition der Dokumentation der Integrationstestfälle und Ergebnisse.
- Welche Abdeckung ist für Systemtests gefordert. Welche Testumgebung? Wie werden Testdesigns und Ergebnisse dokumentiert? Wie wird (von Fall zu Fall oder generell) entschieden, welche Tests automatisiert werden und welche nicht? Wie kommt man zu realistischen/sinnvollen Testdaten?
- Welche Regressionsteststrategie wird implementiert, das heißt: Wenn ein Fehler gefunden wurde, welche Tests werden wiederholt?
- Wo sind Dokumentenvorlagen für Testreports und Analysen zu finden? Welche Dokumente erzeugen wir überhaupt im Projekt, was legt das Team im Bedarfsfall autonom fest, was benötigt die Entscheidung des Testprojektleiters?

Diese Festlegungen erfolgen am besten in einem Software Verification and Validation Plan *(Testplan* wäre die passende Bezeichnung in ISTQB-Terminologie). Also in einer Art Leitfaden für Projektmitarbeiter, in dem sie ihre Rollen und Aufgaben wiederfinden. In kleinen und agilen Projekten können viele Festlegungen natürlich auch »auf Zuruf« erfolgen. Das funktioniert aber nur, wenn alle Betroffenen den jeweiligen Ruf hören und ihm bereitwillig folgen. In Projekten mit Haftungsrisiko oder Sicherheitsanspruch ist eine Dokumentation der Antworten auf die oben skizzierten Fragestellungen (z.B. in Form von Arbeitsanweisungen) aber unumgänglich, wie Kapitel 18 zeigen wird.

Gibt es keine Festlegungen, so macht jeder Mitarbeiter, was er glaubt und für richtig hält; Niemand kennt sich aus, wo was dokumentiert ist; Kosten- und Zeitschätzungen halten nicht; Mitarbeiterfluktuation trifft das Projekt hart; Die Tests erlauben keine zuverlässige Aussage über die Produktqualität.

Damit der Einstieg in das Erstellen solcher Definitionen leichter fällt, schlägt Anhang C eine Dokumentenstruktur eines Verifikationsplans vor.

Die zuvor vorgestellte Auflistung von Planungspunkten regt indirekt dazu an, sinnvolle *Testendekriterien* zu definieren. Das sind Bedingungen, die von allen Beteiligten als notwendiger Indikator zum Abschluss eines Testprozesses (einer Teststufe) akzeptiert werden. In der Auflistung wird dazu das Erreichen einer zu bestimmenden Testabdeckung vorgeschlagen. Ein weit weniger sinnvolles Testendekriterium wäre das Verstreichen einer gewissen Zeitspanne.

16.2 Teststeuerung

Ein Projekt(leiter) bzw. Testprojekt(leiter) wird am Ergebnis des Projekts gemessen, nicht daran, welch toller Verifikationsplan irgendwo am Server abgelegt ist. Die *Teststeuerung* ist die Ermittlung und Umsetzung der Maßnahmen, die notwendig sind, dass Testarbeiten fortschreiten und die im Plan festgelegten Ziele erreicht werden. Also die Arbeit, die man von einem Projektleiter erwartet: kontrollieren, dass Vorgaben eingehalten werden; Schwächen im Prozess erkennen; geänderte Rahmenbedingungen erkennen und darauf reagieren; prüfen, dass der Zeitplan eingehalten wird. Konkrete Eckpfeiler hinsichtlich des Zeitplans sind:

- Sicherstellung des rechtzeitigen Erhalts der Spezifikation und der Einbindung des Testteams in die Review der Spezifikation
- Sicherstellung, dass das Testdesign rechtzeitig fertig wird
- Zeitnahes Review des Testdesigns durch kompetente Reviewer
- Kontrolle des Testfortschritts

Zur Überprüfung des Testfortschritts können Metriken verwendet werden, wie in Abschnitt 1.5.8 vorgeschlagen. Für Unit-Tests kann das sinnvoll sein, wenn die Metriken ohne Zusatzaufwand vom eingesetzten Werkzeug errechnet werden. Für jede Art von Test kann ein Testmanagementwerkzeug verwendet werden, ein Burndown-Chart oder einfach eine Tabelle, die festhält, welcher Testfall in welchem Stadium ist. Tabelle 16–1 zeigt ein Beispiel. Da darf man dann auch in planungsgesteuerten Projekten ein wenig aus der agilen Welt lernen: vor einem Release die Tabelle der noch verbleibenden offenen Tests am Whiteboard festhalten. Jeder Mitarbeiter, der einen Test abschließt, dokumentiert das selbst am Whiteboard. Wenn alles erledigt ist, wird das im Team positiv emotional verankert. Das heißt, der Testprojektleiter lädt in den Biergarten.

Test-ID	Testdesign	Testskriptstatus	Testlauf
ST-XSS-FT01	freigegeben	fertig	OK
ST-XSS-FT02	freigegeben	freigegeben	OK
ST-XSS-FT03	fertig	offen (Heinz)	
ST-XSS-FT04	freigegeben	freigegeben	OK
ST-XSS-FT05	freigegeben	freigegeben	Bug 147
ST-XSS-FT06	freigegeben	fertig	OK
ST-XSS-FT07	in Überarbeitung (Max)	offen (Max)	
ST-XSS-FT08	freigegeben	in Arbeit (Heinz)	
ST-XSS-FT09	freigegeben	fertig	OK

Tab. 16–1 *Vorschlag für die Visualisierung des Testfortschritts am Whiteboard*

Auf gefundene Fehler sollte das Testteam angemessen reagieren, ggf. unter Anleitung des Testprojektleiters. Dazu gehört nicht nur die Erfassung von gefundenen Mängeln, wie im folgenden Abschnitt 16.3 beschrieben, sondern auch ggf. die Anpassung der Testarbeit:

- Bugs sind soziale Lebewesen, d.h., wenn eine Software-Funktion schon einmal eine Fundstelle für einen Mangel war, dann sollte man dort nochmals genauer nachsehen. Oft ist noch ein weiterer Mangel zu finden, und oft kommt mit einem Fix ein neuer Fehler hinzu.
- Wurde ein Fehler durch Zufall gefunden anstelle durch Durchführung der definierten Testfälle, dann sollte man Tests nachbessern oder Testfälle hinzufügen.
- Werden auffallend oft projektgefährdende (sicherheitsrelevante) Bugs gefunden, dann sollten Entscheidungsträger und Vorgesetzte informiert werden.

Erfahrungsbericht zum Umgang mit Fehlermeldungen

Ich habe ein Start-up-Unternehmen beim Aufbau eines Testprozesses und bei den Systemtests unterstützt. Das sehr komplexe und in kurzer Zeit entstandene Produkt blieb eines Tages am Beginn meines Arbeitstages nach dem Einschalten »hängen« und war nicht mehr ansprechbar. Der von mir herbeigerufene Entwickler fand keine Erklärung. Schulterzuckend zog er sich zurück. Der Fehler ließ sich nicht mehr rekonstruieren. Ich hatte das Gerät zuvor sicherlich schon dutzende Male eingeschaltet und noch nie Probleme gehabt. An dieser Stelle aufzugeben und sich mit unerklärbaren, seltenen Phänomenen abzufinden, war bislang Stand der Technik im Unternehmen.

So schnell gab ich aber nicht auf. Ich besorgte mir für ca. 70 Euro eine über USB fernsteuerbare 230-V-Steckdose und schaltete das Gerät über Nacht skriptgesteuert in einer Endlosschleife aus und ein und prüfte nach jedem Einschaltvorgang die Ansprechbarkeit des Systems. Um vier Uhr morgens, nach dem zweihundertsten Einschalten, hing das Gerät wieder im Bootvorgang. Diesmal war die Software aber mit Loggern ausgestattet. Eine Analyse ergab, dass ein fehlender Kondensator eine Einschalt-Race-Condition zweier Bausteine erzeugte. Je nachdem welcher Baustein schneller initialisiert war, wurde entweder mit einem gültigen Setup gearbeitet oder mit unsinnigen Werten. Dieses Hardware-Problem konnte durch einen Software-Workaround unschädlich gemacht werden.

16.3 Abweichungsmanagement

In jedem Projekt sollte festgelegt sein, wie man mit gefundenen Fehlern umgeht. Testliteratur widmet dem *Bug Life Cycle* oft mehrere Seiten. Seiten sparen kann man, wenn man dem Leser wärmstens den Einsatz eines Bug-Tracking-Werkzeugs empfiehlt. Solche Werkzeuge helfen zu verfolgen, in welcher Version ein Fehler vorkommt, wer ihn gefunden hat, ab welcher Software-Version er behoben wurde. Das Werkzeug alleine definiert zwar noch keinen Prozess, doch das ist nicht weiter schwer. Für den erfolgreichen Einsatz eines der in Abschnitt 16.6 erwähnten Tools sollte vor allem Einigkeit herrschen, welche Felder der Eingabemasken befüllt werden und welche nicht. Gleiches gilt für die Frage, welche Bedeutung die Einträge in den Feldern haben, wie etwa die Fehlerschwere, siehe dazu auch die Klassifikation von *Major* und *Minor Anomalies* bei Code-Reviews in Abschnitt 5.1.1.

Auch wenn sich das Buch hier seitenlange Abhandlungen über Bugtracking erspart – zwei Dinge sind auf jeden Fall zu definieren, damit Abweichungsmanagement Sinn macht. Ganz wichtig ist die Festlegung, wann ein Fehler im Bugtracker eingetragen werden soll – zum Beispiel, ob beim Unit-Test gefundene Fehler oder nur beim Systemtest und im Feld gefundene Fehler eingetragen werden oder ob der Bugtracker etwa erst ab einem gewissen Meilenstein zum Einsatz kommt. Ebenso wichtig ist festzulegen, wer wann untersucht, welche (anderen) Software-Versionen von einem identifizierten Bug betroffen sind und wie Verantwortliche darüber informiert werden.

Erfahrungsbericht zu gelungenem Abweichungsmanagement

In meiner Zeit als Projektleiter für die Entwicklung automotiver Steuergeräte stand mir die meiste Zeit ein Team von fünf bis sieben Software-Mitarbeitern zur Verfügung. Meist waren zwei bis drei davon mit dem Test beschäftigt, die anderen mit Entwicklungsaufgaben. Wir saßen alle in einem Büro und so war das Abweichungsmanagement einfach gehandhabt: Der Tester konfrontierte den Entwickler sofort mit seiner Entdeckung. Wurde der Bug bestätigt, so wurde ich informiert und trug den Fehler in eine für das Team einsehbare Tabelle ein. Im Regelfall wurde der Bug dann schnellstmöglich behoben. Die Termine für Software-Releases waren meist in Beton gegossen. Ab drei Wochen vor einer Release wurden gefundene Fehler nicht mehr automatisch behoben, sondern ich entschied, ob wir lieber den bekannten Fehler dokumentieren und die Software mit dem Fehler ausliefern, oder ob wir in der kurzen verbleibenden Zeit eine Fehlerbehebung riskieren müssen und durch die Veränderung des Codes und die geringe verbleibende Testzeit des neuen Codes vielleicht einen neuen unbekannten Fehler ausliefern. Die Fehlertabelle erlebte also viele Überarbeitungen und wurde zu gewissen Zeitpunkten zu einer Release Note umfunktioniert. Die Entscheidung, welche Bugs behoben werden und welche nicht, war in einer Hand: bei der Person, die das Projekt zu verantworten hatte und an der Kundenschnittstelle war.

Erfahrungsberichte zu fehlender Definition des Abweichungsmanagements

Als das zuvor erwähnte Projekt eines Tages Verstärkung benötigte, erhielt ich einen Systemtester aus einer externen Abteilung zugeteilt. Er hatte keinen Sitzplatz in unserem Büro, erledigte seine Aufgaben in Testlabors in einem anderen Teil des Firmengebäudes und besuchte unser Team nur unregelmäßig. Als uns der Kunde kurz nach einer Ablieferung einen Fehler meldete, der in den Tests des externen Testers hätte gefunden werden müssen, bat ich ihn zu mir und wollte analysieren, wo das Testdesign zu schwach war und ob uns dadurch andere Fehler durch die Lappen gingen. Ich staunte nicht schlecht, als ich erfuhr, dass ihm der Fehler schon vor ein paar Tagen aufgefallen war. Er hielt es aber nicht für notwendig, das Entwicklerteam zu informieren und wollte warten, bis sich ein paar Dinge angesammelt haben, damit es sich auszahlt, uns wieder einen Besuch abzustatten.

Er hätte natürlich auch nachfragen können, aber streng genommen war ihm kein großer Vorwurf zu machen. Ich hatte es als Projektleiter versäumt, ihm unseren einfachen »Bug-Lifecycle-Prozess« zu erklären. Nachdem der externe Tester auch sonst nicht viel Interesse an unserem Team zeigte, wusste er auch nicht über Zeitpunkte von Lieferungen Bescheid. So hielt er seinen Bugreport zurück, während wir Software auslieferten. *Zwei* Kommunikationsfehler von meiner Seite. Ich versuchte, aus Fehlern zu lernen und unternahm alle Anstrengungen, dass der Externe einen Sitzplatz in unserem Büro erhielt. Er lehnte aber ab. Das war *sein zweiter* Fehler. Sein erster Fehler war ein lausiges Testdesign, wie ich mich in einer Inspektion vergewisserte, die er nur unwillig duldete. Es war auch sein letzter Fehler in meinem Projekt, denn ich verzichtete am gleichen Tag auf seine weitere Mitarbeit.

Mein persönlicher Erfahrungsgewinn (kurz bevor »agile Methoden« populär wurden, siehe Abschnitt 1.4.1 auf Seite 3): Je weniger formal ein Projekt gehandhabt wird, desto wichtiger ist Kommunikation. Wenn es da einen unkommunikativen Einzelgänger im Team gibt, dann kann das für den Rest des Teams (oder für den Projektleiter) so anstrengend werden, dass es wohl effizienter ist, das Projekt anders aufzustellen oder sich von diesem Mitarbeiter zu trennen. Genau das ist das Problem, unter dem agile Methoden leiden können: Wenn alle Mitarbeiter erfahren, interessiert und kommunikativ sind, ist es ein Vergnügen, agil zu entwickeln und zu testen un man erspart sich unnötigen bürokratischen Ballast. Je mehr Personen im Team diese Qualitäten fehlen, desto mehr ist ein Entwicklungs- oder Testprojekt ohne Projektleiter und ohne wohl definierte Prozesse zum Scheitern verurteilt.

16.4 Bewertung und Anpassung des Testprozesses

16.4.1 Formale Reifegradmodelle für den Software-Test

So wie es zur Bewertung von Entwicklungsprozessen die Reifegradmodelle SPICE, CMM, CMMi und ähnliche gibt [ASPICE 10, ISO 15504, Kneuper 07 u.v.m.], so gibt es auch Reifegradmodelle für den Software-Testprozess. Besonders bekannt geworden sind das *Testing Maturity Model (TMM)*, angelehnt an CMM, das Bewertungsmodell *Test Process Improvement (TPI)* der Firma Sogeti und TestSPICE. Diese formalen Modelle nehmen vor allem die Perspektive des Managements ein. Das Ziel dieser Modelle ist, Prozesse zu bewerten und ihnen eine gute Note auszustellen, wenn sie so aufgesetzt sind, dass der *persönliche* Erfahrungsstand von Mitarbeitern möglichst wenig Einfluss auf den Projekterfolg insgesamt hat. Nichts soll dem Zufall überlassen werden und ein Verfehlen des Projektziels soll möglichst früh erkennbar sein. Durch fixe Vorgaben werden Projekte zudem vergleichbar und Qualität wird planbar. Als Einkäufer von Software kann man sich mit Hilfe eines in einem Audit ermittelten Reifegrads daher ein Bild von den Prozessen beim Zulieferer machen und somit das eigene Projekt- und/oder Haftungsrisiko bewerten.

Soweit so gut. Hier hört aber auch schon der größte Nutzen der formalen Reifegradmodelle auf. Der vom Auditor ermittelte Reifegrad sagt mir, welche Voraussetzungen der Zulieferer für Qualität durch seine Prozesse schafft. Er kann mir aber keine Produktqualität garantieren. Reifegrad und Produktqualität korrelieren oft, aber nicht immer. Es gibt viele Produkte hervorragender Qualität, die in gänzlich unorganisierten Firmen entstanden sind.

SPICE, CMM und Verwandte zielen auf eine kontinuierliche Überwachung und Verbesserung der Prozesse ab. Sie sagen aber nichts über die Wirtschaftlichkeit von Prozessen aus und betrachten auch Akzeptanz und Komfort des Entwicklungs- bzw. Testteams nicht. Beide Faktoren sind aber fundamental für den Erfolg eines Projekts. Die Autoren einer groß angelegten Studie zum Thema Prozessverbesserung [McBride 12] stellen in diesem Kontext vor allem fest, dass formale Reifegradmodelle weder einen Bezug zur Überwachung und Verbesserung der *Produktivität* der Prozesse haben noch wird die Entwicklungs- oder Test*dauer* jemals berücksichtigt. In der gleichen Studie wird aber festgehalten, dass bei etwas mehr als 25% aller Prozessänderungen *nur* die Produktivität der auslösende Faktor ist.

16.4.2 Prozessbewertung in agilen Projekten

Das maximale Maß an Formalismus zur Bewertung und Verbesserung von Prozessen, das man Mitgliedern von agilen Teams zumutet, ist die *Retrospektive* in Scrum. Dabei stecken die Entwickler und Tester nach einer Projektiteration die Köpfe zusammen und beraten, was gut lief und was schlecht, was bei Prozessthemen verbessert werden sollte und was nicht. Dieses Vorgehen berücksichtigt den Komfort des Teams und – wenn die Mitarbeiter nicht völlig auf den Kopf gefallen sind – auch die Produktivität.

Im Vergleich zu den im letzten Abschnitt angesprochenen Bewertungen durch TMM und TPI befinden wir uns hier ganz am anderen Ende der Skala. Bei diesem formlosen Vorgehen bleiben mitunter Interessen des höheren Managements völlig unberücksichtigt. Bei Scrum geht man davon aus, dass die Ingenieure selbst gut genug wissen, was gut/besser wäre. Wäre das tatsächlich immer so, dann gäbe es wohl keine Beratungsunternehmen für Software-Qualität. Und derer gibt es genug.

16.4.3 Mit Augenmaß ins Kostenoptimum

Agile und formale Prozessbewertungen widersprechen sich nicht. Es ist nicht verboten, in agilen Projekten einen externen Auditor kommen zu lassen und um eine Analyse der Vorgänge im Unternehmen zu bitten. Ein Blick von außen hat noch nie geschadet. Und ebenso wenig ist es verboten, in hierarchischen, planungsgesteuerten Organisationen die Mitarbeiter ohne Lenkung daran arbeiten zu lassen, ihren Arbeitskomfort zu verbessern. Fragen, die die Produktivität betreffen, werden auch in vielen streng hierarchisch organisierten Unternehmen oft gemeinsam mit allen Mitarbeitern angegangen, sei es durch Vorschlagswesen, Prozessteams, Workshops mit externen Beratern usw., denn Prozessänderungen ohne das Commitment der Mitarbeiter funktionieren selten.

Prozessfaktenerhebung

Für die Diskussionen des Themas und für die Lösung der möglichen Interessenkonflikte zwischen Management und Mitarbeitern ist es *unerlässlich*, Fakten zu erheben. Diskussionen, bei denen Bauchgefühl gegen Bauchgefühl antritt, führen zu nichts. Es wird der gewinnen, der die größere Klappe hat oder höher in der

Hackordnung sitzt; nicht der, der die besseren Ideen hat. Diese zu sammelnden Fakten sind in Abschnitt 1.5.3 als *Prozessmetriken* vorgestellt worden. Beispiele für solche testbezogenen Prozessmetriken sind:

- die Anzahl an Fehlern, die in den verschiedenen Teststufen gefunden werden,
- die Anzahl an Fehlern, die der Kunde findet,
- der Testaufwand pro gefundenem Fehler.

Solche Maßzahlen werden uns nochmals im Kapitel 17 begegnen und dort genauer diskutiert. Prozessmetriken können als Symptome von guten und schlechten Prozessen angesehen werden. In vielen Firmen sind sie schnell ermittelt, oder es gibt zumindest gute Schätzwerte dafür. Deuten die Zahlen auf einen schlechten Prozess, so kann man aber ohne Ursachenanalyse nicht sagen, welches Problem diese Symptome auslöst und wie man das Problem behebt. Diese Ursachenanalyse ist in den meisten Organisationen *nicht* schnell erledigt.

Erfahrungsbericht »Prozessteam«

Als Entwicklungsprojektleiter war ich Teilnehmer eines »Prozessteams«. Die Aufgabe dieses Teams aus Projektleitern und Führungskräften war es, Prozesse zu definieren und zu verbessern sowie Werkzeuge zu evaluieren und einzuführen. Prozesse wurden immer projektübergreifend definiert. Als der Kostendruck eines Tages sehr hoch wurde, diskutierten die Teilnehmer darüber, welche Testschritte man einsparen oder mit anderen Testschritten zusammenführen kann. Es war eine dieser Diskussionen, die nur Zeit kosten, aber nichts bringen: Jeder berichtete über seinen Eindruck der Situation, vorgestellte Lösungsansätze waren völlig inkompatibel zueinander, mit Redegewandtheit oder Macht versuchten viele, ihre Vorstellung von Einsparungsmaßnahmen durchzubringen. Es war ein wunderbares Hin und Her, aus dem ich mich zunächst zurückhielt. Das vorläufige Ergebnis der sich im Kreise drehenden Diskussion war, dass wir Unit-Tests einstellen würden. »Rein zufällig« war das die Idee des hierarchisch Höchstgestellten der Diskussionsrunde.

Ich sagte dann, ich würde in meinem Projekt diese Vorgabe nicht befolgen und legte als Begründung für die angekündigte Befehlsverweigerung Prozessmetriken meines Projekts vor. So etwas gab es damals in meiner Firma nicht organisationsweit. Meine Zahlen zeigten, dass etwa 40% aller Fehler, die wir selbst fanden, in Unit Tests gefunden wurden. Ich ergänzte noch, dass man selbstverständlich noch analysieren müsse, wie einfach diese Fehler im Systemtest hätten gefunden werden können, damit die Zahl aussagekräftiger sei. Doch zu dieser Analyse kam es nicht. Die Einsparungsmaßnahme war vom Tisch.

Fehlerursachenanalyse

Neben dem Vergleich des Testprozesses mit dem Stand der Technik, siehe Abschnitte 16.4.1 und 16.4.2, ist der wichtigste Schritt jeder Verbesserung der Produktqualität und der Testqualität eine Erhebung der *Fehlerursachen* aller bekannten (schweren) Fehler der Software. Diese Ursachenanalyse passiert aber nicht von selbst, und kollektive Verantwortung für diese Aufgabe hat sich in der

Praxis nicht bewährt. Die besagten Metriken können zeigen, wo man mit der Ursachensuche beginnt. Gibt es zum Beispiel auffallend viele Fehler, die im Systemtest gefunden werden, aber im Unit-Test schon hätten gefunden werden sollen, so muss man sich ansehen, was dort schief läuft. Ursachen dafür könnten zum Beispiel sein: Testabdeckung nicht gemessen, gemessen, aber Vorgaben nicht eingehalten, Testabdeckung nicht scharf genug, Tests zwar mit ausreichender struktureller Abdeckung, aber nicht mit Grenzwerten gemacht, Tests mit falschen Compilerschaltern gemacht, nicht am Target gemacht und so weiter.

Die zentralen Fragen, die die mit der Ursachenanalyse betraute Person dem Team für jeden *durch den Kunden* gemeldeten Fehler stellen müssen sind: »In welchem Verifikationsschritt hätten wir den Fehler am ehesten finden müssen? Warum wurde er dort nicht gefunden?« Aus diesen Fehlern muss gelernt werden – Buzzword *Lessons Learned Process*. Ein Beispiel dazu bringt der folgende Erfahrungsbericht.

Wenn das Projekt zu teuer wird, wird man sich fragen, welchen Verifikationsschritt man am ehesten weglassen oder im Umfang reduzieren kann. Prozessmetriken und/oder die Fehlerursachenanalyse können zeigen, wie sich so ein Schritt bisher ausgewirkt hätte und geben somit eine gute Schätzung für die Auswirkungen in Zukunft, siehe vorheriger Erfahrungsbericht »Prozessteam«.

Erfahrungsberichte zur Fehlerursachenanalyse

In einem Erfahrungsbericht in Abschnitt 16.3 erzählte ich über die Tabelle von bekannten Fehlern unseres Produkts. In dieser Tabelle gab es eine »versteckte« Spalte, die für jeden durch den Kunden gefundenen Fehler die Ursachenanalyse dokumentierte. Ein Mal pro Monat untersuchte ich diese Spalte nach Fehlermustern. Unsere durchgeführten Verifikationsmaßnahmen waren Code Inspections, Unit-Tests, Systemtests und eine FMEA. Meine Aufzeichnungen zeigten eines Tages, dass fast ein Zehntel aller Fehler derart war, dass wir Teile von geforderten Features nicht vollständig implementiert hatten, das im Test aber nicht erkannt hatten. Die Verschärfung der Systemtests wäre eine schwierige Geschichte gewesen. Das Kundensystem war bei uns nicht verfügbar und uns fehlte es auch an Erfahrung. Wir konnten unsere Fehlerquote deutlich einfacher senken: Von nun an riefen sich die Teilnehmer einer Code-Review vor der Review alle im betroffenen Code-Teil implementierten Softwareanforderungen ins Gedächtnis und prüften im Rahmen der Review, ob diese auch vollständig implementiert wurden.

Eine unerwartete Hebelwirkung hatte die Einführung einer wöchentlichen Präsentation einer »Lesson Learned« in einem Scrum-Team in Firma drei aus dem Erfahrungsbericht aus Abschnitt 16.3. Dort konnte man sich viele Monate nicht dazu durchringen, durchgängig Code-Reviews zu machen. In der wöchentlichen fünfminütigen Runde wurden im Beisein des Vorgesetzten Fehler und deren Ursachen analysiert. Der Anteil von Fehlern, die nur in einer Code-Review mit vertretbarem Aufwand hätten gefunden werden können war groß. Das Team erkannte immer mehr, wie dringend die Einführung dieses Verifikationsschritts für sie war. Dann war die Frage des optimalen Tools zweitrangig. Die Einsicht des Teams und der Druck des Chefs wurden groß genug. Man entschied sich für ein Open-Source-Werkzeug und unterzog fortan jede Code-Änderung einer Inspektion.

Umsetzung von Verbesserungsmaßnahmen

Nach Umsetzung einer Verbesserungsmaßnahme ist anhand von Fakten zu prüfen, ob diese greift. Am besten macht man schon *vor* der Umsetzung einen Plan, wie der Erfolg zu messen ist, denn sonst ist der Erfolg oder Misserfolg einer Maßnahme ein Politikum: Hat sie der Chef durchgesetzt, war die Maßnahme ein Erfolg. Hat der Chef die Umsetzung nur geduldet, war es leider nicht optimal. Werden keine handfesten Fakten zur Bewertung des nun veränderten Prozesses herangezogen, so sind wir wieder beim am Anfang des Abschnitts beschriebenen Problem.

Prozessmetriken dürfen niemals dazu verwendet werden, die Arbeit von einzelnen Mitarbeitern zu bewerten. Erstens ist das arbeitsrechtlich nicht ohne Weiteres möglich, und zweitens werden die Mitarbeiter schnell herausfinden, wie sie für sich positive Bewertungen erzielen können und verfälschen somit das Ergebnis.

Erfahrungsbericht zur Furcht vor Metriken

Ich habe ein Unternehmen dabei unterstützt, den Entwicklungs- und Testprozess von Embedded-Software zu bewerten und zu verbessern. Die Firma leistete schon Vorarbeit für meine Analyse und zeichnete seit Langem penibel jeden gefundenen Bug mit einem Bugtracker auf. Es wurde unter anderem erhoben, wer den Bug gefunden hatte und in welcher Systemkomponente er lokalisiert war. Das Team bestand fast nur aus jungen Leuten.

Im Rahmen von Interviews fand ich dann heraus, dass manche Entwickler die Systemtester gelegentlich baten, gefundene Bugs nicht in den Bugtracker einzutragen, sondern ihnen den Fund per Zuruf oder per E-Mail zu melden. Durch die Aufzeichnung der fehlerhaften Komponente könnte man leicht schließen, wer den Fehler gemacht hätte. Offensichtlich hatten diese Personen Angst, dass man durch Fehlerhäufungen ihre Kompetenz anzweifeln würde. Durch diese Angst und das Umgehen des Bugtracking-Prozesses war es aber auch nicht möglich festzustellen, welches Team objektiv am dringendsten personelle Verstärkung benötigt oder für welche Komponenten man einen schärferen Prozess definieren musste.

16.5 Risikobasierter Test

Im letzten Abschnitt 16.4.3 wurde angesprochen, dass man Testaufwände aus budgetären Gründen kürzen kann. In so manchen Firmen ist das eine bekannte Sache: Der Liefertermin ist gesetzt, die Funktionsumfänge wachsen ständig, wo kann Zeit gespart werden? Beim Test.

Der *Risikobasierte Test* macht aus dieser Situation das Beste. Man versucht dabei, den Testaufwand so zu lenken, dass dort, wo man Fehler am ehesten erwartet, und dort, wo Fehler am empfindlichsten wehtun, den meisten Testaufwand investiert und an anderen Stellen reduziert. Zum einen ist für diese Bewertung eine genaue Kenntnis der Anforderungskritikalität notwendig, zum anderen sollte man Daten parat haben, die Rückschlüsse auf die Fehlererwartung zulassen. Das sind zum Beispiel:

- Vergleichswerte mit ähnlichen Projekten,
- eine hohe Anzahl von bei Code-Reviews gefundenen, schweren Fehlern in bestimmten Modulen,
- eine hohe Fehlerdichte in bereits durchgeführten Systemtests bei bestimmten Funktionen.

Erfahrungsbericht zur Bürokratie beim Risikobasierten Test

Ich habe einmal gesehen, wie in einer Firma versucht wurde, die Einflussfaktoren auf das Projektrisiko in einer mathematischen Formel abzubilden. Die Testmitarbeiter mussten ein Excel-Sheet ausfüllen, in dem es Bewertungsziffern für die Anforderungspriorität, die Sicherheitsrelevanz, historische Fehler in betroffenen Software-Modulen und was-weiß-Gott-noch gab. Das Excel-Sheet spuckte sodann eine Zahl aus, und der Test mit der höchsten Zahl wurde als Erster durchgeführt.

Die Akzeptanz der Testmitarbeiter, diese Formel zu befüttern, war im Keller. Kein Wunder: Das Preis/Leistungsverhältnis des getriebenen Aufwands war extrem schlecht. Die meisten der Einflussfaktoren kennen Projektleiter und/oder Spezifikationsautoren auswendig, die Testmitarbeiter müssen diese erst erfragen oder nachschlagen. *Projektleiter und Autoren der Spezifikation* müssen definieren, wo intensiver und wo weniger intensiv getestet wird. Dort ist das schnellstens definiert und ohne viele Formeln festgelegt. Und am besten berichtet man das Auslassen von Tests hochoffiziell an seinen Vorgesetzten. Ich habe Firmen gesehen, da wurde dem Testteam vom Abteilungsleiter zuerst zu wenig Zeit gegeben und danach wurden vom Abteilungsleiter Moralpredigten gehalten, dass zu schlecht getestet wurde. Wird der Abteilungsleiter aber zeitgerecht informiert und das Restrisiko wahrheitsgetreu dargestellt, dann kann er sich die Moralpredigt sparen, wenn die vom Kunden berichteten Fehler in Funktionen zu finden sind, bei denen man wissentlich den Test ausgelassen hat.

Erfahrungsbericht zur Risikostreuung durch Kooperation beim Test

Als Projektleiter für die Entwicklung eines Kfz-Steuergeräts kam mein Projekt einmal in bedrohliche Zeitnot. Der Liefertermin war aber in Beton gegossen. Für keine der Funktionen ließen sich aus unserer Sicht Tests einsparen. Ich erklärte dem Kunden einige Wochen vor dem Liefertermin meine Situation, zeigte meine geplanten Tests und deren geplante Umfänge. Der Kunde war in keiner Weise verärgert. Im Gegenteil. Die frühe Warnung zeigte ihm, dass ich vorausplane, die Offenlegung der Testumfänge schaffte Vertrauen. Der Kunde erklärte mir, dass *sein* erster Test ein umfangreicher Test im CAN-Verbund des Fahrzeugs sein wird. Viel umfangreicher, als wir es als Zulieferer je hätten machen können. Wir vereinbarten daher schriftlich, dass mein Team auf CAN-Tests verzichtet. Stattdessen verpflichteten wir uns, innerhalb einer sehr kurzen Frist auf Bugreports, als Resultat dieser kundenseitigen Tests, mit einem Fix zu reagieren. Ich konnte so durch Vorausplanung und Offenheit zum Kunden ohne echtes Risiko auf ein ganzes Testkapitel verzichten und auf diese Weise den ambitionierten Liefertermin halten.

Der erste Erfahrungsbericht legt nahe, beim risikobasierten Test eine zentrale Anlaufstelle (Projektleiter, Product Owner, ...) für die Definition von Testumfängen zu definieren, anstatt komplizierte Prozesse aufzusetzen. Ähnlich kann bei der Frage der Automation von Systemtests vorgegangen werden. Der Nutzen der Automation orientiert sich ja am Projektrisiko und den zu erwartenden Wiederholungen. Dieselbe Anlaufstelle weiß Bescheid.

16.6 Werkzeuge

Wie Kapitel 18 zeigen wird, ist bei Projekten mit Haftungsrisiko eine sachgerechte Dokumentation von Verifikationsschritten notwendig. Neben einem guten Verifikationsplan sind daher praxistaugliche Dokumentenvorlagen ein wichtiges Werkzeug des Testmanagements.

In größeren Projekten ist zu empfehlen, auf professionelle Requirements- und Testmanagement-Werkzeuge und deren enge Integration zu einer ALM-Suite (Application Life Cycle Management Suite) zu setzen. Beispiele für kommerzielle ALM-Tool-Anbieter sind IBM Rational, HP, Microfocus, Microsoft oder Polarion. Das passende Werkzeug, bzw. die passende Werkzeug-Suite ist abhängig von der jeweiligen Projektsituation. Da es sich um eine strategisch wichtige Entscheidung handelt, sollte die Auswahl entsprechend rechtzeitig und sorgfältig erfolgen. Beratung durch ein unabhängiges Consultingunternehmen schadet bei einem solchen Schritt sicherlich nicht [URL: TEC].

Wegen der großen Bedeutung – auch für Projekte mit geringen Integritätsanforderungen – gibt es eine Unzahl von Werkzeugen für Bugtracking. Beispiele sind Bugzilla/Deskzilla, Mantis und JIRA. Auch gestatten diese Tools, über ein Attribut einen Bugreport von einer Anforderung zu unterscheiden. Ein Bugtracking-Tool für Requirements Management zu verwenden, ist aber selten eine gute

Idee, außer man beschränkt sich auf das Verwalten von Änderungen. Bugtrackern ähnelnde, leistungsfähige Gratiswerkzeuge lassen jedenfalls auch die Verwaltung von Entwicklungsprojekten zu, inklusive der Erstellung von Projektzeitplänen und Meilensteinplänen. Zu diesen Werkzeugen gehören Trac und Redmine.

16.7 Diskussion

Auch ein noch so guter Verifikationsplan setzt sich nicht von selbst um. Ein *fachkundiger* Testprojektleiter erkennt, wenn das Team den Plan nicht einhält, und kann gegensteuern. Ein umsichtiger Testprojektleiter wird den Plan aber auch anpassen, wenn sich Rahmenbedingungen ändern.

Oft wird beim Test gespart, wenn etwa das Lieferdatum fix ist, die Entwicklung aber länger benötigt, als angenommen. Damit ein Testprojektleiter seinen Kopf aus der Schlinge nehmen kann, wenn dann später der Kunde schlechte Tests bemängelt, ist er gut beraten, durchgeführte und bewusst ausgelassene Tests sowie das kalkulierte Risiko zu dokumentieren und von seinem Vorgesetzten bzw. vom Kunden absegnen zu lassen. Ein Beispiel für solch eine Dokumentation in Form eines Testreports ist in Anhang D zu finden.

Wie erwähnt, ist man gut beraten, die gelebten Prozesse regelmäßig zu bewerten und zu hinterfragen, um ein Testprojekt ins (Kosten-)Optimum zu bringen. Für die Bewertung schadet ein Blick von außen durch einen externen Auditor auch in agilen Projekten nicht. Der final vergebene Reifegrad als Ergebnis einer formalen Bewertung nach einem Schema, wie CMM, TMM usw. ist aber für agile Projekte ohne Sicherheitsanspruch wohl zu eindimensional und nicht ganz passend.

Bei der Frage nach dem Kostenoptimum ist auch der notwendige Automatisierungsgrad von Systemtests zu hinterfragen, siehe dazu Abschnitt 8.14. Eine Möglichkeit, die Idee der risikobasierten Teststrategie auf die Frage der Automation anzuwenden, ist die Installation eines *Smoke-Tests*. Dieser Test testet die allerwichtigsten Funktionen der Software (des Geräts) vollautomatisch, am besten täglich für den aktuellsten Software-Build. Der Name für diesen Test kommt aus der Fertigung elektrischer Geräte und der humoristischen Auffassung, dass der einzige Test, der wirklich notwendig ist, das Einschalten des Geräts ist. Raucht es, so ist es kaputt.

In Abschnitt 16.1 wurde als einer von vielen Punkten die Planung des Umfangs von Regressionstests genannt. Die amerikanische Gesundheitsbehörde [CDRH 02] definiert den Regressionstest als »… the rerunning of test cases that a program has previously executed correctly and comparing the current result to the previous result in order to detect unintended effects of a software change.« Der Erfahrungsbericht zur Notwendigkeit von Code-Reviews in Abschnitt 5.4 zeigt, wie fatal es sein kann, Verifikationsschritte einzusparen, wenn nur eine oder zwei Zeilen Code geändert wurden. Es wird in diesem Buch daher ausdrücklich empfohlen, Code-Reviews in jedem Fall durchzuführen und auch die Notwendigkeit einer Überarbeitung gemachter Analysen zu prüfen.

Beim Regressionstest ist es selbst für sicherheitsrelevante Software gestattet, nur Teile der Tests zu wiederholen, wenn man begründen kann, dass andere Testergebnisse durch die gemachte Änderung nicht beeinflusst werden können [EN 61508]. So wird zum Beispiel bei Airbag-Steuergeräten bei Regressionstests *nicht* der volle Funktionsumfang getestet [Flores 08]. Doch Vorsicht ist angebracht. Laut einer Untersuchung der amerikanischen Behörden in den Jahren 1992 bis 1998 waren 79% aller Rückholaktionen wegen Softwarefehlern in medizinischen Geräten nur auf Fehler zurückzuführen, die im Rahmen von Software-Änderungen nach der ersten Markteinführung eingebaut wurden [CDRH 02].

Viele Firmen würden nur zu gerne wissen, welchen Verifikationsaufwand die Konkurrenz treibt und ggf. ihr eigenes Testmanagement danach ausrichten. Als grober Anhaltspunkt über alle Branchen (Embedded- und PC-Software) kann die groß angelegte Softwaretestumfrage [URL: TESTUMFRAGE] verwendet werden. Um genauere Daten zu erhalten bleibt nur die Industriespionage.

16.8 Fragen und Übungsaufgaben

Frage 16.1: In Ihrer Firma werden durchgängig Code-Reviews durchgeführt, Unit-Tests nur nach Maßgabe des Programmierers und Systemtests von unabhängiger Seite. Es gibt keine Vorschriften für Prozesse und außer den Systemtestresultaten wird nichts archiviert. Sie haben großen Kostendruck und überlegen, Unit-Tests auszulassen. Zurzeit verbringt das Entwicklerteam rund 20% seiner Zeit mit Unit-Tests. Sie ermitteln drei Monate lang die Anzahl der in Unit-Tests gefundenen Fehler. Es sind nur 2 Stück in einem Entwicklungsteam von 3 Personen. Im gleichen Zeitraum wurden 6 schwere Fehler in Code Inspections und 14 schwere Fehler beim Systemtest gefunden. Können Sie nun mit geringem Risiko die Unit-Tests auslassen? Wenn nicht: Was sind mögliche Gründe für diese statistische Schieflage? Wenn ja: In welcher Weise untermauern diese Zahlen Ihre Entscheidung?

Frage 16.2: Sie kaufen Software für Ihr eingebettetes System zu. Sie machen rigorose Akzeptanztests und möchten dennoch Ihr Projektrisiko und die Wartbarkeit der gekauften Software einschätzen. Der Quellcode der Software und auch die Testdesigns würde man Ihnen aber unter keinen Umständen aushändigen, weil Sie da im direkten Wettbewerb mit dem Zulieferer stehen. Was könnten Sie tun?

Aufgabe 16.3: Nehmen Sie an, Geld und Zeit spielen keine Rolle. Nennen Sie alle Verifikationsschritte, die Sie in Ihrem Verifikationsplan vorsehen bzw. definieren. Welche Dokumente und Planungsschritte mit Beitrag zur Qualitätssicherung fallen Ihnen ein, die in diesem Buch nicht genannt werden? Dann streichen Sie alles weg, was für ein Projekt ohne Sicherheitsanspruch nicht unbedingt gemacht werden muss. Es soll nur übrig bleiben, was gemäß den Empfehlungen vorangegangener Kapitel trotzdem für ein Projekt mit mäßigem bis durchschnittlichem Integritätsanspruch dringend zu empfehlen ist.

17 Qualitätsmanagement

Gastbeitrag von Johannes Bergsmann[1]

In diesem Kapitel wird erläutert, was man unter Qualitätsmanagement versteht, was es kostet und was es bringt. Qualitätsmanagement hat eine stark strapazierte Schnittstelle zum Entwicklungs- und Testmanagement, ist aber etwas anderes. Das Kapitel beleuchtet die Aufgaben des Qualitätsmanagers, die Rolle der ISO 9001 und zeigt die Schnittstellen des Software-Qualitätsmanagements zu anderen Qualitätsthemen im Unternehmen.

Metriken zur Steuerung von Prozessen wurden im vorangegangenen Kapitel bereits vorgestellt. Wenn man über Qualitätsmanagement schreibt, ist es unvermeidbar, wieder Metriken zu besprechen. In diesem Kapitel erfahren Sie, wie Metriken aussehen sollten wenn Sie selbst welche definieren wollen und erhalten einige Hinweise zum Ersteinsatz dieser Kennzahlen.

17.1 Definition

Qualität – abgeleitet vom lateinischen »qualitas« – bedeutet Beschaffenheit, Merkmal, Eigenschaft, Zustand. In der am weitesten verbreiteten Qualitätsmanagement-Norm ISO 9000, »Grundlagen und Begriffe zu Qualitätsmanagementsystemen« [URL: ISO 9000], wird Qualität definiert als »*Grad, in dem ein Satz inhärenter Merkmale Anforderungen erfüllt*«. Wobei mit »inhärent« in diesem Zusammenhang beständige und objektive Merkmale gemeint sind. Der Qualitätsbegriff ist sehr weit gefasst und allgemein gültig und kann damit sowohl auf Produkte bzw. Arbeitsergebnisse als auch auf die Prozesse zur Erstellung dieser Produkte angewendet werden.

Qualitätsmanagement, sehr oft abgekürzt mit *QM*, bezeichnet alle organisierten Maßnahmen, die der Verbesserung von Produkten, Prozessen oder Leis-

1. Johannes Bergsmann ist Eigentümer und Geschäftsführer des Unternehmens Software-Quality-Lab, stellvertretender Präsident des Austrian Testing Board und Lehrbeauftragter an der Fachhochschule Hagenberg. Sein Buchbeitrag wurde von Stephan Grünfelder durch die Abschnitte 17.8 und 17.9 ergänzt.

tungen jeglicher Art dienen. In der ISO 9000 wird dies definiert als »aufeinander abgestimmte Tätigkeiten zum Leiten und Lenken einer Organisation bezüglich Qualität«.

Die *Qualitätssicherung*, zu der Verifikation und Testen in all seinen Facetten gehört, ist damit als eine Teilaufgabe des QM zu sehen. Qualitätsmanagement greift aber viel weiter und ist eigentlich als Führungsverantwortung und Kulturthema im Unternehmen zu sehen und muss, damit es nachhaltig wirksam wird, auch als strategisches Führungsthema behandelt werden.

17.2 Qualitätsmanagement-Standards

In der ISO 9001, »Mindestanforderungen an ein Qualitätsmanagementsystem«, wird betont, dass es sich bei Qualitätsmanagement um ein übergreifendes Managementthema handelt. Die Norm umfasst Themen wie Einführung eines QM-Systems, Umgang mit Dokumenten, Verantwortung des Managements, Kundenorientierung, Qualitätsziele, interne Audits, personelle Themen wie Schulungen und Bewusstseinsbildung, kundenorientierte Entwicklungsprozesse, Änderungsmanagement, Umgang mit Lieferanten und Partnern, Prozess- und Produkt-Messung, kontinuierliche Verbesserung, Vorbeuge- und Korrekturmaßnahmen in den Prozessen und einiges mehr. Die ISO 9001 ist branchenunabhängig gehalten und kann sowohl in produktorientierten Entwicklungsorganisationen als auch bei Dienstleistern gleichermaßen gut angewendet werden.

Neben der branchenunabhängigen ISO 9001 gibt es eine ganze Menge an verschiedenen QM-Normen, die zum Teil auf der ISO 9001 aufbauen. Beispiele sind die ISO 13485 für den Medizinproduktebereich, ISO 16949 für den Automotive-Bereich, EN 9100 für Luftfahrt, ISO 90003 für Software- & Systemtechnik. Darüber hinaus gibt es viele weitere Normen, Industrie-Standards und Best-Practice-Modelle, die eine qualitätsorientierte Organisations- und Prozessgestaltung unterstützen können. Manche branchenspezifisch, wie z. B. GAMP für den Medizinbereich, Automotive-SPICE für Automotive, andere allgemein, wie z. B. CMMI, SPICE, eine ganze Reihe an IEEE-Standards, die vor allem punktuell für einzelne Themen wie Testen, Requirements-Engineering usw. relevant sind und noch viele andere.

ISO 9001 – Papiertiger oder Quelle von nützlichen Hinweisen?

Die ISO 9001 als allgemeine Qualitätsnorm wird vielfach als Papiertiger abgetan. Dieser Ruf kommt durch aufwändige, bürokratische Umsetzungen der Norm. In seiner letzten Fassung ist der Tiger aber ein nützliches Haustier geworden – eine gut anwendbare und hilfreiche Richtlinie für qualitätsorientierte Organisationen. Ein paar in der Norm behandelte Fragestellungen lauten:

- Welche Qualitätsziele habe ich eigentlich in meiner Organisation und wie ist mein QM-System beschaffen, damit ich diese Ziele auch erreichen kann?
- Habe ich mir Gedanken über die Qualifikation und Weiterbildung meiner Mitarbeiter gemacht und ist dies z.B. durch einen Schulungsplan auch entsprechend kommuniziert?
- Wie wird bei uns das Partner- und Lieferantenwesen durchgeführt?
- Hole ich systematisch Feedback vom Kunden ein und werte ich dieses Feedback auch aus, um daraus Verbesserungsmaßnahmen abzuleiten?
- Kümmere ich mich darum, dass meine (vorzugsweise dokumentierten) Organisationsprozesse auch im täglichen Arbeitsablauf eingehalten werden, z.B. durch regelmäßige interne Reviews?
- Mache ich mir regelmäßig Gedanken darüber, wie ich vorbeugend Fehler vermeiden kann und fließt dies dann systematisch in Verbesserungsmaßnahmen ein?
- Wenn Fehler passieren: Habe ich mir schon vorab überlegt, wie ich damit umgehe und diese behandle – sowohl intern als auch gegenüber den Kunden?

Die ISO 9001, angewandt auf den Testprozess und die Testdurchführung

Beispielhaft sind nachfolgend einige Fragen angeführt, die ein projektbegleitender Qualitätsmanager im Rahmen eines Projekt-Audits oder Reviews stellen kann:

- Existiert ein systematischer Testplan bzw. Verifikationsplan?
- Wurde die Testspezifikation angemessen und basierend auf anerkannten Testmethoden erstellt?
- Wurde der Kunde bei der Erstellung der Testfälle ausreichend berücksichtigt/einbezogen?
- Ist eine angemessene Testautomatisierung vorgesehen?
- Wurde der Testaufwand vom Projektmanager angemessen im Projekt eingeplant?
- Gibt es klare Vorgaben, wie Unit-Tests erstellt werden sollen?
- Gibt es ein Szenario, wie vorgegangen werden soll, wenn die Zeit für die Durchführung der geplanten Tests nicht mehr ausreicht, und der Liefertermin nicht verschoben werden kann?
- Gibt es klar definierte Fehlerklassifikationen zur Erleichterung der Kommunikation zwischen Testern, Entwicklern und Kunden?

Erfahrungsbericht ISO 9001

Wir haben die ISO 9001 vor ca. 7 Jahren in meinem Unternehmen eingeführt, und zumindest die erste Einführung war eigentlich nicht wirklich schwer. Wir waren (und sind) eine sehr qualitätsbewusste Organisation, hatten aber zum Zeitpunkt der ISO-9001-Einführung praktisch keine definierten Prozesse und keine wirklich bewusst an Qualität ausgerichtete Organisation.

Die Beschäftigung mit der Norm und den zwingenden Normforderungen hat uns ein Stück weiter gebracht als wir uns dann wirklich systematisch Gedanken über unsere Arbeitsweise gemacht haben und diese – wenn auch in sehr einfacher Form – als Prozesse niedergeschrieben haben. Ebenso haben wir für uns selbst einige explizite Qualitäts-Leitsätze definiert. Themen wie Kundenfeedback, Verankerung eines Verbesserungsprozesses, Erarbeiten von expliziten Qualitätszielen und andere kleine Qualitätsmaßnahmen haben die Qualitätsdokumentation abgerundet.

Der Aufwand hat sich in Grenzen gehalten. Wir hatten damals in der Organisation nur 6 Mitarbeiter und haben ca. 6 Monate und ca. 20 Arbeitstage für die Vorbereitung aller benötigten Inhalte und Dokumente gebraucht. Ganz wichtig war, dass sich neben dem Qualitätsverantwortlichen, den wir damals definiert haben, auch die Geschäftsleitung intensiv mit diesem Thema befasst hat und somit die Qualitätsorientierung in allen Ebenen in der Organisation mitgetragen wurde.

Beim Aufrechterhalten des Zertifikats und beim Thema interne Prozessverbesserung hat uns die Praxis in den Jahren allerdings gezeigt, dass das dann doch nicht ganz so einfach ist, wie es am Anfang ausgesehen hat. Das Tagesgeschäft holt einen schneller wieder ein, als man meint, und ein bis zwei Monate nach dem ersten Audit war die ISO 9001 schon wieder fast vergessen. Aufgerüttelt hat uns dann nach ca. 9 weiteren Monaten der externe Auditor, der den Termin für das erste Folgeaudit ausmachen wollte.

Um das Zertifikat zu behalten, müssen externe Audits zumindest 1x jährlich zwingend durchgeführt werden. Also brach dann kurzzeitig vor dem nächsten Audit Hektik bei uns aus, um alle die Verbesserungsmaßnahmen, die wir fast ein Jahr lang verschlafen hatten, nun noch nachzuholen. Natürlich ist uns das nicht wirklich gut gelungen. Wir hatten jedoch einen verständnisvollen Auditor, der uns gerade in den ersten Jahren gut angeleitet hat. Ein Auditor, der nicht nur hart nach dem Buchstaben der Norm auditiert, sondern im Prozess der Verbesserung durch passendes Feedback unterstützt, war sicherlich ein wesentlicher Erfolgsfaktor bei unseren Qualitätsbestrebungen.

Mittlerweile hat sich das Thema Qualitätsmanagement als regelmäßige Aufgabe bei uns in der Organisation eingespielt, es werden jährlich verschiedene größere und kleine Verbesserungsmaßnahmen definiert und auch umgesetzt. Meine Schlussfolgerung: am Anfang nicht zu viel vornehmen und nicht versuchen, schon im ersten Jahr alles umzureißen. Die Realität hat uns gezeigt, dass der beste Weg ein Weg der kleinen Schritte ist. Damit dauert es zwar auch oft mehrere Jahre, bis ein bestimmtes Thema wirklich umgesetzt ist, dafür ist es dann jedoch auch nachhaltig und gut in der Organisation verankert.

Die Aufrechterhaltung des Zertifikats nach ISO 9001 ist für uns ein wesentlicher Anstoß, uns wirklich regelmäßig mit dem Thema Qualität und Prozessverbesserung auseinanderzusetzen und danach zu trachten, dass wir einerseits unser bestehendes Niveau halten und zusätzlich versuchen, jedes Jahr in einigen Themenbereichen Verbesserungen zu erreichen.

17.3 Kosten und Haftungsrelevanz des QM

Nun kann man sich fragen, inwieweit es notwendig und sinnvoll ist, alle zuvor aufgezählten Standards zu berücksichtigen und deren Umsetzung anzustreben. Dies ist je nach Unternehmen und Branche unterschiedlich.

Im *nicht* sicherheitskritischen Umfeld werden Entwickler zwar auch auf Qualität achten, sie müssen sich jedoch nicht mit der Gefährdung von Menschen auseinandersetzen. Hier wird die Anwendung von Standards primär aus eigenem Antrieb erfolgen, um eine Stabilisierung und nachhaltige Absicherung des Entwicklungsprozesses zu erreichen. Im Falle eines Mitarbeiterwechsels zum Beispiel hilft eine etablierte Prozess- und Dokumentationskultur, den Einfluss auf das Projekt gering zu halten. Außerdem kann ein etabliertes QM-System, sofern ein Zertifikat dafür vorliegt, eventuell auch im Marketing zur besseren Darstellung gegenüber der Konkurrenz genutzt werden.

Die Umsetzung der QM-Standards wird in Organisationen zur Entwicklung von Produkten ohne besonderen Qualitäts- und Sicherheitsanspruch meist nur punktuell erfolgen: soweit dies für das Unternehmen einen direkt erkennbaren Vorteil bringt.

Bei Entwicklungsprojekten mit hohem Anspruch an die Systemintegrität sieht die Sache jedoch anders aus, selbst wenn diese in keiner Weise sicherheitsrelevant sind, wie der folgende Erfahrungsbericht zeigt.

Erfahrungsbericht zu Risiko und Kostenrelevanz

Bei meiner Arbeit bei einem Chiphersteller konnte ich die Auswirkungen eines Qualitätsmangels beobachten, der leider in der Entwicklung und im Test nicht erkannt wurde. Es handelte sich um spezielle Micro-Chips, die millionenfach ausgeliefert wurden und in Mobiltelefone eingebaut wurden. Der Fehler wurde erst nach Produktionsbeginn vom Mobiltelefonhersteller erkannt. Die Chips selbst kosteten zwar einzeln nicht viel, wenn jedoch der Hersteller nach Auslieferung der Handys alle Handys zurückrufen und die Chips im Werk hätte austauschen müssen, so hätte dies viele Millionen Euro gekostet. In diesem Fall war es zufällig so, dass sich dieser Chip-Fehler genau in einem Bereich im ROM eingeschlichen hatte, der umgangen werden konnte. Es war möglich, einen Patch im Betriebssystem des Handys zur Verfügung zu stellen, der die fehlerhafte ROM-Funktion deaktivierte und durch eine nachträglich implementierte Software-Funktion ersetzte. Damit konnten Händler und auch Kunden dieses Problem selbst beseitigen und der Chip-Hersteller ist in diesem Fall mit einem blauen Auge davon gekommen. Das Image beim Kunden war jedoch beträchtlich angekratzt. Dieser Bug hat beim Chip-Hersteller aber für enormen Wirbel bis hinauf zum Vorstand gesorgt und – das ist die positive Seite – für ein verstärktes Bewusstsein hinsichtlich Qualität und guter Entwicklungsprozesse in diesem Unternehmen gesorgt.

Im sicherheitskritischen Umfeld ist auch der Faktor »Gefährdung von Menschen und Umwelt« und die damit verbundene Haftung der Organisation und der verantwortlichen Personen ein wesentlicher Treiber für die Einführung und Aufrechterhaltung von Qualitätsmanagement-Systemen, wie Kapitel 18 zeigen wird. Dabei ist es sehr wohl relevant, alle allgemeinen und auch die branchenrelevanten Qualitätsstandards zu kennen und diese auch entsprechend umzusetzen. Die Kunden müssen darauf vertrauen dürfen, dass vom Hersteller alles getan wurde, um ein möglichst gutes und fehlerfreies Produkt zu erstellen. Dabei werden zuerst natürlich Produkt-Standards eine Rolle spielen, die gewisse Eigenschaften eines Produkts definieren, die der Kunde erwarten darf (im Software-Bereich ist dies z.B. die Usability-Norm ISO 9241). Nicht weniger relevant sind dann aber auch die vielen zuvor erwähnten Prozess-Normen und Standards.

17.4 Umsetzung des Qualitätsmanagements

In der praktischen Umsetzung des Qualitätsmanagements wird man sich typischerweise an allgemeinen und branchenüblichen Standards orientieren. Selten ist es dabei notwendig, *alle* Standards genau und detailgetreu umzusetzen. Für gleiche Themen existieren oft mehrere ähnliche Standards (vgl. CMMI und SPICE).

QM-Standards lassen meist einen gewissen Freiraum bei der Gestaltung. Sehr oft werden zwar gewisse zu erreichende Ziele hinsichtlich Prozess- und Produktqualität vorgegeben, aber nicht der Weg, wie diese Ziele zu erreichen sind. Mit Hausverstand und pragmatischem Denken können Ziele gelegentlich erreicht werden, ohne unnötigen, administrativen Overhead zu schaffen. Administrativer Overhead, der nur dem Standard Genüge tut, ist oft ein Hinweis auf zu spät im Projekt berücksichtigte QM-Themen.

Um unnötigen, administrativen Aufwand wie im Erfahrungsbericht zu vermeiden, kann man durchgängige Tool-Ketten etablieren, die es ermöglichen, die Entwicklungsartefakte über die Tool-Grenzen datenbankgestützt miteinander zu verknüpfen, sodass die Traceability-Tabelle nicht mehr manuell erstellt und gewartet werden muss, sondern von den Tools automatisch ausgegeben wird. Damit schafft man eine gewisse Erleichterung bei der Dokumentation der Traceability.

Der Aktualisierungsaufwand ist aber trotzdem vorhanden und darf nicht unterschätzt werden. In kleinen Projekten ohne Sicherheitsrelevanz wird man eventuell in Ermangelung passender und in der Anwendung günstiger Tools auch zu den zuvor erwähnten, manuell geführten Traceability-Tabellen in Excel oder Word greifen. Wichtig dabei ist, dass sich alle Beteiligten darüber klar sind, ob dies dann ggf. nur eine »temporäre Wegwerfdokumentation« sein soll, die z.B. in bestimmten Phasen des Projekts als Analyse- oder Diskussionsgrundlage sinnvoll ist, aber ab einem bestimmten Zeitpunkt nicht mehr gewartet wird.

Erfahrungsbericht für missglücktes QM zur »Traceability«

Viele Unternehmen mühen sich damit ab, die Nachvollziehbarkeit im Entwicklungsprozess und die Zusammenhänge zwischen den vielen Entwicklungsartefakten (Anforderungen, Architekturkomponenten, Code-Fragmente, Testfälle, Risikoanalysen, ausgelieferten Versionen etc.) zu dokumentieren, da dies in praktisch allen einschlägigen Standards gefordert wird. Manchmal treibt dies seltsame administrative Blüten, wenn man sich zu spät mit der Materie auseinandersetzt: In verschiedensten Dokumenten werden nachträglich Nummernverweise zu anderen Dokumenten eingefügt, z.B. von Testfällen auf Anforderungen, oder händisch in einem Textverarbeitungsprogramm eine Traceability-Tabelle erstellt.

Diese Verweise oder Verweistabellen über mehrere Dokumente hinweg aktuell zu halten ist jedoch oft mit großem Aufwand verbunden, speziell dann, wenn die Anforderungen nicht stabil sind. Der hohe Aufwand verleitet manche Mitarbeiter, die Verweise nicht zu aktualisieren. Nicht aktuell gehaltene Verweise sind aber fast ebenso nutzlos wie keine Verweise. Andere Mitarbeiter sind demotiviert, diese falschen Verweise zu reparieren und selbst neue einzutragen, was dazu führt, dass die Traceability-Tabellen noch schneller unbrauchbar werden. Der Einzige, den diese Tabellen dann noch interessieren, ist der interne oder externe Auditor, der in solchen Traceability-Tabellen natürlich sehr schnell Fehler findet, die er dann in seinem Bericht bemängeln kann.

17.5 Die Rolle des Qualitätsmanagers

Es macht Sinn, die Aufgaben und Befugnisse eines Qualitätsmanagers exakt zu definieren und seine Befugnisse und Pflichten von denen der Entwicklungs- und Testprojektleiter klar zu unterscheiden. In so einer Definition könnte man Aufgaben auf Unternehmensebene und auf operativer Ebene festhalten, wie beispielhaft in der folgenden Auflistung vorgeschlagen:

- Übergreifende Verantwortung für das QM-System
- Überwachung der Zertifizierungsvoraussetzungen nach einschlägigen Normen
- Auditierung, Bewertung und Weiterentwicklung der Prozesse
- Mitarbeit bei der Definition von Verfahrensanweisungen
- Mitarbeit bei der Definition von Prozessmetriken für Projekte
- Regelmäßige Beurteilung der (Zwischen-)Ergebnisse der Projekte aus Qualitätssicht (z.B. im Rahmen von Quality-Gates)
- Sicherstellen der Prozesseinhaltung in den Projekten
- Mitwirkung am Freigabeprozess von Produkten

In der Auflistung fehlen mit Absicht Reviews und Testaufgaben im Rahmen der Qualitätssicherung. Dies ist der Punkt, an dem sich die Rolle des Qualitätsmanagers maßgeblich von der Rolle des Testmanagers oder Testers unterscheidet: Der QM soll sich auf die Optimierung der Prozesse und die Einhaltung der Qualitätsvorgaben in den Projekten kümmern, jedoch nicht selbst die operative Qualitätssicherung bzw. das Testmanagement oder die Testdurchführung betreiben.

Wie kann man das Thema QM in einer Entwicklungsorganisation etablieren, ohne dabei über das Ziel hinaus zu schießen und ohne einen unnötigen, administrativen Aufwand zu produzieren? In jedem Fall sollte der für das QM verantwortliche Mitarbeiter sensibel agieren und einen »konstruktiven« Zugang zu diesem Thema haben. Qualitätsmaßnahmen in der Entwicklung müssen an die Qualitätserfordernisse des Produkts angepasst sein. Sind Maßnahmen unnötig komplex, so finden sie keine Akzeptanz und könnten schnell torpediert und boykottiert werden. Der Qualitätsmanager sollte sich nicht nur im »stillen Kämmerlein« Prozessvorgaben ausdenken, sondern sollte sich aktiv ins Projektgeschehen mischen und mit den Projektteams gemeinsam arbeiten. Angepasste Qualität entsteht nicht durch ein Diktat von oben.

Ein Qualitätsmanager muss gelegentlich unpopuläre Maßnahmen setzen. Daher ist für den Erfolg von QM-Maßnahmen der Rückhalt im Management wesentlich. Ein Qualitätsmanager sollte daher nicht irgendwo an untergeordneter Stelle im Organigramm auftauchen, sondern am besten direkt an die Geschäftsführung angebunden sein, z.B. als Stabsstelle der Geschäftsführung oder, bei größeren Organisationen, als eigener Querschnittsbereich.

Qualitätsmanagement hat ohne Zweifel einen »Steuerungsaspekt«. Prozesse sollen »weiterentwickelt« – das heißt kontinuierlich den Erfordernissen angepasst – werden. Typischerweise geschieht dies mit Hilfe von Kennzahlen. Solche Kennzahlen sind uns in den Abschnitten 1.5.3 und 16.4.3 in Form von Prozessmetriken und in den Abschnitten 4.5 und 6.6 als Code- bzw. Testmetrik begegnet. Im folgenden Abschnitt beschäftigen wir uns nun mit der Definition von Metriken im Allgemeinen und setzen dabei die Kenntnis der erwähnten Abschnitte voraus.

17.6 Mit Metriken die Qualität steuern

Auf die Bedeutung von Kennzahlen wurde an mehreren Stellen im Buch bereits hingewiesen. Ein gezielter Einsatz kann Veränderungen im Unternehmen objektivieren und visualisieren. In manchen Unternehmen ist es aber so, dass sich eine richtiggehende Kennzahlen-Manie etabliert hat, was dazu führt, dass alle möglichen sinnvollen und sinnlosen Kennzahlen mit oft beträchtlichem Aufwand ermittelt werden. Wenn diese Kennzahlen dann nur dazu dienen, im Büro des Entwicklungsleiters die Wand zu tapezieren oder dem Qualitätsmanager das Gefühl zu geben, »alles gemacht« zu haben, dann geht dies am eigentlichen Ziel vorbei.

Damit Metriken gewinnbringend eingesetzt werden können, müssen sie zur Steuerung der Qualität taugen. Es ist wichtig, bei der Auswahl und Definition von Metriken Sorgfalt und Augenmaß zu beweisen. Erfahrene Berater empfehlen

Neueinsteigern lieber mit 3 sinnvollen Metriken zu beginnen, als 100 Metriken übereilt festzulegen und dann festzustellen, dass man keinen praktischen Nutzen aus vielen dieser Kennzahlen ziehen kann.

Jede Messung kann auch das gemessene System beeinflussen. Ganz besonders ist das bei Prozessmetriken so. Vor allem dann, wenn die betroffenen Mitarbeiter darin eine Leistungsmessung bzw. Beurteilung ihrer Person sehen. Dies führt dazu, dass nicht der Prozess im Sinne des Unternehmens verbessert wird, sondern die Mitarbeiter nach Möglichkeiten suchen, wie sie die Metriken so manipulieren können, dass die Bewertung ihrer Person verbessert wird. Der Erfahrungsbericht am Ende von Abschnitt 16.4 gibt ein Beispiel dazu. Ebenso dann, wenn die Mitarbeiter sich durch die Erhebung der Metriken in ihrer Arbeit behindert sehen oder die Metriken als Untermauerung subjektiver Eindrücke von Vorgesetzten wahrnehmen.

Damit dies nicht passiert, sollten Mitarbeiter in die Definition von Metriken eingebunden werden, und die entstehenden Kennzahlen sollten folgende Eigenschaften aufweisen:

1. Objektivität: kein subjektiver Einfluss durch den Prüfer möglich.
2. Zuverlässigkeit: Eine Wiederholung der Messung liefert die gleichen Ergebnisse.
3. Nützlichkeit: Die praktischen Bedürfnisse der Betroffenen werden erfüllt.
4. Normierung: Es gibt eine klar festgelegte Skala für die Messergebnisse.
5. Ökonomie: Die Messung ist mit geringen Kosten durchführbar (im Verhältnis zu den Prozess/Produktkosten).
6. Messtauglichkeit: Die Messergebnisse erlauben auch einen sinnvollen Rückschluss auf die gemessene Eigenschaft.

Eine gute Metrik ist sowohl valide (sie misst das, was beabsichtigt war) als auch zuverlässig (erbringt konsistente Ergebnisse). Man unterscheidet zwischen *Prozessmetriken*, die den Prozess beurteilen, *Projektmetriken*, die den Projektfortschritt messen, und *Produktmetriken*, die Eigenschaften des Produkts beurteilen.

Praxisbeispiel für die Definition von Prozess- und Projektmetriken

Neben der Sicherstellung einer ausreichenden Qualität im Entwicklungsprozess sollte ein Ziel des Qualitätsmanagers sein, sicherzustellen, dass die durchgeführten Verifikationsaktivitäten möglichst effizient sind. Um dieses Ziel zu erreichen, könnte man sich folgende Fragen stellen:

- Wie viel Aufwand verursacht das Testen im Verhältnis zum Spezifikations- und Umsetzungsaufwand?
- Wie viele Fehler werden mit einem bestimmten Testaufwand gefunden, bevor der Kunde sie findet?
- Wie viele Fehler werden mit einem bestimmten Testaufwand trotzdem noch durch den Kunden gefunden?

Es gibt sicherlich noch viele weitere Fragen, die in diesem Zusammenhang interessant wären, die man je nach Bedarf hinzufügen kann. Nach der Auswahl der wichtigsten Fragestellungen überlegt man dann, welche Messkriterien hilfreich sein könnten, um diese Fragen zu beantworten. Im konkreten Fall könnten dies z.B. folgende Eigenschaften bzw. Bedingungen sein, die in einem Prozessaudit oder im Idealfall durch automatische Auswertungen (z.B. aus einer Zeiterfassung oder Fehlerdatenbank) festgestellt werden können:

- KFRs3M = Kunden-Fehler-Rückmelderate für schwere Fehler innerhalb dreier Monate nach Release. Beispiel einer Zielvorgabe: Wert soll im Idealfall 0, in jedem Fall aber < 5 sein.
- TgFs = Durch das eigene Testteam vor der Release gefundene, schwere Fehler. Beispiel einer Zielvorgabe: Wert soll im Verhältnis zu KFRs3M möglichst hoch sein.
- FVei = KFRs3M / TgFs (Extern-Intern-Fehlerverhältnis). Beispiel einer Zielvorgabe: Wert soll möglichst gering sein, Eskalation an höheres Management notwendig, wenn z.B. > 20%.
- TAufw = Testaufwand für eine Release. Zielvorgabe: Wert soll »angemessen« gering sein, d.h. von den branchenüblichen Werten nicht stark abweichen. TAufw sollte typischerweise erhöht werden, wenn z.B. FVei einen Grenzwert überschreitet (abhängig vom Qualitätsverständnis der Organisation und dem Umfeld, z.B. wenn FVei > 20%).
- TFA = TAufw / TgFs, also Testaufwand im Verhältnis zu schweren Fehlern, die vor dem Kunden durch die eigenen Tester gefunden werden. Eine Zielvorgabe kann sich hier an den Fehlerkosten und dem zu erwartenden Image-Verlust im Fehlerfall orientieren.

Die Metriken müssen für die Anwendung genau definiert werden, um Fehlinterpretationen zu vermeiden und Konkurrenzsituationen zwischen den Metriken aufzulösen, was aus Platzgründen in diesem Beispiel nicht gemacht ist. Wichtig ist, dass sich alle Betroffenen *vor* Beginn der Messungen auf sinnvolle Definitionen geeinigt haben und dann auch an diesen festhalten.

Beispiele für eine große Zahl an Metriken findet man u.a. in [Ebert 05, Kütz 07].

17.7 Die Wirtschaftlichkeit von QM

Typischerweise kennt man die Kosten, die durch QM-Maßnahmen verursacht werden, relativ genau (z.B. Gehaltskosten des Qualitätsmanagers; Stunden, die andere Mitarbeiter mit Reviews, Ausfüllen von Checklisten, QM-Besprechungen etc. verbringen). Der durch die QM-Maßnahmen erwirkte Nutzen ist jedoch schwer monetär zu bewerten.

Es bleiben 2 Möglichkeiten, den Nutzen von QM zu bewerten:

1. Allgemein anerkannte Benchmarks heranziehen (z.B. welchen Aufwand QM-Maßnahmen typischerweise im Verhältnis zum Gesamtprojektumfang haben sollen, damit diese Maßnahmen wirkungsvoll sind). In [Grupp 01] wird ein zusätzlicher Aufwand in Projekten von ca. 20% für ein konsequentes QM (nach ISO 9001) angegeben, der jedoch über den Lifecycle des Produkts einen entsprechend höheren Nutzen ergibt.
2. Selbst Messungen durchführen und schauen, wie sich die gemessenen Kennzahlen durch gezielte QM-Maßnahmen verändern.

Erfahrungsbericht »Wirtschaftliches QM«

In vielen Projekten hat sich mir gezeigt, welche grundlegenden QM-Maßnahmen als wirtschaftlich sinnvoll und angemessen zu sehen sind und jedenfalls durchgeführt werden sollten. Die wichtigsten dieser Maßnahmen und Kriterien sind nachfolgend angeführt:

- Einsatz eines eigenen Qualitätsbeauftragten, der unabhängig von Entwicklungs-, Projekt- und Test-Managern seine Rolle wahrnimmt – am besten als Stabsstelle der Geschäftsleitung. Hinweis: In kleinen Projekten kann dies auch eine Teilzeit-Aufgabe sein.
- Erstellen eines projektbezogenen QM-Plans, der konkrete Vereinbarungen und Vorgaben für das Projektteam hinsichtlich der zu erreichenden Qualität enthält, die Rolle des Qualitätsmanagers (Aufgaben, Verantwortung und Befugnisse) im Projekt festlegt, die durchzuführenden QM-Aktivitäten (was, wann durch wen) definiert und der durch das obere Management akzeptiert und freigegeben ist.
- Etablieren eines projektbegleitenden Qualitätsmanagers, der durch regelmäßige Audits und Reviews die Einhaltung der vorab definierten Prozesse und Qualitätsziele prüft.
- Definition und Abstimmen von Regelungen und Vorgehen für das Change-Management, den Umgang mit Fehlern und vorbeugende Maßnahmen zur Fehlervermeidung.

17.8 Werkzeuge

Eines der wichtigsten Werkzeuge des Qualitätsmanagers ist gutes Schuhwerk, damit er in den Entwicklungsteams Präsenz zeigt. Ist ihm zum Beispiel eine regelmäßige Fehlerursachenanalyse überantwortet, siehe Abschnitt 16.4.3, so ist es am besten, wöchentlich die betroffenen Entwickler an deren Arbeitsplatz aufzusuchen und eine gemeinsame Analyse durchzuführen. Ein gewissenhafter Qualitätsmanager wird die Entwicklungs- und Testwerkzeuge auch inspizieren und mit dem Stand der Technik vergleichen. Dazu ist der Besuch von Messen und Tagungen kein Fehler.

Werkzeuge für die Aufgabe des Erfassens von Produktmetriken gibt es in großer Zahl. Neben den in Abschnitt 4.6 erwähnten Werkzeugen zählen z. B. Understand von Scientific Toolworks und SourceMonitor von Campwood Software zu Werkzeugen, die Code-Metriken erheben.

Prozess- und Projektmetriken können mit den Werkzeugen des Projekt- bzw. Testmanagers erhoben werden, siehe Abschnitt 16.6. Typischerweise erlauben die Werkzeuge das Errechnen von einfachen Metriken im Rahmen von Reports oder erlauben zumindest den Export der Basiskennzahlen, aus denen sich der Qualitätsmanager dann in einem Spread Sheet oder mit Hilfe von Skripts komplexere Metriken errechnen kann.

17.9 Diskussion

Die Liste der möglichen Aufgaben eines Qualitätsmanagers zeigt, dass dieser auch eine Kontrolle der Arbeit des Entwicklungsprojektleiters bzw. Testprojektleiters vornimmt. In vielen gut aufgestellten Organisationen werden Dokumente und Software-Releases daher nur dann freigegeben, wenn der Projektleiter *und* der Qualitätsmanager der Freigabe zustimmen.

In Projekten mit hohem Integritätsanspruch sieht man oft einen Qualitätsmanagementplan, in dem die Aufgaben des Qualitätsmanagers so exakt beschrieben werden, dass im Bedarfsfall ein anderer Qualitätsmanager schnell das Projekt übernehmen kann. In Projekten mit allerhöchsten Ansprüchen definiert der Einkäufer von Software Mindeststandards an das Qualitätsmanagement, zum Beispiel in einem Software Quality Assurance Requirements Document. Der Zulieferer kann dann durch eine lückenlose Traceability-Tabelle von den Software Quality Assurance Requirements des Kunden zum Qualitätsmanagementplan des Zulieferers (und ggf. anderen Dokumenten) zeigen, dass man diese Mindeststandards erfüllt.

Auch ein Qualitätsreport gehört zum Standard-Repertoire einer QM-Werkzeugkiste für Projekte mit hohen Ansprüchen. Darin wird zum Beispiel festgehalten, welche Metriken mit welchen Werten wann erhoben wurden und welche Schlüsse daraus gezogen werden können, welche internen Audits der Qualitätsmanager gemacht hat, was das Ergebnis der Audits war, und wie man sicherstellte, dass aus den Audits resultierende Auffälligkeiten zu Verbesserungen geführt haben, bzw. wie der Qualitätsmanager sichergestellt hat, dass aus dem Kunden bekannt gewordenen Fehlern gelernt wurde.

Ohne Zweifel wird in Projekten, die in Zeitnot geraten, gelegentlich bei der Qualität der Entwicklungsarbeit oder beim Test gespart. Aus kurzfristiger Sicht kann dies durchaus sinnvoll sein, etwa wenn man sich einen entscheidenden Vorteil durch ein frühes Markteintrittsdatum erhofft. Wie auch der Testmanager, siehe Abschnitt 16.7, sollte der Qualitätsmanager das eingegangene Risiko schriftlich dokumentieren und höheren Entscheidungsträgern vortragen. Das vermeidet im Idealfall Frust, klärt ggf. Missverständnisse und schützt vor später kommenden Anschuldigungen oder persönlicher Haftung.

17.10 Fragen und Übungsaufgaben

Frage 17.1: Welche Motivation könnten Unternehmen haben, allgemeine QM-Standards, wie die ISO 9001, anzuwenden, unabhängig davon, ob es sich um ein sicherheitskritisches oder nicht sicherheitskritisches Umfeld handelt?

Frage 17.2: Als Qualitätsmanager betreuen Sie zwei Projekte. Welche Werkzeuge erwarten Sie bei der Verwaltung der Traceability zwischen Anforderungen und Tests bei folgenden beiden Projekten: (a) 50 Anforderungen, 80 Testfälle; (b) 2500 Anforderungen, 8000 Testfälle?

Frage 17.3: Welche Eigenschaften muss eine gute Metrik haben? Nennen Sie mindestens drei Eigenschaften.

Aufgabe 17.4: Nennen Sie typische Aufgaben eines Qualitätsmanagers!

18 Softwaretest und Haftungsrisiko

Software in eingebetteten Systemen übernimmt, dank weiterhin steigender Leistungsfähigkeit von Elektronik, immer komplexere Aufgaben. Steigende Komplexität bringt aber auch ein höheres Risiko von Fehlfunktionen, speziell dann, wenn der Entwicklungs- und Testaufwand einen konkurrenzfähigen Preis erlauben soll. Bereits im September 2003 schrieb die Deutsche Presseagentur »Software ist Pannenursache Nummer eins« als Überschrift zu einer Aussendung über Elektronik und ihre Defekte in Kraftfahrzeugen. Wie viel oder wenig muss Software von Rechts wegen getestet werden, bevor man das Produkt auf den Markt bringen darf? Wie sieht es da in »heiklen Branchen« aus, in denen ein Defekt auch ein Sicherheitsrisiko darstellt? Wie hoch ist da mein persönliches Haftungsrisiko als Entwickler oder Tester? Antworten dazu gibt dieses Kapitel.

18.1 Ein Softwarefehler im Sinne des Gesetzes

Ein Lieferant haftet beim Vorliegen von Fehlern nur dann für den durch sein Produkt verursachten Schaden, wenn sein Produkt *mangelhaft* ist. Damit wir verstehen können, was damit gemeint ist, müssen wir zunächst einen Blick darauf werfen, wie der Gesetzgeber einen Fehler bzw. Mangel bei Software definiert.

Wenn eine Anforderungsspezifikation vorliegt, dann ist die Software in jedem Fall dann *fehlerhaft*, wenn sie nicht der von beiden Parteien vereinbarten Spezifikation entspricht. Soweit keine vereinbarte Spezifikation vorhanden oder diese nicht vollständig ist, liegt zudem bzw. dennoch ein Fehler vor, wenn der Software Eigenschaften fehlen, die generell bei Software der betreffenden Kategorie erwartet werden können oder bei Software der gleichen Art üblich ist, ausgenommen, es wurde vereinbart, dass diese Eigenschaften nicht vorliegen müssen [Grünfelder 09]. Es ist daher sowohl im Interesse des Lieferanten als auch im Interesse des Einkäufers, die Anforderungen an die Software möglichst exakt zu erfassen, siehe dazu Kapitel 2.

Der vertragliche Fehlerbegriff ist im EU-Raum vereinheitlicht. Dabei ist zu beachten, dass, juristisch gesehen, nicht jeder Fehler einen Mangel darstellt, aber jeder Mangel einen Fehler. Von einem Mangel sprechen die Juristen dann, wenn ein Fehler zu einem vertraglichen oder gesetzlichen Anspruch auf Beseitigung oder Schadensersatz führt. Im deutschen Recht ist beispielsweise ein Fehler, den der Kunde bei Vertragsabschluss oder Abnahme kennt, kein Mangel. Auch führen zum Beispiel unwesentliche Fehler zwar zu einem Nachbesserungsanspruch, nicht aber zu einem Schadensersatzanspruch.

Der Kunde kann erwarten, dass sicherheitsrelevante Software gemäß dem Stand der Wissenschaft und Technik entwickelt wird und so sicher ist, wie man es für den »gewöhnlichen Einsatz« der Software annehmen kann. Dabei ist für den Gesetzgeber auch der Preis des eingebetteten Systems relevant. Bei einem Hochpreisprodukt darf der Kunde von einem höheren Absicherungsgrad ausgehen als bei einem Billigprodukt [Wolf 06]. Aber auch hier ist es empfehlenswert, den Sicherheitsstandard am besten exakt durch die Spezifikation vorzugeben.

Durch den Begriff »Stand der Wissenschaft und Technik« wird das Ausmaß der Anforderungen an sicherheitsrelevante Produkte deutlich: Er umfasst Patente, nicht patentierte technische Erkenntnisse und einschlägige technische Publikationen [Grünfelder 09].

18.2 Vertragliche Gewährleistung und Haftung

Liegt ein Software-Mangel vor, dann haben die Abnehmer der Software gegenüber ihren Lieferanten Gewährleistungsrechte (auch Mangelrechte genannt). Diese beschränken sich im EU-Raum zunächst auf (1) das Recht auf Nachbesserung (sprich auf Fehlerbehebung oder Lieferung eines fehlerfreien Produkts), (2) das Recht, den Abnahmepreis zu mindern oder (3) das Recht, vom Vertrag zurückzutreten [Grünfelder 09].

So eine Nachbesserung kann bei eingebetteten Systemen aber beträchtliche Kosten verursachen, denn das Einspielen der korrigierten Software in das Zielsystem ist manchmal nur durch Fachkräfte möglich und erfordert daher im schlimmsten Fall eine Rückrufaktion der betroffenen Endprodukte.

Zu Schadenersatz ist der Lieferant dann verpflichtet, wenn er fahrlässig handelt oder den Fehler nicht innerhalb einer angemessenen Frist beseitigt. Als fahrlässiges Handeln gilt auch schon die Nichtbeachtung des Stands der Technik bei der Verifikation. In diesem Buch wird deutlich, dass für eine Verifikation gemäß dem Stand der Technik das Vorliegen des Quellcodes notwendig ist. Der Quellcode liegt einem Wiederverkäufer im Regelfall nicht vor. Der Gesetzgeber ist da nachsichtig und sieht daher höhere Prüfpflichten vor, wenn der Lieferant auch der Entwickler der Software ist [Grünfelder 09].

Wenn Lieferant und Abnehmer keine Haftungsbeschränkung vereinbart haben, ist die Haftung des Lieferanten unbeschränkt. Ein Haftungsfall kann dem Lieferanten leicht das Genick brechen, denn ein Produktionsausfall beim Kunden oder eine Rückholaktion des Endprodukts können Millionen kosten und auch

Versicherungen bezahlen in so einem Fall den Schaden – wenn überhaupt – erst nach langwierigen juristischen Prüfungen.

Beispiel zur Vertragshaftung

Der folgende Haftungsfall eines Software-Herstellers wird in [Schuppenhauer 98] beschrieben und in [Grünfelder 09] von einem Anwalt und einem gerichtlichen Sachverständigen analysiert: Ein bereits im Einsatz befindliches, selbst entwickeltes Programm wird von den Programmierern geringfügig verändert. Dabei passiert ein Stellenfehler in einer Berechnung. Dieser Fehler führt in weiterer Folge zu einem Millionenschaden für den Betreiber der Software. Augenscheinlich wurde die Software-Änderung durch die Programmierer schlecht getestet. Selbst wenn die Programmierer verlangten, dass auch der Betreiber der Software diese vor der Inbetriebnahme testen muss, so ist jedenfalls eine Verletzung der Sorgfaltspflicht anzunehmen und zumindest leichte Fahrlässigkeit anzulasten. Voraussetzung dafür ist, dass eine entsprechende Testspezifikation und ein Testprotokoll vorliegen. Wenn gar nicht getestet wurde, etwa weil es sich ja »nur um eine kleine Änderung handelte«, oder wenn die Testprotokolle nicht mehr auffindbar sind, so kann dies als grobe Fahrlässigkeit gesehen werden.

18.3 Vertragliche Beschränkung der Haftung

Kannte der Lieferant einen Fehler zum Zeitpunkt der Auslieferung und informiert den Kunden nicht darüber, dann kann er seine Haftung für durch diesen Fehler verursachte Schäden vertraglich nicht beschränken. Der bekannte Fehler kann aber in die Spezifikation aufgenommen werden, die vernünftigerweise Vertragsbestandteil ist. Nun ist es ein Feature, kein Bug, daher haftet der Lieferant im Allgemeinen nicht für Folgeschäden dieses Features. Dies gilt natürlich nur so weit, als eine solche Einschränkung der Spezifikation nicht die Grundfunktionalität des zu liefernden Produktes ausschließt oder einschränkende Auswirkung auf andere, zugesagte Funktionen hat.

Im Streitfall hat der Kunde nur nachzuweisen, dass ein Fehler vorliegt. Um der Haftung zu entkommen, muss der Lieferant nachweisen, dass der Fehler trotz Anwendung jeder möglichen Sorgfalt für ihn nicht erkennbar war [Grünfelder 09]. Das ist oft gar nicht so einfach. Es ist daher im Interesse des Software-Lieferanten, die Haftung im Vertrag zu beschränken. Damit so eine Haftungsbeschränkung rechtswirksam ist, sind einige juristische Rahmenbedingungen zu erfüllen, die am besten durch einen Rechtsanwalt zu prüfen sind. Die Rechtslage unterscheidet sich in Deutschland, Österreich und der Schweiz geringfügig. So darf etwa in Österreich und der Schweiz in allgemeinen Geschäftsbedingungen weit mehr beschränkt werden als in Deutschland, wo auch die Beschränkungsmöglichkeiten in vorformulierten Verträgen sehr gering sind [Wolf 06]. Gerade bei Projekten mit hohen Risiken kann aber überlegt werden, ob eine spezielle Versicherung auch für Gewährleistungsrisiken abgeschlossen wird. Ist eine solche

Versicherung angemessen im Verhältnis zum Projektrisiko, kann beispielsweise die Haftung auf die Versicherungssumme beschränkt werden.

18.4 Produzentenhaftung bei Software

Die sogenannte *Produzentenhaftung* gibt Nutzern von *sicherheitsrelevanten* Produkten Anspruch auf Schadensersatz gegen den *Hersteller* des Produkts bei Sach- und Personenschäden, und zwar unabhängig davon, ob dieser oder ein Zwischenhändler der Vertragspartner ist. Die Produzentenhaftung besteht unabhängig neben der vertraglichen Haftung.

Nach der Produzentenhaftung haftet der Hersteller für Personen- und Sachschäden (also nicht für reine Vermögensschäden), die dadurch verursacht sind, dass

- Entwicklung,
- Produktion und/oder
- die Anweisungen und Warnungen in den Produkthandbüchern der Software

nicht dem Stand der Wissenschaft und Technik entsprechen. Bei Software gehört zur »Produktion« unter anderem das Kompilieren des Programms. Als Software-Lieferant muss man sich daher auch gegen Compilerfehler als Fehlerursache absichern!

Um das Haftungsrisiko zur Produzentenhaftung zu reduzieren, ist also eine zeitgemäße Qualitätssicherung notwendig, die nicht nur die Produktqualität prüft, sondern auch die Qualität des Entwicklungsprozesses. Eine Nichtbeachtung einschlägiger technischer Normen ist – unabhängig davon, ob die Pflicht zur Beachtung vertraglich vereinbart wurde oder nicht – ein klarer Sorgfaltspflichtverstoß, der eine Produzentenhaftung auslösen kann. Bei der Beweislast ist es ähnlich wie bei der vertraglichen Haftung: Der Geschädigte muss im Wesentlichen nur nachweisen, dass ein Fehler des betreffenden Produkts vorliegt und die Ursache des Fehlers aus dem Verantwortungsbereich des Herstellers stammt. Gelingt dies, kann der Hersteller seine Haftung nur dann abwehren, wenn er nachweist, dass er nach dem Stand der Technik den Fehler nicht hat erkennen und somit vermeiden können [Grünfelder 09].

18.5 Produkthaftung

Wenn man für *Privatverbraucher* am Massenmarkt produziert, so wird die Software von den Gerichten als »Produkt« im Sinne der Produkthaftung gewertet. Nach der Produkthaftung muss der Hersteller dem Geschädigten den entstandenen Personen- und Sachschaden ersetzen, der durch einen Sicherheitsmangel eingetreten ist. Ein solcher Sicherheitsmangel liegt vor, wenn das betreffende Produkt nicht die Sicherheit bietet, die zum Zeitpunkt seiner Auslieferung durch den Hersteller nach dem Stand der Technik erwartet werden kann.

Die Produkthaftung ist zum Schutz von Privatkunden gedacht, das heißt, sie greift, anders als die Produzentenhaftung, nicht bei Schäden, die an gewerblich genutzten Sachen entstehen. Einem Privatkunden ist nicht zuzumuten herauszufinden, wer der Hersteller der Software in dem Produkt ist, mit dem er sich gerade verletzt hat. Daher haftet auch der Lieferant. Im Schadensfall kann sich der Kunde direkt an den Lieferanten des Produkts wenden! Der Lieferant darf sich im Regress wiederum an seinem Zulieferer schadlos halten, bis man schließlich beim Hersteller der schadensverursachenden Software angelangt ist. Und dieser Hersteller haftet verschuldensunabhängig, d.h. nur dann nicht, wenn der Sicherheitsmangel in der Software bei Auslieferung noch nicht vorhanden war, oder der Sicherheitsmangel gemäß dem Stand der Wissenschaft und Technik bei Auslieferung nicht erkannt werden konnte [Grünfelder 09]. Die Produkthaftung kann vertraglich weder eingeschränkt noch beschränkt werden und ist unabhängig von einem Verschulden des Herstellers oder Zulieferers. Regressansprüche zwischen Zulieferer und OEM sind aber vertraglich beschränkbar.

Also egal, ob man Individualsoftware für den gewerblichen Kunden oder Standardsoftware für den Massenmarkt erzeugt: Qualitätswesen und Entwicklungsprozesse gemäß dem Stand der Technik sind für den Softwarehersteller wichtig, um das Haftungsrisiko zu reduzieren. Der Hersteller von Software haftet im Rahmen der Produkthaftung aber nicht für Vermögensschäden (also z.B. wegen eines entgangenen Großauftrags infolge des Imageverlusts).

Praxistipps zu einem erfundenen Beispiel eines Produkthaftungsfalls

Ein Tankwagen mit elektronischer Abfüllvorrichtung verliert durch einen Softwarefehler im Steuergerät der Vorrichtung während der Fahrt eine beträchtliche Menge Heizöl. Durch den Ölfilm auf der Fahrbahn kommt zu einem Unfall mit Verletzten. Die Geschädigten können nun vom Tankwagenhersteller Schmerzensgeld und Schadenersatz verlangen. Diese Forderung kann der Tankwagenhersteller nicht zurückweisen. Der Tankwagenhersteller kann sich dieses Geld aber vom Hersteller des Steuergeräts für die Abfüllvorrichtung zurückholen, soweit im Vertrag zwischen Tankwagenhersteller und dem Steuergerätehersteller die Haftung für Softwarefehler nicht beschränkt worden ist. Wenn sich herausstellt, dass weitere in Betrieb befindliche Tankwagen einen Personen- oder Sachschaden verursachen können, muss der Tankwagenhersteller zudem eine Rückrufaktion starten. Die Rückrufkosten kann der Tankwagenhersteller wiederum – vorbehaltlich einer wirksam vereinbarten Haftungsbeschränkung – gegenüber dem Hersteller des Steuergeräts geltend machen. Geht der Zulieferer durch die Forderungen bankrott, so muss der Tankwagenhersteller die Kosten selbst übernehmen. Aus diesem Grund ist es dem Tankwagenhersteller zur Reduktion seines Risikos anzuraten, mit der Lieferung des Steuergeräts auch Einsicht in Testvorgänge und Prüfprotokolle zu verlangen. Dem Hersteller von sicherheitsrelevanter Software ist anzuraten, sich um ausreichenden Versicherungsschutz für Betriebshaftpflicht- und Rückrufschäden zu kümmern.

18.6 Sorgfaltspflicht des Software-Herstellers

Bei der Erstellung der Software erwartet der Gesetzgeber die Befolgung des Stands der Wissenschaft und Technik, um Fehler weitgehend und angemessen auszuschließen. Das heißt, es sind *zumindest* die applikablen Normen zu beachten. Für den Fall von sicherheitsrelevanten Systemen ist das die Norm *IEC 61508* (als europäische Norm auch *EN 61508*). Diese ist die »Mutter« der meisten Branchen-spezifischen Normen, wie unter anderen der ISO 26262 für Kraftfahrzeuge, der EN 50128 für Eisenbahnanwendungen oder der EN 60601 und IEC 62304 für medizinische Geräte.

Eine Befolgung der Normen ist zwar notwendig, aber nicht hinreichend. Bis Entwicklungs- und Testmethoden in Normen Einzug halten, müssen sie sich erst bewähren, und die Erstellung einer Norm benötigt viel Zeit. Der Software-Hersteller ist daher gefordert, neben der Befolgung der Normen auch den aktuellen Stand der Wissenschaft und Technik zu beurteilen und seine Entwicklungs- und Testvorgänge danach auszurichten.

Die ausgewählten qualitätssichernden Maßnahmen sind zu dokumentieren. Ein Test, der nicht dokumentiert wurde, gilt als nicht gemacht. So müssen Protokolle von Design-Reviews, Aufzeichnungen von Code-Inspektionen oder Testprotokolle zum Nachweis der Durchführung der Maßnahmen aufgehoben werden. Ohne eine saubere Dokumentation und ohne sauberes Konfigurationsmanagement hat man als Software-Hersteller schlechte Karten im Falle einer Haftungsklage. Diese Protokolle müssen aus haftungsrechtlicher Sicht solange aufgehoben werden, wie Ansprüche der Produktnutzer geltend gemacht werden können, d.h. solange die Produkte in Verkehr sind plus die jeweils geltenden Verjährungsfristen der möglichen Ansprüche.

Aber nicht nur die Dokumentation der qualitätssichernden Maßnahmen, auch die Überprüfung von deren Wirksamkeit ist vorzunehmen und gegebenenfalls zu verbessern. Siehe dazu Kapitel 17.

Im Falle von Zertifizierungen gemäß einer Norm und bei Klagen wird besonderes Augenmerk auf die Definition von Entwicklungs- und Testprozessen gelegt. Prozesse müssen genau definieren, wie vorgegangen wird (Verweise auf ein Produkthandbuch sind ungenügend). Vorgehensweisen bei Design- und Testaufgaben dürfen nicht maßgeblich mit dem Erfahrungsstand der damit betrauten Personen variieren, sondern es sollte Designrichtlinien (oder zumindest Reviews) geben, es sollten zum Beispiel Testendekriterien definiert sein, und es sollte unter anderem ein Änderungs- und Konfigurationsmanagement aufgesetzt sein. Ein gerichtlicher Gutachter sieht sich dann im Falle eines Falles zum Beispiel – und vor allem – die Spezifikation, die Testdokumente und das Änderungsmanagement dieser Dokumente im Detail an.

Beispiel eines durch Sorgfalt abgewendeten Schadens

Die Beschreibung des folgenden Falls ist aus [Grünfelder 09] übernommen und stützt sich auf ein in [Bergsmann 00] dokumentiertes Gerichtsverfahren. In diesem Fall konnte der Software-Hersteller durch einen guten und sorgfältig eingehaltenen Entwicklungsprozess einen Anspruch des Kunden auf Rückabwicklung des Vertrags abwehren. Der Kunde hatte eine Softwarelösung bestellt, die auf einem Standardprodukt basiert, jedoch waren starke individuelle Anpassungen und Ergänzungen gewünscht. Der Lieferant erstellte eine detaillierte Spezifikation, in Ermangelung von Kundenmitwirkungen sowohl Lasten- als auch Pflichtenheft. Dabei hielt er sich an seine wohldefinierten und dokumentierten Prozesse, ließ sich die Spezifikation vom Kunden in einer Review bestätigen und realisierte die spezifizierten Anforderungen. Während der Realisierung veränderte sich die Situation beim Kunden, wobei der Kunde jedoch den Lieferanten darüber nicht informierte. Bei Lieferung der Software wurde diese vom Kunden abgelehnt und der Kunde stellte Ansprüche gegen den Lieferanten, bzw. wollte vom Vertrag zurücktreten. Der Lieferant verwies auf seine klar definierte Vorgehensweise und seine entsprechend diesem Vorgehen erstellten Dokumente. Es waren alle Schritte von der ersten Kommunikation mit dem Kunden über die Realisierung und den Test bis zur Auslieferung nachweisbar. Vor Gericht wurde daher dem Lieferanten Recht gegeben.

Auch jeder Ingenieur ist zur Sorgfalt angehalten. Ein Entwickler oder Tester von Systemen mit Sicherheitsrelevanz kann dann persönlich haften, wenn er grob fahrlässig oder vorsätzlich handelt. So ein Vorsatz wäre zum Beispiel dann gegeben, wenn der Mitarbeiter im Software-Lifecycle-Tool angibt, mit Kollegen an einer FMEA-Sitzung teilgenommen zu haben, in Wirklichkeit aber von einer Kaffeepause zur nächsten wechselte.

18.7 Technische Normen mit Bezug zum Softwaretest

Für die Entwicklung von Software mit hohen Qualitätsansprüchen existiert eine ganze Reihe von technischen Normen, die die Erfassung der Anforderungen, Aspekte des Designs, die Auswahl der Programmiersprache und der Verifikationsmethoden behandeln. In diesem Unterkapitel werden einige Normen vorgestellt. Mit Ausnahme der ISO 26262 aus der Automobilbranche, einer Branche, die im deutschsprachigen Raum überproportional viele Arbeitsplätze für Entwickler und Tester von Embedded-Software schafft, werden aber keine branchenspezifischen Normen vorgestellt.

18.7.1 DIN IEC 56/575/CD

Am wenigsten bindenden Charakter hat die Norm *IEC 56/575/CD Guide to test methods for reliability assessment of software*. Sie ist zuletzt 1997 erschienen und gibt einen groben Überblick über Testmethoden. Es werden Vor- und Nachteile der grob umrissenen Methoden erklärt, ohne eine Empfehlung abzugeben, wann welche eingesetzt werden soll. Das Studium dieses nur 17 Seiten umfassenden Werks kann man sich getrost ersparen, wenn man dieses Buch vom Anfang bis hierher gelesen hat.

18.7.2 IEEE Std 1012

Der *IEEE Std 1012-1998 Standard for Software Verification and Validation* ist eine deutlich konkretere Norm. Auf mehr als 70 Seiten beschreibt dieser Standard alle möglichen Aufgaben, die der Verifikation und Validierung von Software zugerechnet werden können und erläutert, wann sie im Entwicklungs- bzw. Wartungsprozess eingesetzt werden sollen. Die Norm schlägt für jede Phase im Testprojekt die notwendigen Eingangskriterien vor und definiert die Produkte des Verifikationsschritts von der Planung des Projekts bis zur Durchführung der Systemtests. Dabei wird Software mit niedrigeren Integritätsanforderungen weniger abverlangt als Software mit höheren Integritätsanforderungen. Der Standard fordert unter anderem die Verfolgbarkeit von Anforderungen (Traceability) und eine Review der Anforderungen bezüglich Testbarkeit und Eindeutigkeit. Neben den Testaktivitäten werden Kritikalitätsanalysen, Konfigurationsmanagement und Risikoanalyse erwähnt. Ein Managementmodell für diese Aktivitäten wird vorgestellt und mit einem Mapping der Aktivitäten zu den *ISO/IEC 12207 Software Life Cycle Processes and Activities* komplettiert.

18.7.3 IEEE Std 829

Der *IEEE Std 829-2008 Standard for Software Test Documentation* definiert auf 118 Seiten detailliert die vorgeschlagenen Inhalte der den Testprozess begleitenden Dokumente, allen voran den Inhalt eines sogenannten Master-Testplans, der alle Testaktivitäten des Projekts definiert. Der Umfang der Testdokumentation variiert in Abhängigkeit der Integritätsanforderung an die Software. Für alle der vier in der Norm definierten Integritätsstufen wird dringend empfohlen, aus gemachten Fehlern zu lernen und zu analysieren, wie gleichartige Fehler in Zukunft verhindert werden können. Dabei geht es sowohl um Entwicklungs- bzw. Designfehler als auch um Lücken im Test. Das vorgeschlagene Inhaltsverzeichnis des Master-Testplans sieht unter anderem Kapitel für die Beschreibung der Regressionsteststrategie und des Bug-Reporting vor, und es wird empfohlen, für jede Teststufe die geforderten Testabdeckungen und Verantwortlichkeiten zu definieren. Die Norm erwähnt u.a. Code Inspections, Reviews des Testdesigns und die Analyse des Speicherverbrauchs und des Zeitverhaltens der Software, siehe dazu Abschnitt 8.7 und Kapitel 11. Die in der Norm empfohlene Menge an Dokumenten ist ziemlich groß. Branchenspezifische Standards, wie z.B. der ECSS der europäischen Raumfahrt, packen deutlich mehr Inhalte in weniger Dokumente und scheinen dadurch praktikabler zu sein.

18.7.4 IEEE Std 1008-1987

Der ANSI/IEEE Std 1008-1987 »Standard for Software Unit Testing« wurde 1993 nochmals vom IEEE-Normungsgremium bestätigt und gibt genauere Empfehlungen, wie der Komponententestprozess zu planen, umzusetzen und zu dokumentieren ist. Der Standard kann gut und gerne als überholt bezeichnet werden. Für prozedurale Sprachen wurde aber schon damals die Forderung erwähnt, dass Unit-Tests jede Anweisung des Testobjekts zumindest einmal ausführen müssen (100% Anweisungsüberdeckung, siehe Abschnitt 6.6.1). Des Weiteren empfiehlt der Standard, Unit-Tests zu automatisieren, weil nur so das Erreichen der definierten Abdeckung sinnvoll erfasst werden kann.

18.7.5 ISO/IEC 29119

Zurzeit der Drucklegung des Buchs ist der Standard ISO/IEC 29119 noch nicht erschienen. Über den Veröffentlichungsprozess informiert [URL: TestStandard]. Dieser Standard löst folgende Standards ab:

- IEEE 829 Test Documentation
- IEEE 1008 Unit Testing
- BS 7925-1 Vocabulary of Terms in Software Testing
- BS 7925-2 Software Component Testing Standard

18.7.6 IEC/EN 61508

Die IEC 61508 ist 1998 erschienen und ihre 1999 erschienene, korrigierte Form wurde im Jahr 2001 ohne Änderungen als europäische Norm EN 61508 übernommen. Der deutsche Titel ist *Funktionale Sicherheit sicherheitsbezogener elektrischer/elektronischer/programmierbarer elektronischer Systeme*. Ausgabe 2.0 der IEC 61508 erschien 2010 und behandelt erstmals auch objektorientierte Sprachen und enthält einen neuen Anhang zum Thema »Techniken für die Nicht-Beeinflussung von Software-Elementen auf einem Rechner«. Diese Norm ist die »Mutter« vieler branchenspezifischer Normen. In sieben Teilen wird auf die Ermittlung der geforderten Sicherheitsintegrität, das Design, Analysemethoden, Dokumentation, Management und Test eingegangen. Die Norm unterscheidet dabei vier Sicherheitsintegritätsstufen (SIL), wobei SIL 1 niedrige und SIL 4 die höchsten denkbaren Anforderungen an die Sicherheitsintegrität des Systems stellt.

Teil 3 der IEC/EN 61508 befasst sich ausschließlich mit Software. Einige wichtige Forderungen dieser Norm werden nun kurz vorgestellt und danach interpretiert.

Die IEC/EN 61508 empfiehlt eine Etablierung eines eigenen Sicherheitslebenszyklus. Es wird dabei gefordert, jedes verwendete Werkzeug in der Sicherheitsbetrachtung zu berücksichtigen. Explizit werden auch Compiler erwähnt.

Nachdem auf der Hand liegt, dass Compilerfehler am ehesten bei Unit-Tests (übersetzt mit den finalen Compiler-Schaltern und ausgeführt auf der CPU der Zielumgebung) erkannt werden, können wir daher folgern, dass bei sicherheitsrelevanter Software ein Weglassen von Unit-Tests oder das Nichterreichen von 100% Zweigüberdeckung von Code mit mittlerer Sicherheitsrelevanz fahrlässig ist und deshalb zu Schadensersatzpflichten führen kann.

Eine der vielen Forderungen der IEC/EN 61508 an das Design von Software ist die Auswahl der Programmiersprache in Hinblick auf ihre Sicherheit. Die Norm fordert nachdrücklich ab SIL 2 die Verwendung einer streng typisierten Sprache.

Die Programmiersprache C gehört definitiv nicht dazu. Verwendern von C wird daher als Abhilfe dringend empfohlen, durch statische Analyse gegenzusteuern, siehe Abschnitt 4.2.6.

Für die Programmiersprachen C und C++ wird gefordert, dass nur eine Teilmenge des Sprachangebots verwendet wird. Gefährliche Befehle und Praktiken sind in einem anzuwendenden Software-Coding-Standard auszuschließen.

Die Einhaltung des Coding-Standards ist am besten in den verpflichtend durchzuführenden Code-Reviews zu prüfen. Der im Automobilbereich etablierte MISRA-Standard genügt allen Anforderungen der Norm. Diese sind zum Beispiel die Limitierung der Verwendung der Befehle `longjump` und `goto` sowie die eingeschränkte Verwendung von Rekursionen und dynamischen Objekten. Diese beispielhaft genannten Forderungen sind im MISRA-Standard sogar »übererfüllt«, denn da wird die Verwendung nicht nur eingeschränkt, sondern ausgeschlossen.

Die IEC/EN 61508 übernimmt vom IEEE Std 1012 einige Forderungen. So die Erfordernis eines Phasenmodells für die Entwicklungs- und Testplanung, die Review der Software-Anforderungen bezüglich Testbarkeit und das Konfigurationsmanagement der Testpläne und -ergebnisse. Ebenso gibt es die Forderung, in Testfällen die erwarteten Ergebnisse und Toleranzen zwingend zu definieren und das Testendekriterium schon im Planungsstadium für alle Teststufen zu definieren.

Hier werden ein paar Dinge erwähnt, die jeder Praktiker auch empfehlen würde: »Konfigurationsmanagement der Testergebnisse« bedeutet das Archivieren der Ergebnisse in einer Art, dass man erkennt, welche Software-Version zu welchen Testergebnissen geführt hat. Solche Archive können helfen zu erkennen, welche

Software-Versionen von subtilen Fehlern betroffen sind oder helfen bei der Analyse der Entstehung von Fehlern. Bei entsprechend ausführlichen Testlogs, siehe Abschnitt 8.14.2, kann man zum Beispiel erkennen, ob mit zunehmendem Funktionsumfang der Software die durchschnittlichen Antwortzeiten des Systems näher an die Grenzwerte rücken. Auch Toleranzen wird jeder erfahrene Ingenieur im Testdesign festhalten, siehe dazu Abschnitt 8.15.

Die IEC/EN 61508 fordert »wo anwendbar« den Einsatz automatisierter Testwerkzeuge. Der Einsatz von Analyse als Methode der Validierung anstelle von Tests wird gestattet, doch sei die bevorzugte Validierungs-Methode der Test an der Ziel-Hardware.

Diese Forderung bedeutet nicht, dass ein Test einer Analyse vorzuziehen ist, wenn eine Analyse vertrauenswürdigere Daten ermittelt als der Test, so wie es zum Beispiel bei der in Kapitel 11 beschriebenen Echtzeitverifikation der Fall ist. Wohl aber darf man folgern, dass eine Analyse alleine gemäß der Norm nicht genug ist. Diese sollte durch einen Test zusätzlich plausibilisiert werden, wenn so ein Test möglich ist.

Ebenfalls gefordert ist die Durchführung von Stresstests und Lasttests. Auch wird empfohlen, Irrtümer des Bedienungspersonals als Testfälle zu definieren, und auch »vernünftigerweise vorhersehbare abnormale Zustände« müssen getestet werden. Weiters muss getestet werden, ob ungültige Eingaben oder unplausible Initialisierungswerte bzw. unerlaubte Datenmanipulation erkannt werden.

Stresstest und Lasttest im Sinne der IEC/EN 61508 sind in diesem Buch in Abschnitten 8.3 bis 8.5. behandelt. Beispiele zum Test von vorhersehbarer Fehlbedienung und abnormalen Zuständen sind in den Erfahrungsberichten der Abschnitte 8.2.3 und 8.6 vorgestellt. Das Erkennen unerlaubter Datenmanipulation muss natürlich erst einmal im Design der Software berücksichtigt werden. Da ist nicht nur an Hackerangriffe zu denken, sondern auch an fehlgeleitete Zeiger und bei Systemen für höchste Integrität auch an Bitkipper. Und nicht nur das Erkennen von Bitkippern muss im Design vorgehen werden, sondern auch der Test der Funktionalität des Erkennens, siehe Erfahrungsbericht.

Erfahrungsbericht zum Test von Automatischer Fehlerkorrektur

Systeme mit höchsten Integritätsanforderungen verwenden zum Erkennen und Korrigieren von Bitkippern manchmal spezielle Hardware mit einer sogenannter EDAC-Funktion (error detection and automatic correction), die nur im Produktivsystem scharf geschaltet wird, weil sie sonst das Debugging unmöglich macht und die Entwicklungsarbeit extrem erschwert. Zu vergessen, die EDAC-Funktion scharf zu schalten, wäre ein Aushebeln des Sicherheitsmechanismus. Es ist daher in solchen Systemen empfehlenswert, im Software-Design eine spezielle Testschnittstelle vorzusehen, die ein Prüfen der EDAC-Funktion am Produktivsystem zulässt. Über ein spezielles Kommando kann zum Beispiel bei den Sentinel-Satelliten der ESA Code ins RAM eingeschleust und exekutiert werden, der Bits verändert und Checksummen manipuliert. Auf diese Weise kann an der Black Box verifiziert werden, dass Bitkipper erkannt werden und bei Checksummenfehlern Ersatzaktionen ausgeführt werden. Solche Testschnittstellen sind natürlich ein gefundenes Fressen für Hacker und müssen bei terrestrischen Anwendungen penibelst geschützt werden. Nachdem Hacker im Weltraum zurzeit eher selten anzutreffen sind, macht man sich da bei der ESA keine Sorgen.

Ein ganz wichtiger Planungsschritt ist für die IEC/EN 61508 die Dokumentation der notwendigen Schritte, wenn man beim Testen eine Abweichung findet (siehe dazu Abschnitte 8.3 bis 8.5) sowie die Dokumentation der Abweichung selbst. In Sachen Testdokumentation erweitert die IEC/EN 61508 die Forderungen des IEEE Std 829 um die Archivierung aller Kalibrierungsdaten der verwendeten Testmittel.

> *Die IEC/EN 61508 erwähnt die notwendige Verifikation der Toleranz des Systems bei Versagen von Sensoren und Aktoren (oder die Einleitung von entsprechenden Maßnahmen) sowie das Erkennen von verfälschten Daten an Kommunikationsschnittstellen der Software.*

Die FMEA ist ohne Zweifel ein wichtiges Instrument zur Bestimmung der Sicherheitsintegrität von Hardware. Es ist daher nur naheliegend die auf der Hardware operierende Software einzubeziehen. Dieser Einbezug wurde im vorliegenden Buch in Form der Hardware/Software-Interaktionsanalyse vorgestellt. Dabei gilt: Verfälschte Daten sind an Kommunikationsschnittstellen viel leichter zu erkennen und zu testen als Datenverfälschungen im System selbst. Speziell dann, wenn an der Schnittstelle Checksummen vorgesehen sind.

18.7.7 ISO 26262

Die *ISO-Standard 26262 Road vehicles – Functional safety* ist eine Norm in 10 Teilen. Teil 6 davon – *Product Development at the Software Level* – betrifft den Test von eingebetteter Software. Die Norm ist die Adaption der IEC 61508 für automotive Systeme und definiert die Integritätsstufen ASIL A (niedrigst) bis ASIL D (hoch) in Anlehnung an SIL 1 bis 4 der IEC 61508. Wenig überraschend verlangt die Norm in weiten Teilen das Gleiche wie ihre Mutter-Norm, die Umsetzung für den automotiven Bereich fällt aber gewiss leichter[1]. Erwähnenswert ist vielleicht die Forderung von Anweisung zur Verwendung von Tools und Methoden, wie auch schon in Abschnitt 18.6 erwähnt; die Forderung nach Naming Conventions und Coding Standards, siehe dazu Abschnitt 5.4; die Idee einer Hardware/Software-Interface-Spezifikation wie in Abschnitten 7.3.3 und 7.3.4 erwähnt und die Erwähnung von Echtzeitverifikation, siehe dazu Kapitel 11, sowie die Notwendigkeit der Ermittlung des RAM-Verbrauchs, insbesondere des Runtime-Stacks, siehe dazu Abschnitte 4.3.3 und 7.2.2.

Die ISO 26262 spricht eine klare Sprache, was die Testabdeckung bei Unit-Tests betrifft. Für ASIL A wird 100% Statement Coverage, für ASIL B und C 100% Decision Coverage und für ASIL D 100% MC/DC gefordert.

Embedded-Automotive-Software ist oft sehr stark konfigurierbar, der OEM kann mit unzähligen Parametern die Software nach seinen Bedürfnissen »tunen«. Die ISO 26262 spricht auch diesen Punkt an und verlangt vom Software-Hersteller eine Plausibilisierung der durch den OEM eingestellten Konfigurationsparameter.

Erfahrungsbericht und Beispiel zur Parametrisierung

Der Fahrzeughersteller – oder sein Engineering-Partner – stellen die erwähnten Parameter oft in Testfahrten ein und geben so zum Beispiel einem Tempomat eine »persönliche Note«. Die Schwierigkeit des Software-Lieferanten ist, dass er die Software im Steuergerät und im Zielfahrzeug nicht mit allen möglichen Parametern und Konfigurationen testen kann (das wären mitunter tausende), wenn er sie zum Fahrzeughersteller liefert. Vielfach weiß der Software-Hersteller auch gar nicht, mit welchen Parametern ein Fahrzeug in Serie gehen wird.

Ein Projektleiter einer Tempomat-Entwicklung wusste dazu eine Geschichte zu erzählen. Seinem Team ist der im Folgenden beschriebene, komplexe Fehler unterlaufen. Der Tempomat unterbindet eine zentrale Sicherheitsfunktion des Motorsteuergeräts: keine Beschleunigung ohne Druck des Fahrpedals. Wird, während der Fahrt ohne Tempomat, so eine Beschleunigung festgestellt, so rebootet das Steuergerät, weil davon auszugehen ist, dass ein Defekt vorliegt. Ein Reboot macht es möglicherweise wieder gut. Ist die Beschleunigung ohne Fahrpedaldruck nach dem Reboot wieder zu erkennen, dann schaltet das Steuergerät aus Sicherheitsgründen »endgültig« ab.

1. Mir als Autor ist das Studieren dieser Norm bedeutend leichter gefallen als das Lesen anderer Normen. Die Norm nennt in der Tat nur Technologien, die vernünftig umsetzbar sind, vermittelt dadurch Praxisnähe und ist definitv lesenswert. Referenzen auf die ISO 26262 sind daher im ganzen Buch zu finden.

Die gegenständliche Tempomatfunktion wurde nur zu einem sehr kleinen Teil neu entwickelt und zum größten Teil von einem anderen Projekt übernommen, so hielt sich auch das Know-how des Entwicklerteams in Grenzen. Das Team definierte Systemtestfälle und ließ sie vom Entwicklerteam der Originalversion des Tempomats reviewen. Die Schnittstelle zur Sicherheitsfunktion, die vom Tempomat umgangen wird, wurde von einer Sicherheits-Fachabteilung reviewt, die auch Plausibilisierungsgrenzen der Parametrisierung definierte. Dabei wurde ein kundenspezifischer Parameter nicht richtig verstanden, wie sich später herausstellte.

Nach bestandenem Systemtest und mehrwöchiger Tests beim Kunden ging das Fahrzeug in Serie. Nach einigen Monaten erhielt das Entwicklerteam Meldungen, dass bei Fahrzeugen das Motorsteuergerät ausfiel, wenn bei sehr hohen Geschwindigkeiten gefahren wurde und der Tempomat zwei Mal hintereinander abgeschalten wurde. Eine parametrisierbare Komfortfunktion des Tempomats sorgte dafür, dass man beim Abschalten des Tempomats keinen Ruck spürte, wenn man nicht am Fahrpedal stand, sondern dass die (möglicherweise hohe) Drehmomentforderung des Tempomats gleitend in die (möglicherweise niedrige) Drehmomentforderung der Fahrpedalstellung überging. Der Kunde hatte diesen gleitenden Übergang auf die längstmögliche Zeitdauer eingestellt. Bei hohen Geschwindigkeiten passierte es daher, dass das Ausschleifen des Tempomats so lange dauerte, dass die Sicherheitsfunktion bereits wieder scharf war, während der gleitende Übergang noch immer stattfand. Passierte das zwei Mal hintereinander, dann schaltete das Steuergerät ab, weil die Sicherheitsfunktion von einem Hardwarefehler ausgehen musste.

Der Fahrzeughersteller forderte ein Update der Software aller im Feld befindlichen Fahrzeuge. Wer haftet nun in welchem Umfang?

Den Entwicklern des Steuergerätelieferanten ist weder Vorsatz noch grobe Fahrlässigkeit vorzuwerfen. Die Tragweite der Einschleif-Funktion zu unterschätzen und es daher zu verabsäumen, Plausibilisierungsgrenzen bei der Parametrisierung zu setzen, war ein Fehler, der unter den hier nicht näher beschriebenen Umständen des Projekts relativ leicht passieren konnte. Damit ist eine persönliche Haftung der beteiligten Ingenieure ausgeschlossen.

Das Team des Steuergerätelieferanten hätte die Sicherheitslücke aber mit den in der ISO-26262 beschriebenen Methoden abfangen können, indem es den zu langsamen Übergang des Ausschleifens des Tempomats durch Einführen einer Plausibilisierungsgrenze verboten hätte, oder indem es bei Tests die Extremwertekombination maximale Geschwindigkeit und maximale Übergangszeit berücksichtigt hätte. Damit haftet der Softwarehersteller (in diesem Fall zugleich der Hersteller des Steuergeräts). Im gegenständlichen Fall musste der Lieferant dem Fahrzeughersteller die Kosten für »silent software updates« bei Wartungsarbeiten in der Fachwerkstatt bezahlen.

18.7.8 Normenreihe 250XX

Die internationale Norm ISO/IEC 25000 »Software engineering – Software product Quality Requirements and Evaluation (SQuaRE) – Guide to SquaRE« ersetzt seit 2005 die Norm ISO/IEC 9126. Es handelt sich dabei um eine ganze Normenreihe, die in Tabelle 18–1 vorgestellt wird und auf die das Buch aber nicht näher eingeht. Die Quelle dieser Tabelle ist [URL: IEC 25000].

Dokumentnummer	Titel
ISO/IEC 25000	Software-Engineering – Qualitätskriterien und Bewertung von Softwareprodukten (SQuaRE) – Leitfaden für SquaRE
ISO/IEC 25001	Software-Engineering – Qualitätskriterien und Bewertung von Softwareprodukten (SQuaRE) – Planung und Management
ISO/IEC 25010	Software-Engineering – Qualitätskriterien und Bewertung von Softwareprodukten (SQuaRE) – Qualitätsmodell und Leitlinien
ISO/IEC 25012	Software-Engineering – Qualitätskriterien und Bewertung von Softwareprodukten (SQuaRE) – Modell der Datenqualität
ISO/IEC 25020	Software-Engineering – Qualitätskriterien und Bewertung von Softwareprodukten (SQuaRE) – Qualitätsmessung – Messungsreferenzmodell und Leitfaden
ISO/IEC TR 25021	Software und System-Engineering – Qualitätsanforderungen und Bewertung von Software-Produkten (SQuaRE) – Elemente zur Qualitätsmessung
ISO/IEC 25030	Software-Engineering – Qualitätskriterien und Bewertung von Softwareprodukten (SQuaRE) – Qualitätsanforderungen
ISO/IEC 25040	Systems and software engineering – Systems and software Quality Requirements and Evaluation (SQuaRE) – Evaluation process
ISO/IEC 25045	Systems and software engineering – Systems and software Quality Requirements and Evaluation (SQuaRE) – Evaluation module for recoverability
ISO/IEC 25051	Software-Engineering – Softwareproduktbewertung – Qualitätsanforderungen an kommerzielle, serienmäßig produzierte Softwareprodukte (COTS) und Prüfanweisungen
ISO/IEC 25051 Technical Corrigendum 1	Software-Engineering – Softwareproduktbewertung – Qualitätsanforderungen an kommerzielle, serienmäßig produzierte Softwareprodukte (COTS) und Prüfanweisungen; Korrektur 1
ISO/IEC TR 25060	Qualitätskriterien und Bewertung von Softwareprodukten (SQuaRE) – Gemeinsames Industrieformat (CIF) zur Gebrauchstauglichkeit – Allgemeine Rahmenbedingungen für Informationen zur Gebrauchstauglichkeit
ISO/IEC 25062	Software-Engineering – Qualitätskriterien und Bewertung von Softwareprodukten (SQuaRE) – Gemeinsames Industrieformat (CIF) für Berichte über Gebrauchstauglichkeitsprüfungen

Tab. 18–1 *Die Dokumente der Normenreihe 250XX*

18.8 Tipps vom Rechtsanwalt und vom Techniker

Die folgenden Zeilen schließen das Kapitel Haftungsrisiko mit einigen Tipps ab, so wie sie ein erfahrener Fachanwalt und ein ebenso erfahrener Technischer Projektleiter geben könnten.

Wiederverwendung von Software

Tipp vom Juristen: Die IEC/EN 61508 spricht eine sehr klare Sprache, was die Wiederverwendung von Software angeht. Für fertige, übernommene Software wird das gleiche Testausmaß gefordert, wie für neu geschriebene Software. Das bedeutet, dass ein Hersteller von sicherheitsrelevanter Software bei der Einbindung von Open-Source-Code alle Verifikationsschritte selbst durchführen muss und damit auch für Fehler des Codes so haftet, als hätte er ihn selbst geschrieben.

Tipp vom Techniker: Das ist manchmal so aufwändig, dass man den Code gleich selbst (um)schreiben sollte. Dieser Schritt hat auch den Vorteil, dass der Code dann dem gleichen Coding Standard gehorcht, wie der Rest der Software, aber nur den Umfang hat, wie er benötigt wird (die üblichen 100% Unit Test Coverage machen dann auch Sinn) und es keine Probleme mit Schutzrechten gibt.

Regressionstests

Tipp vom Juristen: Wird sicherheitsrelevante Software geändert, so muss nachweislich analysiert werden, welche Teile der Software neu getestet werden müssen, siehe dazu auch Stichwort Regressionstest in Abschnitt 18.7.3 und die Forderungen der oben erwähnten Normen. Im Sinne der Produkthaftung ist es ratsam, *immer alle sicherheitsrelevanten* Funktionen neu zu testen.

Tipp vom Techniker: Sicherheitsanforderungen, wenn möglich, immer automatisiert testen. Am besten für diese Tests von Zulieferern Sensoren und Aktoren anfordern, die am Rande der Herstellungstoleranzen liegen.

Testpersonen

Je nach SIL fordert die EN 61508 für bestimmte Verifikationsaufgaben Personen aus dem Umfeld des Projekts bis hin zu Teams von Fremdfirmen. Bei der Frage, wer die Unit-Tests durchführen soll, der Entwickler selbst oder ein Kollege, bleibt sie uns aber Antworten schuldig. Auch zeitgenössische Literatur [Liggesmeyer 09] stellt für diese Frage zwar Für und Wider der beiden Optionen dar, gibt aber keine klare Empfehlung.

Hinweis des Technikers: In den meisten Firmen ist es gängige Praxis, dass Unit-Tests vom Entwickler selbst durchgeführt werden.

Tipp vom Juristen: Wenn der Entwickler von sicherheitsrelevanter Software den Unit-Test für seinen eigenen Code entwirft, dann ist eine Review der Unit-Tests am besten durch einen sachkundigen Kollegen durchzuführen und dies zu dokumentieren, um im Haftungsfall einen Gutachter zu überzeugen, siehe dazu Abschnitt 1.5.14 dieses Buchs.

Offenlegung von Systemtestdesigns

Wenn mein Auftraggeber die Herausgabe des Systemtestdesigns fordert, soll ich dieses bereitwillig außer Haus geben?

Antwort des Technikers: Wenn Sie sich für Ihr Testdesign nicht gerade genieren müssen, erlaubt die Herausgabe der Testfälle dem Auftraggeber, sich ein Bild darüber zu verschaffen, wie Sie testen. Speziell, wenn die Anforderungen an Ihr Projekt direkt vom Kunden kommen, kann dieser bei der Review der Tests auch implizit feststellen, ob Sie die von ihm gestellten Anforderungen verstanden haben. Diese zusätzliche Regelschleife ist daher begrüßenswert.

Hinweis des Juristen: Obendrein kann der Kunde im Falle eines haftungsrelevanten Fehlerfalls nicht beanstanden, nicht über lieferantenseitige Tests informiert worden zu sein. Die Gefahr des Abflusses eigenen Know-hows kann außerdem durch ein sachkundig erstelltes und rechtlich wirksames Geheimhaltungsabkommen (*Non-Disclosure-Agreement*) gemildert werden.

Nichtbeachtung der applikablen Normen

Übertrete ich bereits ein Gesetz, wenn ich die applikablen Normen nicht beachte?

Antwort des Juristen: Im Grundsatz nein. Allerdings kann die Nichteinhaltung bereits einen Fehler der Software im Sinne des Gesetzes verursachen. Die Nichteinhaltung erhöht somit in jedem Fall das Haftungsrisiko Ihrer Firma. In ganz gravierenden Fällen auch Ihr eigenes Risiko: Wenn Sie zum Beispiel vorsätzlich oder grob fahrlässig normative Qualitätsvorschriften Ihres Arbeitgebers missachten und es zu einer Produkthaftungsklage kommt, dann haften Sie auch persönlich.

Hinweis des Technikers: Nur Juristen können auf einfache Ja/Nein-Fragen so kompliziert antworten!

Man kann sich gemäß Normen auch zertifizieren lassen. Das heißt, sich einem Audit zu unterziehen und eine Art Zeugnis bekommen, dass man eine Norm befolgt. Das ist aber eine freiwillige Übung. Über Zertifizierungen gemäß der EN 61508 informiert in Deutschland die Deutsche Kommission Elektrotechnik Elektronik Informationstechnik im DIN und VDE [URL: DKE], in Österreich der Österreichische Verband für Elektrotechnik [URL: OVE] und in der Schweiz Electrosuisse, SEV Verband für Elektro-, Energie- und Informationstechnik [URL: SEV].

18.9 Fragen und Übungsaufgaben

Frage 18.1: Angenommen, ein subtiler Fehler in der Runtime Library des Compilers führt zu einer Haftungsklage im Falle von Software mit mäßiger Sicherheitsrelevanz. Ihr Unternehmen hat Unit-Tests mit 100% Zweigüberdeckung und penibel ermittelten Grenzwerten durchgeführt und dokumentiert. Der Bibliotheksfehler trat aber mit Daten auf, die nicht an der Grenze liegen. Es ist sehr unwahrscheinlich, dass der Compilerfehler in einer anderen Teststufe hätte erkannt werden können. Haftet Ihr Unternehmen für diesen Fehler?

Frage 18.2: Muss ich mich gemäß der EN 61508 zertifizieren lassen, wenn ich für den sicherheitskritischen Markt anbiete?

Frage 18.3: Ist meine Haftung ausgeschlossen, wenn ich alle für mein Produkt anwendbaren technischen Normen einhalte?

Nachwort

Geschafft! Wenn Sie das ganze Buch gelesen haben, dann muss ich zunächst einmal gratulieren. Es gibt zwar sicherlich kompliziertere Bücher, doch Mickey Mouse ist es auch nicht gerade. Leider heißt das aber noch nicht, dass Sie damit alle Ihre beruflichen Herausforderungen rund um das Thema Software-Test gelöst haben. Das nötige Rüstzeug sollten Sie aber nun haben, diese Herausforderungen zu meistern, speziell dann, wenn Sie sich auch an den Übungsaufgaben versucht haben.

Gerne erfahre ich in einer E-Mail an stephan.gruenfelder@gmx.at, welche Praktiken dieses Buchs Sie mit Erfolg eingesetzt haben, was leider nicht gelungen ist bzw. was Sie in diesem Buch vermisst haben. Ich pflege mit mehreren hundert Entwicklern und Testern von eingebetteten Systemen regelmäßigen Gedankenaustausch über einen Newsletter. Bereichern Sie bitte mit Ihrer Kritik und Ihrem Erfahrungsbericht diesen Gedankenaustausch und folgen Sie ihm unter www.methver.webs.com.

Herzlichst
Stephan Grünfelder

Anhang

Anhang A – Lösungen zu Übungsaufgaben

Antwort 2.1: Die Verwendung einer Traceability-Tabelle von Kundenanforderungen zu Systemanforderungen hilft dabei, Lücken aufzuspüren. Die Tabelle erspart aber natürlich nicht die Review. Im Gegenteil, sie ist ein unterstützendes Werkzeug bei der Review. Der Reviewer wird für jede Kundenanforderung prüfen, ob die gemäß Tabelle daraus abgeleiteten Systemanforderungen wirklich alle Aspekte der Kundenanforderung berücksichtigen.

Antwort 2.2: Es lässt sich schnell erkennen, welche Systemtests und welche Design-Elemente durch die Änderung betroffen sind, sofern es Traces von den Anforderungen zum Test und zum Design gibt.

Lösung 2.3: Der Anforderungstext skizziert eine Lösung und keine Anforderung und ist daher ohne Hintergrundinformation unverständlich. Die Sätze sind passiv und es fehlt das Wort »soll«. Die eigentliche Anforderung scheint im Kommentar versteckt zu sein.

Lösung 2.4: Hier findet man mehrere Bedingungen ohne Aufzählungszeichen in einem langen Satz. Das ist schwer verständlich. Weiters wird einmal von einem Zustand des Bedienteils gesprochen und einmal von seiner Position. Ist beim Zustand des Bedienteils der Zustand des angesprochenen Zustandsautomaten gemeint oder die Position des Bedienteils? Durch die unvorsichtige Wortwahl ist dies nicht klar. Ein Verweis auf die Stelle, an der die Ausschaltbedingungen definiert sind wäre auch hilfreich.

Vorschlag für eine bessere Formulierung:

R/SRD/5: Wenn alle der folgenden Bedingungen gelten:

- der Zustand des Zustandsautomaten CCTL in der letzten Abfrage war NEUTRAL,
- die gegenwärtige Position des Bedienteils ist SET/CST,
- der Zustandsautomat Tempomat ist nicht im Zustand AKTIV,
- es liegen keine Ausschaltbedingungen gemäß R/SRD/15 an,

dann soll der Zustandsautomat CCTL in den Modus GESETZT wechseln. #

Lösung 2.5: Der erste Satz ist eine Erklärung, nicht Teil der Anforderung und sollte daher nicht im »formalen Teil« des Anforderungstextes, also zwischen der Nummer und dem Endmarker, vorkommen. Die Bedeutung von »zurückgesetzt« ist nicht klar: Zurücksetzen auf den Ursprungszustand, der wäre 1, oder auf Null gesetzt? Außerdem sind hier mehrere Anforderungsinhalte in eine Anforderung gequetscht. Ein Aufteilen in 2 Anforderungen wäre eine Lösung. Das Bit PWR wird einmal als »Freigabe-Bit« referenziert. Ist auch nicht hilfreich, einem Ding zwei Namen zu geben. Und es wäre besser, den Satz im Aktiv statt im Passiv zu schreiben.

Vorschlag für eine Neuformulierung:

Das Bit PWR der Start Release Message, siehe R/SRD/20, am CAN-Bus limitiert die Aktivierungszeit des elektrischen Startermotors. Ist es Eins, so spurt der Startermotor ein, ist es Null, so spurt der Startermotor aus. Der Startermotor darf aber nicht zu lange aktiviert werden, um die Batterie des Kfz zu schonen.

R/SRD/10: Nach der Steuergeräteinitialisierung soll die Steuergerätesoftware Bit PWR innerhalb einer Sekunde auf Eins setzen. #

Bemerkung: Eine Zeitschranke ist von Kundenseite nicht definiert. Die Wahl der einen Sekunde kommt aus eigenen Erfahrungswerten.

R/SRD/20: Die Steuergerätesoftware soll Bit PWR auf Null setzen, wenn es bereits 20 Sekunden lang ohne Unterbrechung auf Eins gesetzt war. #

Antwort 3.1: Der Kollege scheint den Zweck von Objekten (und Klassen) mit dem Zweck von Tasks zu verwechseln [Moore 00]. Diese Aufteilung bringt maximale Notwendigkeit von Inter-Task-Kommunikation und erschwert eine etwaige Portierung auf ein anderes Betriebssystem, weil es dann schwer möglich ist, Abstraktionsschichten einzuführen. Vermutlich besteht keine Notwendigkeit so einer massiven Nebenläufigkeit. Das Design ist vermutlich nicht angemessen. Ihre Design-Review sollten Sie außerdem nicht für beendet erklären, solange Sie die Anforderungen nicht gelesen haben und das Design gegen die Problemstellung geprüft haben!

Lösung 3.2: Das Zusammenfassen von Task in Objekte erschwert unter Umständen eine Schedulability-Analyse, erlaubt aber ein Fine-Tuning bei der Implementierung der Nebenläufigkeit ohne Schnittstellenanpassung. Diese Lösung ist daher vermutlich portierbarer und skalierbarer als andere Designs [Moore 00]. Das Zusammenfassen der großen Datenmengen als Strukturen verringert Coupling zwischen Objekten. Der statisch allokierte Pool von gleich großen Blöcken verhindert Speicherfragmentierung. Der Transport von Zeigern auf diese Blöcke ist viel ressourcenschonender als der Transport der Daten selbst, weil viele memcpy-Operationen gespart werden. Wenn es noch eine Analyse gibt, die zum Schluss kommt, dass die Message Queues immer rechtzeitig bedient werden können und der Memory-Pool groß genug ist, dann kann man diesem Design viel Positives abgewinnen.

Antwort 4.1: Auch Billigwerkzeuge finden Fehler(quellen) 1, 2, 3, 4, 5 und 7. Der Type-Cast von int auf int macht zwar wenig Sinn, ist aber kein Fehler. Viele Werkzeuge müssen auch davon ausgehen, dass der Programmierer beim Type-Cast weiß, was er tut, und geben generell keine Warnungen bei Type-Casts aus.

Antwort 4.2: Der Stack-Verbrauch hängt auch vom Compiler und den Compiler-Settings ab.

Antwort 4.3: Nein. Auch wenn der Code vorläge und man daher die Metriken erheben könnte, wäre ein alleiniges Verlassen auf die Metriken ein halbherziges Vorgehen. Code-Metriken können nur ein Hinweis auf die Qualität sein, sie aber keinesfalls hinreichend beurteilen.

Antwort 4.4: Nein.

Antwort 5.1: Beim Pair Programming sitzen zwei Entwickler bei der Programmerstellung gemeinsam an einem Computer. Dabei wird das Keyboard zwischen beiden Personen öfter hin- und hergewechselt. Beim Pair Programming werden Entwicklungszeiten verkürzt, im Vergleich zur klassischen Programmierung des »Einzelkämpfers« mit einer anschließenden Review.

Antwort 5.2: Es kann (bei entsprechender Tool-Unterstützung oder Disziplin im Team) leicht kontrolliert werden, welche Teile des Codes noch nicht inspiziert sind und welche schon. Auch die Effektivität, also die gefundene Fehleranzahl, lässt sich messen und man kann Module identifizieren, wo sich Fehler häufen.

Antwort 5.3: Es gibt keinen Zwang eines Follow-up-Meetings, und die Teilnehmer können im Walkthrough alternative Lösungsvorschläge einbringen und diskutieren.

Antwort 5.4: Reviews brauchen im Regelfall deutlich weniger Zeit als die Etablierung von Unit-Tests mit 100% Decision Coverage und höher. Wenn der Reviewer eine Verbesserung des Designs vorschlägt und schon Unit-Tests existieren, dann müssten diese auch geändert werden. Zudem ist der Reviewer gewissermaßen voreingenommen, wenn er weiß, dass der Code schon in Unit-Tests geprüft wurde.

Aufgabe 5.5: Die Checkliste in Abschnitt 5.4 nennt die Frage »Ist die Bitbreite der Variablen ausreichend?« Das ist bei der Zuweisung `uiRemLo = uiInput` nicht der Fall. Der fehlerhaft implementierte Algorithmus funktioniert übrigens trotzdem für sehr viele Inputs!

Antwort 6.1: Nein. 100% MC/DC zeigt ja nur eine strukturelle Abdeckung, aber gibt keinen Hinweis auf die verwendeten Daten, wie zum Beispiel Grenzwerte. Zudem kann die Spezifikation unvollständig implementiert sein.

Antwort 6.2: Statement Coverage ist die schwächste Abdeckung, sie verfolgt nicht, ob der Test bei Verzweigungen in der Hochsprache das Testobjekt in jede mögliche Richtung einmal durchläuft. Das wird aber durch die Decision Coverage gemessen. Wenn zusätzlich jeder Teilausdruck beide möglichen Zustände wahr/falsch annehmen soll, muss man Condition/Decision Coverage messen. Ob jeder Teilausdruck einer Verzweigungsentscheidung auch tatsächlich einmal zur Entscheidung, zum Betreten oder Nichtbetreten eines Pfades geführt hat, wird nur bei MC/DC verfolgt. Sie ist daher das stärkste Abdeckungsmaß.

Antwort 6.3: Ja. Beim Erstellen des Sets von linear unabhängigen Pfaden durch den Kontrollflussgraphen ändert man ja an jeder Verzweigung für jeden Testfall den Pfad in eine neue Richtung, bis alle Möglichkeiten ausgeschöpft sind.

Antwort 6.4: Wenn die Verzweigungsbedingungen immer nur einen einzigen booleschen Operator verwenden, dann schon. Ansonsten nicht zwangsweise, weil 100% MC/DC verlangt, dass jede Teilbedingung unabhängig von den anderen auf eine Pfadentscheidung Einfluss nimmt. Für 100% Basis Path Coverage ist dies nicht notwendig.

Antwort 6.5: Das Makro `assert` wird nur übersetzt, wenn der Compiler mit Debug-Info übersetzt, sonst nicht.

Antwort 6.6: Das passt nicht, weil die Tests auch ohne Instrumentierung laufen müssen. Ansonsten würde immer nur der durch den Instrumentierer veränderte Code getestet und Compilerfehler bleiben damit eher unerkannt.

Antwort 6.7: (a) Nicht unbedingt, denn die Tests könnten die Schleife mit einer einzigen Iteration durchlaufen und damit würde der Sprung nie exekutiert.

(b) Ja, weil mit 100% Decision Coverage zwingend der Sprung durchgeführt wird.

(c) Ja, weil 100% MC/DC auch 100% Decision Coverage bedeutet.

Antwort 6.8: Der konkrete Fehler hätte in Unit-Tests nicht gefunden werden können. Um solchen Fehlern beizukommen wäre es besser, bei Code-Inspektionen besonderes Augenmerk auf Data Races zu legen oder spezielle Werkzeuge zum Auffinden von Data Races einzusetzen.

Lösung 6.9: Die Stärke des Baseline Testing ist das Ausführen linear unabhängiger Pfade im Testobjekt. Wir suchen also nach Software, in der eine fehlerhafte Abhängigkeit existiert, die beim Test mit 100% MC/DC nicht entdeckt wird:

```
extern int i;

aendere_nichts(bool a, bool b)
{
   if (a) i++;
   if (b) i--;
}

main() /* Test mit 100% MC/DC */
{
   i = 1;
   aendere_nichts(true, true);
   ASSERT(i == 1);
   aendere_nichts(false, false);
   ASSERT(i == 1);
   /* Hier wird tatsächlich nichts
    * verändert. (true, false) würde
    * aber den Fehler aufdecken */
}
```

Lösung 6.10:

```
ASSERT(goo(0,0) == 0) /* base path */
ASSERT(goo(0,6) == 3) /* Entschdg 1 gekippt */
ASSERT(goo(1,6) == 1) /* Entschdg 2 gekippt */
ASSERT(goo(6,6) == 2) /* Entschdg 3 gekippt */
```

Lösung 6.11: (a)

```
ASSERT( totaler_alarm(true, false, false) = true))
ASSERT( totaler_alarm(false, false, false) = false))
```

(b)

```
ASSERT( totaler_alarm(false, false, false) = false))
ASSERT( totaler_alarm(true, false, false) = true))
ASSERT( totaler_alarm(false, true, false) = true))
ASSERT( totaler_alarm(false, false, true) = true))
```

Lösung 6.12: Die Forderung von 100% MC/DC ist in diesem Fall gleichwertig mit 100% Statement Coverage, denn die Verzweigung des Schleifenabbruchs wird immer auf die gleiche Weise durchlaufen, weil die Iterationszahl fix ist, und die if-Bedingung hat nur eine boolesche Teilbedingung (Condition) und verzweigt zu zwei C-Statements. Bei der Wahl der Testdaten orientieren wir uns zunächst an der Schnittstellenspezifikation der zu testenden Funktion und entwerfen Black-Box-Testfälle. Eingangsseitig kann nur eine einzige Äquivalenzklasse identifiziert werden: die Menge der nichtnegativen ganzen Zahlen. Beim Blick auf den Ausgang der Funktion werden zwei Äquivalenzklassen identifiziert: die Inputs, deren Wurzel eine ganze Zahl ist, die Inputs, deren Wurzel keine ganze Zahl ist. Wenn man von den identifizierten Äquivalenzklassen *je einen* oberen und unteren Grenzwert nimmt, dann kommt man auf wenige Testfälle:

```
ASSERT(intsqrt(4294967296) == 65536)
ASSERT(intsqrt(4294967295) == 65535)
ASSERT(intsqrt(2) == 1)
ASSERT(intsqrt(1) == 1)
ASSERT(intsqrt(0) == 0)
```

Niemand würde bei einer so komplexen Funktion mit so einem großen Wertebereich dem Test mit fünf Grenzwerten trauen. Man sollte daher weitere Testfälle identifizieren und diese über den Wertebereich streuen.

Die identifizierten Äquivalenzklassen sind voller »Löcher«, denn ganze Wurzeln und reelle Wurzeln wechseln einander am Zahlenstrahl permanent ab. Das heißt, besser als Testfälle über den Wertebereich zu streuen, ist der Test mit *allen* Zahlen. Das ist in diesem Fall recht einfach, weil Standard-konforme Compiler eine Quadratwurzelfunktion für Gleitkommazahlen anbieten. Der resultierende Back-To-Back-Test könnte daher so aussehen:

```
int i;

for (i = 0; i <= 4294967296; i++)
{
   ASSERT(intsqrt(i) == truncf(sqrtf(i)))
}
```

Wie an dieser Aufgabe zu erkennen ist, kann 100% einer strukturellen Testabdeckung manchmal sehr wenig über die Qualität des Tests aussagen.

Antwort 7.1: Wenn nur ein einziges Modul geändert wird, dann ist trotz der Projektgröße ein Bottom-up-Unit-Test durchführbar. Am besten durch linear unabhängige Integrationspfade, also gemäß der Idee des strukturierten Integrationstests.

Antwort 7.2: Nein. Alle in diesem Buch vorgestellten Integrationstestmethoden sind White-Box-Verfahren, bei denen der Code des Aufrufers bekannt sein muss.

Antwort 7.3: Mit dem C0FFEE-Test.

Antwort 7.4: Dann gibt es einen Stack pro Task zu testen (und ggf. noch den C Runtime Stack – also den Stack, den der Compiler auch ohne Betriebssystem verwenden würde).

Antwort 7.5: Fehler mit Abhängigkeiten von Modulaufrufen. Wenn das Inkrementieren und Dekrementieren der Variable in Lösung 6.9 zum Beispiel durch Routinen eines anderen Moduls gemacht wird.

Lösung 7.6: Die Verarbeitungskette der Daten legt ein Bottom-up-Verfahren nahe. In einem Subsystemtest für den Controller werden die über die serielle Schnittstelle gelieferten Expansionswerte plausibilisiert, und es wird dabei auch geprüft, ob alle erdenklichen Brustumfänge im darstellbaren Wertebereich liegen.

In Schritt 2 wird geprüft, dass die Basis-Station mit Parity-Fehlern, Unterbrechungen etc. an der seriellen Schnittstelle umgehen kann und die seriellen Daten synchron zu den Analogdaten in die Kompressionspakete packt. Also zum Beispiel, indem bei der Expansion der Sensoren auch ein an das EEG angeschlossenes

Piezo-Element mitbewegt wird und man prüft, ob die am PC angezeigte »EEG«-Kurve synchron zur Expansionskurve der Brust ist.

In Schritt 3 wird die Schnittstelle Basis-Station zu PC getestet. Dabei wird geprüft, ob alle darstellbaren Expansionswerte korrekt komprimiert und dekomprimiert werden können. Zur Erleichterung der manuellen Tätigkeit könnte man dafür auch eine spezielle Controller-Software erstellen, die zum Beispiel eine Sägezahnkurve über den ganzen Wertebereich ausgibt. Die korrekte Übertragung dieser Kurve von der Basis zum PC wird dann durch Betrachten der am PC dargestellten Kurvenform und -amplitude geprüft.

Je nach vorhandenen Subsystemtests kann auch in Schritt 3 die Verbindung unterbrochen und wiederhergestellt werden, Dauertests gemacht werden oder nochmals die Tests aus Schritt 1 wiederholt werden (z. B. um festzustellen, ob an der Basis/PC-Datenschnittstelle die Darstellung der Unterbrechung der seriellen Schnittstelle vorgesehen ist).

Antwort 8.1: Systemtests prüfen die Einhaltung der Anforderungen und sollten daher immer durchgeführt werden. Unit-Tests haben die größte Schlagkraft beim Entdecken von Compiler-Fehlern und sind für Software mit hohen Integritätsanforderungen Stand der Technik. Integrationstests finden Fehler, die auf das Zusammenspiel von Modulen zurückzuführen sind. Ein Auslassen dieser Teststufe bringt deutlich weniger Risiko in das Projekt als das Auslassen der anderen Teststufen, weil viele Integrationsprobleme noch im Systemtest erkannt werden können (wenn das Integrationsproblem direkte Auswirkung auf eine getestete Funktion hat).

Antwort 8.2: Unit-Tests durchzuführen ist zwar begrüßenswert, doch ist die Forderung nach 100% MC/DC für einen Rasierapparat wohl übertrieben, denn das entspricht dem Stand der Technik für hoch-sicherheitskritische Software. Reviews von Designs (z. B. des Reglers) und des Codes wären viel billiger in der Einführung und haben das Potenzial, Fehler zu entdecken, die weder im Systemtest noch im Unit-Test gefunden werden.

Antwort 8.3: Vor und während der Übertragung des Druckjobs mit dem Gerät außer Reichweite der Bluetooth-Verbindung gehen und wieder zurücckehren. Vor und während der Übertragung des Druckjobs die Versorgungsspannung langsam runter- und wieder hinauffahren (Simulation einer Batterieleerung und -erholung). Vor und während der Übertragung des Druckjobs den Drucker aus- und wieder einschalten. Für alle diese Tests muss natürlich das erwartete Ergebnis definiert werden!

Antwort 8.4: Die Anzahl der Testwiederholungen wäre ein betriebswirtschaftlicher Indikator. Für die Tests mit Sicherheitsrelevanz ist aber die hohe Wiederholbarkeit der ausschlaggebende Grund.

Antwort 8.5: In Code-Reviews kann so ein Fehler relativ leicht gefunden werden. Besonders dann, wenn eine Checkliste vorliegt, die auf diesen Punkt hinweist.

Unit-Tests können zeitliche Abhängigkeiten nicht prüfen.

Integrations-Tests können den Fehler nur finden, wenn eine Integrationsteststrategie gewählt wird, bei der Interrupts aktiv sind und der Interrupt genau an der Stelle auftritt, wo es wehtut, und die inkonsistente Pipeline zu einem sichtbaren Fehler führt – also das Zusammenspiel der Module stört oder einen Absturz verursacht. Daher sehr unwahrscheinlich.

Funktionale System-Tests können den Fehler nur finden, wenn der Interrupt genau an der Stelle auftrifft, an der es weh tut, und die inkonsistente Pipeline zu einem sichtbaren Fehler führt; also wenn die getestete Anforderung nicht erfüllt oder ein Absturz produziert wird. Eher unwahrscheinlich.

Systemtests, die hohe Interruptraten bewirken (Stressbedingungen) und Dauertests haben eine höhere Chance, den Fehler zu finden als gewöhnliche funktionale Systemtests. Doch trotzdem ist das Finden des Fehlers im Test zu einem gewissen Grad Glückssache.

Antwort 8.6: Mit Hilfe von formalen Methoden kann man den Nachweis erbringen. Insbesondere Model Checking bietet sich an, zu zeigen, dass das Software-Design den unerwünschten Zustand nie einnimmt.

Sicherheitsfunktionen in die Software zu verlagern, wenn es einfach ist, mechanisch die Sicherheit zu gewähren, ist bei zu erwartenden Aufzugsstückzahlen aber vermutlich finanziell unsinnig und zudem mit einem hohen Zeitaufwand verbunden. Aufzüge werden ohnehin regelmäßig Sicherheitsinspektionen unterzogen. Da kann man die Sicherheitsmechanik leicht mitprüfen (und sich zudem dafür den Service-Techniker bezahlen lassen).

Antwort 8.7: Eine Daumenregel besagt, dass sich zeitliche Einsparungen bei der Implementierung von automatisierten Tests erst nach etwa 10 Wiederholungen ergeben. Sind wegen der Änderungen im GUI (die neuen Looks) die Aufzeichnungen des Capture/Replay-Werkzeugs nicht für jede Produkt-Release brauchbar (damit ist zu rechnen), dann zahlt sich die Automation der GUI-Tests mit großer Wahrscheinlichkeit nicht aus.

Lösung 8.8: Äquivalenzklassen:

Druck groß; Druck klein.

Kein Knopf betätigt, Knopf kurz betätigt, Knopf defekt/Dauerbetätigung.

Lampe ein; Lampe aus.

Grenzwerte dazu: 80 bit, 255 bit; 0 bit, 79 bit; 0,1 s, 0,9 s; 1 s, 9,9 s; 10 s, unendlich langer Knopfdruck; Lampe ein, Lampe aus.

Da es Wechselbeziehungen zwischen den Eingängen gibt, könnte man eine Ursache-Wirkungs-Analyse verwenden. Die Wechselwirkung ist aber (bis auf die zeitliche Abfolge) trivial: (Druck kleiner 80) ODER (lange Knopf gedrückt) schaltet die Lampe ein. Ein kurzer Knopfdruck macht sie wieder aus. Bei Anforderungen an zeitliche Abfolgen ist die Verwendung des zustandsbasierten Tests denkbar. Die Zustände wären zumindest »Lampe ein« und »Lampe aus«. Besser wäre es vermutlich, »Lampe aus« in zwei Zustände zu zerschlagen. Wobei einer nach einer Quittierung erreicht wird, und der andere der Einschaltzustand ist. Auch der Zustand »Lampe ein« kann in zwei Zustände zerschlagen werden. Einer für eine Warnung aufgrund eines Schalterdefekts und einer aufgrund von Unterdruck. Hier macht die Zerschlagung definitiv Sinn, denn jetzt könnte man sich fragen, ob man jemals vom Zustand »Warnung Schalter defekt« wieder wegkommt, also dieser Zustand reversibel ist. Dies ist natürlich mit dem Autor der Anforderungen zu klären. Die Beispiellösung geht davon aus, dass dies erfolgt ist und der Zustand reversibel sein soll (siehe Testschritt 4). Die Beispiellösung nimmt weiter an, dass Wartezeiten von 20 s für »unendlich« lange Ereignisse ausreichen und durchläuft nun alle Zustandswechsel dieses Automaten zumindest ein Mal.

(1) Setze den Druck auf 80 bit, warte 20 Sekunden, verifiziere, dass die Lampe nicht leuchtet.

(2) Setze den Druck auf 255 bit, warte 20 Sekunden, verifiziere, dass die Lampe nicht leuchtet. Hinweis: Damit sind die Grenzwerte für »Druck groß« getestet.

(3) Drücke den Knopf 20 Sekunden. Verifiziere, dass die Lampe nach 10 s angeht.

(4) Lass den Knopf wieder los. Verifiziere, dass die Lampe ausgeht.

(5) Drücke den Knopf 9,9 Sekunden. Verifiziere, dass die Lampe ausgeschaltet bleibt.

(6) Setze den Druck auf 79 bit, warte 20 Sekunden, verifiziere, dass die Lampe nach 8 Sekunden leuchtet.

(7) Drücke den Knopf für 0,9 Sekunden. Verifiziere, dass die Lampe erlischt.

(8) Wiederhole Schritte 6 und 7 und drücke den Knopf dabei 0,1 Sekunde statt 0,9 Sekunden. Hinweis: Damit sind die Grenzwerte für »Knopf kurz betätigt« getestet.

(9) Warte 8 Sekunden. Verifiziere, dass die Lampe wieder angeht (weil der Druck unverändert niedrig ist).

(10) Setze den Druck auf 80 bit, verifiziere, dass die Lampe ausgeht. Hinweis: Wir haben die Ausgänge Lampe ein/aus in jeder Ursache getestet: Druck klein/groß Schalter defekt/okay.

(11) Setze den Druck auf 0 bit, verifiziere, dass die Lampe nach 8 Sekunden leuchtet. Hinweis: Damit haben wir auch den zweiten Grenzwert von »Druck klein« getestet.

(12) Drücke den Knopf für 12 Sekunden. Verifiziere, dass die Lampe zunächst erlischt, aber 10 Sekunden nach dem Drücken wieder leuchtet.

Alle Grenzwerte wurden verwendet, um alle Zustandsänderungen des Automaten zumindest ein Mal zu durchlaufen. Wir sind also fertig.

Lösung 8.9: Annahmen aufgrund der Requirements-Analyse:

(a) Im Falle, dass das Gerät beide Töne gleichzeitig spielen soll, soll gemäß Hinweis in der Aufgabenstellung der an- und abschwellende Sirenenton zu hören sein.

(b) Die Auflösung der Spannungsmessung ist 0,01 V.

(c) Die möglichen, gemessenen Batteriespannungswerte liegen zwischen 1 V und 1,5 V.

(d) Reaktionszeiten des Systems sollen unter 1 Sekunde sein.

(e) Für den Dauerton liegt keine Anforderung einer minimal hörbaren Zeit vor.

Notizen zum Konzept:

Äquivalenzklassen am Eingang: Spannung okay, Spannung nicht okay; CO_2-Gehalt gefährlich, CO_2-Gehalt ungefährlich.

Grenzwerte CO_2: 0, 120, 121, 255.

Grenzwerte Spannung: 1 V; 1,09 V; 1,1 V; 1,5 V.

Situationen am Ausgang: (A1) Dauerton hörbar ja/nein, (A2) Sirenenton hörbar ja/nein, (A3) Dauerton gefordert ja/nein, (A4) Sirenenton gefordert ja/nein.

Als Testverfahren wird eine Entscheidungstabelle gewählt: Es gibt eine überschaubare Anzahl von Kombinationsmöglichkeiten der momentanen und geforderten Outputs. Nicht alle dieser Kombinationen machen Sinn.

Nummer	A1	A2	A3	A4
S0	Falsch	Falsch	Falsch	Falsch
S1	Falsch	Falsch	Falsch	Wahr
S2	Falsch	Falsch	Wahr	Falsch
S3	Falsch	Falsch	Wahr	Wahr
S4	Falsch	Wahr	Falsch	Falsch
S5	Falsch	Wahr	Falsch	Wahr
S6	Falsch	Wahr	Wahr	Falsch
S7	Falsch	Wahr	Wahr	Wahr
S8	Wahr	Falsch	Falsch	Falsch
S9	Wahr	Falsch	Falsch	Wahr
S10	Wahr	Falsch	Wahr	Falsch
S11	Wahr	Falsch	Wahr	Wahr
S12	Wahr	Wahr	Falsch	Falsch
S13	Wahr	Wahr	Falsch	Wahr
S14	Wahr	Wahr	Wahr	Falsch
S15	Wahr	Wahr	Wahr	Wahr

Kombinationen 8 und 9 (Dauerton hörbar, aber nicht gefordert) sowie 13 bis 15 (Dauerton und Sirenenton gleichzeitig hörbar) machen keinen Sinn. Aus den verbleibenden 11 Kombinationen wählen wir zum Test aus: Kein Ton hörbar und keiner angefordert (S0), kein Ton hörbar und Sirenenton wird neu angefordert (S1), kein Ton hörbar und Dauerton wird neu angefordert (S2), Sirenenton läuft und wird nicht neu angefordert (S4), Sirenenton läuft gerade und wird erneut angefordert (S5), Sirenenton läuft und es wird Dauerton neu angefordert (S6), Dauerton hörbar, keine neue Tonanforderung (S8), Dauerton hörbar und Dauerton neu gefordert (S10), Dauerton hörbar und Sirenenton und Dauerton neu gefordert (S11).

Damit wir keine der ausgewählten Situationen vergessen in den Tests zu berücksichtigen, kann man diese in der Tabelle abhaken. Das geht in einem Buch nicht so leicht, daher wird stattdessen im Testdesign in Klammern angegeben, welche Situation am Ausgang damit getestet ist. Ebenso prüft man, ob alle 8 Grenzwerte der Eingänge im Test Berücksichtigung finden.

Ende der Konzeptnotizen. Jetzt geht es los:

Testvorbedingung: Gerät eingeschalten, CO_2-Gehalt = 100, Spannung = 1,3 V

(1) Stelle Spannung auf 1,1 V, CO_2-Sensor auf 120. Verifiziere für 10 Sekunden, dass kein Ton zu hören ist (S0).

(2) Stelle Spannung auf 1,5 V, CO_2-Sensor auf 120. Verifiziere für 10 Sekunden, dass kein Ton zu hören ist (S0, zweiter Grenzwert für »Spannung okay«).

(3) Stelle Spannung auf 1,1 V, CO_2-Sensor auf 121. Verifiziere, dass der Sirenenton zu hören ist (S1).

(4) Belasse Spannung, stelle CO_2-Sensor auf 120. Verifiziere, dass Sirenenton trotzdem insgesamt 1 Minute lang zu hören ist und dann kein Ton zu hören ist (S4).

(5) Belasse Spannung, stelle CO_2-Sensor auf 0. Verifiziere für 10 Sekunden, dass kein Ton zu hören ist (S0, zweiter Grenzwert für Äquivalenzklasse »CO_2-Gehalt ungefährlich«).

(5) Stelle Spannung auf 1,09 V, belasse CO_2-Sensor auf 0. Verifiziere für 1 Minute, dass Dauerton zu hören ist (S2, S10).

(6) Stelle Spannung auf 1,1 V, CO_2-Sensor auf 120. Verifiziere für 10 Sekunden, dass kein Ton zu hören ist (S8).

(7) Belasse Spannung, stelle CO_2-Sensor für 2 Sekunden auf 255, dann für 2 Sekunden auf 0, dann für 1 Minute auf 121. Verifiziere, dass der Sirenenton ohne Unterbrechung insgesamt 1 Minute und 4 Sekunden zu hören ist (S5, zweiter Grenzwert für ÄK »CO_2-Gehalt gefährlich«).

(8) Stelle Spannung auf 1 V, CO_2-Sensor auf 120. Verifiziere für 10 Sekunden, dass Dauerton zu hören ist (S2, S10 für zweiten Grenzwert der ÄK »Spannung nicht okay«).

(9) Belasse Spannung, stelle CO_2-Sensor auf 121. Verifiziere für 3 Minuten, dass Sirenenton zu hören ist (S11).

Lösung 8.10: Äquivalenzklassen festzustellen, wird schwierig. Dennoch können wir grenzwertige Bedingungen für die Integration der Subsysteme ausmachen: Eingangsdaten ändern sich 15 Sekunden gar nicht: Werden dennoch 3 Pakete versandt und von der Empfängerseite richtig interpretiert? Eingangsdaten ändern sich mit der maximal möglichen Rate: Kann der Empfänger die entstehende maximale Paketanzahl verarbeiten und den Inhalt richtig interpretieren? Auch könnte man Sensorwerte so konstruieren, dass ein Paket gerade noch reicht, um das erfasste Szenario zu codieren oder gerade nicht mehr dazu reicht.

Nachdem aber Äquivalenzklassen schwer zu identifizieren sind, zeitliche Abhängigkeiten und Wechselwirkungen zwischen Eingängen keine Rolle spielen, bleibt Back To Back Testing. Den RLC-Codierungs-Algorithmus zwei Mal zu implementieren, macht dabei weit weniger Sinn, als die RLC-Dekodierung *von jemand anderem als dem Programmierer der Codierung* implementieren zu lassen und zu sehen, ob für zufällig erzeugte (oder im Feld mitgemessene) Sensorwertsequenzen die Codierung und Dekodierung wieder die originalen Sensorwertsequenzen ergeben. Der Test mit Zufallszahlen kann millionenfach laufen und um die oben erwähnten, bewusst hinzugefügten Grenz-Szenarien ergänzt werden, sofern die Erzeugung der zufälligen Daten nicht intelligent genug implementiert ist, dass diese Grenz-Szenarien sicher darin enthalten sind.

Natürlich kann und sollte auch getestet werden, ob der Zeitpunkt des Paketversands innerhalb der festgelegten Schranken liegt.

Antwort 9.1: Nachdem der CAN-Stack »low level« ist, ist ein Bottom-up-Integrationstest möglich. Ein Test kann aber nicht herausfinden, ob alle vom CAN-Stack möglicherweise zurückgelieferten Fehlercodes auch in der Applikationssoftware korrekt behandelt werden. Speziell eine fehlende Behandlung eines unwahrscheinlichen Fehlercodes ist im Test schwer zu finden. Ist die Dokumentation des CAN-Stacks lückenhaft, so bleibt eine solche fehlende Behandlung unerkannt. Werden die Unit-Testfälle als Ergänzung zur Dokumentation hinzugenommen, so garantieren die 100% MC/DC, dass die Testfälle nicht lückenhaft sind, und das Risiko ist minimal.

Antwort 9.2: Wenn wir davon ausgehen, dass im Stack ein neuer Fehlercode in einem neuen Programmzweig behandelt wird, verbessert sich die Situation: Wir wissen, dass kein Fehlercode im Test ausgelassen wurde, die Testprotokolle würden also Lücken in der Dokumentation aufdecken.

Antwort 9.3: Beim Test nicht wirklich. Außer Sie testen bei der Integration alle Verzweigungen des CAN-Stacks mit. Nur dann würde das in Antwort 9.1 angesprochene Schnittstellenproblem im Test (vermutlich) erkannt werden. Diese strukturelle Testabdeckung wäre höher als alle im Buch vorgestellten Abdeckungen. Das Integrationsproblem ist im Allgemeinen ein Datenproblem. Darauf haben die heute dem Stand der Technik entsprechenden Integrationstestabdeckungen keine Antwort. Da jeder neue Fehlercode (also die Daten) aber vermutlich in einem separaten Pfad des Stacks erzeugt wird, hilft die Betrachtung der Zweigüberdeckung.

Die Chance, ein Problem zu erkennen wird auch bei einer gewissenhaften Code Inspection erhöht, wenn der Reviewer sowohl den Quellcode des CAN-Stacks als auch den Code der Applikation zu Gesicht bekommt und ein Augenmerk auf Integrationsprobleme hat.

Antwort 10.1: Intel Inspector wird ein Data Race melden, wenn die Halbordnung der Happens-Before-Relation verletzt ist. Eine etwaige Verletzung kann von der Scheduling-Reihenfolge bei der Analyse abhängen und wird daher nicht so zuverlässig erkannt, wie bei Eraser. Daher ist es bei Tests mit Intel Inspector zu empfehlen, mehrere Iterationen der Threads laufen zu lassen und dadurch unterschiedliche Scheduling-Reihungen bei Zugriffen auf Variablen zu prüfen.

Antwort 10.2: Die Versuche mit dem »ein wenig Herumtippen« garantieren mir in keiner Weise, dass man alle Verzweigungen des zu testenden Codes durchlaufen hat. Es kann daher ungetestete Code-Teile geben, die ungeschützte Critical Sections enthalten. So etwas kann lange unentdeckt bleiben. Ein weit weniger wahrscheinlicher Grund ist, dass, auch wenn alle Code-Teile durchlaufen wurden, bei wenigen Testdurchläufen immer ein so unglückliches Scheduling zu beobachten war, dass alle Zugriffe auf Shared-Variablen gemäß Happens-Before geordnet waren und daher keine Warnung ausgegeben wurde. Noch unwahrscheinlicher, aber nicht unmöglich, sind Fehler im Tool oder im Verfahren (sogenannte *False Negatives*).

Antwort 10.3: Nachdem ein zweimaliges unlock nichts Unerlaubtes ist, wird das Werkzeug keine Warnung ausgeben. Wenn man den Rumpf der Interrupt-Enable/Disable-Routinen aber nicht nur durch ein unlocking/locking ersetzt, sondern auch mit einer Abfrage ergänzt, ob bereits gelockt ist, wenn erneut ein `lock_obtain()` aufgerufen wird und in diesem Fall eine Fehlermeldung ausgibt, dann warnt zwar nicht das Werkzeug zur Data Race Detection, doch immerhin die selbst geschriebene Fehlermeldung vor dieser Situation.

Lösung 10.4: Die Locking-Disziplin beim ersten lesenden Zugriff wird nicht eingehalten. Eraser wird daher für jeden dieser Zugriffe außerhalb des Locks eine Warnung ausgeben. Der folgende Code ist funktional identisch, aber ohne solche Falschwarnungen:

```
RTOS_Lock(mtx_for_shared_var);
if (shared_var == expected_value)
{
   shared_var = foo(shared_var);
}
RTOS_Unlock(mtx_for_shared_var);
```

Antwort 11.1: Ja, diese Software hängt potenziell. Der Deadlock wird durch dynamische Verfahren erkannt, sobald die betreffenden Zeilen zumindest einmal durchlaufen werden und in einem statischen Verfahren in jedem Fall.

Antwort 12.1: Die statische WCET-Analyse ist die einzige Methode, die zuverlässige obere Schranken für analysierte Code-Stücke berechnet. Sie benötigt keine Testtreiber und keine Messumgebung. Bei messbasierten Methoden hat man nie die Gewissheit, ob die gemessene maximale Ausführungszeit tatsächlich das Maximum ist. Der Nachteil der statischen WCET-Analyse ist der Aufwand der Modellierung des Prozessors. Das Modell kann nur vom Tool-Hersteller erzeugt werden.

Lösung 12.2: Man muss durch händische Analyse verifizieren, dass die Stimuli der Tests bewirken, dass die Software den längstmöglichen Pfad im Programm durchläuft. Eingefügte Instrumentierung zur Messung der Laufzeit darf in diesem Fall wieder entfernt werden. Alternativ kann man die Methode der Zeitschemata verwenden. Man setzt dazu die konstanten Ausführungszeiten für die Maschinenbefehle ein, summiert diese für Folgen von Befehlen ohne Ein- und Aussprünge (straight-line code) auf, bildet bei bedingten Anweisungen das Maximum und bei Schleifen die Gesamtlaufzeit.

Lösung 12.3: Man denke an eine For-Schleife mit darin enthaltenen bedingten Anweisungen. Also etwa ein if-X-then-A-else-B-Konstrukt. Die Schleife führt abwechselnd den Teil A und B aus. Dabei sind die Instruktionen von A und B in disjunkten Mengen von Cache-Sets. Nach einer Verschiebung könnten die Teile A und B so abgelegt werden, dass sie kollidieren, d.h. auf dieselben Cache-Sets abgebildet werden.

Lösung 13.1: Die optimale Prioritätenvergabe für $D \leq T$ ist Deadline Monotonic, wobei die höchste Priorität Task-1 erhält, mittlere Priorität Task-2, niedrigste Priorität Task-3. Nachdem die Deadlines gleich zur Periodendauer der Tasks sind, können wir die Rate-Monotonic-Analyse anwenden.

$$U = \frac{C_1}{T_1} + \frac{C_2}{T_2} + \frac{C_3}{T_3} = 0{,}778 < U(3) = 0{,}779$$

Da die CPU-Last U kleiner als die Schranke ist, ist das System planbar.

Lösung 13.2: Der neue Task-4 hat eine Deadline von 450 Zeiteinheiten. Das ist die längste Deadline, daher erhält der Task die niedrigste Priorität beim Deadline Monotonic Assignment. Der Utilization Bound Test ergibt

$$U = \frac{C_1}{T_1} + \frac{C_2}{T_2} + \frac{C_3}{T_3} + \frac{C_4}{T_4} = 0{,}844 > U(4) = 0{,}756$$

Da die CPU-Last größer als die Schranke ist, aber kleiner als 100%, liefert die Rate-Monotonic-Analyse kein Ergebnis. Wir verwenden die Antwortzeitenanalyse.

Da Task-4 die niedrigste Priorität hat, kann er die Schedulability der anderen 3 Tasks nicht beeinflussen. Diese sind aber planbar, wie die Lösung 13.1 gezeigt hat. Wir müssen also nur die Planbarkeit von Task-4 feststellen. Die Funktion des Workload Requests von Task-4 lautet

$$W_4(t) = \left\lceil \frac{t}{T_1} \right\rceil C_1 + \left\lceil \frac{t}{T_2} \right\rceil C_2 + \left\lceil \frac{t}{T_3} \right\rceil C_3 + C_4$$

Unter Verwendung dieser Gleichung errechnen wir die Antwortzeit für Task-4 mit dem Iterationsschema. Der erste Wert für *t*, w_0, ist die Summe der Ausführungszeiten:

$$w_0 = C_1 + C_2 + C_3 + C_4 = 117$$

Der nächste Wert im Iterationsschema wird mit dem Ergebnis dieses Schrittes gemacht:

$$w_1 = \left\lceil \frac{117}{T_1} \right\rceil C_1 + \left\lceil \frac{117}{T_2} \right\rceil C_2 + \left\lceil \frac{117}{T_3} \right\rceil C_3 + C_4 =$$

$$5C_1 + 3C_2 + 1C_3 + C_4 = 161$$

Wir verwenden diese Zahl wieder für den nächsten Iterationsschritt und iterieren so lange, bis sich das Ergebnis nicht mehr ändert:

$$w_2 = \left\lceil \frac{161}{T_1} \right\rceil C_1 + \left\lceil \frac{161}{T_2} \right\rceil C_2 + \left\lceil \frac{161}{T_3} \right\rceil C_3 + C_4 = 183$$

$$w_3 = \left\lceil \frac{183}{T_1} \right\rceil C_1 + \left\lceil \frac{183}{T_2} \right\rceil C_2 + \left\lceil \frac{183}{T_3} \right\rceil C_3 + C_4 = 200$$

$$w_4 = \left\lceil \frac{200}{T_1} \right\rceil C_1 + \left\lceil \frac{200}{T_2} \right\rceil C_2 + \left\lceil \frac{200}{T_3} \right\rceil C_3 + C_4 = 200$$

Die Antwortzeit für Task-4 ist also 200 Einheiten. Da dieser Wert kleiner als die Deadline von 450 Einheiten ist, schließen wir daraus, dass das System planbar ist.

Lösung 13.3: Beim Priority Ceiling Protocol kann ein Task nur durch eine einzige Critical Section eines Tasks niederer Priorität blockiert werden. Im schlimmsten Fall ist das die Blockierzeit eines Tasks T_i die WCET der längsten der Critical Sections aller Tasks niederer Priorität mit einem Ceiling-Wert höher oder gleich hoch wie die Priorität von T_i. Auch wenn ein Task nicht an Synchronisation über die Locks beteiligt ist, kann er dennoch dadurch blockiert werden, wenn der Priority Ceiling hoch genug ist.

Wir berechnen die Ceiling-Werte wie folgt:

Ressource	Priority Ceiling
DS1	Priorität von Task-1
DS2	Priorität von Task-2

Jetzt berechnen wir die Blockierungszeiten. Task-1 kann nur durch die Critical Section von Task-2 blockiert werden, deren WCET ist 2 Einheiten. Die Critical Sections für DS2 haben zu geringe Priorität, um Task-1 zu blockieren. Task-2 kann nur durch die Critical Section von Task-3 beeinflusst werden. Task-3 nur durch die Critical Section von Task-4. Task-4 hat keine Blockierungszeit, weil er der Task mit niedrigster Priorität ist. Die Blockierungszeiten sind daher

Task-1	Task-2	Task-3	Task-4
$B_1 = 2$	$B_2 = 6$	$B_3 = 6$	$B_4 = 0$

Wir können nun die Antwortzeiten berechnen:

Task-1	Task-2	Task-3	Task-4
$R_1 = 7$	$R_2 = 23$	$R_3 = 159$	$R_4 = 200$

Nachdem alle Antwortzeiten kleiner als die Deadlines sind, ist das System auch mit Synchronisationsmechanismen planbar.

Antwort 13.4: **Analyse von M1:** Wir berechnen die Blockierungszeit B_1 als das Maximum von C_2 und C_3 = 1 ms. Unter der Annahme, dass es keinen Input-Jitter gibt, berechnen wir nun die Länge der Verkehrszeit durch die wiederholte Anwendung der Formel

$$W_1(t) = B_1 + \left\lceil \frac{t}{T_1} \right\rceil C_1 .$$

Wir starten mit dem Wert

$$w_0 = B_1 + C_1 = 2\,\text{ms} .$$

Und wenden die Formel solange an, bis sich das Ergebnis nicht mehr ändert. Das ist in diesem Fall schnell geschehen:

$$w_1 = B_1 + \left\lceil \frac{2}{T_1} \right\rceil C_1 = 2\,\text{ms}$$

Die Länge der Verkehrszeit von M1 ist daher 2 ms. Es gibt nur eine Instanz von M1 in dieser Zeitspanne. Die Startzeit für M1 ermitteln wir als

$$W(t,1)_1 = B_1 + 0 \cdot C_1 = w_{11} = 1\,\text{ms}$$

und schließlich die Antwortzeit als

$$R_1 = w_{11} - 0 \cdot T_1 + C_1 = 2\,\text{ms}$$

Analyse von M2: Wir berechnen die Blockierungszeit $B_2 = C_3 = 1$ ms. Nun berechnen wir, unter der Annahme, dass es keinen Input-Jitter gibt, mit wiederholter Anwendung der Formel

$$W_1(t) = B_2 + \left\lceil \frac{t}{T_1} \right\rceil C_1 + \left\lceil \frac{t}{T_2} \right\rceil C_2 .$$

Wir starten mit folgendem Initialwert

$$w_0 = B_2 + C_1 + C_2 = 3\,\text{ms}$$

und wenden die Formel wiederholt an, bis sich am Ergebnis nichts mehr ändert:

$$w_1 = B_2 + \left\lceil \frac{3}{T_1} \right\rceil C_1 + \left\lceil \frac{3}{T_2} \right\rceil C_2 = 4\,\text{ms}$$

$$w_2 = B_2 + \left\lceil \frac{4}{T_1} \right\rceil C_1 + \left\lceil \frac{4}{T_2} \right\rceil C_2 = 5\,\text{ms}$$

$$w_3 = B_2 + \left\lceil \frac{5}{T_1} \right\rceil C_1 + \left\lceil \frac{5}{T_2} \right\rceil C_2 = 5\,\text{ms}$$

Die Länge der Verkehrszeit von M2 ist daher 5 ms. In dieser Zeit gibt es zwei Instanzen dieser Nachricht. Wir müssen die Antwortzeit für beide berechnen.

Die Startzeit für **Instanz 1** errechnet man durch wiederholte Anwendung der Formel

$$W_2(t,1) = B_2 + 0 \cdot C_2 + \left\lceil \frac{t}{T_1} \right\rceil C_1$$

Wenn man mit einem Initialwert $B_2 + C_1 = 2$ ms beginnt, erhält man gleich als erstes Ergebnis wieder 2 ms. Damit ist die Startzeit $w_{21} = 2$ ms. Mit Hilfe dieses Werts errechnet man nun die Antwortzeit als

$$R_2(1) = w_{21} - 0 \cdot T_2 + C_2 = 3\,\text{ms}$$

Die Startzeit für **Instanz 2** errechnet man durch wiederholte Anwendung der Formel

$$W_2(t,2) = B_2 + 1 \cdot C_2 + \left\lceil \frac{t}{T_1} \right\rceil C_1$$

Wenn man mit einem Initialwert $B_2 + C_2 + C_1 = 3$ ms beginnt, erhält man sodann 4 ms und wieder 4 ms, die Startzeit w_{22} ist daher 4 ms. Nun die Formel für die Antwortzeit

$$R_2(2) = w_{22} - 1 \cdot T_2 + C_2 = 1{,}5\,\text{ms}$$

Der Worst Case für M2 ist daher die Antwortzeit der ersten Instanz mit 3 ms.

Analyse von M3: Die Blockierungszeit $B_3 = 0$ ms weil es keine Nachrichten niedrigerer Priorität gibt. Die wiederholte Anwendung der folgenden Formel benötigen wir zur Berechnung der Verkehrszeit

$$W_3(t) = B_3 + \left\lceil \frac{t}{T_1} \right\rceil C_1 + \left\lceil \frac{t}{T_2} \right\rceil + C_3 \left\lceil \frac{t}{T_3} \right\rceil C_3 \cdot$$

Wir starten mit folgendem Initialwert

$$w_0 = B_3 + C_1 + C_2 + C_3 = 4\,\text{ms}$$

und wenden die Formel wiederholt an, bis sich am Ergebnis nichts mehr ändert:

$$w_1 = B_3 + \left\lceil \frac{4}{T_1} \right\rceil C_1 + \left\lceil \frac{4}{T_2} \right\rceil C_2 + \left\lceil \frac{4}{T_3} \right\rceil C_3 = 7\,\text{ms}$$

$$w_2 = B_3 + \left\lceil \frac{7}{T_1} \right\rceil C_1 + \left\lceil \frac{7}{T_2} \right\rceil C_2 + \left\lceil \frac{7}{T_3} \right\rceil C_3 = 7\,\text{ms}$$

Die Länge der Verkehrszeit von M3 ist daher 7 ms. In dieser Zeit gibt es zwei Instanzen. Also müssen wir die Antwortzeiten für beide errechnen.

Für **Instanz 1** ist die Startzeitformel

$$W_3(t,1) = B_3 + 0 \cdot C_3 + \left\lceil \frac{t}{T_1} \right\rceil C_1 + \left\lceil \frac{t}{T_2} \right\rceil C_2 \cdot$$

Wenn man mit einem Initialwert $B_3 + C_1 + C_2 = 2$ ms beginnt, erhält man gleich als erstes Ergebnis wieder 2 ms. Damit ist die

Startzeit w_{31} = 2 ms. Mit Hilfe dieses Werts errechnet man nun die Antwortzeit als.

$$R_3(1) = w_{31} - 0 \cdot T_2 + C_3 = 3\,\text{ms}\,.$$

Für **Instanz 2** ist die Startzeitformel

$$W_3(t,1) = B_3 + 0 \cdot C_3 + \left\lceil \frac{t}{T_1} \right\rceil C_1 + \left\lceil \frac{t}{T_2} \right\rceil C_2\,.$$

Wenn man mit einem Initialwert $B_3 + C_1 + C_2 + C_3$ = 3 ms beginnt, erhält man 4 ms, dann zwei Mal 6 ms. Damit ist die Startzeit w_{31} = 2 ms. Mit Hilfe dieses Werts errechnet man nun die Antwortzeit als

$$R_3(2) = w_{32} - 1 \cdot T_3 + C_3 = 3{,}5\,\text{ms}$$

Der Wert für Instanz 2 ist größer, daher ist die längstmögliche Antwortzeit 3,5 ms.

Die Schlussfolgerung der Analyse ist, dass das System planbar ist. Wir sehen auch, dass es ziemlich mühsam ist, so eine Analyse ohne Werkzeug durchzuführen.

Antwort 14.1: Die HSIA stellt sicher, dass alle im Rahmen einer FMEA-Sitzung identifizierten Software-Maßnahmen auch in die Software-Anforderungsspezifikation einfließen.

Lösung 14.2: Fehlerarten könnten z.B. sein: (1) inkorrekte CRC, (2) falsch berechneter Beschleunigungswert. Die Ursachen dafür sind z.B. ein Teilausfall des Allradsteuergeräts. Die Auswirkungen könnten zum Beispiel sein: (1) Ignorieren der Beschleunigungsforderung und damit verminderte Performanz bei einer Geländefahrt, (2) ungewollte Beschleunigung in jeder Größenordnung. Als Reaktion auf (2) wird die Maßnahme getroffen, dass die Software des Motorsteuergeräts alle diese Beschleunigungsanforderungen plausibilisiert. Sind diese außerhalb eines Plausibilitätsfensters, so werden sie ignoriert und ein Fehlerspeichereintrag gemacht.

Antwort 15.1: (1) Modellierung der Testfälle. (2) Die Nutzung eines Modells zum Zwecke der automatisierten Generierung von Testdaten bzw. von Testfällen.

Antwort 15.2: Das Modell muss formal, d.h. von einem Rechner interpretierbar sein.

Antwort 15.3: Ein Fehler im Modell wird durch den Test nicht erkannt. Fehler im Code-Generator (bzw. auch im Testgenerator) werden aber erkannt. Speziell bei exotischen CPU-Architekturen kann so ein Test helfen. Fehler im Code-Generator manifestieren sich typischerweise an Eigenheiten einer selten verwendeten CPU oder bei Überläufen. Zudem ist zu beachten, dass der Hersteller eines Code-Generators typischerweise nicht für Fehler haftet (siehe dazu Kapitel 18).

Antwort 16.1: Die Zahlen deuten in der Tat auf eine Schwäche im Prozess. Aber ohne genauere Analyse sollte man nicht gleich diese Tests auslassen. Fragen, die diese Analyse zu beantworten sucht, können sein: Werden zurzeit Unit-Tests für die Module gemacht, die besonders fehlerträchtig sind, oder für Module für die es besonders Spaß macht? Wird für die getesteten Module 100% einer zu definierenden Testabdeckung erreicht? *Wann* machen die Mitarbeiter den Unit-Test? Es sind Fälle bekannt, bei denen Programmierer, die um ihren guten Ruf fürchteten zunächst den Unit-Test durchführten, dann zur Code-Review einluden, dann den Unit-Test auf dem meist gering veränderten Code wiederholten und die bei diesem zweiten Durchlauf gefundenen Fehler zu Protokoll gaben. Da ist es kein Wunder, dass bei Reviews und Unit-Tests wenig Fehler gefunden werden. Die Effizienz des Prozesses ist aber katastrophal.

Antwort 16.2: Sie können den Lieferanten zu einem unabhängigen Audit verpflichten. Damit erfahren Sie, welchen Reifegrad die Prozesse im Hause des Lieferanten haben und können damit abschätzen, wie geordnet dort entwickelt, getestet und dokumentiert wird (und damit auch welches Risiko ein Wartungsfall mit sich bringt).

Lösung 16.3: Ressourcenplan und Zeitplan, Definition von Rollen und Verantwortungen im Projekt, Dokumentenplan (was in welcher Form zu welchen Meilensteinen dokumentiert wird und Vorlagen dazu), Definition der Testtiefe (UT mit 100% MC/DC, IT mit 100% McCabe, ST für alle Anforderungen mit allen Grenzwerten und allen Kombinationen), Review aller Testdesigns und Testskripts, Konfigurationsmanagement von Tests, Testautomatisierungsstrategie, Abweichungsmanagement, Regressionsteststrategie, Definition zu erfassenden Prozessmetriken inklusive Verfahrensanweisung und Verantwortlichkeit, Traceability vom

Lastenheft zum Pflichtenheft, vom Pflichtenheft zum Software-Design, vom Pflichtenheft zu den funktionalen Systemtests, Review der Anforderungen und des Designs, automatische statische Code-Analyse mit mehreren Tools, Definition der moderierten Code Inspections und Definition der Vorlagen zur Dokumentation, WCET-Analyse, Race-Condition-Analyse und Deadlock-Analyse, FMEA, FTA, CCA.

Nicht im Buch erwähnt und trotzdem ein Luxus, den man sich leisten kann, auch wenn Geld eine Rolle spielt: Risikomanagementplan, Mitarbeiterkompetenzplan, Qualitätsmanagementplan (siehe Kapitel 17), Reportingplan.

Ein Projekt ohne Sicherheitsrelevanz mit deutlich geringerem Budget: Review der Anforderungen, Traceability von Anforderungen zu Systemtests, Review des Designs, automatische statische Code-Analyse, Peer-Code-Reviews, Systemtests.

Antwort 17.1: Stabilisierung und nachhaltige Absicherung des Entwicklungsprozesses. QM wird allgemein und als Führungsthema in der Organisation verankert. Kontinuierliche Prozessverbesserung wird gefördert. Mitarbeiterwechsel können durch eine etablierte Prozess- und Dokumentationskultur effizienter vollzogen werden. Marketingeffekt zur besseren Darstellung gegenüber der Konkurrenz.

Antwort 17.2: In so kleinen Projekten, wie Projekt (a), ist Traceability ohne Spezialwerkzeuge machbar. In Projekt (b) ist das manuelle Führen der Traceability nicht praktikabel. Ein datenbankunterstütztes Werkzeug wird daher erwartet.

Antwort 17.3: objektiv, zuverlässig, nützlich, normiert, ökonomisch, messtauglich

Antwort 17.4: Siehe Auflistung in Abschnitt 17.5.

Antwort 18.1: Für alle Arten der Softwareentwicklung, egal ob sicherheitsrelevant oder nicht, ist anerkannt, dass Programme nicht mit allen möglichen Daten getestet werden können. Es entspricht dem Stand der Technik, Äquivalenzklassen von Eingangs- und Ausgangsdaten zu bilden und dann für den Test nur wenige Vertreter dieser Klassen zu wählen. Back to Back Testing (das den Fehler hätte finden können) ist – wenn überhaupt – nur für Systeme höchster Sicherheitsstufe im Einsatz [Liggesmeyer 09]. Das Unternehmen haftet daher aller Wahrscheinlichkeit nach *nicht*, weil der Fehler nicht mit Testmethoden, die dem Stand der Technik entsprechen, zu finden gewesen wäre.

Antwort 18.2: Nein. Sie müssen nicht. Wenn Sie auf anderem Wege den Stand der Technik und normative Empfehlung beachten, stellt eine Zertifizierung für Sie keinen Mehrwert dar, kann aber den Nachweis der Einhaltung von konformen Prozessen erleichtern und damit ein Gerichtsverfahren eventuell verkürzen.

Antwort 18.3: Nein! Es entsteht für Sie nur dann keine Haftung wegen Software-Mängeln, wenn Sie ihre vertraglichen Vereinbarungen (einschl. Spezifikationen) allesamt erfüllen und zudem den Stand der Wissenschaft und Technik zum Zeitpunkt der Auslieferung der Software beachtet haben und dies im Streitfall – insb. durch entsprechende Dokumentation – jeweils auch beweisen können. Allerdings wird es für denjenigen, der Ansprüche gegen Sie (bzw. Ihr Unternehmen) geltend macht, deutlich schwerer werden, seine Ansprüche gerichtlich gegen Sie durchzusetzen, wenn Sie dokumentieren können, dass Sie alle einschlägigen technischen Normen eingehalten haben. Hierdurch sinkt also Ihr Haftungsrisiko (bzw. das Ihres Unternehmens) massiv.

Anhang B – Dokumentation des Testdesigns

Es gibt unzählige Arten, Testdesign zu dokumentieren. Hier ein Beispiel von textueller Dokumentation, das sich leicht in ein Testskript übersetzen lässt. Dabei wird das Schlüsselwort »verifiziere« für jeden Testschritt verwendet, der im Skript zu einer Bestanden/Nicht-bestanden-Entscheidung übersetzt wird. Im Beispiel ist das Testobjekt eine Übertragungseinrichtung für Audio-Signale. Die Übertragungseinrichtung wird über eine PC-Software MediaConfig parametrisiert. Ein wichtiges Instrument für den Test ist das Testgerät dScope, das Signale erzeugen und analysieren kann. Die Absätze im Testszenario haben eindeutige Bezeichner. Diese Bezeichner sind im Idealfall die Namen von Unterprogrammen im Skript. Damit ist die Traceability vom Skript zum Design und umgekehrt leicht zu bewerkstelligen.

ST-COM-FT05 – Test der Audio-Transportlatenzzeit

Testzweck

Dieser Test stellt sicher, dass die Übertragungsdauer und -güte für digitale und analoge Audio-Signale der Spezifikation entsprechen.

Beschreibung

Ein identisches Paar von digitalen oder analogen Sinuskurven mit 100 Hz wird in dScope (siehe Abschnitt »Testmittel«) erzeugt. Ein Signal wird mit dem Testobjekt übertragen und wieder mit dScope eingelesen. Das zweite Signal wird bei dScope direkt vom Ausgang wieder in den Eingang geführt. Die Phasenverschiebung der Signale entspricht der Latenzzeit.

Methode: Entscheidungstabellentechnik; alle gültigen Kombinationen SRC on/off und digitale/analoge Signalschnittstelle werden überprüft. Eine Kombination von analoger und digitaler Übertragung wird von der Übertragungseinrichtung nicht unterstützt.

Testaufbau

Das Set-Up für diesen Test entspricht dem Standard-Aufbau, wie in Kapitel 4.7.1.1 beschrieben.

Szenario

Konfiguriere dScope so, dass es zwei identische AES3-Sinus-Signale mit einer Amplitude von 50%FS und einer Frequenz von 100 Hz erzeugt. Setze in dScope die Frame Rate des digitalen Signalgenerators auf 48 kHz, stelle für die Signalanalyse »async mode« ein.

In MediaConfig wähle für den linken Audio-Kanal von Input 1 »Loopback« und für den rechten Audio-Kanal »TX to Output«.

(DiDelay) Verifiziere mit dScope, dass der Phasenversatz der beiden empfangenen digitalen Signale 500 µs ist (Toleranz 50 µs).

Zeichne für die Dauer von 20 Sekunden den Klirrfaktor THD+N auf. Verifiziere, dass dieser im gesamten Zeitraum kleiner als 0,01% ist.

(DiSRC) Wähle in MediaConfig »SRC on«. Verifiziere mit dScope, dass der Phasenversatz der beiden empfangenen, digitalen Signale nun 1220 µs ist (Toleranz 50µs).

Zeichne für die Dauer von 20 Sekunden den Klirrfaktor THD+N auf. Verifiziere, dass dieser im gesamten Zeitraum kleiner als 0,01% ist.

Wähle in MediaConfig »SRC off«.

(AnDelay) Schalte in dScope und in MediaConfig auf analoge Outputs und Inputs um. Wiederhole Testschritt DiDelay mit diesen Einstellungen.

(AnSRC) Wähle in MediaConfig »SRC on«. Verifiziere mit dScope, dass der Phasenversatz der beiden empfangenen, digitalen Signale noch immer 500 µs ist (Toleranz 50 µs), weil Sample Rate Conversion nicht auf analogen Signalempfang anzuwenden ist.

Testprozedur

(1) Verbinde den Test-PC mit einem CAT-Kabel über Port 192.168.225.1 mit dem Ethernet-Port der Übertragungseinrichtung.

(2) Schalte die Übertragungseinrichtung ein. Warte, bis am Display READY erscheint.

(3) Starte am Test-PC das Skript ST-COM-FT05.vbs.

Anhang C – Software-Verifikationsplan

In diesem Anhang wird ein Vorschlag für ein Inhaltsverzeichnis eines Software-Verifikationsplans vorgestellt. Dem Leser wird empfohlen, vor dem Lesen dieses Anhangs Kapitel 16 zu lesen. Ein »lebendes Beispiel« so eines Dokuments steht unter www.methver.webs.com zum Download bereit.

1 Einleitung
   1.1 Zweck und Zielpublikum des Dokuments
   1.2 Evolution des Dokuments
   1.3 Definitionen
2 Dokumente
   2.1 Applikable Dokumente
   2.2 Referenzdokumente
3 Managementprozesse
   3.1 Rollen und Verantwortlichkeiten
   3.2 Zeitplan
   3.3 Teststeuerung und Überwachung des Fortschritts
4 Testprozessüberblick
   4.1 Qualifikationsstufen
   4.2 Verifikationsmethoden und -aktivitäten
   4.3 Testumgebungen
   4.4 Dokumentenreviews
   4.5 Externe Verifikation
5 Verifikations- und Validierungsschritte im Software-Lebenszyklus
   5.1 Meilensteinreviews mit dem Kunden
   5.2 Code-Reviews
   5.3 Software-Unit-Tests
   5.4 Software/Software-Integrationstests
   5.5 Hardware/Software-Integrationstests
   5.6 Software-Systemtests
   5.7 Analysen

Mit Absicht wird hier nicht für jedes Kapitel der Inhalt erläutert, weil viele Namen selbsterklärend sind. Nur einige Kommentare:

In **Abschnitt 1.2** wird vermerkt, zu welchem Anlass welche Dokumentenrevision publiziert wurde. Dieser Abschnitt wird von Mal zu Mal ergänzt. Zum Beispiel »Revision 2 entstand aus einer Aktualisierung der Testfälle gemäß der Kundenreview vom 21.5.2013 in Ingolstadt«.

Die Unterscheidung bei Querverweisen von »applikablen Dokumenten« und »Referenzdokumenten« kommt aus der Praxis von Projekten mit höchstem Integritätsanspruch. Eine Präambel am Beginn von **Kapitel 2** erklärt, dass im Falle eines Widerspruchs von Dokumenteninhalten ein applikables Dokument Priorität gegenüber dem Software-Verifikationsplan hat und, im Falle eines Widerspruchs des Software-Verifikationsplans gegenüber einer Aussage in einem Referenzdokument, die Aussage im Software-Verifikationsplan Priorität hat. Solche Widersprüche sind in jedem Fall aufzulösen, doch gibt diese Hierarchie von Prioritäten Sicherheit im Falle einer Firmenzusammenarbeit. Unter »Applikable Dokumente« könnte man z.B. die Spezifikation und verpflichtende Normen auflisten.

Im **Abschnitt 4.1** werden erforderliche Rahmenbedingungen für Verifikationsaufwände beschrieben, also zum Beispiel die zu erreichenden Software Integrity Levels zweier verschiedener im Produkt verwendeter Software-Images.

Im **Abschnitt 4.2** wird aufgelistet, welche Verifikationsschritte geplant sind und ggf. der Planungsschritt begründet, siehe dazu auch Abschnitt 16.1 dieses Buchs. Zu dokumentieren sind alle geplanten Umfänge inklusive Testendekriterien.

Abschnitt 4.5 entstammt aus Projekten mit höchsten Integritätsanforderungen. Hier wird beschrieben, wie Reviews und Tests durch externe Firmen (*Independent Software Verification and Validation*) organisiert werden.

Der Unterschied zwischen Abschnitt 4.2 und **Kapitel 5** ist, dass in Kapitel 5 nun genaue Verfahrensanweisungen zu finden sind, bzw. auf diese verwiesen wird. Also primäre Zielgruppen für Abschnitt 4.2 sind der prüfende Kunde und das Management, für Kapitel 5 sind es die Testmitarbeiter.

In **Abschnitt 5.7** könnte man alle die den Verifikationsprozess begleitenden Analysen, die dieses Buch erwähnt, auflisten und dazu entweder begründen, warum sie nicht benötigt werden, oder den Umfang, Zeitpunkt und Revisionen der Analyse sowie den Ort der Dokumentation definieren.

Kapitel 7 und 8 sind zu Projektbeginn leer und werden erst im Laufe des Projekts mit Leben befüllt. In **Kapitel** 8 könnte man für jede Art von Test (Funktionaler Test, Stresstest, ...) ein Unterkapitel erstellen und dort die Testdesigns, à la Anhang B dieses Buchs, dokumentieren. Bei den Testdesigns ist zu Anfang der Abschnitt »Testprozedur« noch leer bzw. enthält die Zeile »zu definieren«, wenn Testgeräte und -umgebung noch nicht definiert sind.

Anhang D –Software-Verifikations-Report

Dieser Anhang zeigt einen Vorschlag für die Struktur eines Software-Verifikations-Reports. Ein »lebendes Beispiel« so eines Reports gibt es unter www.meth-ver.webs.com zum Download.

1 Einleitung
   1.1 Zweck und Zielpublikum des Dokuments
   1.2 Evolution des Dokuments
   1.3 Definitionen
2 Dokumente
   2.1 Applikable Dokumente
   2.2 Referenzdokumente
3 Überblick
   3.1 Durchgeführte Verifikationsmaßnahmen
   3.2 Risikobewertung
4 Dokumenten- und Designreviews
5 Statische Analysen
   5.1 Code-Reviews
   5.2 Automatische Statische Analyse
6 Unit-Tests
   6.1 Werkzeuge, Settings, Plattform
   6.2 Testabdeckung
   6.3 Unit-Test-Reviews
   6.4 Ergebnisse der Unit-Tests
7 Integrationstests
   ggf. Unterkapitel 7.1 bis 7.4 wie bei Unit-Tests
8 Software-Systemtests
   ggf. Unterkapitel 8.1 bis 8.4 wie bei Unit-Tests
   ggf. ein Unterkapitel für die Traceability-Tabelle
9 Analysen
10 Zusammenfassung

In **Kapitel 4** würde der Leser erfahren, welcher Design- und Dokumentenstand einer (bzw. der letzten) Review unterzogen wurde und wie und wo die Reviews dokumentiert sind.

In **Kapitel 5** erfährt der Leser, welche Review-Arten durchgeführt wurden und wo diese dokumentiert wurden. Für alle Abschnitte mit Resultaten von Verifikationsschritten gilt dies analog und wird hier nicht mehr in Folge erwähnt. Den Leser interessiert auch sicherlich, wie sichergestellt wurde, dass der *Letztstand* der Software einer Review unterzogen wurde. Auch das gilt analog für andere folgende Abschnitte. In Abschnitt 5.2 erfährt man, welches Werkzeug verwendet wurde, welche Settings für das Werkzeug und welche exakten Resultate man erhielt. Entweder mit Screen Shots oder mit Verweisen auf archivierte Ergebnisprotokolle. Allenfalls könnte man Abschnitte für statische Stackgrößenanalyse, statische Race-Condition-Analyse und statische Deadlock-Analyse hinzufügen.

Da ein Unit-Test am Host-System ein gewisses Risiko darstellt, erwähnt man im **Abschnitt 6.1**, auf welchem System Unit-Tests liefen, wie man sichergestellt hat, dass Tests auch ohne Instrumentierung liefen, welche Werkzeuge (auch der Compiler und dessen Settings) dabei in Verwendung waren.

Sollte ein Testplan Freiheiten bezüglich Testdurchführung offen lassen, dann fasst man am besten in **Kapitel 8** die getroffenen Festlegungen zusammen, z.B. verwendete Testmittel oder die Seriennummern der Produkte, die Gegenstand der Tests waren.

In **Kapitel 9** werden alle zur Verifikation durchgeführten Analysen und deren Ergebnisse beschrieben, gegebenenfalls wird auf andere Dokumente verwiesen. Solche Analysen sind zum Beispiel Worst Case Execution Timing, Schedulability-Analyse, Analyse des maximalen Speicherverbrauchs. Auch Analysen als Verifikations-Close-Out von nicht-funktionalen (untestbaren) Anforderungen können hier Platz finden. Zum Beispiel von Anforderungen an die Wartbarkeit oder an das Design, wie etwa

> *»Die Größe des missionskritischen Software-Images soll klein sein, und es sollen alle nicht missionskritischen Teile im überschreibbaren Software-Image implementiert werden.«*

Wie auch bei anderen Kapiteln ist es zu empfehlen, dieses Kapitel bei nicht durchgeführten Analysen nicht zu streichen, sondern in einem Satz zu beschreiben, dass (aus diesem und jenem Grund) die Analysen A, B, C nicht gemacht wurden.

Quellenverzeichnis

Normen, Standards, Bücher, Zeitschriftenartikel und Technical Reports

[Abdurazik 06] Aynur Abdurazik, Jeff Offutt: »Coupling based Class Integration and Test Order«, *Proceedings of the 2006 international workshop on Automation of software test*. ACM digital library.

[Ada 05] International Standard ISO/IEC 8652. *Ada 2005 Reference Manual*. Springer. ISBN-10: 3-540-69335-1.

[Agarwal 10] R. Agarwal, S. Bensalem, E. Farchi, K. Havelund, Y. Nir-Buchbinder, S. D. Stoller, S. Ur, L. Wang: »Detection of deadlock potentials in multithreaded programs«, *IBM Journal Res. & Dev.*, Vol 54, No 5, Sept/Oct 2010.

[Alt 09] Oliver Alt: *Car Multimedia Systeme Modell-basiert Testen mit SysML*. Vieweg + Teubner, 2009.

[Alt 12] Oliver Alt: *Modellbasierte Systementwicklung mit SysML*. Carl-Hanser-Verlag, 2012.

[Altmeyer 12] S. Altmeyer, R.I. Davis, C. Maiza: »Improved cache related pre-emption delay aware response time analysis for fixed priority pre-emptive systems«, *Real-Time Systems*, Volume 48, Issue 5, Pages 499-526, Sept 2012.

[ASPICE 10] Automotive SPICE Process Assessment Model, Version 2.5, 2010. Online unter *http://www.automotivespice.com/automotiveSIG_PAM_v25.pdf*.

[Audsley 91] N.C. Audsley: *Optimal Priority Assignment and Feasibility of Static Priority Tasks with Arbitrary Start Times*. Dept. Computer Science, University of York, December 1991. Online bei Google Scholar.

[Bach 96] James Bach: »Test Automation Snake Oil«, *Windows Tech Journal* 10/96. Online unter *www.satisfice.com/articles/test_automation_snake_oil.pdf*.

[Bath 08] Bath, G.; McKay, J.: *The Software Test Engineer s Handbook – A Study Guide for the ISTQB Test Analyst and Technical Test Analyst Advanced Level Certificates*. Rocky Nook Inc., Santa Barbara, USA, 2008.

[Bath 10] Bath, G.; McKay, J.: *Praxiswissen Softwaretest – Test Analyst und Technical Test Analyst*. dpunkt.verlag, Heidelberg, 2010. (Deutsche Übersetzung von [Bath 08]).

[Beck 01] Kent Beck: *Extreme Programming Explained.* Addison-Wesley, 2001.

[Beer 08] Armin Beer, Stefan Mohacsi: »Efficient Test Data Generation for Variables with Complex Dependencies«, *Proceedings of the 1st IEEE Conf. on Software Testing an Verification (ICST)*, Lillehammer, Norwegen, 2008.

[Bergsmann 00] Johannes Bergsmann, Sachverständigenverfahren vor dem Landesgericht Linz, 3/2000.

[Bergsmann 07] Johannes Bergsmann, Sachverständigenverfahren vor dem Bezirksgericht Eferding, 5/2007.

[Banerjee 06] U. Banerjee, B. Bliss, Z. Ma, P. Petersen: »A Theory of Data Race Detection«, *Proceedings of the workshop on parallel and distributed systems PADTAD '06*, New York. Online: *http://doi.acm.org/10.1145/1147403.1147416.*

[Black 10] Rex Black: »How Agile Methods Challenge Testing«, *Agile Record*, Ausgabe 1, Januar 2010, Seiten 20 bis 25.

[Bowen 93] Jonathan Bowen, Victoria Stavridou: »Safety-Critical Systems, Formal Methods and Standards«, *IEEE SW Engineering Journal*, vol. 8, issue 4, Jul 1993, Seiten 189 bis 209.

[Brown 98] N. Brown, T. DeMarco et al: *The little book of bad excuses.* Software Program Managers Network, 1998.

[Burns 09] A. Burns and A. Wellings: *Real-Time Systems and Programming Languages.* 4. Auflage. Addison-Wesley, 2009.

[Buttazzo 11] G. Buttazzo: *Hard Real-Time Computing Systems: Predictable Scheduling Algorithms and Applications.* Dritte Auflage, Springer, 2011.

[CDRH 02] U.S. Department Of Health and Human Services, Food and Drug Administration, CDRH: *General Principles of Software Validation; Final Guidance for Industry and FDA Staff.* January 11, 2002. Online: *http://www.fda.gov/downloads/RegulatoryInformation/Guidances/ucm126955.pdf.*

[Chow 78] T.S. Chow: »Testing Software Design Modeled by Finite State Machines«, *IEEE Transactions on Software Engineering*, SE-4(3): 178-187, Mai 1978.

[DO-178B] Radio Technical Commission for Aeronautics: *Software Considerations in Airborne Systems and Equipment Certification*, Dezember 1992.

[DO-178C] Radio Technical Commission for Aeronautics: *Software Considerations in Airborne Systems and Equipment Certification*, Dezember 2011.

[Davis 07] R. I. Davis, A. Burns: »Controller area network (CAN) schedulability analysis: Refuted, revisited and revised«, *Real-Time Systems* 2007, volume 35, Seiten 239 bis 272.

[Davis 11a] R.I. Davis and A. Burns: »A survey of hard real-time scheduling for multiprocessor systems«, *ACM Comput. Surv. 43*, 4, Article 35, Oktober 2011.

[Davis 11b] R.I. Davis and A. Burns: »Improved Priority Assignment for Global Fixed Priority Pre-emptive Scheduling in Multiprocessor Real-Time Systems«, *Real-Time Systems*, (2011) Volume 47, Number 1, Seiten 1-40, DOI 10.1007/s11241-010-9106-5.

[Davis 11c] Robert I. Davis, Steffen Kollmann, Victor Pollex, Frank Slomka: »Controller Area Network (CAN) Schedulability Analysis with FIFO queues«, *Proceedings of the 23rd Euromicro Conference on Real-Time Systems*, IEEE, Juli 2011. Online: *http://www.uni-ulm.de/en/in/esys/publications.html.*

[Dustin 00] Elfriede Dustin, Jeff Rashka, John Paul: *Software automatisch testen.* Springer Verlag, 2000.

[Ebert 05] Christof Ebert, Reiner Dumke, Manfred Bundschuh, Andreas Schmietendorf: *Best Practices in Software Measurement.* Springer Verlag, 2005.

[ECSS-Q-HB-80-03A] European Cooperation for Space Standardization, Requirements & Standards Division: *Software dependability and safety.* ESA-ESTEC, Januar 2012. Online an mehreren Stellen im WWW.

[ECSS-Q-ST-30-02C] European Cooperation for Space Standardization, Requirements & Standards Division: *Failure modes, effects (and criticality) analysis (FMEA/FMECA).* ESA-ESTEC, März 2009. Online an mehreren Stellen im WWW.

[Emanuelsson 08] Pär Emanuelsson, Ulf Nielsson: »A Comparative Study of Industrial Static Analysis Tools«, *Technical Report 2008:3* des Department of Computer and Information Science der Universität Linköping. Siehe *http://www.ep.liu.se/ea/trcis/.*

[Engler 03] D. Engler and K. Ashcraft: RacerX: »Effective, Static Detection of Race Conditions and Deadlocks«, *ACM Symposium on Operating Systems and Principles 2003*, Bolton Landing, New York, USA.

[EN 61508] Europäische Norm EN 61508-3:2001: *Funktionale Sicherheit sicherheitsbezogener elektrischer/elektronischer/programmierbarer elektronischer Systeme, Teil 3: Anforderungen an Software.* Deutsche Norm und Übersetzung der IEC 61508-3:2001.

[Erben 06] M. Erben, W. Günther, T. Sedlmeier, D. Lederer, K. Amsler: »Legal Aspects of Safety Designed Software Development, Especially under European Law«, *ERTS 2006*, 25-27 Jan 2006. Online unter *http://www.kanzlei-dr-erben.de/fileadmin/PDF/ERTS2006.pdf.*

[Fagan 86] M.E. Fagan: »Advances in Software Inspections«, *IEEE Transactions on Software Engineering*, Vol. SE-12, Nummer 7, Juli 1986.

[Flores 08] Pio Torre Flores, Alexander Springer, Michael Strugala: »Umsetzung effizienter SW-Teststrategien für Airbag-Steuergeräte«. Fachvortrag auf der 2. *AutoTest 2008*, Online:
http://www.fkfs.de/fileadmin/media/04_unternehmen/veranstaltungen/autotest/pdf_dokumente/paper_2008/paper_04_Bosch_Torre_Flores.pdf.

[González 01] M. González Harbour, J.J. Gutiérrez, J.C. Palencia and J.M. Drake. »MAST: Modeling and Analysis Suite for Real-Time Applications«, *Proceedings of the Euromicro Conference on Real-Time Systems*, Delft, Niederlande, Juni 2001.

[Götz 2009] H. Götz, M. Nickolaus, T. Roßner, K. Salomon: »iX-Studie modellbasiertes Testen«. Heise Zeitschriften Verlag, Hannover, 2009.

[Grenning 11] James W. Grenning: *Test-Driven Development for Embedded C*. The Pragmatic Bookshelf, 2011.

[Grünfelder 09] Stephan Grünfelder, Tobias Sedlmeier, Johannes Bergsmann: »Software-Test und Haftungsrisiko, Teil 1«, *Elektronik*, Heft 3/2009, Seiten 39-43.

[Grupp 01] Bruno Grupp: *Der Professionelle IT-Projektleiter*. Mitp-Verlag, 2001.

[GTB 10] German Testing Board: *ISTQB/GTB Standardglossar der Testbegriffe, Englisch/Deutsch*, Version 2.1, 2010. Siehe auch [URL: ISTQB/D].

[Joseph 86] M. Joseph and P. Pandya: »Finding Response Times in a Real-Time System«, *The Computer Journal* (British Computing Society) 29, 5, Seiten 390-395, Oktober 1986.

[Halperin 08] David Halperin et al: »Pacemakers and Implantable Cardiac Defibrillators: Software Radio Attacks and Zero-Power Defenses«, *Proceedings IEEE Symposium on Security and Privacy 2008*. Online: *http://www.secure-medicine.org/ icd-study/icd-study.pdf*.

[Hannay 09] Jo E. Hannay, Tore Dyba, Erik Arisholm, Dag I.K. Sjøberg: »The Effectiveness of Pair Programming: A Meta-Analysis«, *Information and Software Technology 51* (7), Seiten 1110-1122, 2009.

[Harter 84] P.K. Harter, »Response times in level-structured systems«, ACM Transactions on Computer Systems, vol. 5, no. 3, Seiten 232-248, Aug. 1984.

[Hayhurst 01] K. Hayhurst, D. Veerhusen, J. Chilenski, L. Rierson: »A practical Tutorial on Modified Condition/Decision Coverage.« *NASA/TM-2001-210876*. Dieser Technical Report ist an mehreren Stellen im WWW zu finden.

[Heusser 07] Matthew Heusser: »Are Tests Requirements?«, *Dr. Dobb's Journal*, Mai 2007. Online: *http://drdobbs.com/cpp/199600262*.

[Hunt 07] Theresa Hunt: »Cause Effect-Graphing«, White Paper des Westfall Teams, Online unter *http://www.westfall-team.com/Papers/Cause_and_Effect_Graphing.pdf*.

[Hutchins 94] Monica Hutchins, Herb Foster, Tarak Goradia, Thomas Ostrand: »Experiments of the Effectiveness of Dataflow- and Controlflow-Based Test Adequacy Criteria«, *Proc. ICSE*, 1994.

[IEC 60812] International Electrotechnical Commission: *IEC 60812:2006(E), Analysis techniques for system reliability – Procedure for failure mode and effects analysis (FMEA)*.

[IEEE 610.12] The Institute of Electrical and Electronics Engineering: *IEEE Std 610.12-1990, IEEE Standard Glossary of Software Engineering Terminology*.

[IEEE 829] The Institute of Electrical and Electronics Engineering: *IEEE Std 829-2008, Standard for Software Test Documentation.*

[IEEE 1028] The Institute of Electrical and Electronics Engineering: *IEEE Std 1028-1997, IEEE Standard for Software Reviews and Audits*. Diese Norm ist inzwischen im Web frei verfügbar.

[ISO 15504] International Organization for Standardization (ISO) and International Electrotechnical Commission (IEC): *Information Technology – Process Assessment; Part 5: An exemplar Process Assessment Model, ISO 15504-5:2006.*

[ISO 26262] International Organization for Standardization: *ISO 26262-6:2011, Road Vehicles – Functional Safety*, Teil 6, »Product development at the software level«, Genf 2011.

[Jannesari 09] Ali Jannesari, Kaibin Bao, Victor Pankratius and Walter F. Tichy: »Helgrind+, An Efficient Dynamic Race Detector«, *IEEE International Symposium On Parallel & Distributed Processing, IPDPS 2009*, Seiten 1-13, 2009.

[Klein 93] M.H. Klein, T. Ralya, B. Pollak, R. Obenza, and M. González Harbour: *A practitioner's Handbook for Real-Time Analysis*. Kluwer Academic Pub., 1993.

[Kneuper 07] R. Kneuper: *CMMI – Verbesserung von Softwareprozessen mit Capability Maturity Model Integration*. dunkt.verlag, 2007.

[Kuder 08] Helmar Kuder: »HIS Source Code Metriken«, Version 1.3.1. HIS Arbeitskreis Softwaretest, 2008. Online: *www.automotive-his.de*.

[Kütz 07] Martin Kütz: *Kennzahlen in der IT*. dpunkt.verlag, 2007.

[Lamberg 04] Klaus Lamberg, Michael Beine, Mario Eschmann, Rainer Otterbach, Mirko Conrad, Ines Fey: »Model-Based Testing Of Embedded Automotive Software Using Mtest«, *2004 SAE World Congress*, Detroit, March 8-11, 2004. Online an mehreren Stellen.

[Lamport 78] Leslie Lamport: »Time, clocks, and the ordering of events in a distributed system«, *Communications of the ACM*, July 1978, vol 21, number 7, Seiten 558-565.

[Lehoczky 89] J.P. Lehoczky, L. Sha, and Y. Ding: »The Rate Monotonic Scheduling Algorithm: Exact Characterization and Average Case Behavior«, *Proceedings of the IEEE Real-Time Systems Symposium 1989.*

[Lehoczky 90] J.P. Lehoczky: »Fixed Priority Scheduling of Periodic Tasks Sets with Arbitrary Deadlines«, *IEEE Real-Time Systems Symposium 1990.*

[Leung 82] J. Leung, and J. Whitehead: »On Complexity of Fixed-Priority Scheduling of Periodic Real-Time Tasks«, *Performance Evaluation* 2, Seiten 237-250, 1982.

[Liggesmeyer 09] Peter Liggesmeyer: *Softwarequalität. Testen, Analysieren und Verifizieren von Software*. Spektrum Akademischer Verlag, 2. Auflage 2009.

[Liu 73] C.L. Liu und J.W. Layland: »Scheduling Algorithms for Multiprogramming in a Hard Real-Time Environment«, *Journal of the ACM*, 20 (1), Seiten 46-61, 1973.

[Liu 00] J.S.W. Liu: *Real Time Systems*. Prentice Hall, 2000.

[Mäki-Turja 08] J. Mäki-Turja and M. Nolin: »Efficient implementation of tight response-times for tasks with offsets«, *Journal of Real-Time Systems*. Volume 40, Issue 1, Oktober 2008, Seiten 77 - 116.

[Marwedel 11] P. Marwedel: *Embedded System Design*. Springer, 2011.

[McBride 12] Tom McBride, Marion Lepmets: »The many forms of process improvement – results of an international survey«, Proc. SWQD 2012, *Lecture Notes in Business Information Processing 94*, Springer-Verlag, Herausgeber Stefan Biffl, Dietmar Winkler, Johannes Bergsmann, Seiten 103-120.

[Moore 00] Alan Moore: »Why tasks aren't objects and how to integrate them in your design«, *Embedded Systems*, Februar 2000, Seiten 18 bis 32.

[MSC 99] International Telecommunication Union: »Message Sequence Charts ITU-T Z.120«, 11/1999. Online: *http://www.itu.int/ITU-T/2005-2008/com17/languages/Z120.pdf*.

[Myers 78] Glenford Myers: *The Art of Software Testing*. John Wiley & Sons, 1978.

[NASA 11] Technical Support to the National Highway Traffic Safety Administration (NHTSA) on the Reported Toyota Motor Corporation (TMC) Unintended Acceleration (UA) Investigation, 2011. Online: *http://www.nhtsa.gov/staticfiles/nvs/pdf/NASA-UA_report.pdf*.

[OMG 09] Object Management Group: »A UML Profile for MARTE: Modeling and Analysis of Real-Time Embedded systems«, *MARTE specification version 1.0*.

[Palencia 98] J.C. Palencia Gutiérrez and M. González Harbour, »Schedulability Analysis for Tasks with Static and Dynamic Offsets«, *Proceedings of the 18th. IEEE Real-Time Systems Symposium*, Madrid, Spain, December 1998.

[Pezzé 09] Mauro Pezzé, Michal Young: *Software testen und analysieren. Prozesse, Prinzipien, Techniken*. Oldenbourg, 2009.

[POSIX 09] ISO/IEC/IEEE Standard 9945:2009. Information Technology – Portable Operating System Interface (POSIX®) Base Specifications, Issue 7.

[Prähofer 12] Herbert Prähofer, Florian Angerer, Rudolf Ramler, Herber Lacheiner: »Opportunities and Challenges of Static Code Analysis of IEC 61131-3 Programs«, *IEEE International Conference on Emerging Technology & Factory Automation (ETFA'12)*, Krakow, Poland, September 17-21, 2012.

[PSS-05-0] European Space Agency, board for software standardisation and control: *ESA Software Engineering Standards, ESA PSS-05-0* Issue 2, Februar 1991.

[PSS-05-04] European Space Agency, board for software standardisation and control: *Guide to software architectural design phase, ESA PSS-05-04* Revision 1.1, März 1995.

[PSS-05-10] European Space Agency, board for software standardisation and control: *Guide to software verification and validation, ESA PSS-05-10* Revision 1.1, März 1995.

[Pyla 10] Hari K. Pyla, Sriridhi Varadarajan: »Avoiding Deadlock Avoidance«, *Proceedings of the 19th international conference on Parallel architectures and compilation techniques PACT'10*, September 11–15, 2010, Wien. Online an mehreren Universitäten.

[Rivas 11] J.M. Rivas, J.J. Gutiérrez, J.C. Palencia, and M. González Harbour: »Schedulability Analysis and Optimization of Heterogeneous EDF and FP Distributed Real-Time Systems«, *Proceedings of the 23th Euromicro Conference on Real-Time Systems*, Porto (Portugal), 2011.

[Robertson 96] Suzanne Robertson: »An Early Start to Testing: How to Test Requirements«, *Proceedings of EuroStar 96*, Amsterdam, Dec 2-6, 1996.

[Roßner 10] Thomas Roßner, Christian Brandes, Helmut Götz, Mario Winter: *Basiswissen modellbasierter Test*. dpunkt.verlag, 2010.

[Rothmann 08] Andreas Rothmann: »Classic Algorithms for Pairwise Testing«, *Technical Report*, FH Offenburg, 2008. Online unter *http://www.verify-soft.com/Classic_Algorithms_for_Pairwise_Testing.pdf*

[Rupp 12] C. Rupp, S. Queins und die SOPHISTen: *UML2 Glasklar.* Carl-Hanser-Verlag, 2012, 4. Auflage.

[Savage 97] S. Savage, M. Burrows, G. Nelson, P. Sobalvarro, T. Anderson: »Eraser, A Dynamic Data Race Detector for Multithreaded Programs«, *ACM Transactions on Computer Systems*, Vol. 15, No. 4, November 1997, S. 391-411.

[Schuppenhauer 98] R. Schuppenhauer: *Grundsätze für eine ordnungsgemäße Datenverarbeitung*, 1998, IDW-Verlag, Seiten 335-343.

[SDL 99] ITU. Specification and Description Language ITU-T Z.100. International Telecommunication Union, 11/1999. Online: *http://www.itu.int/ITU-T/studygroups/com10/languages/Z.100_1199.pdf.*

[Shaw 89] Alan Shaw: »Reasoning about Time in Higher-Level Language Software«, *IEEE Transactions on Software Engineering*, vol 15, no 7, Seiten 875-889. Juli 1989.

[Silberschatz 10] Abraham Silberschatz, Peter Galvin, Greg Gagne: *Operating System Concepts*. 8. Auflage, Wiley & Sons, 2010.

[Spillner 10] Andreas Spillner, Tilo Linz: *Basiswissen Softwaretest, Aus- und Weiterbildung zum Certified Tester Foundation Level nach ISTQB-Standard.* dpunkt.verlag, 4. Auflage, 2010.

[Spillner 11] Andreas Spillner, Thomas Roßner, Mario Winter, Tilo Linz: *Praxiswissen Softwaretest – Testmanagement.* dpunkt.verlag, 3. Auflage, 2011.

[Stroustrup 02] Bjarne Stroustrup: »C and C++: Siblings«, *C/C++ Users Journal*, Ausgabe Juli 2002. Eine Kopie des Beitrags ist unter *http://www.cuj.com/print/* zu finden.

[Thesing 03] Stephan Thesing, Jean Souyris, Reinhold Heckmann, Famantanantsoa Randimbivololona, Marc Langenbach, Reinhard Wilhelm, Christian Ferdinand: »An Abstract Interpretation-Based Timing Validation of Hard Real-Time Avionics Software«, *Proceedings of the International Conference on Dependable Systems and Networks (DSN 2003)*, 22.-25. Juni 2003, Seiten 625 bis 632. Online: *http://www.informatik.uni-trier.de/~ley/db/conf/dsn/dsn2003.html.*

[Tindell 94] K.W. Tindell, and J. Clark. »Holistic Schedulability Analysis for Distributed Hard Real-Time Systems«, *Microprocessing and Microprogramming*, Vol. 50, No. 2-3, Seiten 117-134, April 1994.

[Tuinhout 08] René Tuinhout: »The Boundary Value Fallacy«, *Testing Experience* 03/08, Seiten 38 bis 43. Elektronische Ausgabe siehe *http://www.testingexperience.com.*

[SWQL 07] Software Quality Lab GmbH: »QM-Umfrage IT-Qualitätsmanagement 2007«, zu beziehen über http://www.software-quality-lab.at.

[UTP 12] »UML Testing Profile Version 1.1, formal/2012-04-01«, OMG, 2012. Online: *http://www.omg.org/spec/UTP/1.1/.*

[Vigenschow 10] Uwe Vigenschow: *Testen von Software und Embedded Systems*. 2. Auflage, dpunkt.verlag, 2010.

[Wallace 96] Dolores R. Wallace, Editor: »Structured Testing: A Testing Methodology Using the Cyclomatic Complexity Metric«, National Institute of Standards and Technology, *NIST SP 500-235*, August, 1996. Siehe auch *http://hissa.nist.gov/.*

[Whittaker 00] James Whittaker: »What Is Software Testing? And Why Is It So Hard?«, *IEEE Software Jan/Feb 2000*, Seiten 70-79.

[Whittaker 03] James Whittaker, Herbert Thompson: *How to break software security.* Addison Wesley, 2003.

[Wolf 06] G. Wolf: »Embedded Rechtsstreit«, Elektronikjournal, Heft 11/2006, S 96-97. Online: *http://www.kanzlei-dr-erben.de/fileadmin/PDF/Embedded_Rechtsstreit.pdf.*

[Zheng 06] Jiang Zheng, Laurie Williams, Nachiappan Nagappan, Will Snipes, John Hudepohl, Mladen Vouk: »On the Value of Static Analysis for Fault Detection in Software«, *IEEE Transactions on Software Engineering* 32(4), 2006, S. 240-253.

WWW-Seiten

Die Gültigkeit der angegebenen URLs wurde mit Drucklegung überprüft. Eine Garantie für deren Gültigkeit über dieses Datum hinaus kann nicht übernommen werden.

[URL: ALLPAIRS] *http://www.satisfice.com/tools.shtml*

[URL: BenderRBT] *http://benderrbt.com/*

[URL: Binstock] *http://akamai.infoworld.com/pdf/special_report /2006/ 05SRcode.pdf*

[URL: Cheddar] *http://beru.univ-brest.fr/~singhoff/cheddar/index.html*

[URL: CHESS] *http://research.microsoft.com/en-us/projects/chess/*

[URL: CTE] *http://www.berner-mattner.com/de/download-center/software/index.html*

[URL: CUTE] *http://cute-test.com/*

[URL: DESIRe] *http://www.hood-group.com/de/produkte/werkzeuge/ requirements-engineering/*

[URL: DKE] *http://www.dke.de*

[URL: FMEA] *http://software-kompetenz.de*

[URL: HeRA] *http://www.se.uni-hannover.de/*, siehe Forschungsschwerpunkt Requirements Engineering

[URL: MAST] *http://mast.unican.es*

[URL: McSquare] *http://mcsquare.embedded.rwth-aachen.de*

[URL:NETCAR] *http://www.realtimeatwork.com*

[URL: OVE] *http://www.ove.at*

[URL: PAIRWISE] *http://www.pairwise.org*

[URL: IEC 25000] http://de.wikipedia.org/wiki/ISO/IEC_25000, Abruf am 10.12.2012

[URL: ISO 9000] *http://www.iso.org/iso/home/standards/management-standards/iso_9000.htm*

[URL: ISTQB] *http://www.istqb.org*

[URL: ISTBQ/D] *http://www.german-testing-board.info*

[URL:RTSJ] *http://www.rtsj.org/*

[URL: SEV] *http://www.electrosuisse.ch*

[URL: SRD] Ein gutes Beispiel für eine sauber aufgesetzte, natürlichsprachliche Spezifikation finden Sie unter: *http://www.freewebs.com/methver/IOPS%20SRD2.0.pdf*. Achtung: Dieses Dokument ist für ein Review-Training gedacht. Die Anforderungstexte lassen noch kleine Verbesserungen zu. Üben Sie sich daran!

[URL: StackAnalyzer] *http://www.absint.com*

[URL:SymTA/S] *http://www.symtavision.com/symtas.html*

[URL: SysML] *http://www.omgsysml.org*

[URL: TEC] *http://www.software-quality-lab.com/leistungen/tool-evaluation-center/tools-im-tec/*

[URL: TestStandard] *http://www.softwaretestingstandard.org/*

[URL: TESTUMFRAGE] http://www.softwaretest-umfrage.de/

[URL: UML] *http://www.uml.org*

[URL: VNA] *http://www.mentor.com/products/vnd/communication-management/vna/*

Index

K

L

M

N

P

Q

R

U

V

W

Z